中国石油和化学工业行业规划教材＊高职高专化工技术类编审委员会名单

中国石油和化学工业行业规划教材

高职高专化工技术类

化工制图

HUAGONG ZHITU

蔡庄红　贺召平　主编　　王绍良　主审

化学工业出版社

·北京·

本教材采用项目式结构，打破传统化工制图教材的结构体系，按照化工技术类专业培养目标和专业特点，结合化工总控工职业标准而编写。内容选择上以必需、够用为原则，突出化工特色，着重培养学生的学习能力和学习兴趣。

本教材共分六个项目，主要内容包括制图的基础知识、化工设备图的阅读、工艺流程图的识读与绘制、化工车间设备布置图、管道布置图、AutoCAD在化工制图中的应用等，涵盖了化工制图的相关知识点。在编排体例上采用项目、课题和活动的结构体系，每个项目由若干课题组成，每个课题内设若干个活动，在各个活动中采用边学边做的教学模式，培养学生团队合作能力、现代信息技术应用能力等，达到在“学中做、做中学”的目标，符合职业教育的基本规律。

本教材供高职高专化工技术类专业使用，也可作为职大、电大等相近专业的教材或参考用书。

图书在版编目（CIP）数据

化工制图/蔡庄红，贺召平主编. —北京：化学工业出版社，2009.9（2020.1重印）

中国石油和化学工业行业规划教材·高职高专化工技术类

ISBN 978-7-122-06204-8

Ⅰ.化…　Ⅱ.①蔡…②贺…　Ⅲ.化工机械-机械制图-高等学校：技术学院-教材　Ⅳ.TQ050.2

中国版本图书馆CIP数据核字（2009）第125784号

责任编辑：窦　臻　提　岩　　　文字编辑：张绪瑞

责任校对：顾淑云　　　装帧设计：尹琳琳

出版发行：化学工业出版社（北京市东城区青年湖南街13号　邮政编码100011）

印　　装：北京虎彩文化传播有限公司

787mm×1092mm　1/16　印张16　字数399千字　　2020年1月北京第1版第6次印刷

购书咨询：010-64518888　　　售后服务：010-64518899

网　　址：http://www.cip.com.cn

凡购买本书，如有缺损质量问题，本社销售中心负责调换。

定　　价：39.00元

序

2006年11月教育部颁布了《关于全面提高高等职业教育教学质量的若干意见》（教高［2006］16号）文件，文件中明确了课程建设与改革是提高教学质量的核心，也是教学改革的重点和难点。文件要求各高等职业院校应积极与行业企业合作开发课程，根据技术领域和职业岗位（群）的任职要求，参照相关的职业资格标准，改革课程体系和教学内容；要建立突出职业能力培养的课程标准，规范课程教学的基本要求，提高课程教学质量；要改革教学方法和手段，融“教、学、做”为一体，强化学生能力的培养；要加强教材建设，与行业企业共同开发紧密结合生产实际的实训教材，并确保优质教材进课堂。

自文件颁布以来，在我国掀起了新的一轮高职高专教育教学改革热潮，以工作过程系统化重构高职高专课程体系，以项目化课程教学法改革传统学科传授教学法，取得了丰硕的成果。学生学习的兴趣、学习动力、自觉性、主动性、自信心、主体性和专业能力、自学能力、创新能力、团队合作能力、与人交流能力、计划策划能力、信息获取与加工能力等都得到明显提高，学生对复杂专业知识的把握情况也显著改善。项目化课程教学改革完全符合教育部的十六号文件精神。项目化课程教学改革遵循的八大原则更是体现了当今先进的高等职业教育观念。这八大原则是：①课程教学应进行整体教学设计；②课程内容是职业活动导向、工作过程导向，而不是学科知识的逻辑推演导向；③课程教学突出能力目标，而不仅仅是突出知识目标；④课程内容的载体主要是项目和任务，而不是语言、文字、图形、公式；⑤能力的训练过程必须精心设计，反复训练，而不是在讲完系统的知识之后，举几个知识的应用例子；⑥学生是课程教学过程中的主体；⑦课程的内容和教学过程应当“做、学、教”一体化，“实践、知识、理论”一体化；⑧注意在课程教学中渗透八大职业核心能力（外语应用能力、与人合作能力、与人交流能力、信息处理能力、数字应用能力、解决问题能力、自我学习和创新革新能力）的培养。

全国化工高等职业教育教学指导委员会（简称全国化工高职教指委）化工技术类专业委员会于2002年组织全国石油与化工各职业院校教师编写了第一套高职高专化工技术类专业规划教材，解决了当时高职院校化工技术类专业无教材的困难。然而，随着科学技术的进步，产业结构的调整，劳动效率的提高，信息技术的应用，劳动密集型生产已向资本密集型和技术密集型转变。特别是近年来的项目化课程教学改革的开展，原来的教材已不适应高等职业教育教学改革的需要。为此，全国化工高职教指委化工技术类专业委员会于2008年9月在常州工程职业技术学院启动了第二轮规划教材编写工作。教指委根据教育部教高［2006］16号文件的精神，吸收了先进的高职高专教育教学改革理念，进行了企业调研、座谈，针对岗位（群），聘请企业职业专家进行工作任务分析，进而确定典型工作任务，组织课程专家按照职业成长规律和认知规律，用工作过程系统化的开发方法，重构化工技术类专业课程体系，制定课程标准，进行了教学情境设计，聘请企业一线技术专家作为教材编写的顾问和副主审，在全国石油和化工高职高专院校公开征集编写思路，组织高职教育领域的课程专家对应征的编写方案进行答辩，最终在全国范围内选拔出从事石油与化工职业教育的优秀骨干教师编写本套教材。

本套新教材的特点：

1. 体现工学结合的内涵要求；
2. 基本体现化工生产的工作过程；
3. 突出能力目标，重在培养学生的做事能力，强调知识的应用；
4. 便于项目化和任务驱动教学法的实施；
5. 注意培养学生的八大职业核心能力；
6. 反映当今的新技术、新材料、新设备和新工艺。

本轮建设的全套教材能满足化工技术类专业主干课程教学需求，能满足各个化工技术类专业方向课程教学需要，也能满足全国石油与化工高职院校根据地方经济发展和支柱产业需求设置的化工技术类专业选修课程教学要求。

本轮化工技术类专业的教材编写工作得到了许多化工生产一线企业行业专家、高等职业院校的领导和教育教学专家的指导，在此向所有对高等职业教育改革给予热情支持的人士表示衷心的感谢！

我们所做的工作仅是探索和创新的开始，还有许多的课题有待进一步研究，我们期待各界专家和读者提出宝贵意见！

全国化工高等职业教育教学指导委员会
化工技术类专业委员会
2009 年 6 月

前言

本书是在全国化工高等职业教育教学指导委员会化工技术类专业委员会组织下，按照化工技术类专业培养目标和专业特点，结合化工总控工职业标准而编写的。主要适用于高职高专化工技术类各专业，也可作为职大、电大等相近专业的教材或参考用书。

本教材主要有以下特点。

1. 适合采用项目教学法。在编写体例上采用项目、课题、活动的编排结构，涵盖了化工技术类专业对化工制图的基本要求，知识内容由项目、课题引出，在各个活动过程中学习化工制图的基本知识，符合职业教育的基本规律。

2. 知识选择以实用为基本原则。结合企业对化工技术类专业学生的要求，与化工生产实践紧密结合，在内容选择上突出化工特色，对三视图和装配图相关内容以够用为度；强化化工工艺流程图、管道布置图和化工车间设备布置图，学会识读常见化工设备图，突出专业特色；结合 AutoCAD 在化工企业中的广泛应用，本教材在编写时注重实用原则。

3. 注重能力培养。本教材设计的学习形式多种多样，注重学生能力的培养，如团队合作能力、分工合作能力、现代信息技术的应用能力等，在各个活动中穿插练习，采用边学边做的形式达到“学中做、做中学”的目标。

本书由蔡庄红和贺召平担任主编。项目一由梁红娥编写，项目二和项目四由焦其帅、许红霞编写，项目三由蔡庄红编写，项目五由贺召平编写，项目六由赵扬编写。全书由蔡庄红统稿。湖南化工职业技术学院王绍良教授担任主审，河南煤业化工集团煤气化公司义马气化厂张爱民担任副主审，河南煤业化工集团煤气化公司义马气化厂陈丽参与了审稿，他们对书稿提出了宝贵意见，在此深表谢意。

编写本书参考了有关专著与其他文献资料，在此，向有关作者表示感谢。

由于编者水平有限，书中不妥之处在所难免，敬请读者批评指正，不吝赐教。

编者

2009 年 6 月

目录

项目一

制图的基础知识

在现代工业生产中，无论是机器、设备的制造、安装，还是工艺流程的设计、施工，都离不开工程图样。图样是表达、研究和技术交流的一种工具。制图是工程技术人员表达设计思想、进行工程技术交流、指导生产等必备的基本技能。本项目主要介绍绘制和识读工程图样必须掌握的基础知识。而化工工程图样又有其特殊性，根据化工行业特点，有一些特殊规定，具体情况在后续项目中陆续体现。

课题一

制图的基本知识

教学目标

通过本课题的学习，学生将了解国家标准关于制图的基本规定、常用绘图工具及使用方法，掌握尺寸标注及常见几何作图的方法。

知识目标

能了解制图的相关规定，掌握常用尺规作图的方法。

技能目标

能在教师指导下，正确使用绘图工具绘制几何图形。

活动一　认识制图的基本规定

根据投影原理、标准或有关规定，表示工程对象，并有必要的技术说明的图，称为图样。图样是工程界重要的技术资料，为了适应生产的需要和便于技术思想的交流，图样的内容、格式和表示方法等都有统一的规定，这些规定由国家制定和发布实施，是每个工程技术人员必须认真学习、熟练掌握、严格遵守的。

1. 图纸幅面

为了使图纸幅面整齐统一，便于装订和保管，图纸的基本幅面共有五种，从 A0 到 A4，其尺寸见表 1-1，基本幅面的尺寸关系见图 1-1。

表 1-1 图纸幅面 mm

幅面代号	A0	A1	A2	A3	A4
$B\times L$	841×1189	594×841	420×594	297×420	210×297
c	10			5	
a	25				
e	20		10		

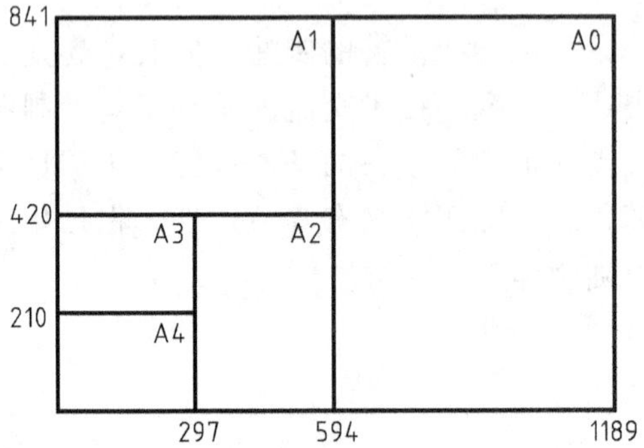

图 1-1 基本幅面的尺寸关系

国家标准简称“国标”，用“GB”表示，国标代号“GB/T 14689—1993”表示推荐性国家标准，标准批准序号为 14689，1993 年颁布。

必要时，可以使用加长幅面，加长幅面的尺寸可根据其基本幅面的短边成整数倍增加。

2. 图框

图框用粗实线画出，分为不留装订边和留有装订边两种格式，如图 1-2 和图 1-3 所示，有关尺寸见表 1-1。

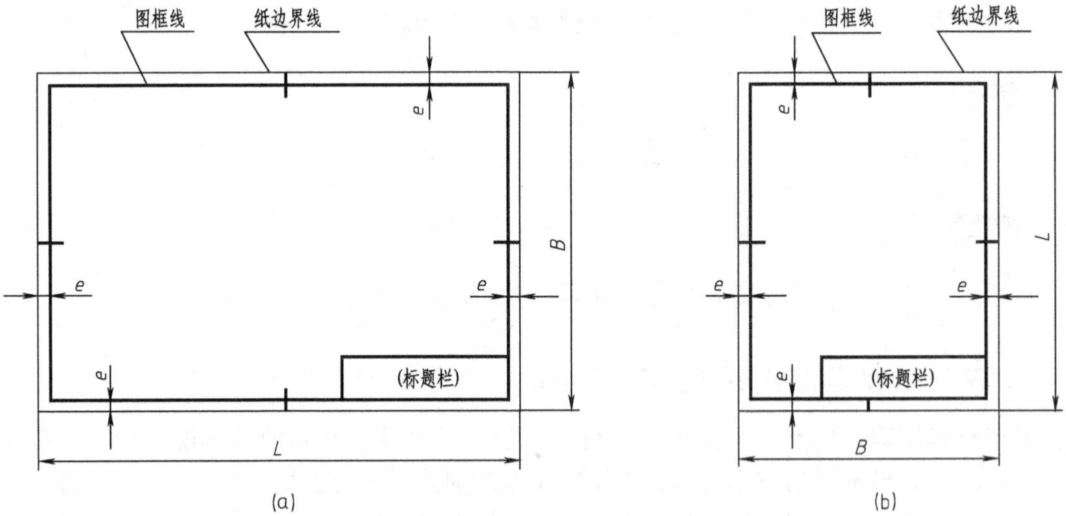

图 1-2 不留装订边的图框格式

有时为了使图样复制和缩微摄影时定位方便，可在各号图纸各边长的中点处加画出对中符号。对中符号用粗实线绘制，长度从图纸边界开始伸入图框内约 5mm，当对中符号伸入标题栏范围时，则伸入标题栏部分省略不画（见图 1-2、图 1-3）。

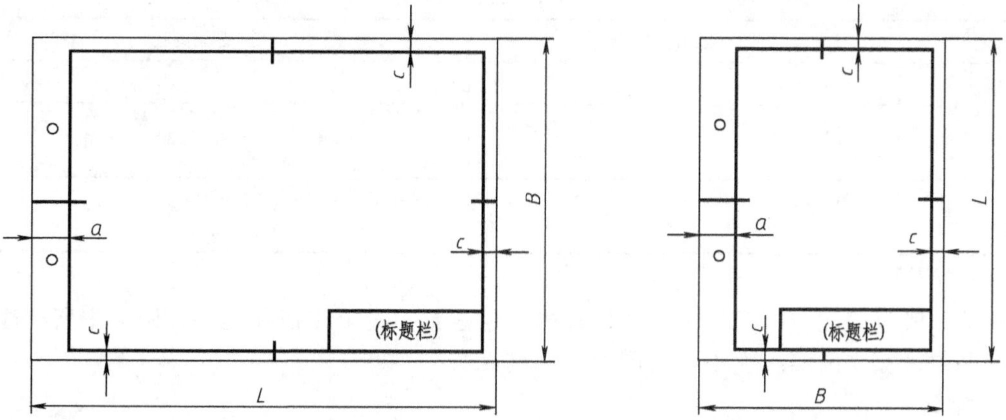

(a) (b)

图 1-3 留有装订边的图框格式

3. 标题栏

每张图纸都必须画出标题栏，其位置在图纸右下角。工程图样常用标题栏的格式与尺寸，如图 1-4（a）所示，为简化起见，制图作业中的标题栏可采用图 1-4（b）所示的形式。

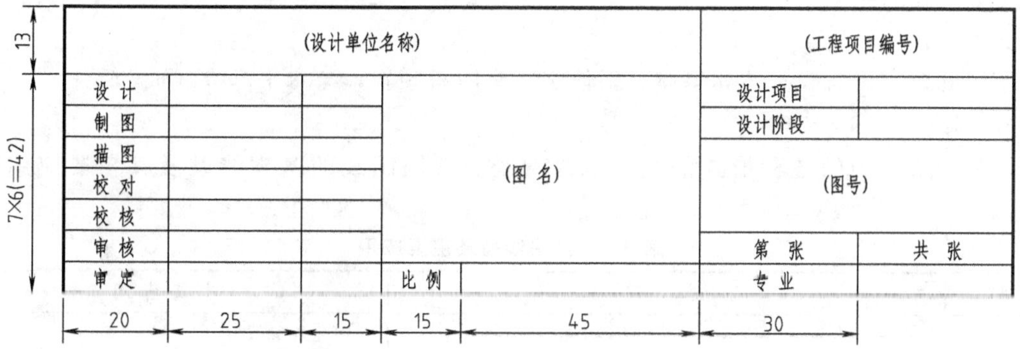

(a) 规定的标题栏

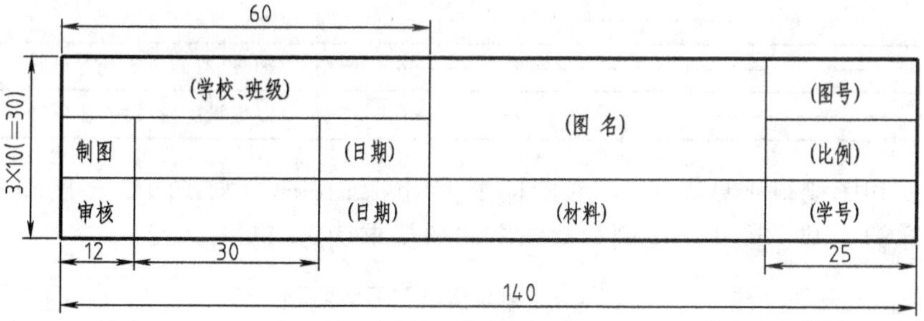

(b) 制图作业用标题栏

图 1-4 标题栏

4. 比例

技术图样所采用的比例是指：图形与其实物相应要素的线性尺寸之比。绘制图样时，应根据图样的用途与所绘图形的复杂程度从表 1-2 规定的系列中选用适当的比例。

表 1-2 比例系列

种　类	优先选用的比例	允许选用的比例
原值比例	1∶1	
放大比例	2∶1,5∶1,1×10^n∶1,2×10^n∶1,5×10^n∶1	2.5∶1,4∶1,2.5×10^n∶1,4×10^n∶1
缩小比例	1∶2,1∶5,1∶10,1∶2×10^n,1∶5×10^n,1∶1×10^n	1∶1.5,1∶2.5,1∶3,1∶4,1∶6,1∶1.5×10^n,1∶2.5×10^n,1∶3×10^n,1∶4×10^n,1∶6×10^n

注：n 为正整数。

比例一般应标注在标题栏中的比例栏内。注意：不论采用何种比例，图形中所标注的尺寸数值必须是实物的实际大小，与图形的比例无关。

5. 字体

图样中书写的汉字、数字和字母都必须做到字体工整、笔画清楚、间隔均匀、排列整齐。

字体高度（用 h 表示）的公称尺寸系列为：1.8mm，2.5mm，3.5mm，5mm，7mm，10mm，14mm，20mm。

汉字应写成长仿宋体字，并应采用国家正式公布的简化字。汉字的高度不应小于3.5mm，其字宽一般为 $h/\sqrt{2}$。长仿宋体的书写要领是：横平竖直，注意起落，结构匀称，填满方格。

字母和数字可写成直体和斜体。斜体字字头向右倾斜，与水平基准线成 75°。

6. 图线

图样中所采用的各种形式的线，称为图线。常用图线的基本线型及其主要应用见表1-3。

表 1-3 常用线型及主要应用

名称	线　型	主要应用
粗实线		可见轮廓线
细实线		尺寸线及尺寸界线,引出线等
波浪线		断裂处的边界线
细虚线		不可见轮廓线
细点画线		轴线,对称中心线等
细双点画线		假想投影轮廓线,中断线等

图线宽度和图线组别见表 1-4，在图样中采用粗细两种线宽，图线宽度和图线组别的选择应根据图样的类型、尺寸、比例和微缩复制的要求确定。

表 1-4 图线宽度和图线组别

线型组别	0.25	0.35	**0.5**	**0.7**	1	1.4	2
粗线宽度/mm	0.25	0.35	**0.5**	**0.7**	1	1.4	2
细线宽度/mm	0.13	0.13	**0.25**	**0.35**	0.5	0.7	1

注：粗体字为优先采用的图线组别。

同一图样中同类图线的宽度应基本一致。虚线、点画线及双点画线的线段长度的间隔应各自大致相等。两条平行线（包括剖面线）之间的距离不得小于 0.7mm。

点画线和双点画线两端应超出轮廓线3～5mm，且应是线段而不是点；在绘制圆的对称中心线时，圆心应当是线段的交点（见图1-5）。较短点画线和双点画线可用细实线代替。

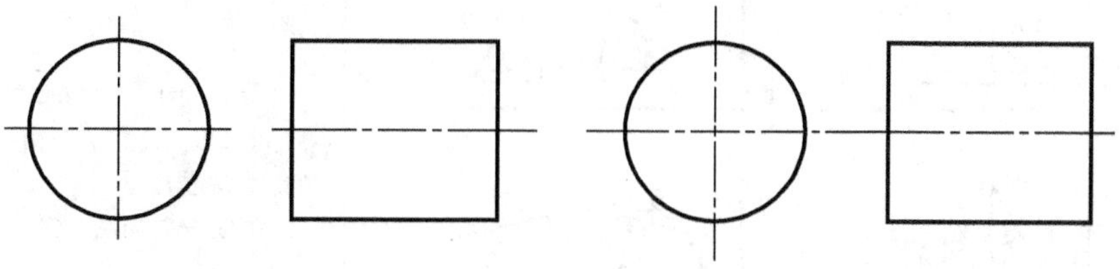

(a) 正确　　(b) 错误

图1-5　点画线的画法

活动二　认识常用化工制图工具

1. 图板、丁字尺、三角尺

图板是固定图纸用的矩形木板，一般用胶合板制成，板面要求平整光滑，左侧为导向边，必须平直。使用时应保持图板的整洁完好。

丁字尺由尺头和尺身构成，主要用来画水平线。

三角尺一副两块，分为45°和30°（60°），用于画垂直线和倾斜线。使用丁字尺和三角尺画线的基本方法见表1-5。

表1-5　使用丁字尺和三角尺画线的基本方法

分类	图示	说明
水平线画法	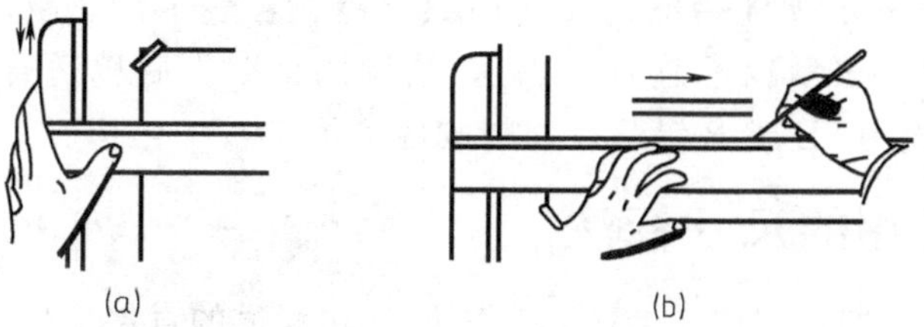	①图样上的所有水平线用丁字尺直接画出 ②绘图时，左手扶尺头，保证其内侧贴紧图板导边，首先上下推动到画线位置[见图(a)]，然后左手右移压住尺身上侧自左向右画水平线[见图(b)]
垂直线画法	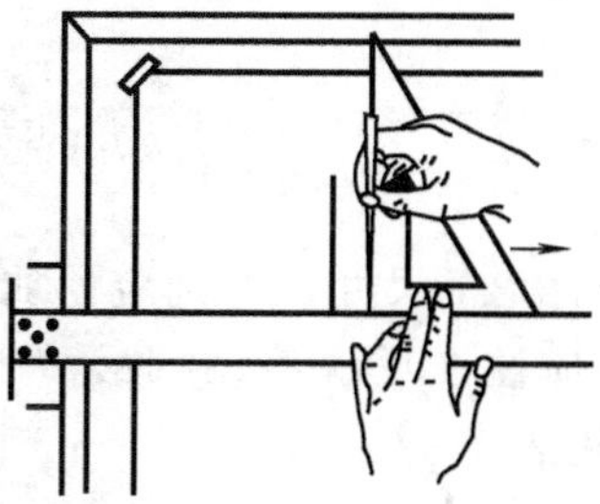	①垂直线用三角尺和丁字尺配合画出 ②画垂直线时，左手扶丁字尺尺头上下移动至合适位置，右手使三角尺一直角边靠紧丁字尺工作边左右移动至画线位置。然后用左手同时按住三角尺和丁字尺，右手持笔沿三角尺的另一直角边自下而上画线

续表

分类	图示	说明
特殊角度直线的画法	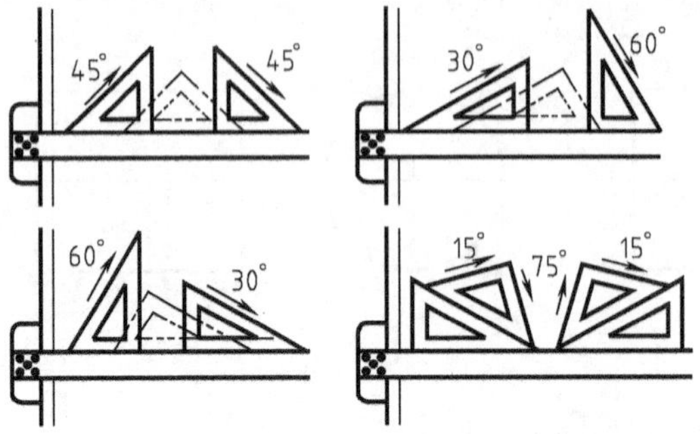	①三角尺与丁字尺配合，可画出 30°、45°、60°，以及 15°、75°等任意 15°整数倍角的特殊角度直线 ②画线方向如图中箭头所示
平行、垂直线的画法	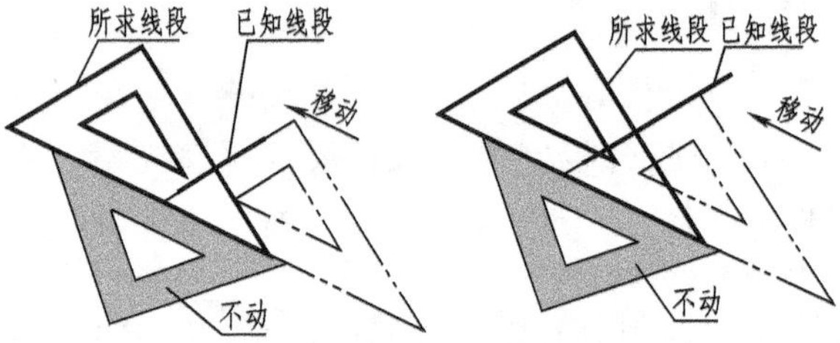	两块三角尺配合使用，可以画出任意方向的平行线和垂直线

2. 圆规、分规

圆规主要用来画圆或圆弧；分规的两脚均为钢针，用来量取尺寸和等分线段。

3. 铅笔

铅笔分硬、中、软三种。“H”表示硬性铅笔，H 前面数字越大，表示铅芯越硬（淡）。“B”表示软性铅笔，B 前数字越大，表示铅芯越软（黑），绘制图样时，底稿适合用 H 或 2H 铅笔，并削成圆锥形。加粗图线用 2B 或 B 铅笔，并削成扁平形。

活动三　认识制图中常用的尺寸标注

尺寸是图样的重要内容之一，是加工零件，装配、安装设备和管道的直接依据。标注尺寸一定要清晰完整、正确合理。

1. 尺寸标注的基本规则

① 机件的真实大小应以图样上所注的尺寸数值为依据，与图形的大小及绘图的准确度无关。

② 图样中的尺寸以 mm 为单位，不需标注单位符号（或名称），如采用其他单位，则必须注明相应的计量单位代号或名称。

③ 图样中所注尺寸为该图样所示机件的最后完工尺寸，否则应另加说明。

④ 机件的每一尺寸，一般只标注一次，并应注在反映该结构最清晰的图形上。标注尺寸时，应尽可能使用符号和缩写词，常用符号见表 1-6。

2. 尺寸的组成

一个完整的尺寸由尺寸数字、尺寸线、尺寸界线等要素组成，如图 1-6 所示。

表 1-6　常用符号和缩写词

名　称	符号或缩写词	名　称	符号或缩写词
直径	ϕ	厚度	t
半径	R	正方形	□
球直径	$S\phi$	45°倒角	C
球半径	SR	深度	↧
弧长	⌒	沉孔	⌴
均布	EQS	埋头孔	∨

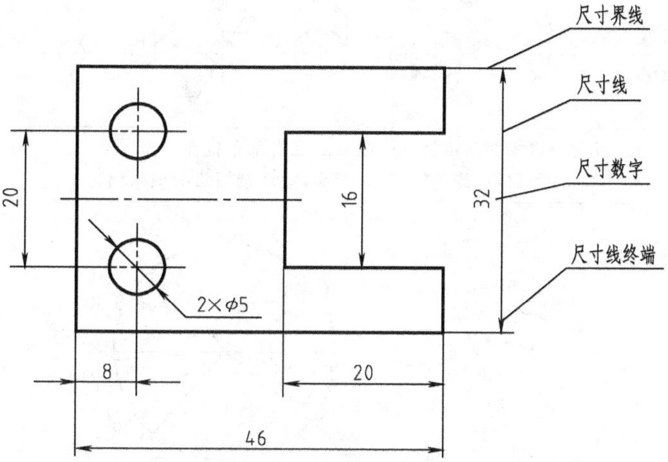

图 1-6　尺寸的组成

尺寸界线、尺寸线均用细实线绘制，其终端一般用箭头表示。图样中的尺寸数字必须清晰无误且大小一致，线性尺寸的尺寸数字一般注写在尺寸线的上方，也允许注写在尺寸线的中断处。

3. 几类特殊尺寸的标注

特殊尺寸的标注见表 1-7。

表 1-7　几类特殊尺寸的注法

直径的注法	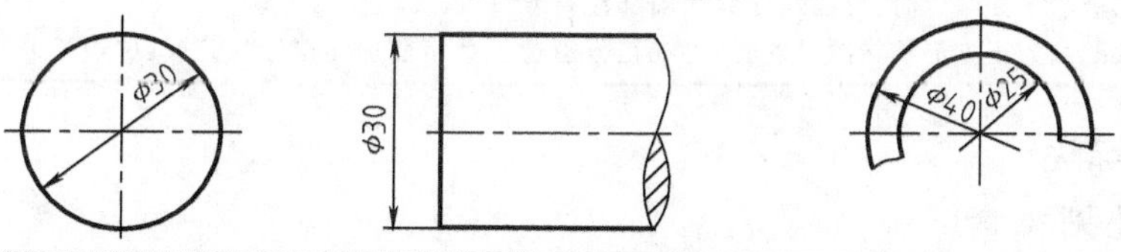 圆或大于半圆的圆弧应标注直径，尺寸数字前加注直径符号“ϕ”
半径的注法	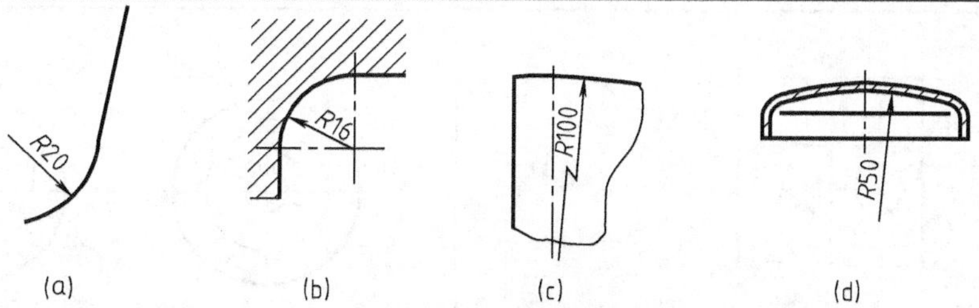 ①半圆或小于半圆的圆弧应标注半径。尺寸线自圆心引出，只画一个箭头指向圆弧。数字前加注半径符号“R” ②大圆弧的半径可按图(c)形式标注，若不需要标注其圆心位置时，可按图(d)标注

续表

狭小部位的尺寸注法	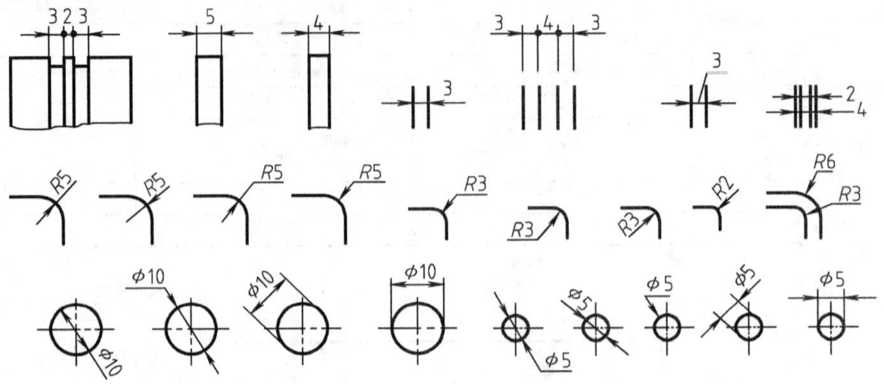
	①当没有足够位置画箭头和数字时，可将其中之一或二者都布置在外面 ②标注一连串小尺寸时，可用圆点(或斜线)代替箭头，但两端箭头必须画出
角度	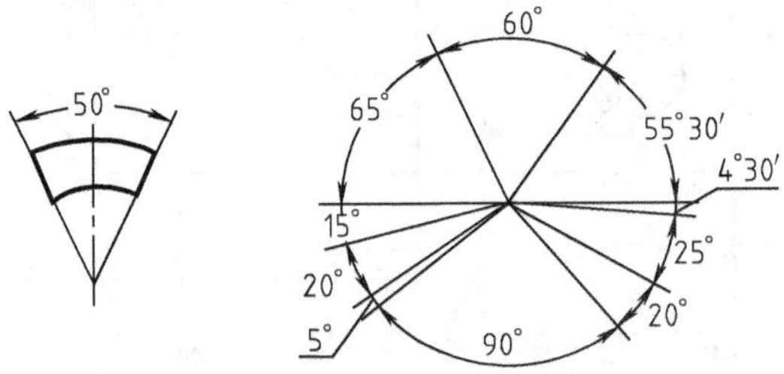
	①角度的尺寸界线沿径向引出，以角顶为圆心的圆弧作为尺寸线 ②角度的数字一律水平注写，一般注写在尺寸线的中断处，必要时也可注写在外面、上方或引出标注
球面、厚度、正方形	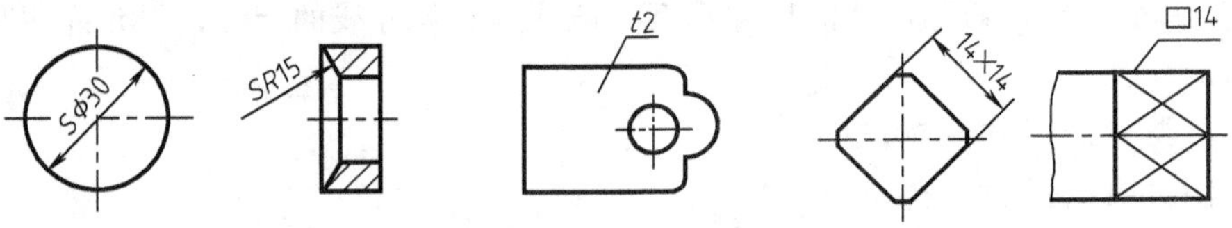
	①标注球面尺寸时，在“φ”或“R”前加注符号“S” ②标注板状零件厚度时，可在尺寸数字前加注符号“t” ③标注断面为正方形结构的尺寸时，可在正方形边长数字前加注符号“□”或以“边长×边长”形式标注

4. 简化标注

简化标注见表 1-8。

表 1-8 简化注法

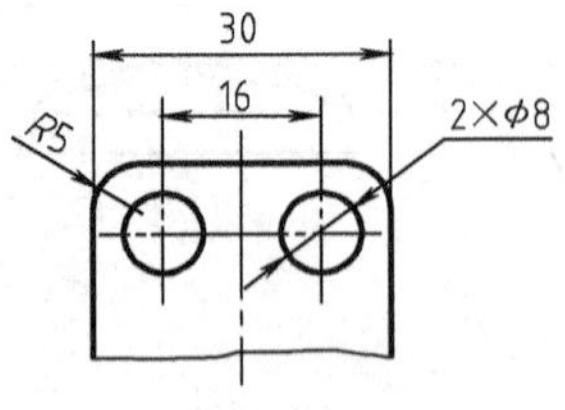	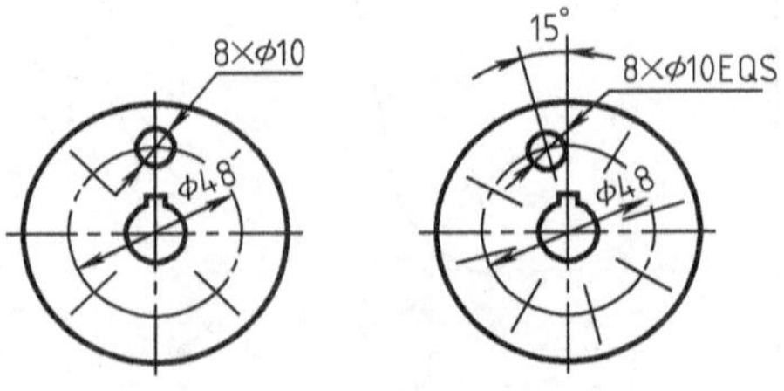
当图形具有对称中心线时，分布在对称中心线两边的相同结构，仅标注其中一边的结构尺寸	在同一图形中，对于尺寸相同的孔、槽等成组要素，可仅在一个要素上注出其尺寸和数量，必要时用“EQS”表示均布

续表

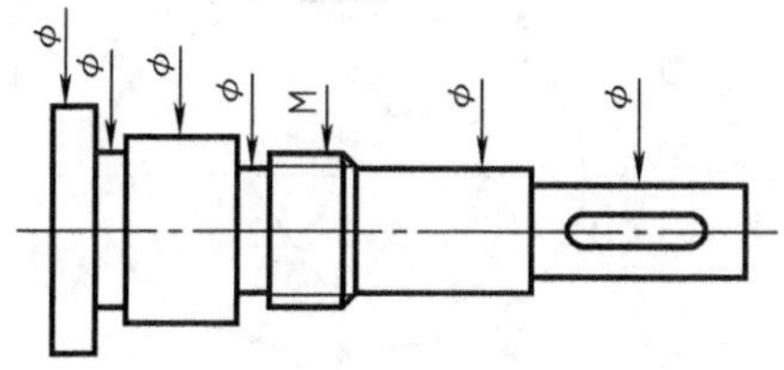

标注尺寸时，可采用带箭头的指引线

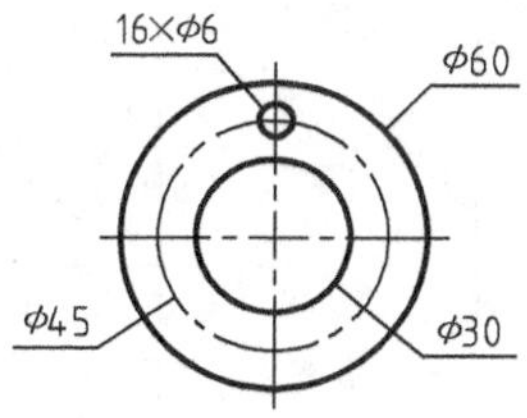

标注尺寸时，也可采用不带箭头的指引线

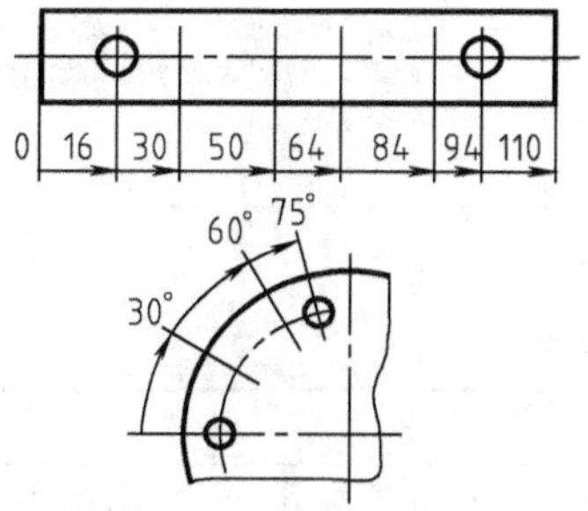

从同一基准出发的尺寸可按上图的形式标注

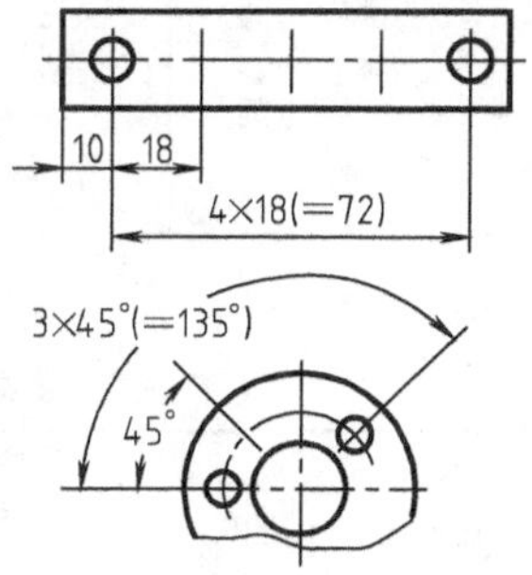

间隔相等的链式尺寸可按上图简化

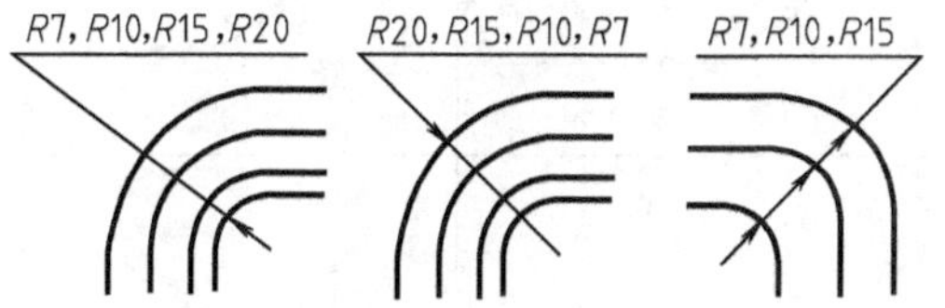

一组同心圆弧或圆心位于一条直线上的多个不同心圆弧的尺寸，可用共用的尺寸线箭头依次表示

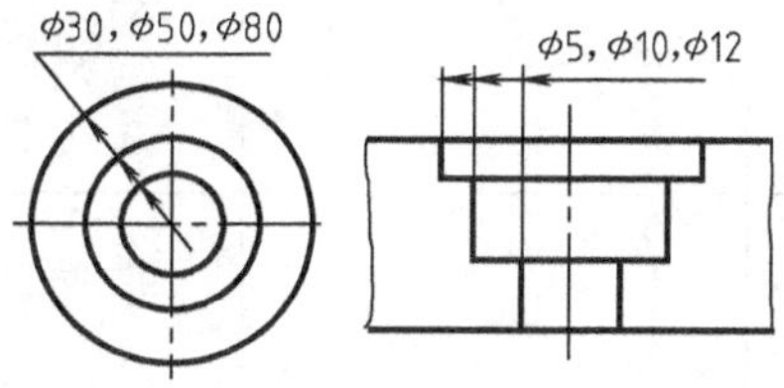

一组同心圆或尺寸较多的台阶孔的尺寸，也可用共用的尺寸线和箭头依次表示

活动四　认识常用几何作图的方法

1. 椭圆的近似画法

椭圆是一种常见的非圆曲线。已知椭圆长、短轴时，可采用“四心法”近似作图。“四心法”画椭圆的步骤如图 1-7 所示。

2. 圆弧连接的画法

用一圆弧光滑地连接相邻两线段的作图方法，称为圆弧连接。在绘制机件的图形时，经常遇到圆弧连接。

画圆弧连接有三个步骤：

① 求圆心（即连接圆弧的圆心）；

② 找切点；

③ 画圆弧。

圆弧连接有多种类型，作图方法大同小异，见表 1-9。

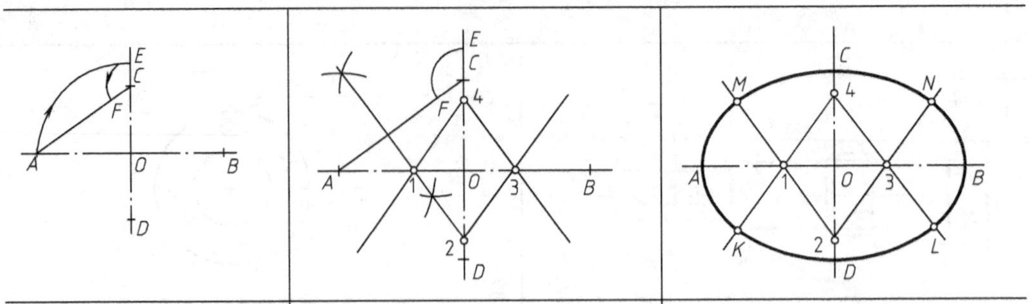

(a)画出长短轴AB、CD，连接AC，以O为圆心，OA为半径画弧交短轴于E点。再以C为圆心，CE为半径画弧交AC于F点	(b)作AF的垂直平分线分别交长、短轴于1、2点，对称地求出3、4点，此四点即为所求的四圆心。再连接并延长21、23、43、41，以确定四段圆弧的切点	(c)分别以H2、4为圆心，2C、4D为半径画弧MN、KL；再以1、3为圆心，1A、3B为半径画弧KM、NL，完成椭圆

图 1-7 “四心法”画椭圆

表 1-9 圆弧连接的作图方法

类别		已知条件（被连接线段和连接弧半径）	作图步骤		
			①求连接弧圆心	②求连接点（切点）	③画连接弧
连接两已知直线	一般情况	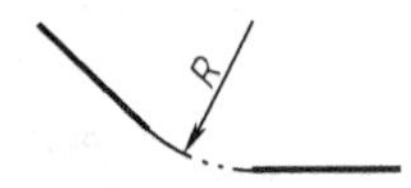	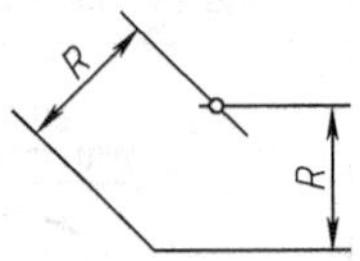	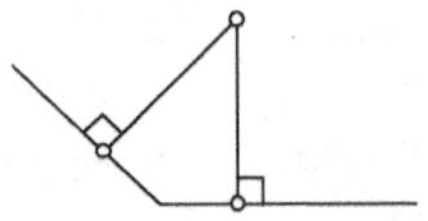	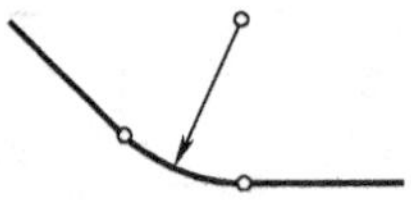
连接两已知直线	直角情况下的简化画法	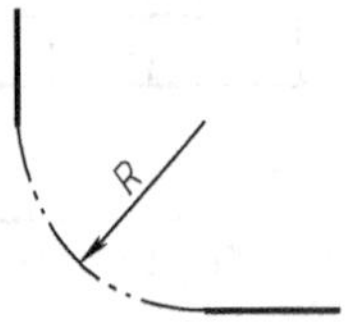	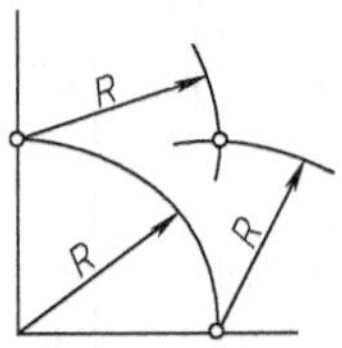		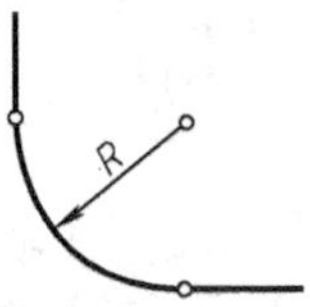
连接直线和圆弧	与圆弧外连接	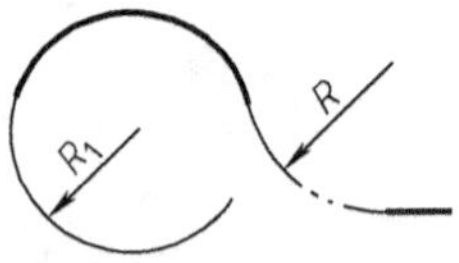	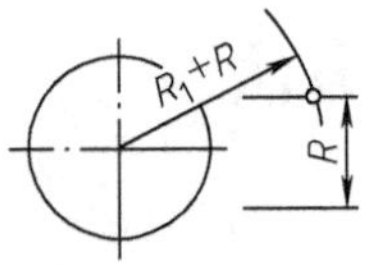	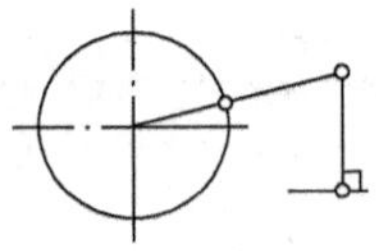	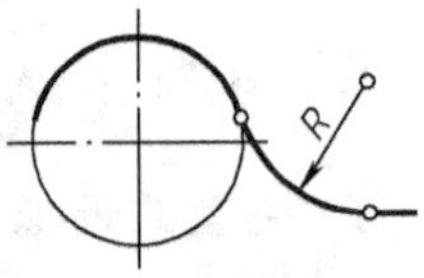
连接直线和圆弧	与圆弧内连接	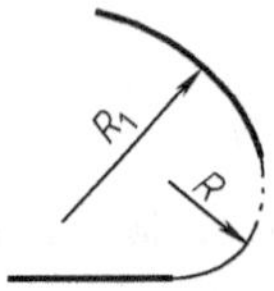	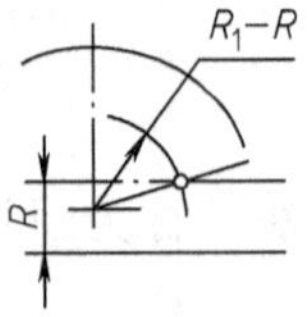	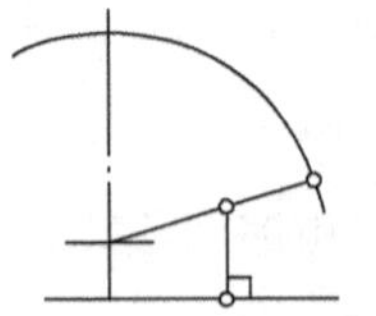	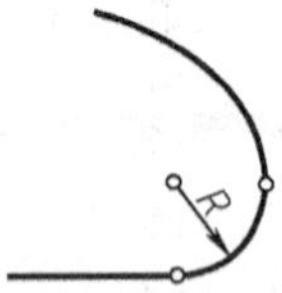
连接两已知圆弧	外连接	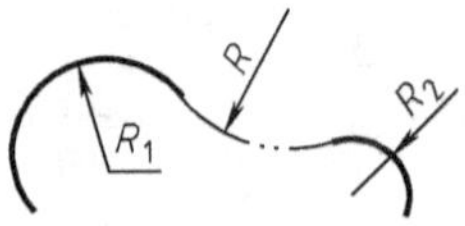	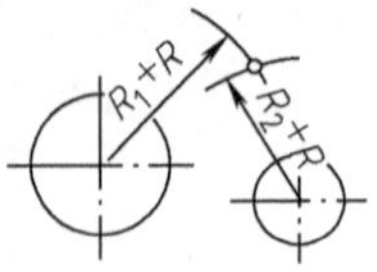	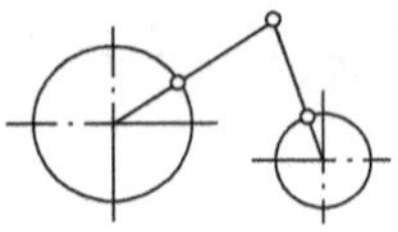	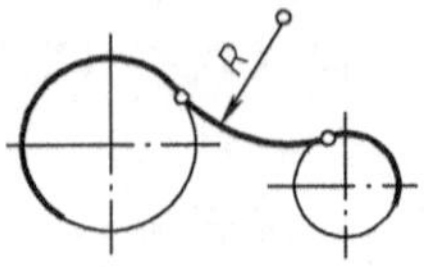

续表

类别		已知条件（被连接线段和连接弧半径）	作图步骤		
			①求连接弧圆心	②求连接点（切点）	③画连接弧
连接两已知圆弧	内连接	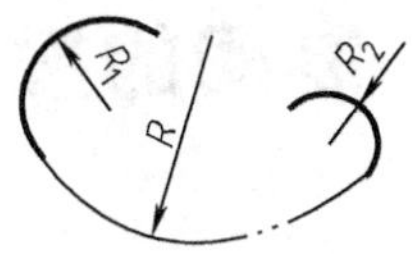	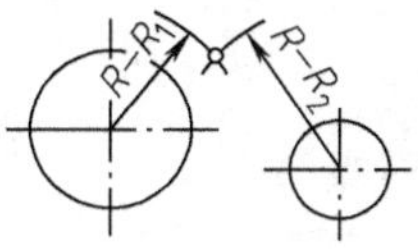	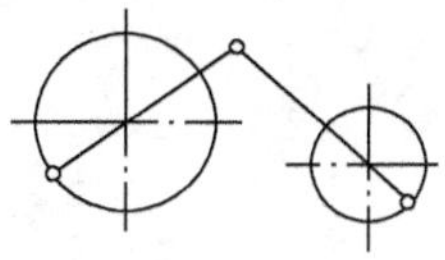	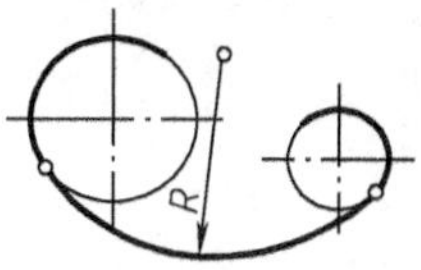
	混合连接	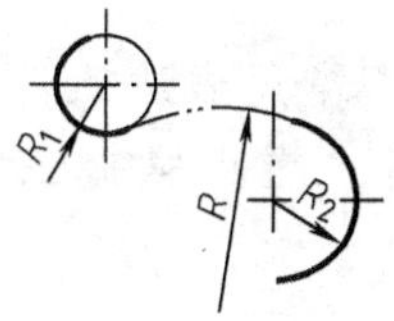	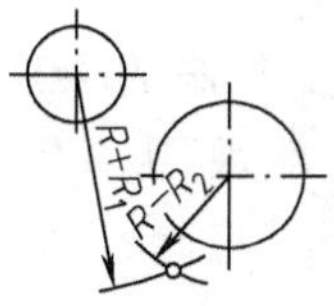	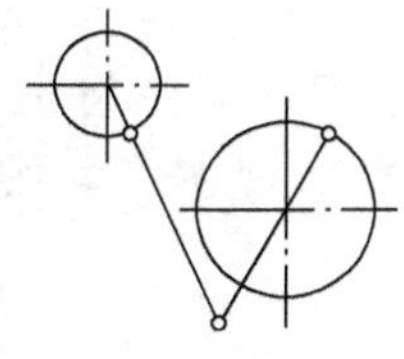	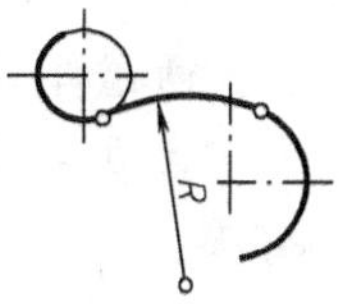

通过本活动的学习，完成下列练习

（1）采用四心画法画一长轴为 80mm，短轴为 60mm 的椭圆。

（2）按照图例和给定半径图 1-8 参照表 1-9 完成圆弧连接，标出连接弧圆心和连接点。

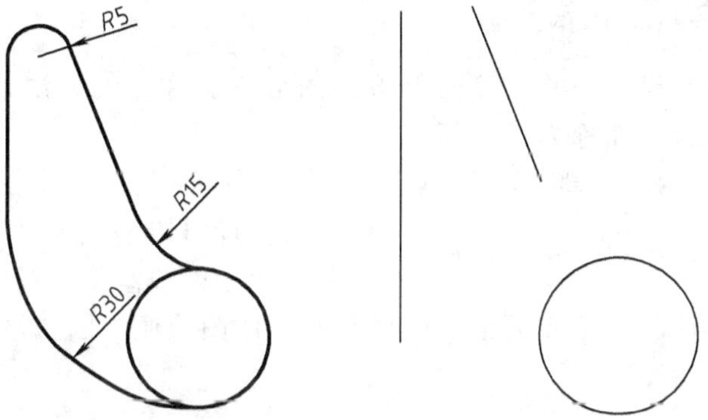

(a)

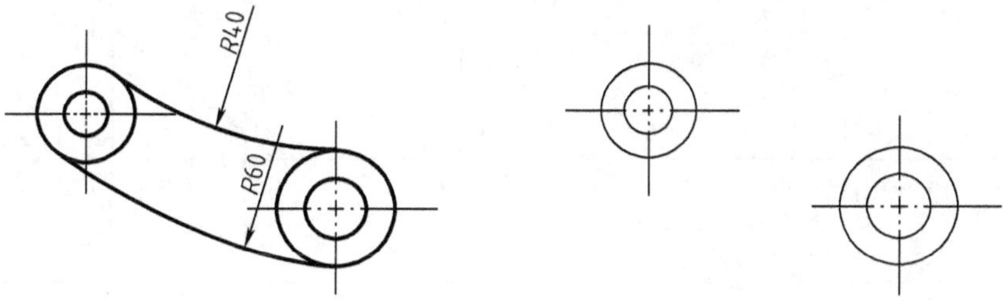

(b)

图 1-8 完成圆弧连接

课题二

制图的投影基础

教学目标

通过本课题的学习，学生将了解正投影法的原理，掌握常见表达机件的图样画法，如向视图、局部视图、斜视图、剖视图、断面图等，重点掌握三视图的画法。

知识目标

能了解正投影法，掌握物体三视图的识读与绘制。

技能目标

能在教师指导下，正确识读与绘制几何物体的各种图样。

活动一 学习正投影法的概念

投射线通过物体向选定的面投射，并在该面上得到图形（影像）的方法，称为投影法。得到的图形称为投影，得到投影的面称为投影面。

投影法
- 中心投影法：投射线汇交于一点
- 平行投影法：投射线相互平行
  - 正投影法：投射线垂直于投影面
  - 斜投影法：投射线倾斜于投影面

正投影法能真实地反映物体的形状和大小，度量性好，作图简便，因此，它是绘制工程图样主要使用的投影法。

正投影的基本性质如下。

① 真实性：当直线或平面平行于投影面时，投影反映实形，如图 1-9 和图 1-10 所示。

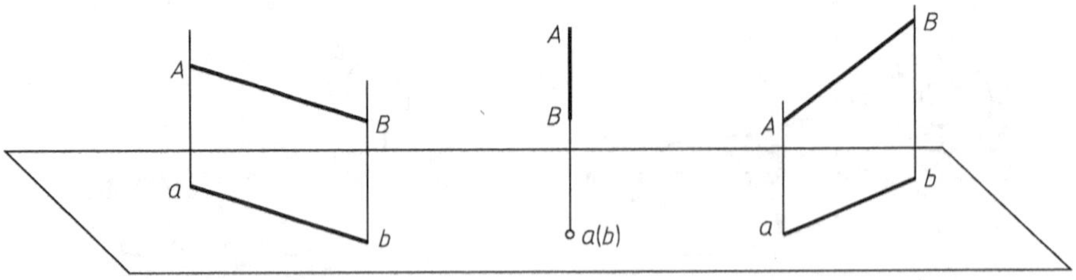

图 1-9 直线的投影

② 积聚性：当直线或平面垂直于投影面时，直线的投影积聚成点，平面的投影积聚成一条线，如图 1-9 和图 1-10 所示。

③ 类似性：当直线或平面倾斜于投影面时，直线的投影变短，平面的投影为原形的类

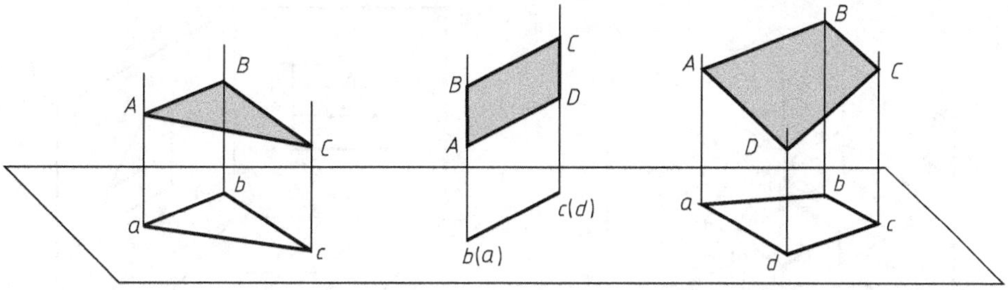

图 1-10 平面的投影

似形，如图 1-9 和图 1-10 所示。

活动二 学习物体三视图的画法

根据正投影法所绘制出物体的图形称为视图。

一般情况，一个视图不能完整地反映三维形体的空间形状，故将物体置于三面投影体系中，可得到物体的三视图。

1. 三面投影体系

三面投影体系由三个互相垂直的投影面所组成，如图 1-11 所示，

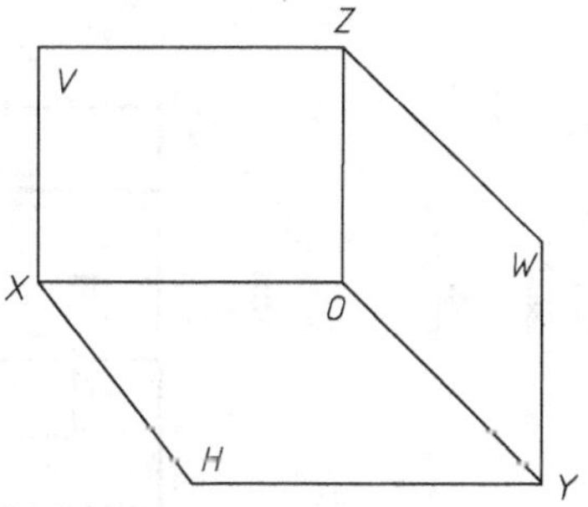

图 1-11 三面投影体系

正面：用 V 表示
水平面：用 H 表示
侧面：用 W 表示

相互垂直的投影面之间的交线，称为投影轴，分别为 OX 轴，OY 轴，OZ 轴。

2. 三视图的形成

将物体置于三投影面体系中，按正投影法分别向三个投影面投影，得到物体的三视图。

主视图：从前向后投影在 V 面的投影
俯视图：从上向下投影在 H 面的投影
左视图：从左向右投影在 W 面的投影

为了在同一张图纸上画出三个视图，需将三个投影面展开到同一图面上，展开方式规定：V 面不动，H 面绕 OX 轴向下旋转 90°，W 面绕 OZ 轴向右旋转 90°，如图 1-12 所示。

3. 三视图的投影规律

(1) 位置关系　以主视图为准，俯视图在正下方，左视图在正右方，必须按照这一位置关系来配置。

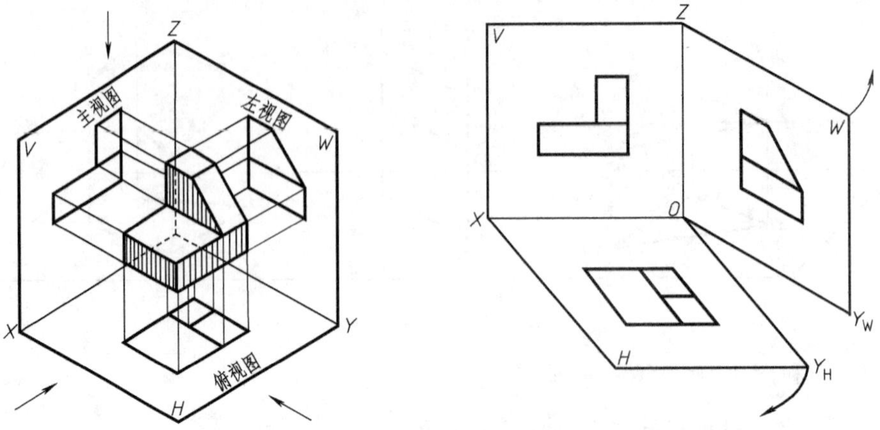

(a) 物体的三视图　　(b) 三投影面的展开

图 1-12　三视图的形成

(2) 尺寸关系　物体有长、宽、高三个方向的尺寸，主视图反映长和高，俯视图反映长和宽，左视图反映宽和高；三视图之间的尺寸关系符合“三等”规律，即“长对正、高平齐、宽相等”，不仅针对形体的总体尺寸，形体上的每一几何元素，也要符合“三等”规律。如图 1-13 所示。

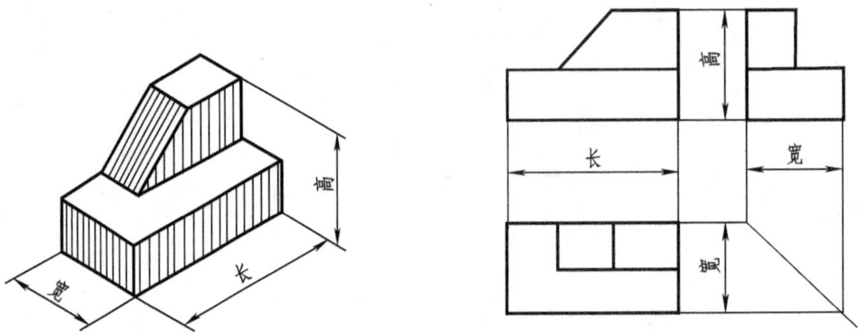

(a) 物体上的长、宽、高　　(b) 物体上的长、宽、高

图 1-13　三视图之间的对应关系

(3) 方位关系　物体有上、下、左、右、前、后六个方位。在三视图中，主视图反映物体的上、下和左、右；俯视图反映物体的左、右和前、后；左视图反映物体的上、下和前、后。如图 1-14 所示。

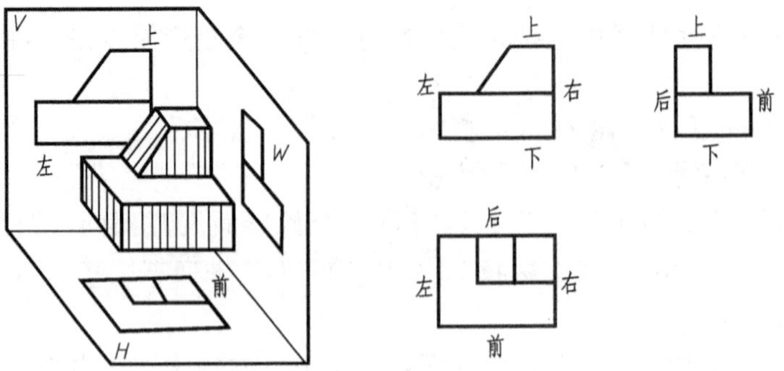

图 1-14　视图和物体的方位对应关系

4. 三视图的作图方法与步骤

根据物体（或轴测图）画三视图时，首先应分析物体的形状，将物体的位置摆正（使其主要表面与投影面平行），选择反映物体形状特征最明显的方向作为主视图的投影方向，再确定图纸幅面和绘图比例；作图时，一般先画出三个视图的作图基准线，再从主视图入手，根据“长对正、高平齐、宽相等”的投影规律，依次画出各部分的视图，具体步骤如图 1-15 所示。

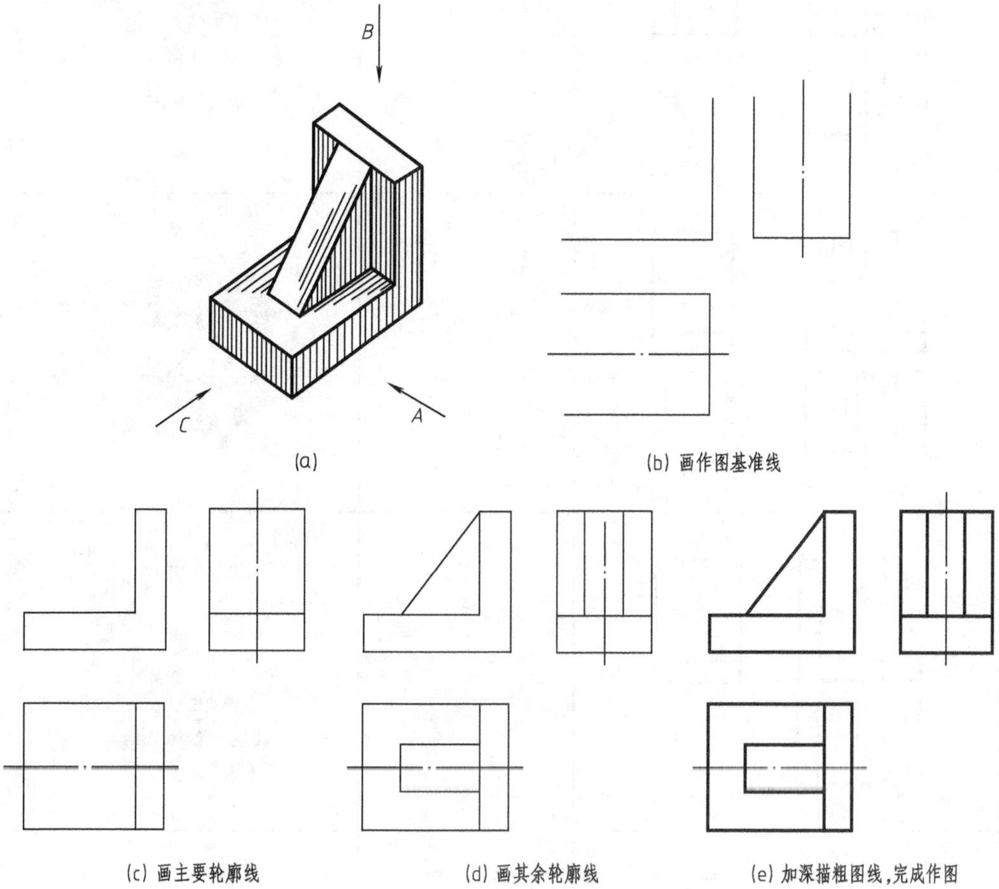

图 1-15 支架的作图步骤

通过本活动的学习，完成下列练习

（1）根据表 1-10 中三视图，将对应的轴测图代号填入表 1-10 相应空格处。

表 1-10 三视图的阅读

序号	三 视 图	对应立体图代号	立体图及代号
1	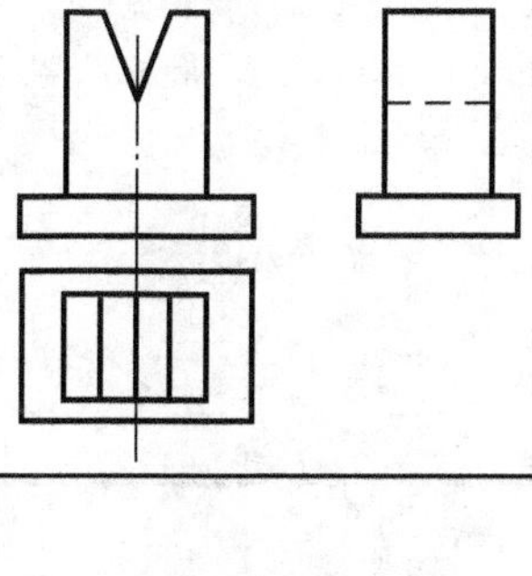		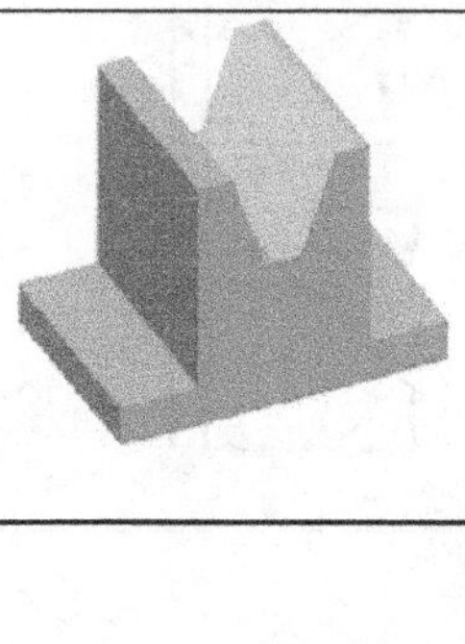 (a)

续表

序号	三 视 图	对应立体图代号	立体图及代号
2	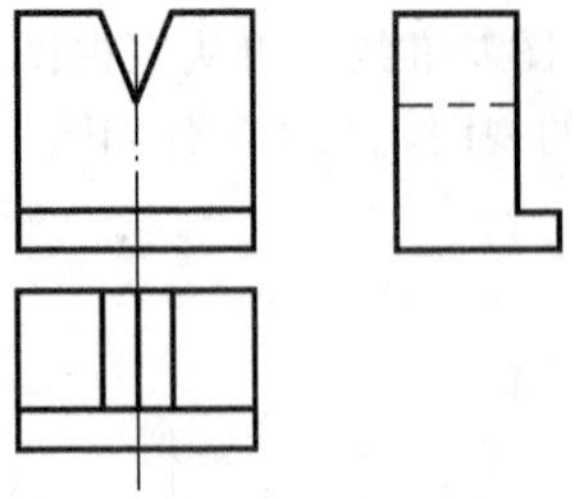		 (b)
3	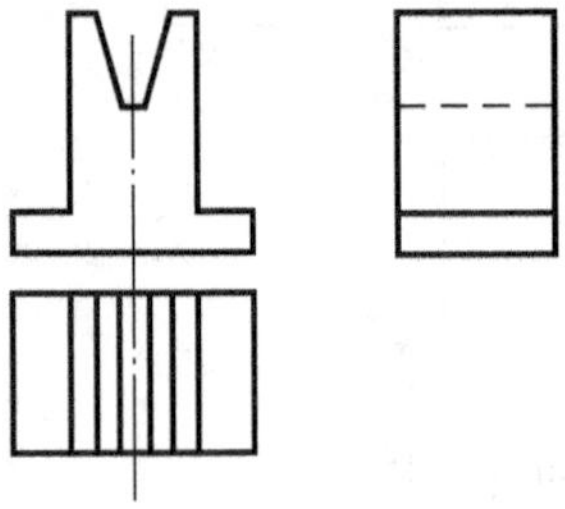		 (c)
4	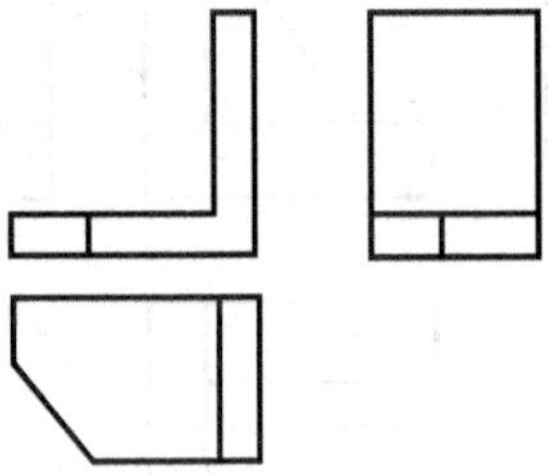		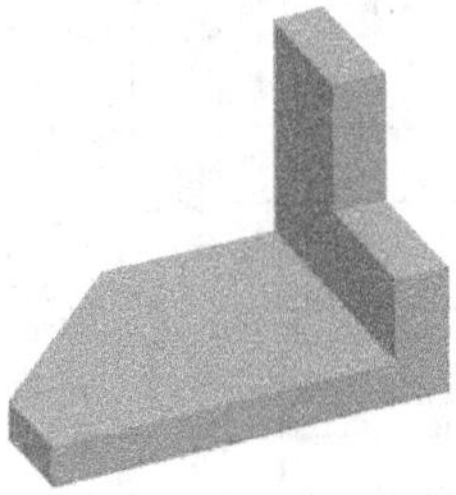 (d)
5	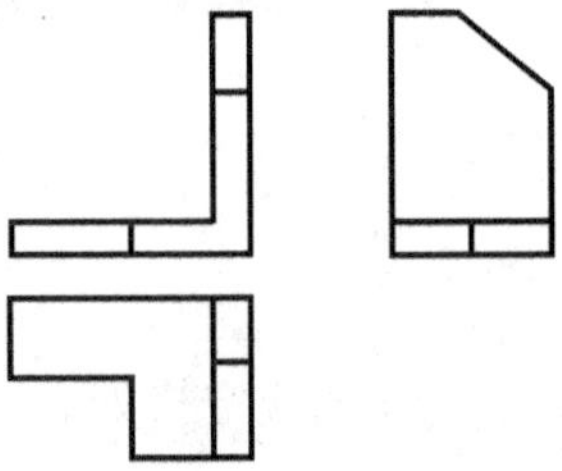		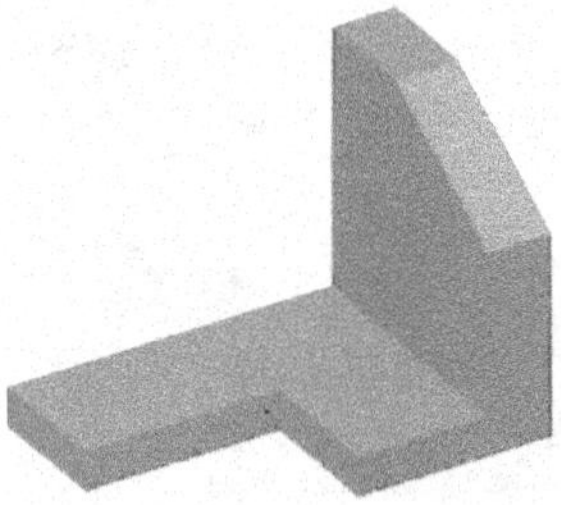 (e)
6	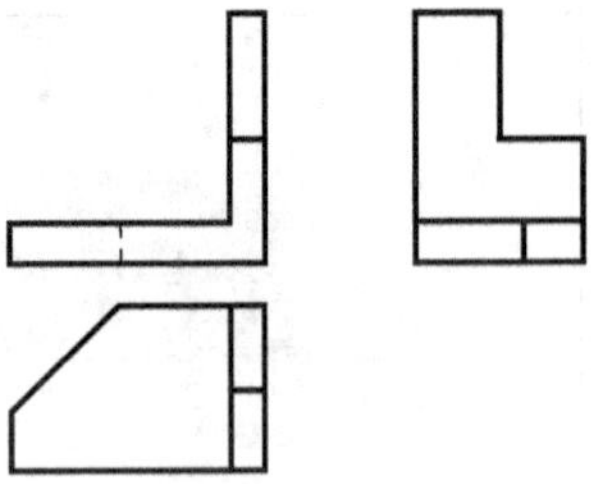		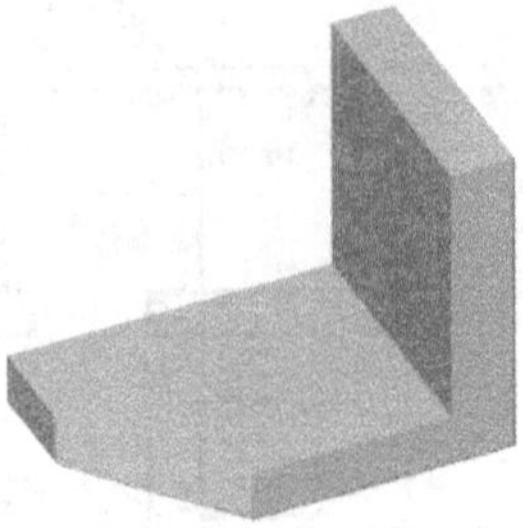 (f)

（2）参考轴测图，根据二视图，补画第三视图，完成表 1-11。

表 1-11　补画三视图

序号	三　视　图	轴测图(仅供参考)
1	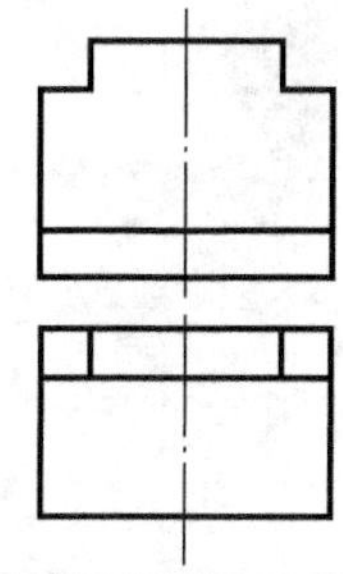	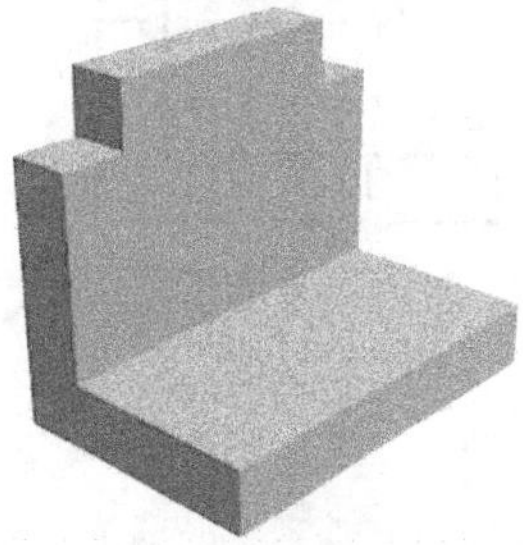
2	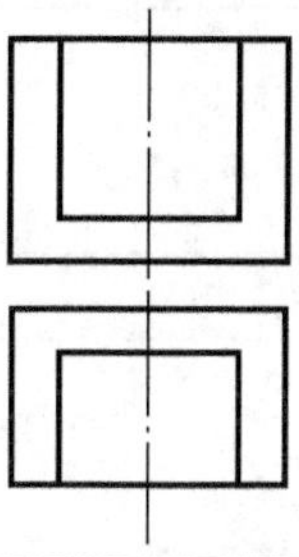	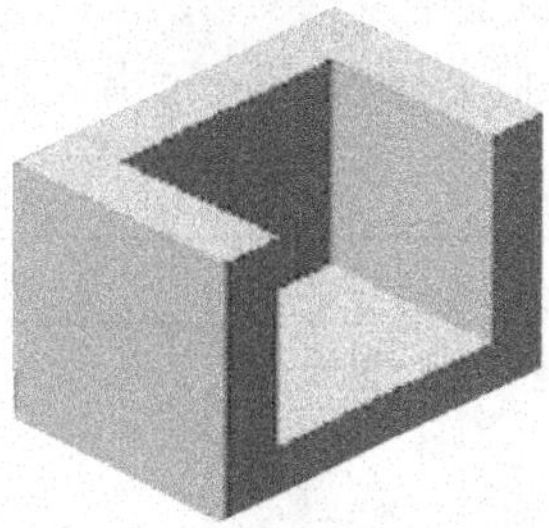
3	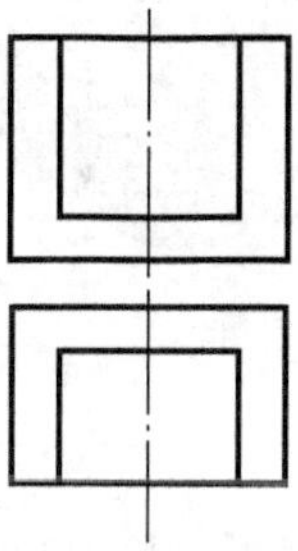	
4	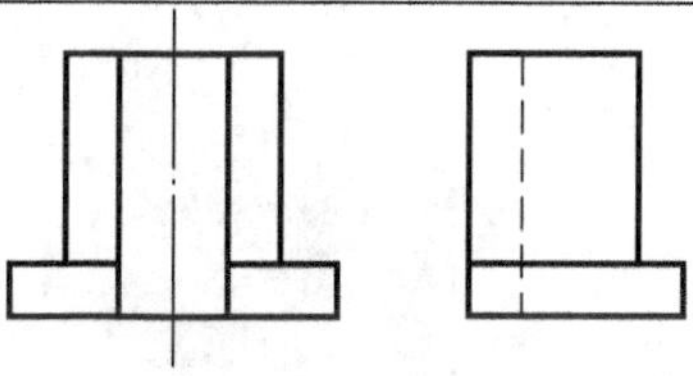	
5	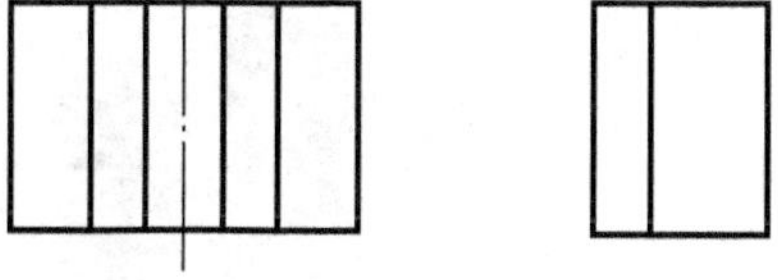	

续表

序号	三视图	轴测图(仅供参考)
6	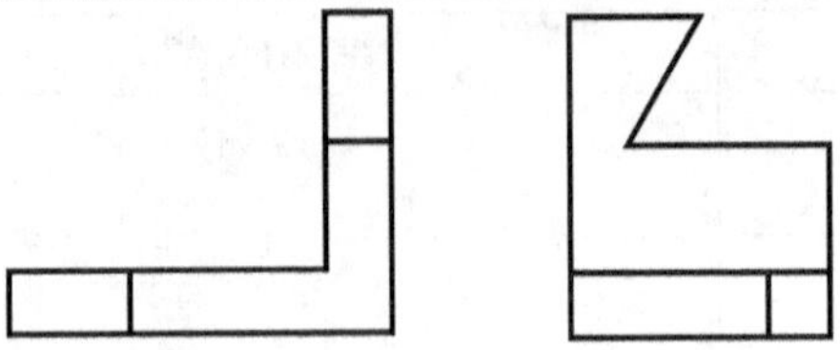	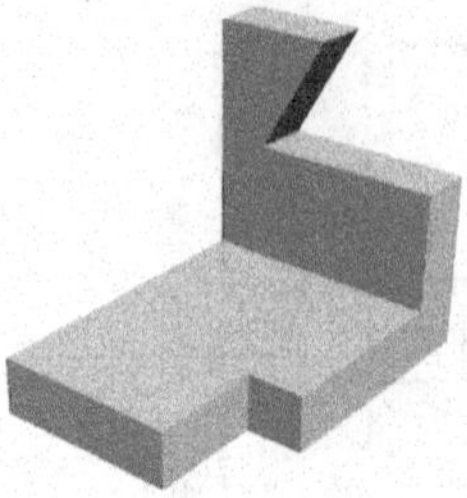

(3) 根据轴测图，画出三视图，尺寸直接在轴测图上量取，完成表 1-12。

表 1-12 画三视图

序号	三视图	轴测图
1		
2		
3		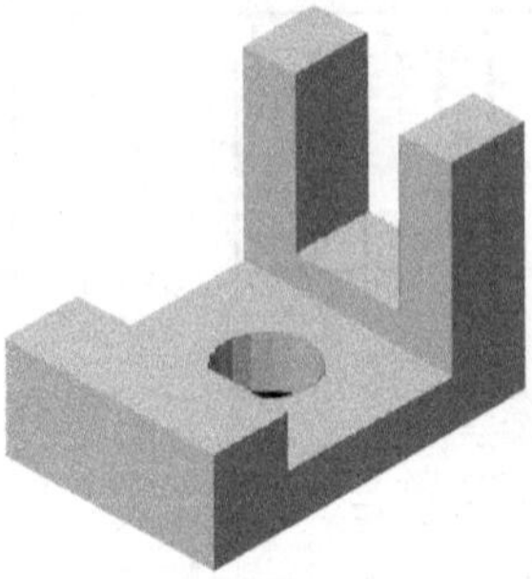

续表

序号	三视图	轴测图
4		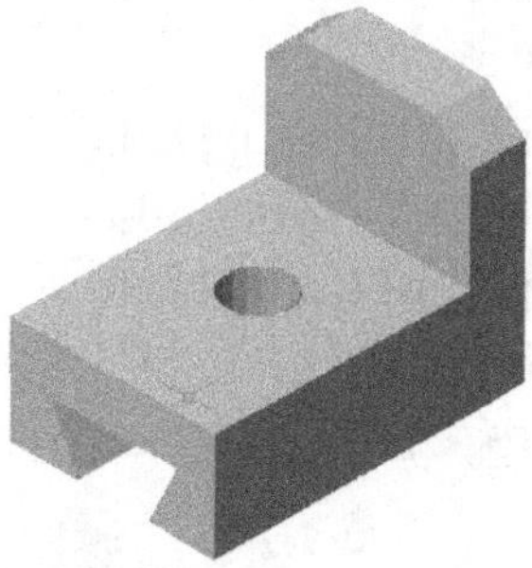

活动三　认识其他的图样画法

前面已经介绍了物体三视图的画法，但在生产实际中，对形状、结构比较复杂的机件，仅采用主、俯、左三个视图，难以将它们的内、外形状完整清晰地表达出来。为此，国家标准《技术制图》、《机械制图》中规定了一系列的图样画法。

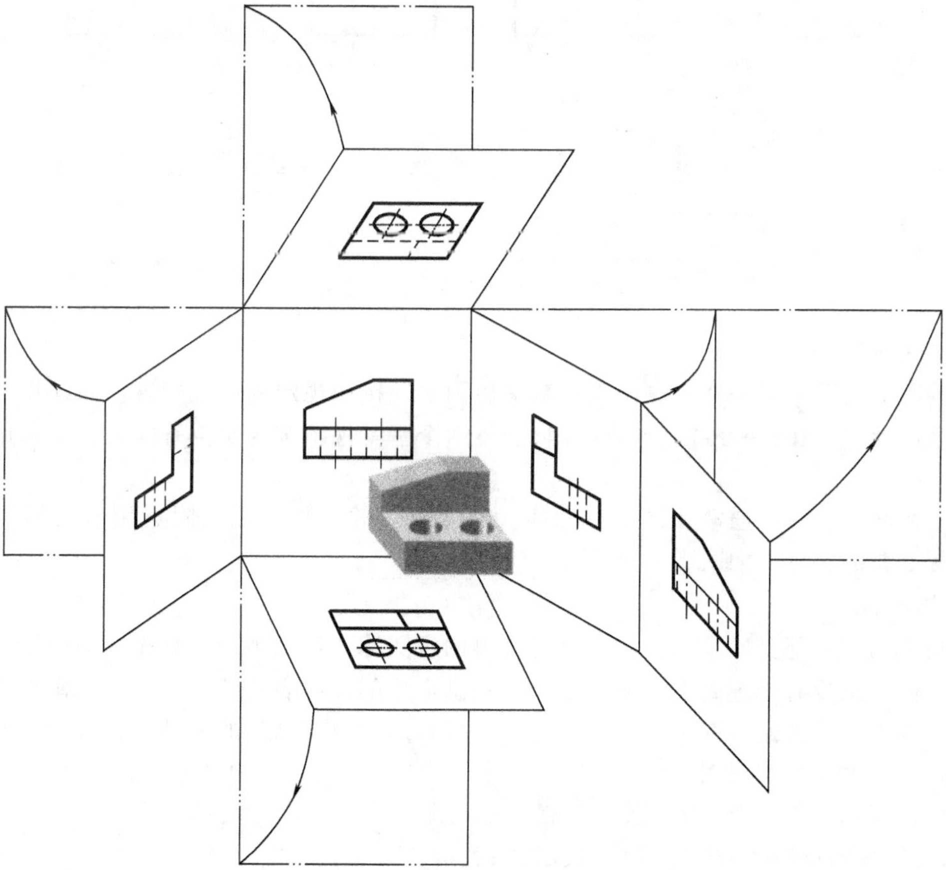

图 1-16　六个基本投影面的展开方法

1. 基本视图

三视图可以表达机件三个方向的形状，而一个物体共有六个方向，在原来三个投影面的基础上，再增加三个投影面，构成一个正六面体。以六个面作为基本投影面，将机件向六个基本投影面投射所得的视图称为基本视图；除原来的主视图、俯视图、左视图外，又增加了三个：

仰视图，由下向上投射；

后视图：由后向前投射；

右视图：由右向左投射。

六个视图之间仍然存在“长对正、高平齐、宽相等”的投影关系，六个视图的位置按基本位置配置，如图 1-16、图 1-17 所示，不需标注视图名称。

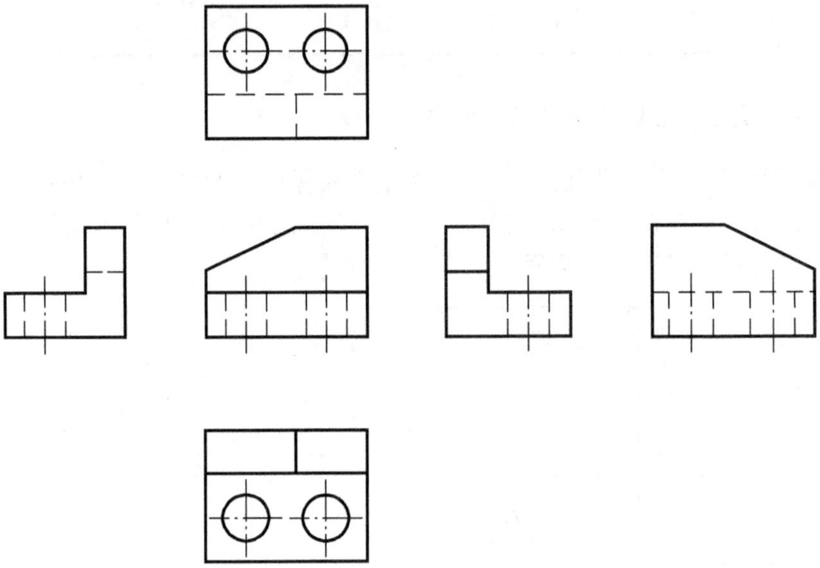

图 1-17　六个基本视图的配置

2. 向视图

向视图是视图的另一种表现形式。基本视图必须按照规定的位置配置，而向视图是可以自由配置的视图。在实际绘图中，如果难以将六个基本视图按规定位置配置，可采用向视图的形式。

向视图必须标注，通常在其上方标注大写字母，并在相应视图附近用箭头指明投射方向，并标注相同字母，如图 1-18 所示。

3. 局部视图

将机件的某一部分向基本投影面投射所得的视图称为局部视图。如图 1-19 所示的机件，主视图和俯视图没有把圆筒上左侧凸台和右侧拱形槽的形状表达清楚，若为此画出左视图和右视图，则大部分表达内容是重复的，因此，可将凸台及开槽处的局部结构分别向基本投影面投射，即得两个局部视图。

画局部视图时应注意以下几点。

① 局部视图断裂处的边界线应以波浪线表示。

② 当局部视图表示的局部结构完整，且外形轮廓为封闭图形时，可省略波浪线。

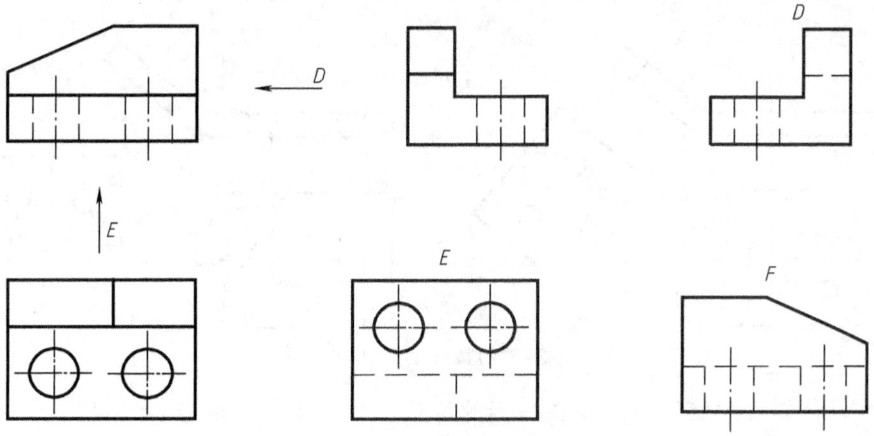

图 1-18 向视图的配置和标注

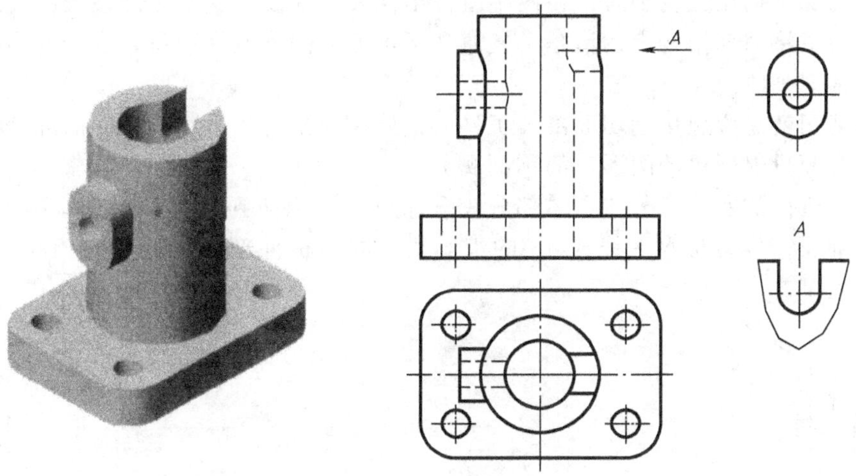

图 1-19 局部视图的画法和标注

③ 画局部视图时，一般应在局部视图的上方标注字母，在相应的视图附近用箭头指明投射方向并注上相同字母。

④ 当局部视图按基本视图的位置配置，中间没有其他图形隔开时，可省略标注。

4. 斜视图

当机件中某些结构倾斜，基本视图不能反映实形，为了能清晰地将这部分倾斜结构的实形表达出来，可增加一个仅平行于倾斜结构的平面作为新投影面，将倾斜结构向新投影面投射，就可得到反映实形的视图。这种将机件向不平行于任何基本投影面的平面投射所得的视图称为斜视图，如图 1-20 所示。

画斜视图应注意以下几点。

① 斜视图主要用来表达机件上倾斜部分的实形，所以其余部分不必全部画出，而是用波浪线断开。当所表示的结构是完整的，且外形轮廓线封闭时，波浪线可省略。

② 必须在视图上方标注大写字母，在相应视图的附近用箭头指明投射方向，并注上相同字母。

③ 斜视图一般配置在箭头所指的方向，且符合投影关系，必要时也可以配置在其他适当位置。

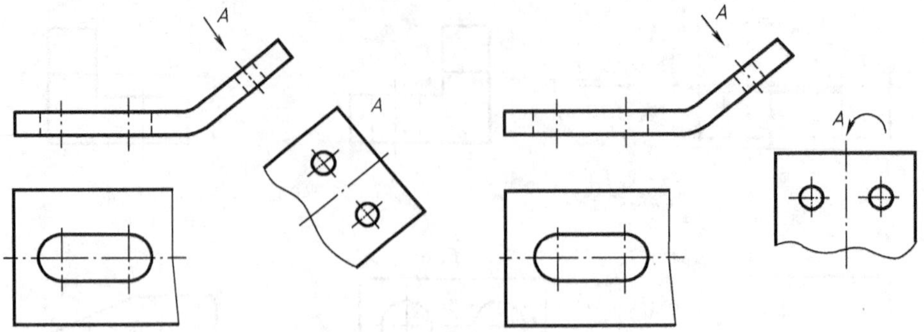

图 1-20 斜视图的画法和标注

④ 也可以将斜视图旋转后配置在适当的位置，并标注旋转符号“⌒”。

5. 剖视图

当机件内部结构比较复杂时，视图中就会出现很多虚线，这给画图、读图及标注尺寸增加了困难，为了将内部结构表达清楚，使原来不可见的部分变为可见，虚线变为实线，可采用规定的剖视图画法。

所谓剖视图就是假想用剖切面剖开机件，把处在观察者和剖切面之间的部分移去，将其余部分向投影面投射所得的图形，简称剖视。

为了分清机件的实体部分与空体部分，国标规定被剖切到的实体部分应画上剖面符号，金属材料的剖面符号为与水平线成 45°的细实线，同一机件剖面线的方向相同，间隔均匀。如图 1-21 所示。

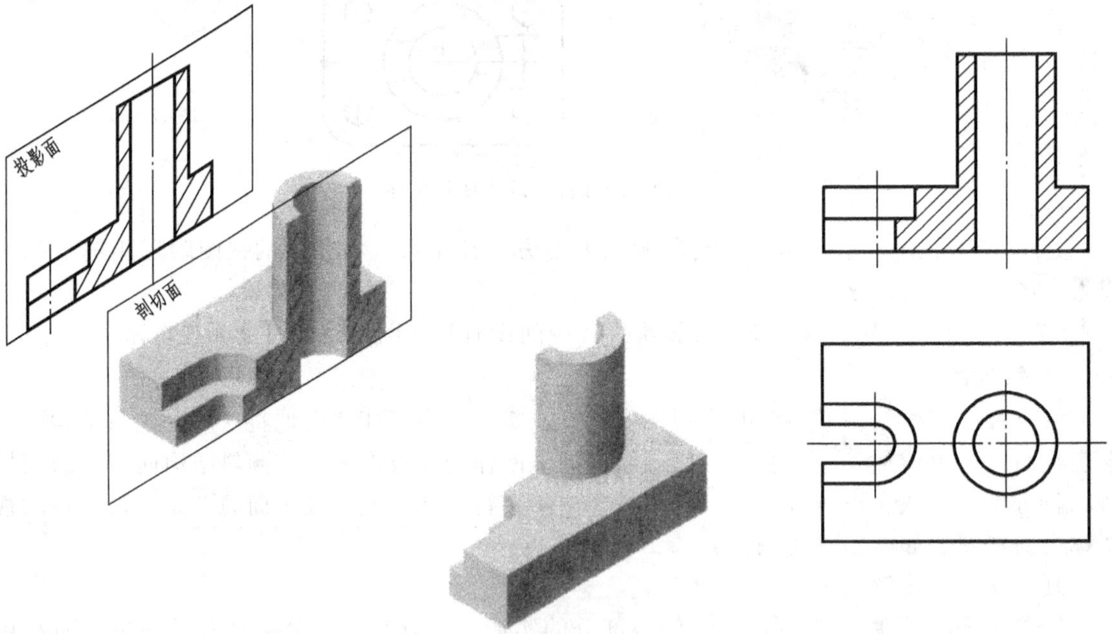

图 1-21 机件的剖视图表达

画剖视图应注意的问题如下。

① 剖切平面是假想的，视图画成剖视图后，其他视图不受影响。

② 剖切平面位置的选择，应通过相应内部结构的轴线或对称平面，可以是平面或曲面，也可以是多个面的组合，应用最多的是采用与基本投影面平行的平面作为剖切面。

③ 剖切后剩余部分，应全部向投影面进行投射，可见轮廓线用粗实线画出，剖面线用细实线画出，不可见的虚线凡是在其他视图中已经表达清楚的结构可省略不画。

按剖切平面剖开机件的范围不同，剖视图可分为全剖视图、半剖视图和局部剖视图三种。

(1) 全剖视图　用剖切面完全剖开机件所得的剖视图。主要用于表达机件整体的内部形状。剖切面包括单一剖切面，几个相交的剖切面，几个平行的剖切面等。

(2) 半剖视图　当机件具有对称平面时，向垂直于对称平面的投影面上投射所得的图形，可以对称中心线为界，一半画成剖视图，另一半画成视图，这种组合的图形称为半剖视图。适用于内、外形状均需表达的对称机件或基本对称机件，如图 1-22 所示。

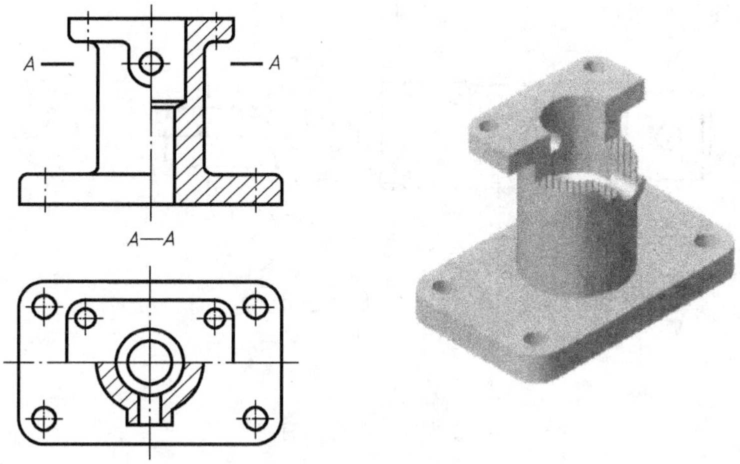

图 1-22　半剖视图

(3) 局部剖视图　用剖切面局部地剖开机件所得的剖视图称为局部剖视图，是一种内外形状兼顾的剖视图，它不受机件是否对称的限制，剖切位置和剖切范围可根据表达需要确定，是一种比较灵活且应用广泛的表达方法，如图 1-23 所示。

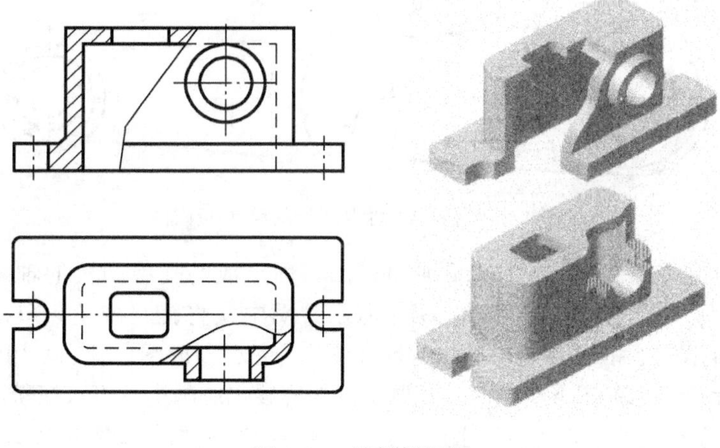

图 1-23　局部剖视图

局部剖视图用波浪线（或双折线）表示机件实体断裂面的投影，不能超出图形。

剖视图需要标注，一般在剖视图的上方用大写字母标出剖视图的名称“$X—X$”。在相应视图上用剖切符号（粗短画，长度约为 $6d$，d 为粗实线宽度，如图 1-21 中 $A—A$。）表示剖切位置，用箭头表示投影方向，并标注相同的字母。当剖视图按照投影关系配置，中间又没有其他图形隔开时，可省略箭头。当单一剖切平面通过机件的对称面或基本对称面，且剖视图按投影关系配置，中间又没有其他视图隔开时，不必标注。

6. 断面图

假想用剖切面将机件的某处切断，仅画出该剖切面与机件接触部分的图形称为断面图。图形简洁，重点突出，常用来表达轴上的键槽、销孔等结构，以及表达机件的肋、轮辐、型材、杆件的断面形状。

断面图分为移出断面图和重合断面图。

（1）移出断面图　画在视图轮廓之外的断面图称为移出断面图。轮廓线用粗实线绘制，通常配置在剖切线的延长线上，如图 1-24 所示。

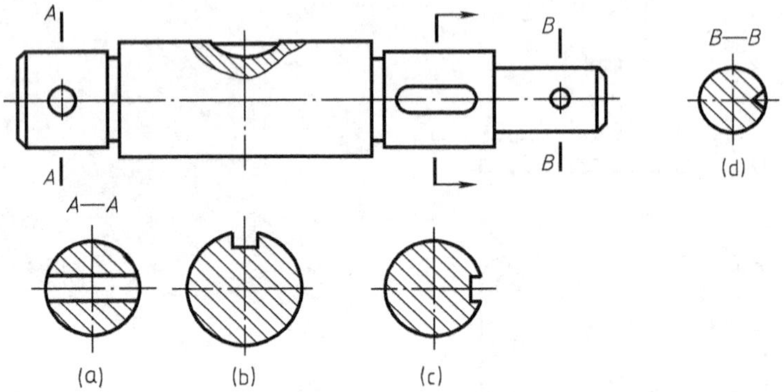

图 1-24　移出断面图

移出断面图一般需要用剖切符号表示剖切位置，用箭头表示投射方向，并注上大写字母，在断面图上方用相同字母注出相应名称“X—X”。配置在剖切符号延长线上的移出断面图，可省略字母。当移出断面图形对于剖切线对称或按投影关系配置时可省略箭头，对称的移出断面图画在剖切线的延长线上时，只需用细点画线画出剖切线表示剖切位置，如图 1-23 所示。配置在视图中断处的对称移出断面图不必标注，如图 1-25 所示。

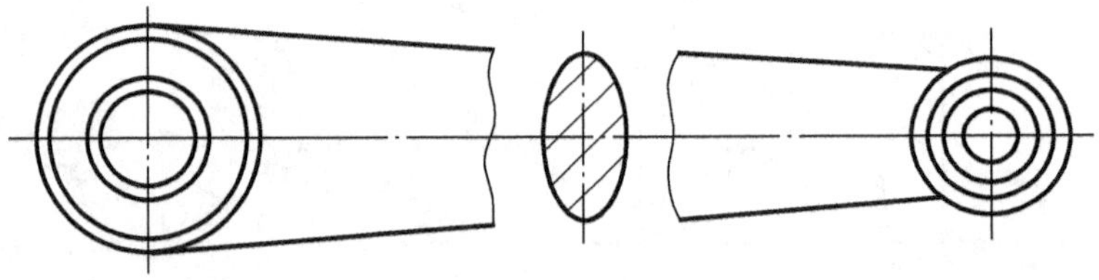

图 1-25　画在视图中断处的移出断面图

画移出断面图时应注意：当剖切平面通过回转面形成的孔或凹坑的轴线时，则这些结构按剖视图要求绘制，如图 1-24（a）和（d）所示，图中应将孔（或坑）口画成封闭。

（2）重合断面图　画在视图轮廓线内的断面图称为重合断面图。轮廓线用细实线绘制。当视图中的轮廓线与重合断面的图形重叠时，视图中的轮廓线仍应画出，不可间断，如图 1-26 所示。

配置在剖切符号上的不对称重合断面应标注符号和箭头，如图 1-26（a）所示，对称重合断面不必标注，如图 1-26（b）、（c）所示。

7. 局部放大图

机件上的细小结构，在视图中表达不够清晰，或又不便于进行尺寸标注时，可用比原图放大的比例画出，所得的图形称为局部放大图。如图 1-27 所示。

局部放大图可根据需要画成视图、剖视图、断面图等。应尽量配置在被放大部位的附

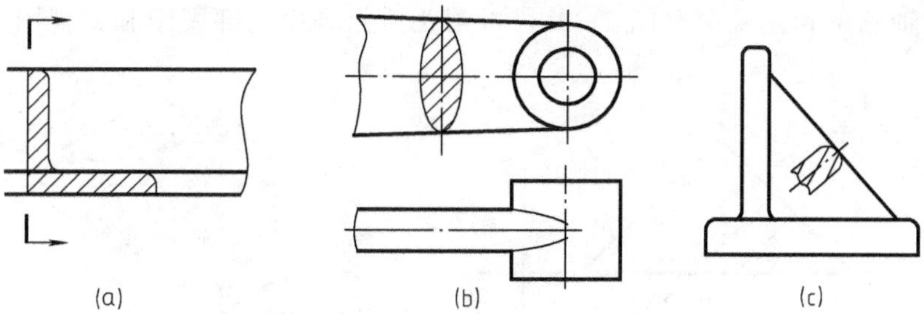

图 1-26 重合断面图

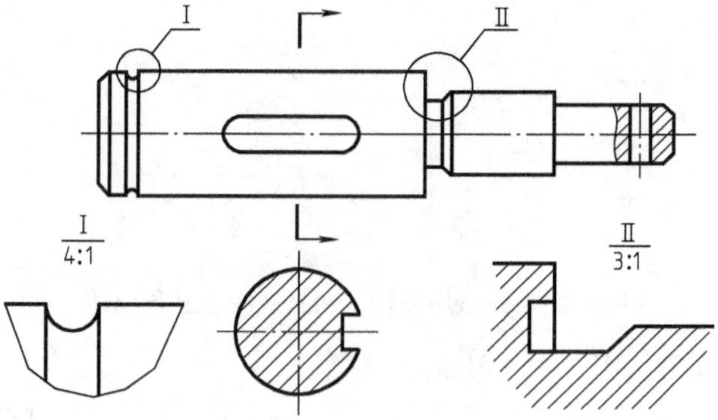

图 1-27 局部放大图

近。局部放大图必须标注，先用细实线圈出被放大部位，然后在局部放大图的上方注出所采用的比例。如同一机件上有几个被放大部位时，用罗马数字进行编号，并在局部放大图上方注明相应的编号。

总之，机件的结构多种多样，表达它的方法种类也很多，在实际应用中，应该根据机件的结构特点，选择最合适的表达方法，以能够最完整、最清晰、最简洁地表示出机件的所有结构为原则。

通过本活动的学习，完成下列练习

（1）在主、俯、左视图（图 1-28）的基础上，补画出右、后、仰视图。

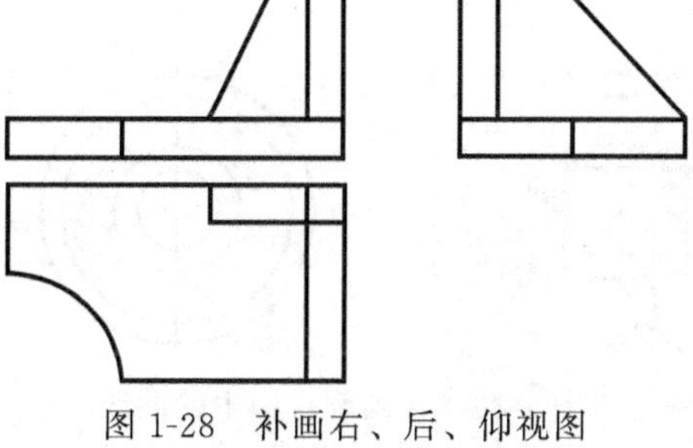

图 1-28 补画右、后、仰视图

(2) 根据轴测图和主视图（图 1-29），按箭头所指画出局部视图和斜视图并进行标注。

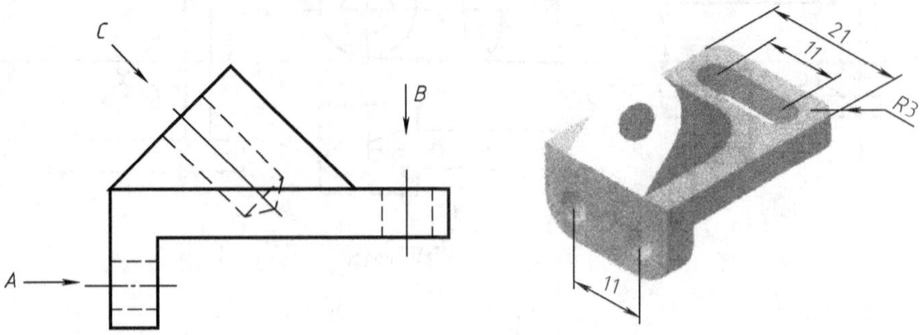

图 1-29 画出局部视图和斜视图并进行标注

(3) 补画下列剖视图（图 1-30）中的漏线。

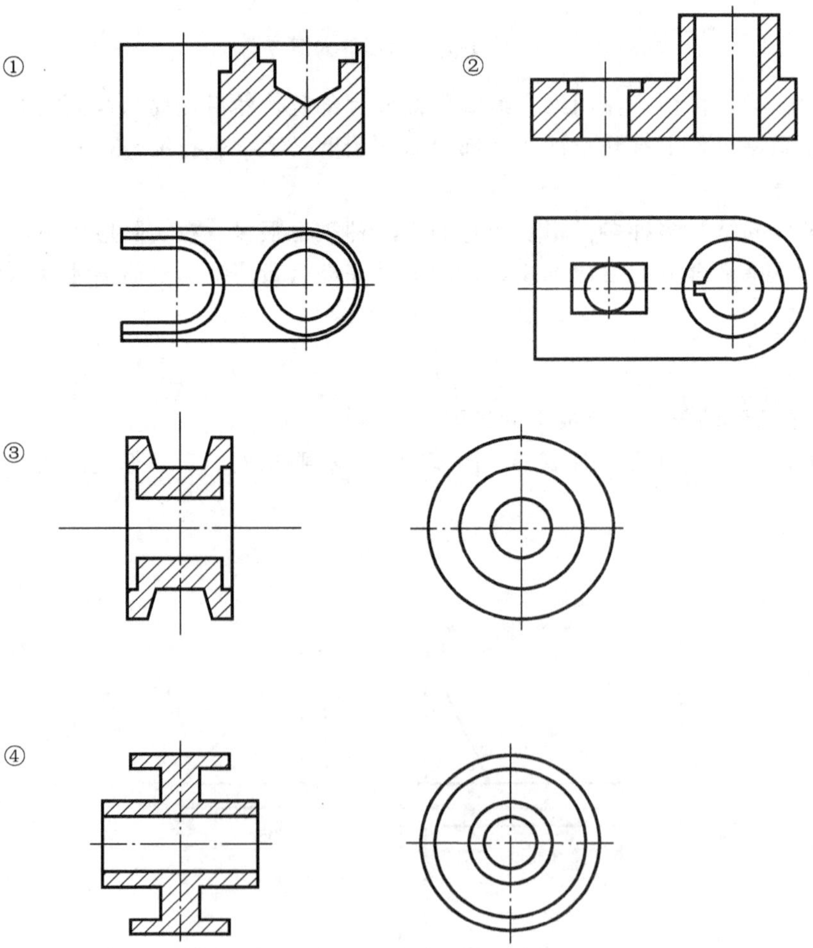

图 1-30 补画剖视图中的漏线

（4）将主视图（图 1-31）改为全剖视图

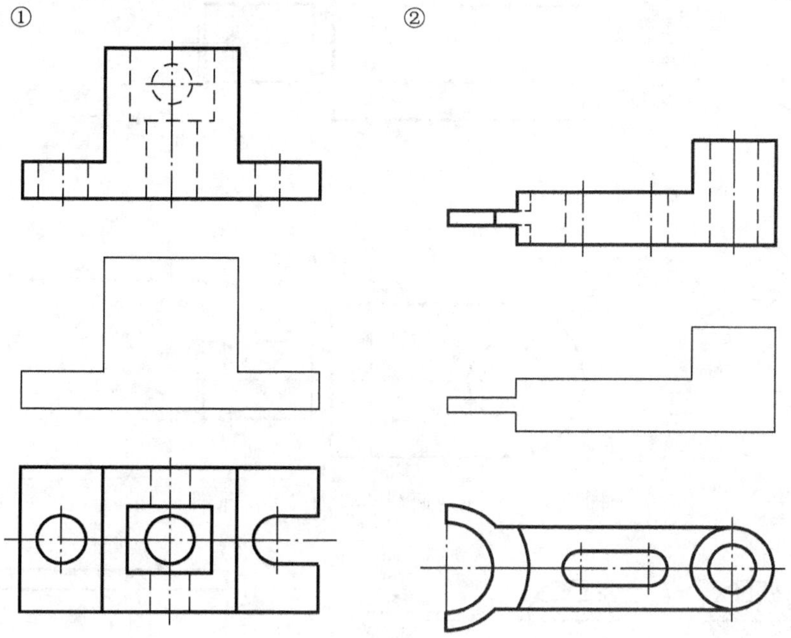

图 1-31　将主视图改为全剖视图

（5）将主视图（图 1-32）改为半剖视图

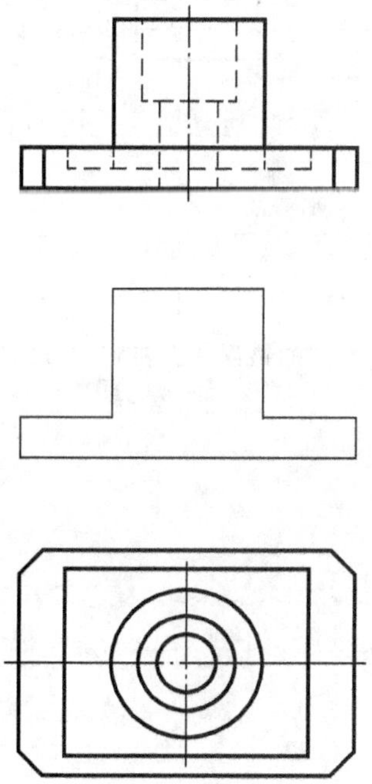

图 1-32　将主视图改为半剖视图

（6）将主、俯视图（图 1-33）改为局部剖视图（不要的线打叉）。

（7）分析断面图（图 1-34）的错误，在下面指定位置重新画出，并正确地标注。

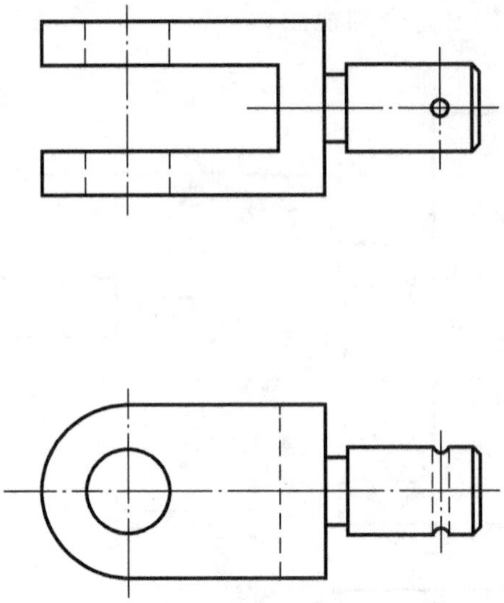

图 1-33 将主、俯视图改为局部剖视图

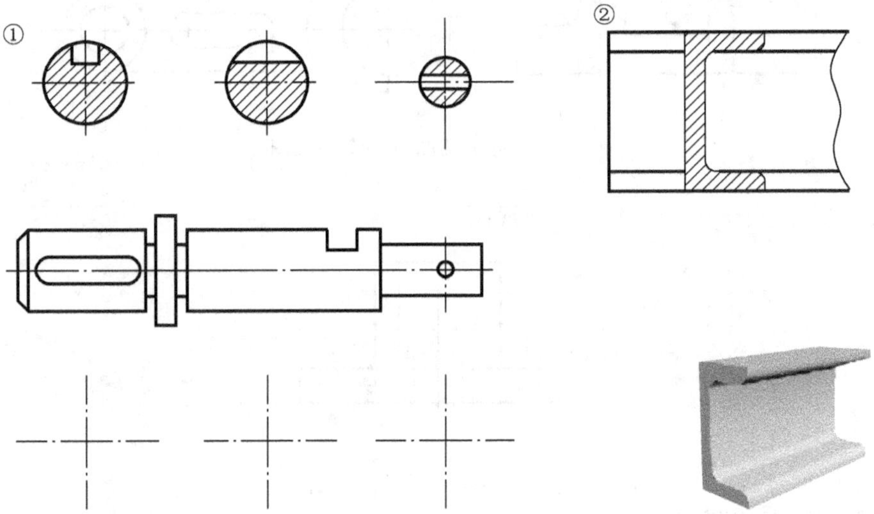

图 1-34 分析断面图的错误并在指定位置画出正确的断面图

课题二

组合体的识读与绘制

教学目标

通过本课题的学习，学生将掌握组合体视图的画法规定、视图的识读与绘制及组合体视图尺寸标注的方法。

知识目标

能掌握组合体视图的识读与绘制的方法。

技能目标

能在教师指导下，正确绘制和读懂组合体的三视图。

由平面围成的立体称为平面立体，如棱柱、棱锥等。由曲面或者平面和曲面围成的立体称为曲面立体，如圆柱、圆锥、圆球等。平面立体和曲面立体统称基本体，由两个或两个以上的基本形体经过组合而得到的物体，称为组合体。如图 1-35 所示的支承座。

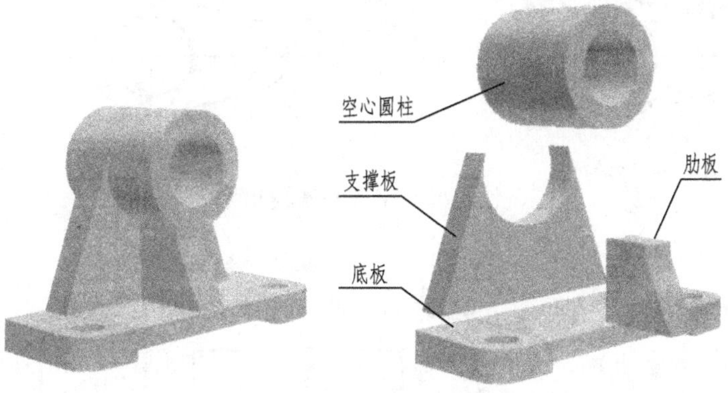

图 1-35 支承座

活动一 学习组合体视图的画图方法

画组合体三视图时，可先想象将组合体分解成若干个基本几何体，然后按其相对位置逐个画出各基本体的投影，综合起来，即得到整个组合体的视图。

画组合体的三视图，一定要搞清相邻两形体间的连接形式，以便于分析并正确画出连接处两形体分界线的投影，做到不多线，不漏线，这往往是正确画出组合体三视图的关键所在。组合体中相邻表面间的连接关系，可分为平齐或不平齐、相切、相交等。

1. 表面平齐或不平齐

当两基本形体的表面平齐时，两形体之间不应该画线，如图 1-36 所示；当两形体的表面不平齐时，两形体之间应有线隔开，如图 1-37 所示。

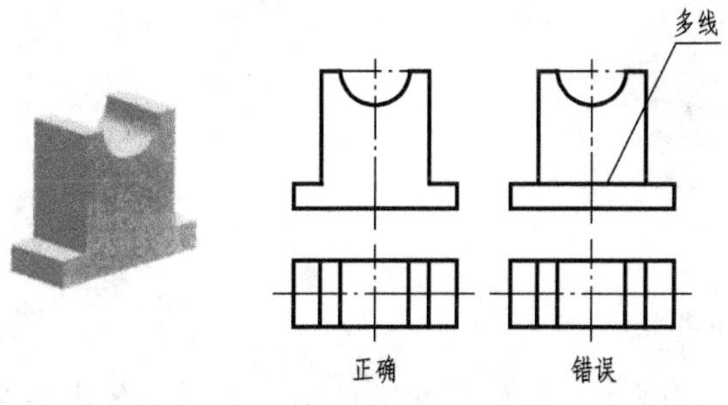

图 1-36 表面平齐

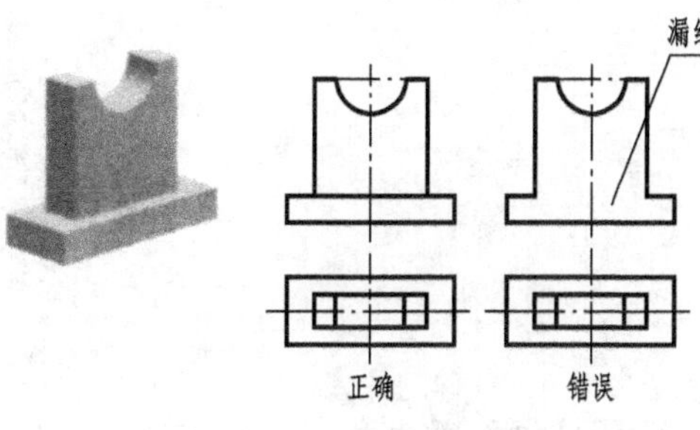

图 1-37 表面不平齐

2. 表面相切

当两基本形体的表面相切时，在相切处两表面光滑过渡，不存在分界轮廓线。如图 1-38 所示。

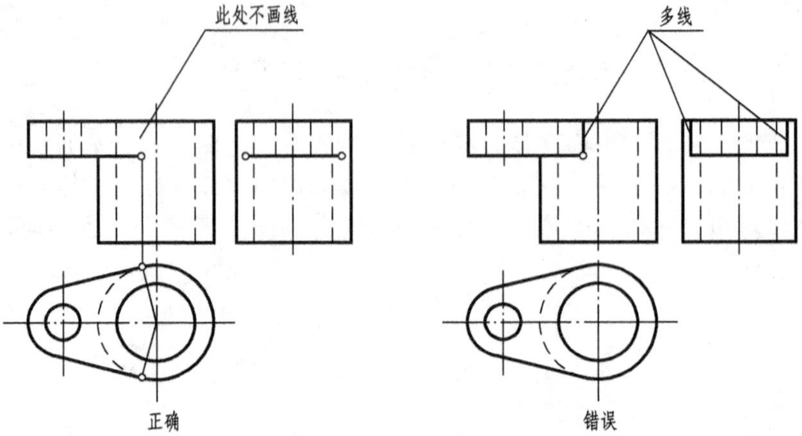

图 1-38 平面与圆柱相切

3. 表面相交

当平面与圆柱面相交时，如图 1-39 所示，此时，不是相切而是相交，交线为直线。

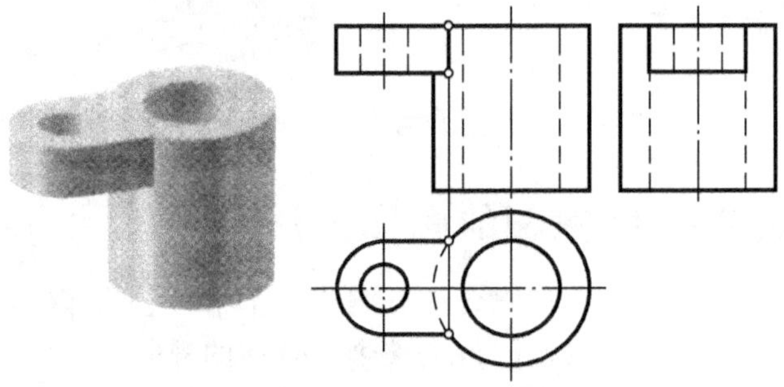

图 1-39 平面与圆柱面相交

两形体相邻表面相交时产生的交线称为相贯线。实际零件上经常会遇到两圆柱正交相贯，如图 1-40 所示，不难看出，其相贯线是一条封闭的空间曲线，是两个圆柱的共有线。画相贯线视图时，可以采用描点法：找到相贯线上最前点、最后点、最左点和最右点等特殊点，再找几个一般点，用光滑曲线连接起来。如图 1-41 所示。

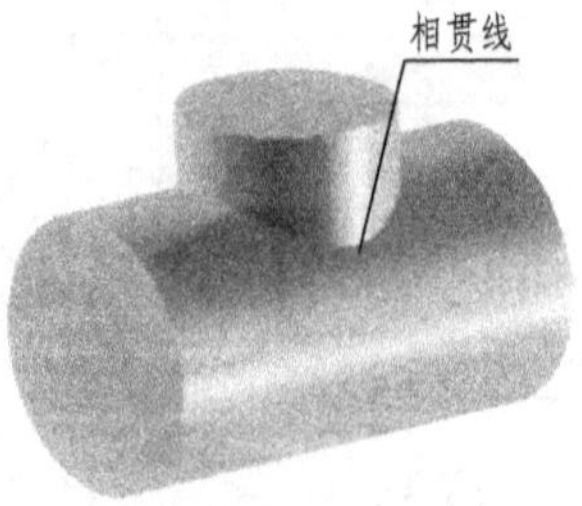

图 1-40 相贯线

两圆柱轴线垂直相交的相贯线还可以采用近似画法：以相交两圆柱中较大圆柱的半径为半径画弧即得。如图 1-42 所示。

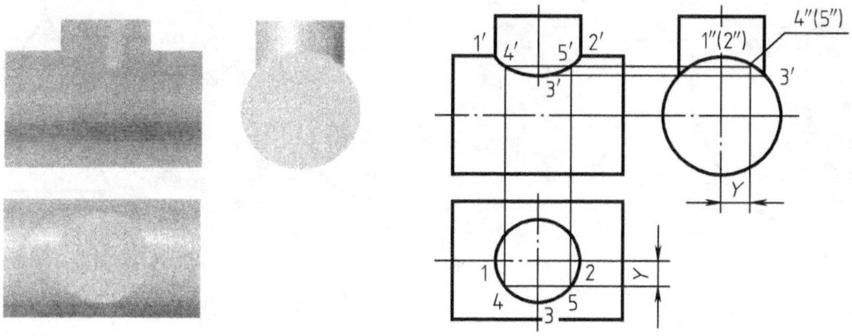

图 1-41　两圆柱正交

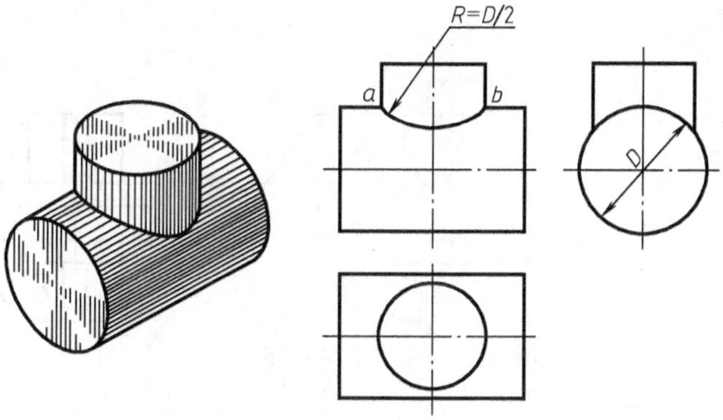

图 1-42　相贯线的近似画法

两回转体相贯时，其相贯线一般为空间曲线，在特殊情况下，也可能是平面曲线或直线，如以下两种情况。

(1) 等径相贯　两等径圆柱正交，相贯线变为椭圆，其正面投影积聚为直线。如图 1-43 所示。

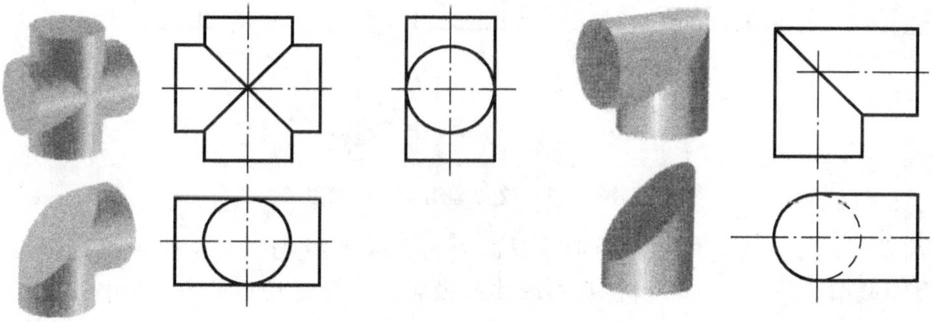

图 1-43　两等径圆柱正交

(2) 共轴相贯　当两个相交的回转体具有公共轴线时，其相贯线为圆，正面投影积聚成直线。如图 1-44 所示。

组合体三视图的画法可根据组合体的组合形式，有以下三种基本方法。

① 叠加法。对基本形体进行分析后，按照形体的主次和相对位置，逐个地画出每一部分形体的三视图，叠加起来即可。如图 1-45 所示。

② 挖切法。有些形体是在原基本体的基础上经过切割而得到的，对于这样的形体，可以先把切割前的基本形体画出，然后逐一分析，画出被切割的部分。如图 1-46 所示。

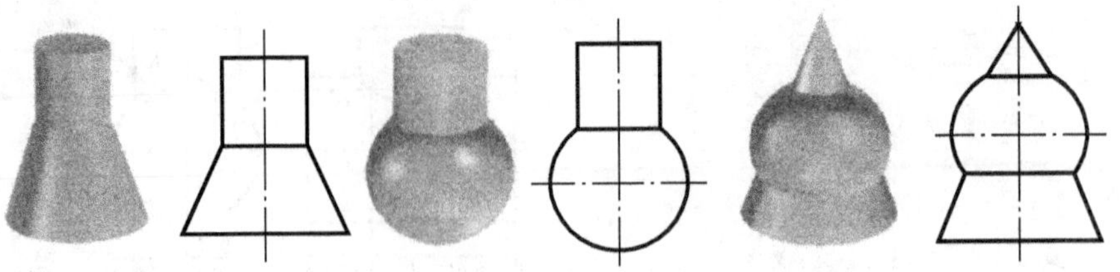

图 1-44 两回转体共轴相贯

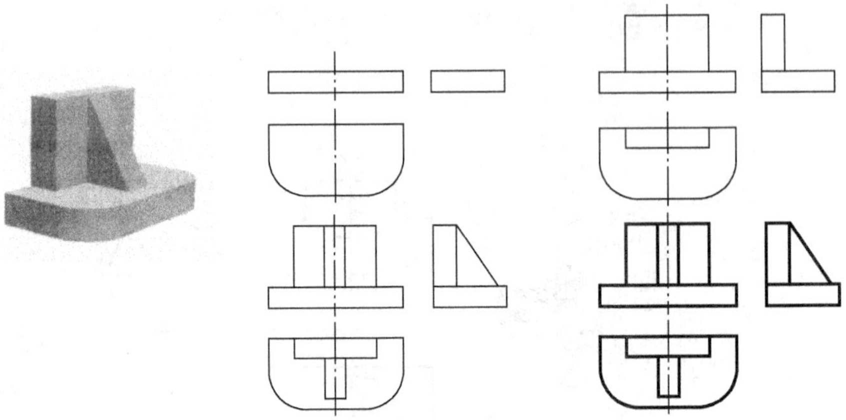

图 1-45 叠加型组合体的画法

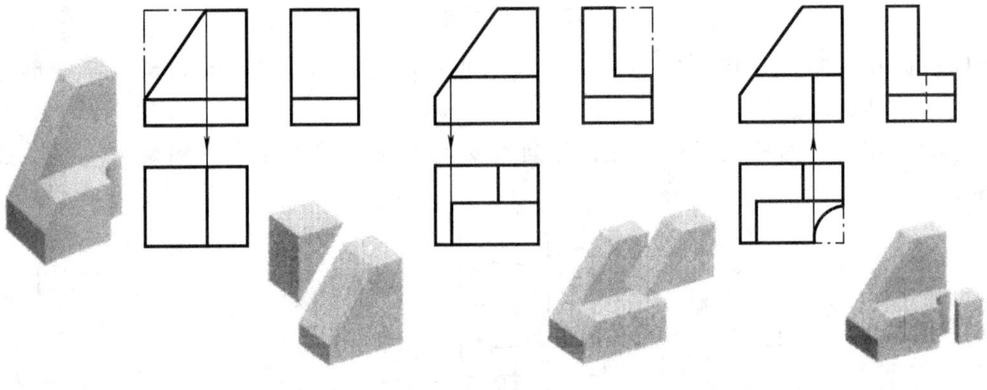

图 1-46 挖切型组合体的画法

③ 综合型。多数组合体的组合形式是既有叠加又有挖切，对于这种综合型组合体，可以先按叠加型组合体的方法画出各基本形体的投影，再按挖切型的方法对各基本形体进行挖切。如图 1-47 所示。

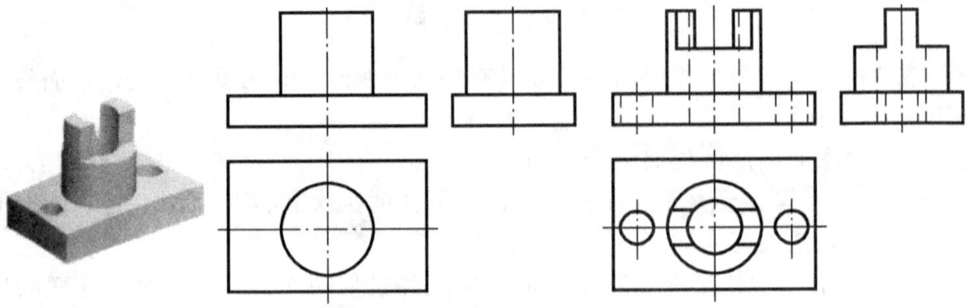

图 1-47 综合型组合体的画法

通过本活动的学习，完成下列练习

（1）相切的画法（图 1-48）。

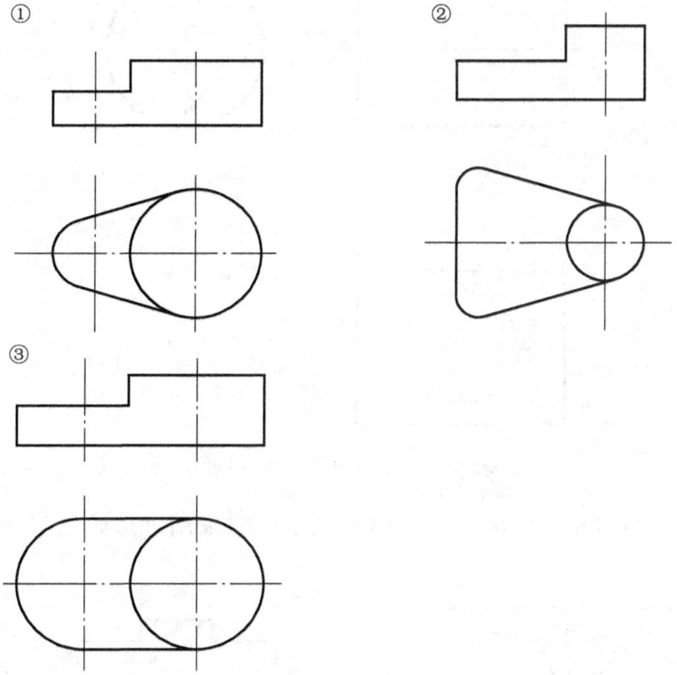

图 1-48　相切的画法

（2）相交的画法（图 1-49）。

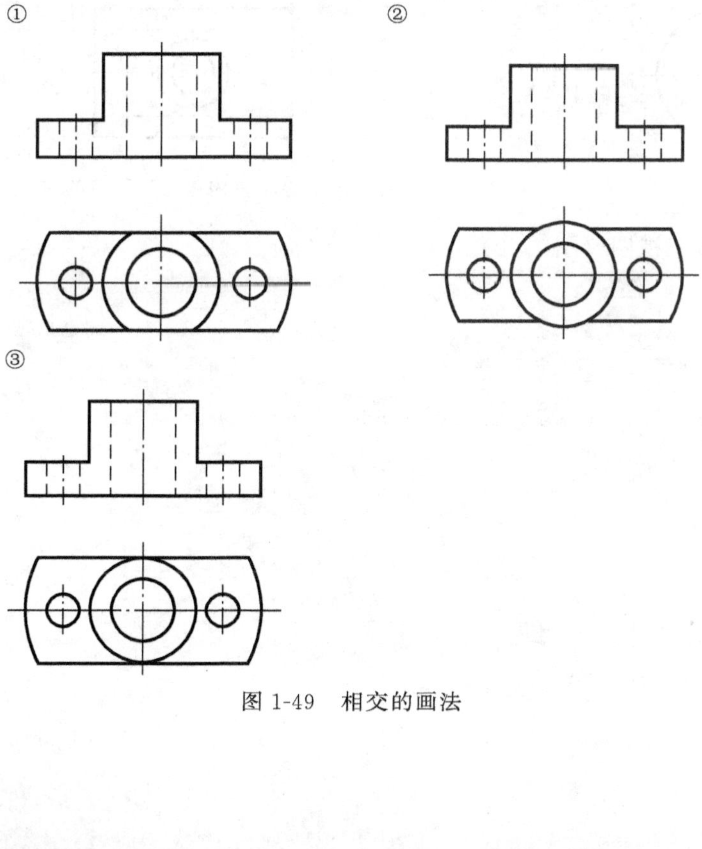

图 1-49　相交的画法

(3) 利用体表面求点方法，求作两圆柱（图 1-50）的相贯线。

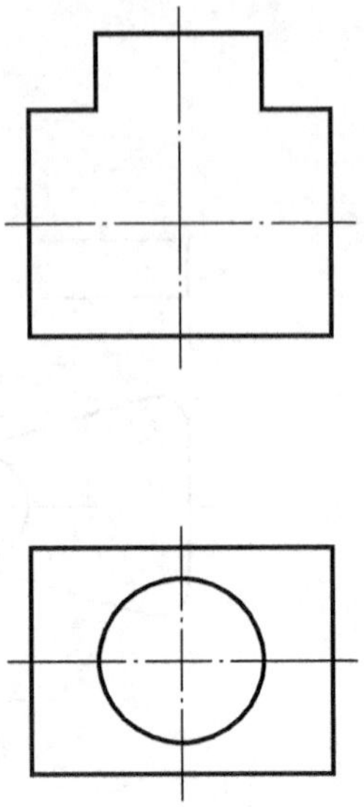

图 1-50 求作两圆柱的相贯线

(4) 分析并正确画出相贯线的投影，两圆柱正交时采用近似画法（图 1-51）。

① ②

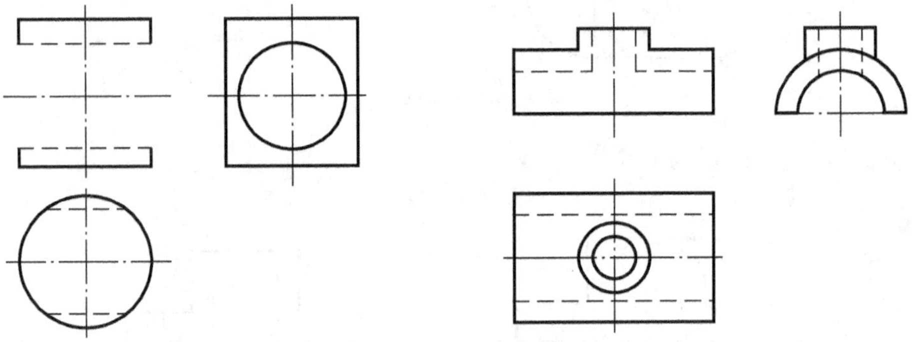

图 1-51 画出相贯线的投影

(5) 画组合体三视图（图 1-52）。

①

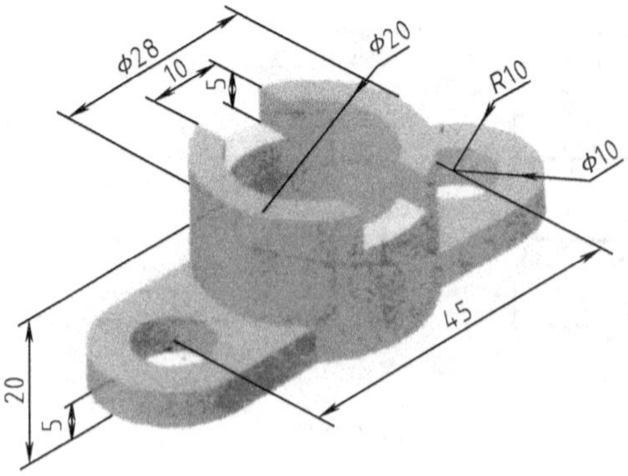

②

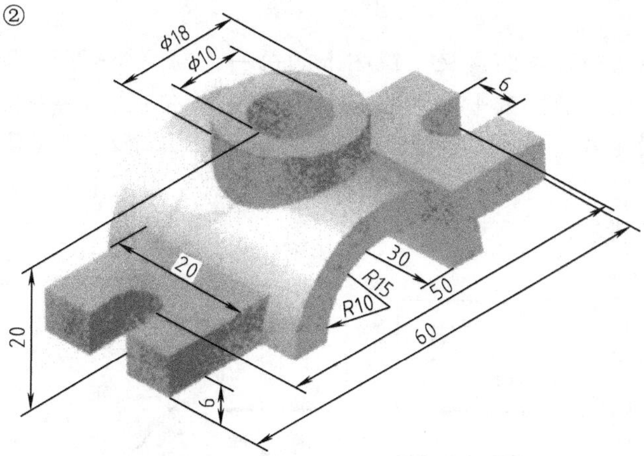

图 1-52　画组合体三视图

活动二　组合体视图的识读

学习制图的主要任务就是培养绘图和读图两方面的能力，两者相辅相成，互相促进。绘图是将空间形体用正投影的方法表达在平面图纸上；而读图则是运用正投影原理，通过对各平面视图的联系和空间想象，使所表达的物体准确、完整地再现出来的过程，它是平面图形空间化、立体化的过程，是抽象图形具体化、形象化的过程。

1. 读图的基本要领

（1）几个视图联系起来看　正投影图是多面投影图，单独的一个不加任何标注的视图是不能表达清楚空间形状的，如图 1-53 所示，主、左视图完全相同，但它们却是不同形状形体的投影。因此，看图时必须要把几个视图联系起来进行分析，才能正确地想象出该形体的形状。

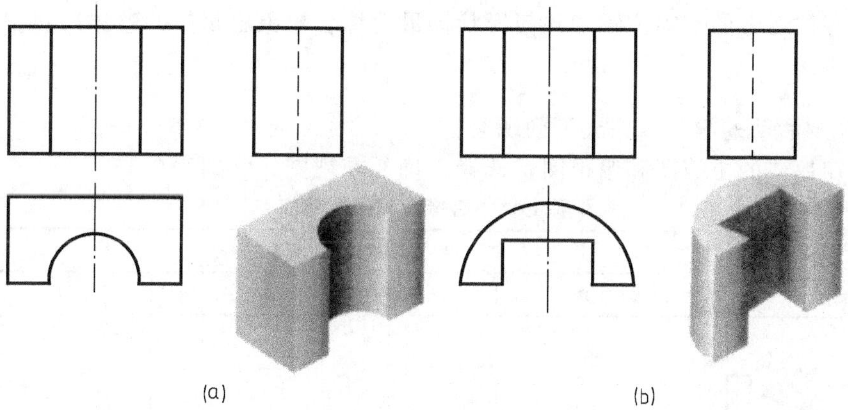

图 1-53　几个视图联系起来进行分析

（2）要善于找到特征视图　特征视图就是指反映形状特征最充分的视图。读图时，只要抓住特征视图，并从特征视图入手，再配合其他视图，就能较快地将物体的形状想象出来。如图 1-53 所示，俯视图是它的特征视图。

由于组合体的组成方式不同，物体的形状特征及相对位置并非总是集中在一个视图上，有时是分散在各个视图上，读图时要分别抓住反映该部分形状特征的视图，综合想象其形状。

（3）正确分析视图中线框的含义　视图上的每一个封闭线框，一般表示物体上一个面的投影，它有可能是平面、曲面或平面和曲面的组合投影。看图时要判断某一线框属于哪种情况，必须找到该线框在各个视图中的相应投影，然后将几个投影联系起来进行分析。如图1-54所示的线框 S，找到它的三个投影 s、s'、s''，发现左视图上的 s'' 积聚为一直线，说明线框 S 是一个侧垂面的投影。

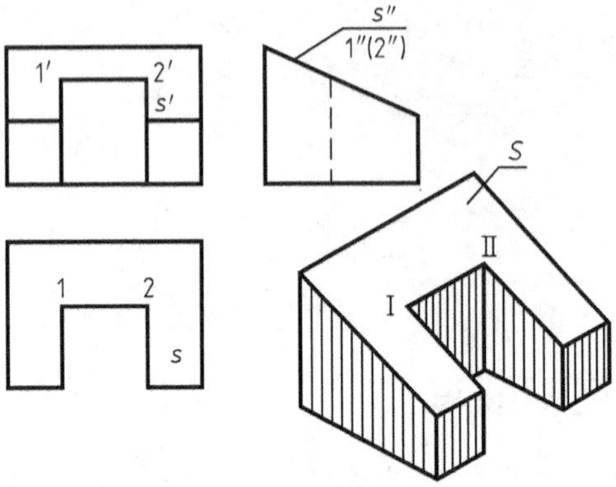

图 1-54　视图中封闭线框含义的分析

2. 读图的基本方法

（1）形体分析法　先从反映物体形状特征的视图入手，对照其他视图，初步分析出该物体是由哪些基本形体以及通过什么连接关系形成的，然后按投影特性逐个找出各基本体在其他视图中的投影，以确定各基本体的形状和它们之间的相对位置，最后综合想象出物体的总体形状。

（2）线面分析法　当物体被多个平面切割，物体的形状不规则或一些局部结构比较复杂，单用形体分析法显得不够时，需进一步用线面分析法进行分析，先确定物体的基本形状，再确定各被切面的空间位置和几何形状，最后综合想象出物体的整体形状。

通过本活动的学习，完成下列练习

（1）已知形体的主视图和俯视图，选择正确的左视图。完成表1-13。

表 1-13　选择正确的左视图

序号	主视图和俯视图	左视图				正确选项
		A	B	C	D	
1	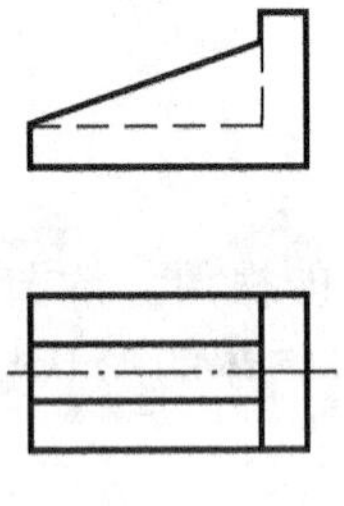	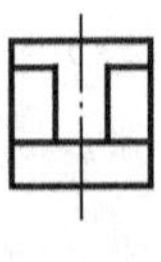	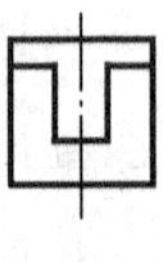	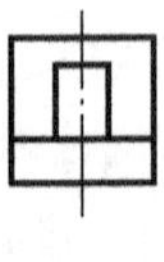	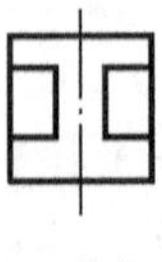	

续表

序号	主视图和俯视图	左视图				正确选项
		A	B	C	D	
2	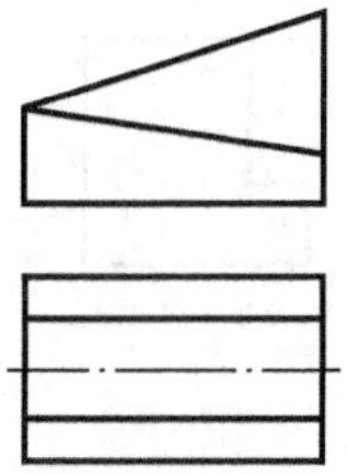	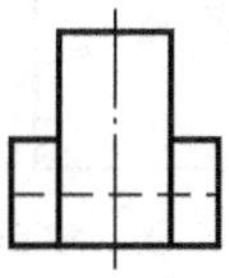	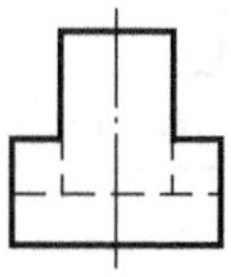	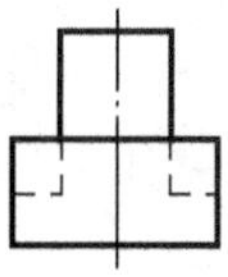	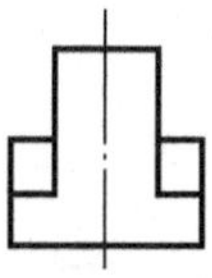	
3	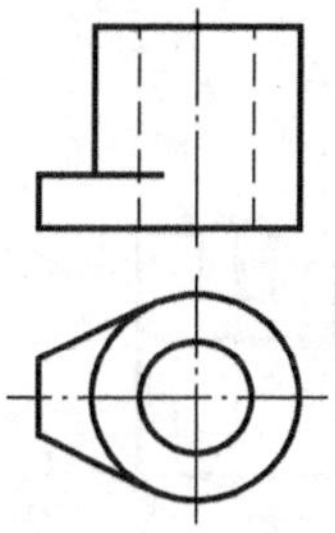	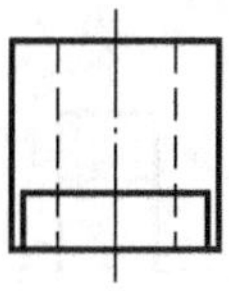	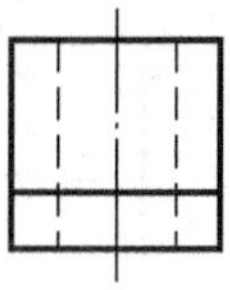	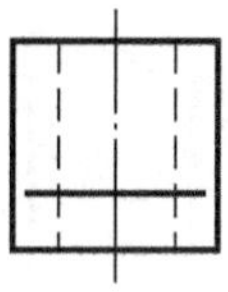	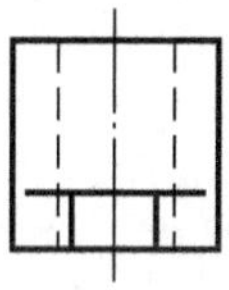	
4	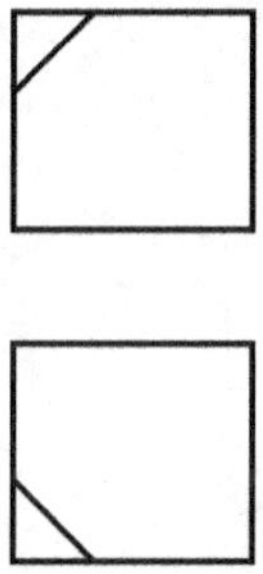		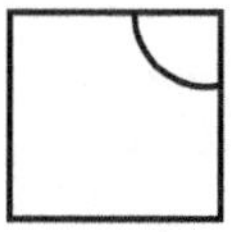	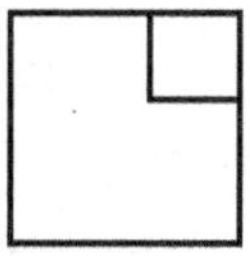	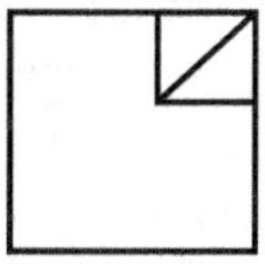	
5	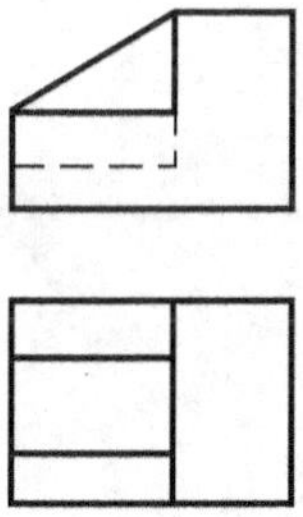	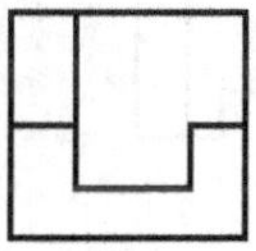	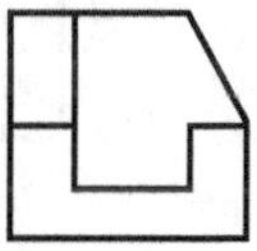	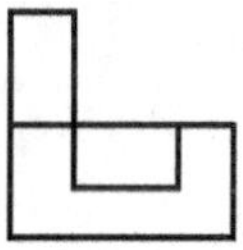	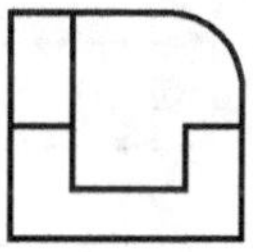	
6	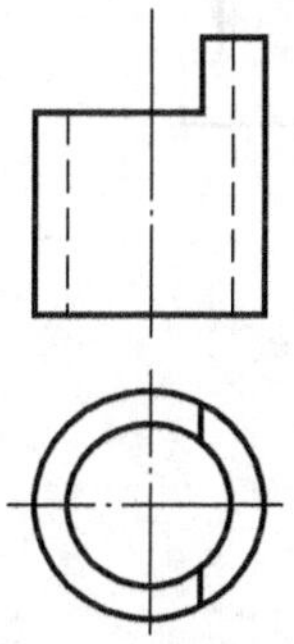	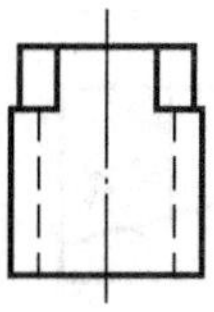	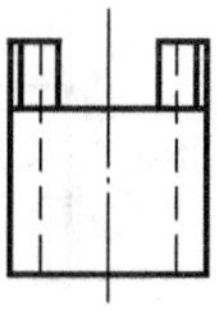	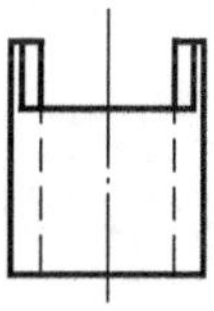	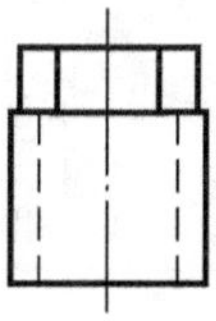	

(2) 补画漏线（图 1-55）。

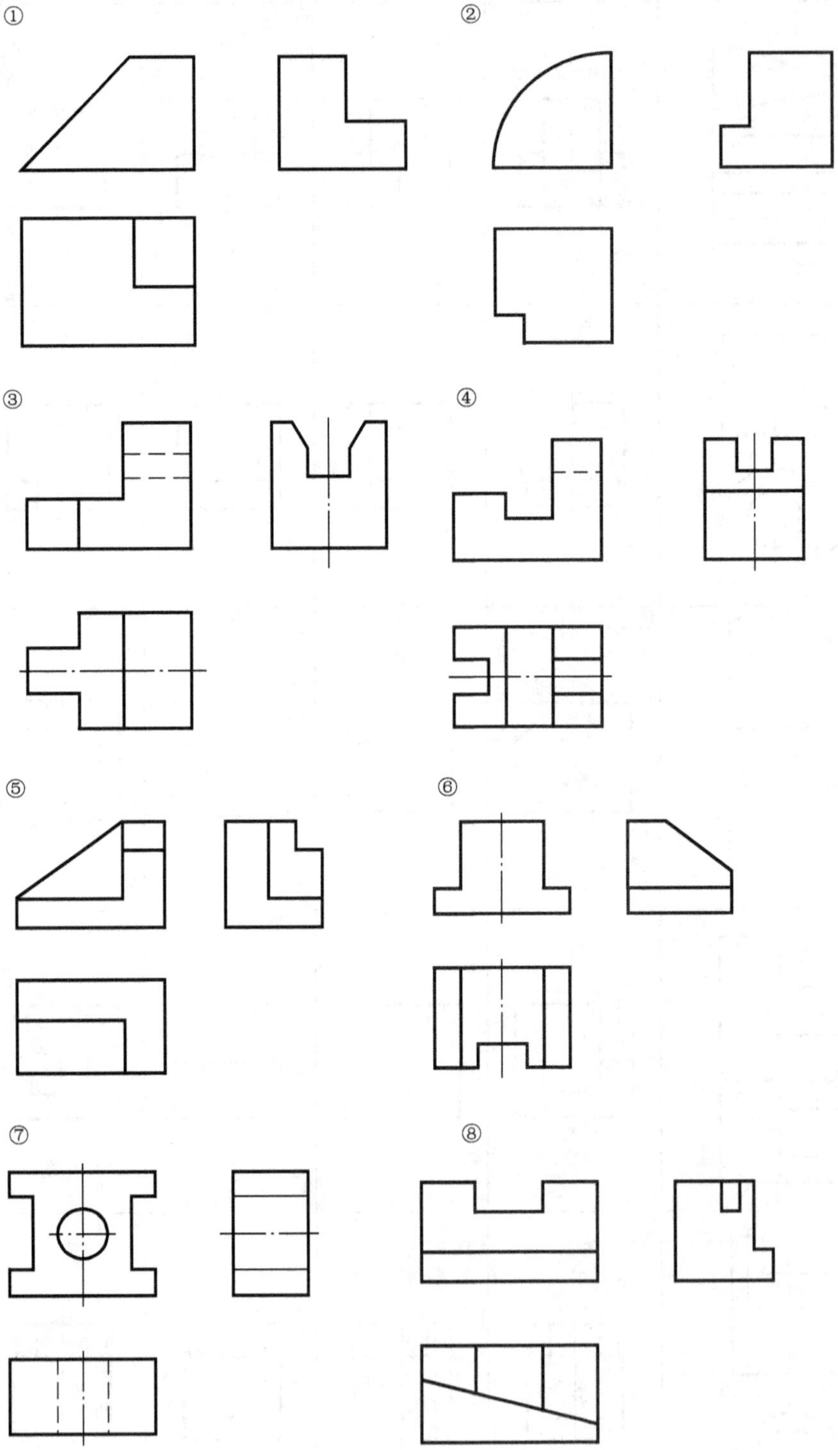

图 1-55　补画漏线

活动三　学习组合体视图的尺寸标注

形体的三视图，只能表达形体的结构和形状，而其真实大小和各组成部分的相对位置，则要通过图样上的尺寸标注来表达。标注尺寸的基本要求是：正确、完整、清晰。应把组成形体各部分的大小及相对位置的尺寸，“不遗漏、不重复”地标注在视图上。

标注尺寸时，需要先选取尺寸基准，就是标注尺寸的起始点。组合体有长、宽、高三个方向的尺寸，每个方向至少都要选择一个尺寸基准，一般常选择组合体的对称平面、底面、重要端面以及回转体轴线等作为尺寸基准。

尺寸的种类分为以下三种。

（1）定形尺寸　确定组合体各组成部分形状大小的尺寸称为定形尺寸。如图 1-56 所示，确定直立空心圆柱大小的定形尺寸外径 ϕ72、内径 ϕ40、高度 80 三个尺寸。确定底板大小的定形尺寸有 R22、ϕ22、80、ϕ72、20 等。

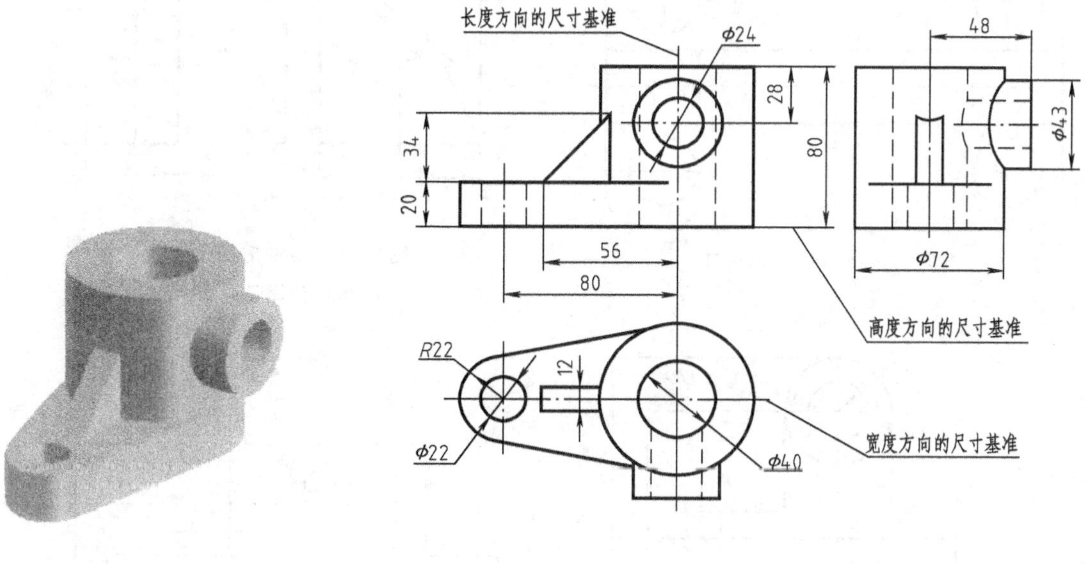

图 1-56　支架的尺寸标注

（2）定位尺寸　确定组合体各组成部分之间相对位置的尺寸称为定位尺寸。如图 1-56 所示，直立空心圆柱与底板、肋板之间在左、右方向的定位尺寸 80 和 56，水平空心圆柱与直立空心圆柱在上、下方向的定位尺寸 28 等。

（3）总体尺寸　确定组合体外形总长、总宽、总高的尺寸称为总体尺寸。一般情况下，总体尺寸应直接注出，但当组合体的端部为回转面结构时，通常注出回转面的圆心或轴线的定位尺寸，而总体尺寸由此定位尺寸和相关的直径（或半径）间接计算得到。如图 1-56 所示，支架的总高 80 直接注出，而总长、总宽没有直接注出。

通过本活动的学习，完成下列练习

（1）从图中（图 1-57）量取尺寸后，标注形体的尺寸。

（2）检查图 1-58 所示形体尺寸的完整性，补出遗漏的尺寸。

（3）指出视图（图 1-59）中重复尺寸（打叉），并补出遗漏尺寸（不标尺寸数字）。

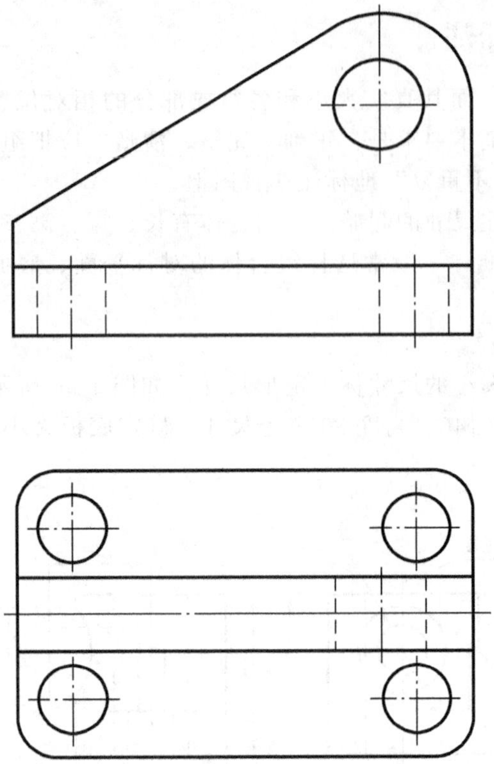

图 1-57 标注形体的尺寸

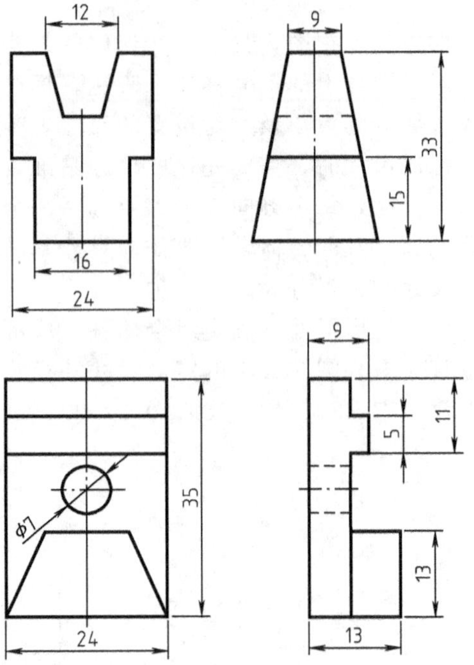

图 1-58 检查形体尺寸的完整性并补出遗漏的尺寸

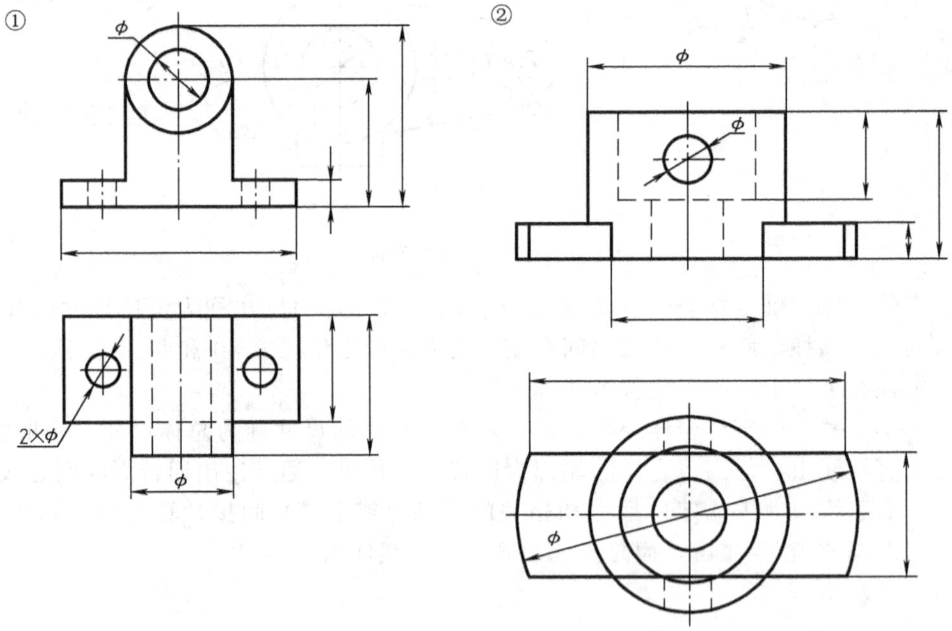

图 1-59 补出遗漏尺寸

项目二

化工设备图的阅读

在化工生产中，用来表示化工设备结构、技术要求等的图样称为化工设备图，它是设备设计、制造、安装、调试、维修等方面的重要技术文件。快速、准确地阅读和理解化工设备图是完成上述工作的首要条件。因此，从事化工设计、制造、安装、维修和管理的人员必须具备阅读化工设备图的能力。

课题一

认识化工设备图

教学目标

通过本课题的学习，学生将了解化工设备图的图样、化工设备图的作用与内容、化工设备的结构特点、化工设备图的表达方法和化工设备的简化画法，能根据教师提供的图纸，在教师引导下认识图纸上相关内容。

知识目标

学会化工设备图的内容及化工设备图的表达方式。

技能目标

能在教师引导下，认识化工设备图中相关的内容。

活动一　认识化工设备图

1. 化工设备图包括的图样

一套完整的化工设备图通常包括以下图样。

(1) 零件图　表达标准零部件之外的每一零件的结构形状、尺寸大小以及技术要求等。

(2) 部件装配图　表达由若干零件组成的非标准部件的结构形状、装配关系、必要的尺寸、加工要求、检验要求等，如设备的密封装置。

(3) 设备装配图　表达一台设备的结构、形状、技术特性、各部件之间的相互关系以及必要的尺寸、制造要求及检验要求等。

(4) 总装配图（总图）　表示一台复杂设备或表示相关联的一组设备的主要结构特征、装配连接关系、尺寸、技术特性等内容的图样。

当设备装配图能体现总图的内容时，通常可以不画总图。

2. 化工设备图的作用和内容

(1) 化工设备图的作用 一般的机械制造依据零件图加工零件，装配图则用于装配和安装。绝大部分化工设备的制造工艺主要是用钢板卷制、开孔及焊接等，通常可直接根据化工设备图进行制造。因此，化工设备图的作用是用来指导设备的制造、装配、安装、检验以及使用和维修等。

(2) 化工设备图的内容

① 一组视图。用来表达设备的结构形状、各零部件之间的装配连接关系，视图是图样的主要内容。

② 必要尺寸。图上注写表示设备的总体大小、规格、装配和安装等尺寸数据，为制造、装配、安装、检验等提供依据。

③ 零部件编号及明细表。组成该设备的所有零部件必须按顺时针或逆时针方向依次编号，并在明细栏内填写每一项编号零部件的名称、规格、材料、数量、质量以及有关图号等内容。

④ 管口符号及管口表。设备上所有管口均需注出管口符号，并在管口表中列出各管口的有关数据和用途等。

⑤ 技术特性表。技术特性表中应列出设备的主要工艺特性，如操作压力、操作温度、设计压力、设计温度、物料名称、容器类别、腐蚀裕量、焊缝系数等。

⑥ 技术要求。用文字说明设备在制造、检验、安装、运输等方面的特殊要求。

⑦ 标题栏。用来填写该设备的名称、主要规格、作图比例、图样编号等内容。

⑧ 其他。如图纸目录、修改表、选用表、设备总量、特殊材料重量、压力容器设计许可证章等。

结合本活动所学知识，总结图 2-1 所示的化工设备——贮罐图中包括的基本内容。

3. 化工设备的结构特点

化工设备种类较多，典型的化工设备如机械搅拌釜、换热器、容器、塔器等（见图2-2）。

这些设备虽然结构、尺寸及安装方式不同，但各类设备的基本形状，采用的主要部件都有以下共同特点。

① 设备的主体结构形状大部分以回转壳体为主。为了承压的要求和制造的方便，化工设备的壳体通常采用回转壳体，如圆筒形壳体、椭圆形壳体、蝶形壳体、圆锥形壳体等，这类壳体都是回转壳体。

② 设备的主体和局部结构尺寸相差悬殊。设备的总体尺寸与某些部件或细部的尺寸相差悬殊，如筒体的直径、长度与壁厚，接管与焊缝，这类尺寸有时相差几十倍或几百倍。

③ 壳体上有较多的开孔和接管。根据工艺过程的要求，设备上有较多的开孔和接管，如进（出）料管、压力表接管、温度计接管、液位计接管、人孔、排污管等。

④ 设备采用较多的焊接结构。设备上各部件的连接，通常采用焊接结构，如筒体与封头、筒体与各种接管、筒体与支座、接管与法兰等部位的连接都采用焊接结构。

⑤ 广泛采用标准化零部件。化工设备中的常用零部件，有很强的通用性，因为用量较大，同时为了便于加工，较多的零部件已经标准化，国家相关部门制定了相应的标准，如压力容器的封头、支座、法兰、补强圈、人（手）孔、视镜、液面计、填料箱等。

⑥ 对密封结构要求较高。化工设备经常拆卸的地方需设计成可拆性连接，若设备的压

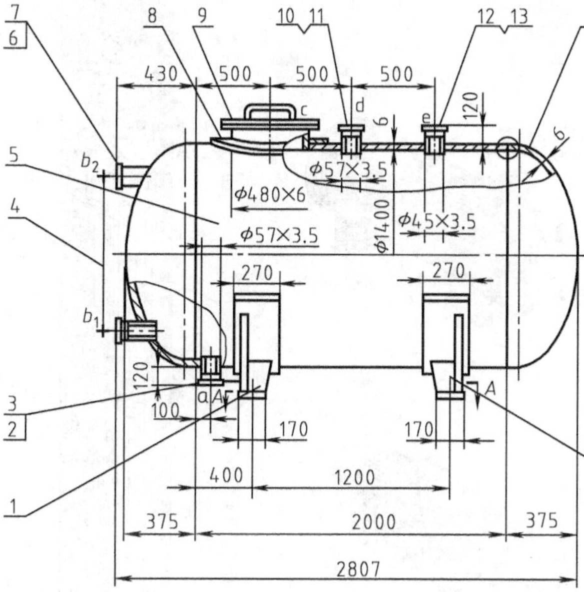

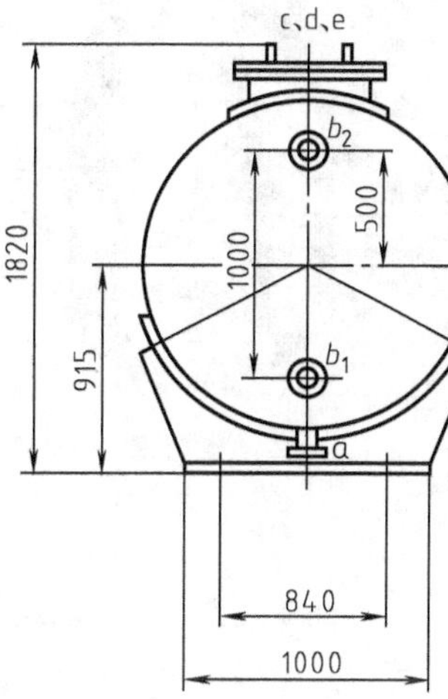

2:1

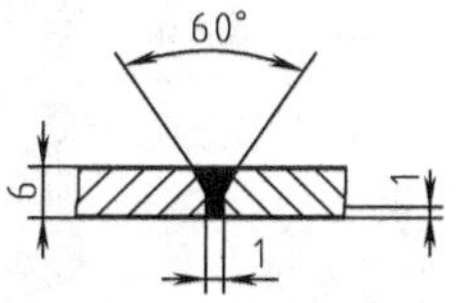

A—A
未按比例

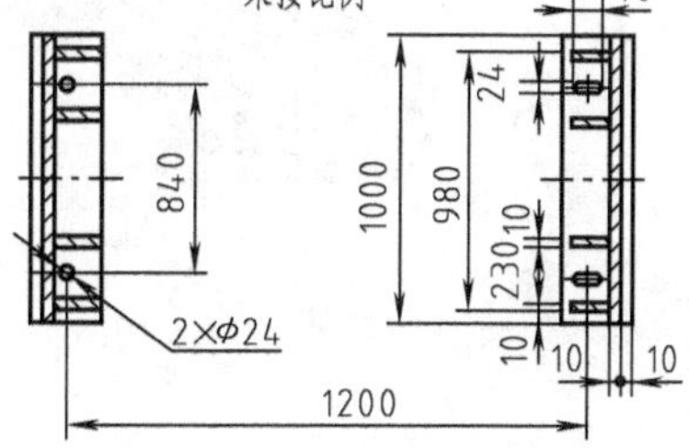

技术要求

1. 本设备按 JB/T 741—1980《钢制焊接容器技术条件》进行制造、试验和验收。

2. 本设备全部采用电焊焊接，焊条型号为 E4303，焊接接头的型式按 GB/T 985—1980 规定，法兰焊接按相应标准

3. 设备制成后，进行 0.15MPa 的水压试验。

4. 表面涂铁红色酚醛底漆。

技术特性表

工作压力/MPa	常压	工作温度/℃	20～60
设计压力/MPa		设计温度/℃	
物料名称			
焊缝系数ϕ		腐蚀裕度/mm	0.5
容器类别		容积/m^3	3.9

管口表

符号	公称尺寸/mm	连接尺寸，标准	连接面型式	用途或名称
a	50	JB/T 81—1994	平面	出料口
b_{1-2}	50	JB/T 81—1994	平面	液面计接口
c	450	JB/T 577—1979		人孔
d	50	JB/T 81—1994	平面	进料口
e	40	JB/T 81—1994	平面	排气口

序号	代号	名称	数量	材料	备注
15	JB/T 4712	鞍座BI1400—S	1	Q235—A·F	
14	JB/T 4737	椭圆封头*DN*1400×6	2	Q235—A	
13		接管ϕ45×3.5	1	10	*l*=130
12	JB/T 81	法兰40—2.5	1	Q235—A	
11		接管ϕ57×3.5	1	10	*l*=130
10	JB/T 81	法兰50—2.5	1	Q235—A	
9	JB/T 577	人孔*DN*450	1	Q235—A·F	
8	JB/T 5736	补强圈d_N450×6—A	1	Q235—A	
7		接管ϕ57×3.5	2	10	
6	JB/T 81	法兰15—1.6	2	Q235—A	
5	GB/T 9019	筒体*DN*1400×6	1	Q235—A	*H*=2000
4	HG 5-1368	液面计R6—1	1		*l*=1000
3		接管ϕ57×3.5	1	10	*l*=125
2	JB/T 81	法兰50—2.5	1	Q235—A	
1	JB/T 4712	鞍座1400—F	1	Q235—A·F	

		比例	
		1:5	
制图	贮罐 *DN*1400 V_N=3.9m^3	质量	
设计			
描图			
审核			共1张第1张

图 2-1 贮罐

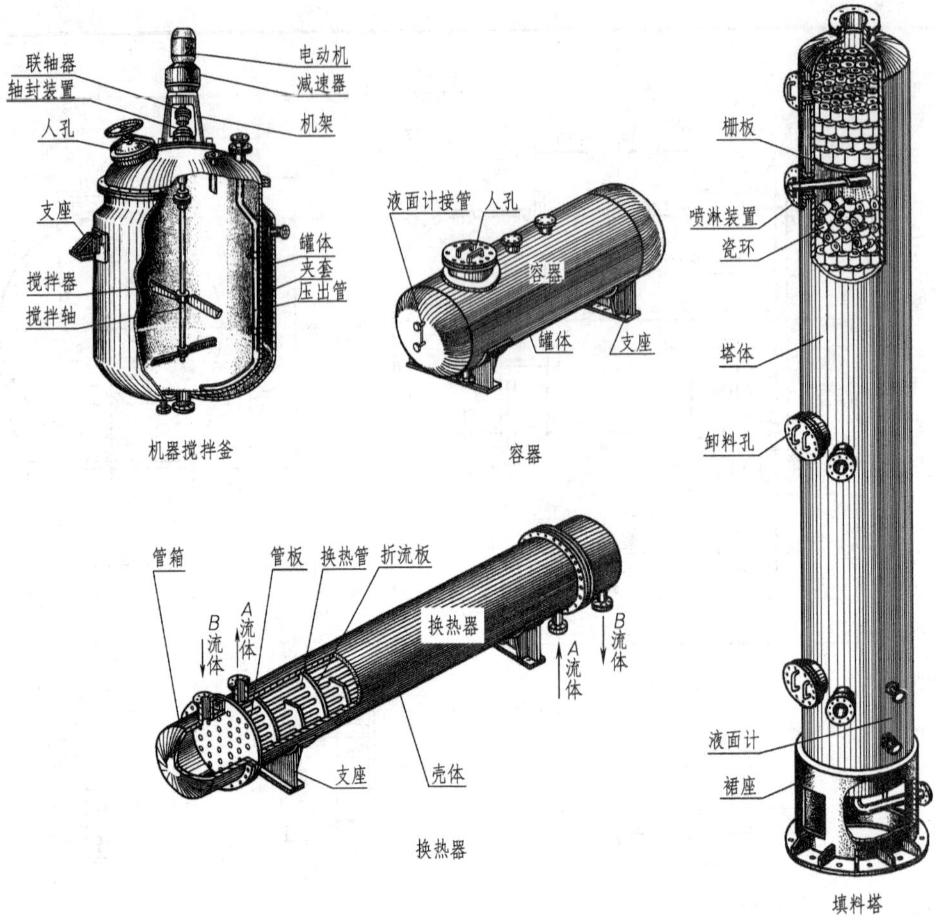

图 2-2 常见化工设备

力较高或真空度较高，或设备中的物料具有易燃、易爆、剧毒、强腐蚀性，则连接面有较高的密封要求。

由于化工设备存在上述结构特点，化工设备图必须规定特殊的表达方法。

活动二 认识化工设备图的表达方法

化工设备图是按正投影方法绘制的，但由于其结构特点，化工设备图又有其特殊的表达方法。

1. 基本视图的配置

由于化工设备的结构大多为回转壳体，因此在图纸上一般采用两个基本视图表达设备的主体结构。主视图采用全剖视图，表达设备的总体结构，另一视图根据设备的结构及安装位置确定。立式设备一般采用主、俯两个视图；卧式设备采用主、左（右）两个视图，如图 2-1 所示；当设备较高或较长，其俯视图或左（右）视图按投影位置安排不下时，可将俯视图或左（右）视图安排在图纸幅面的其他空白处，但应注明视图名称，也可绘制在另一张图纸上，此时需在两张图纸上注明视图的关系。

2. 多次旋转表达法

化工设备上有较多接管，为了在主视图上表示接管与壳体的连接关系，表示接管在壳体的圆周方向及高度方向的位置，可采用多次旋转表达法。这种方法是假想将设备上不同方位的管口和零部件，分别旋转到与主视图所在的投影面平行的位置，然后进行投影，以表示这些结构的形状、装配关系和轴向位置。如图 2-3 所示，人孔 b 是按逆时针方向（从俯视图看）假想旋转 45°、液面计（a_1、a_2）是按顺时针方向旋转 30°、法兰 c 是按逆时针方向旋转 30°之后，在主视图上画出的。采用多次旋转的表达方法时，一般不作标注。但这些结构的轴向方位要以管口方位图（或俯、左视图）为准。

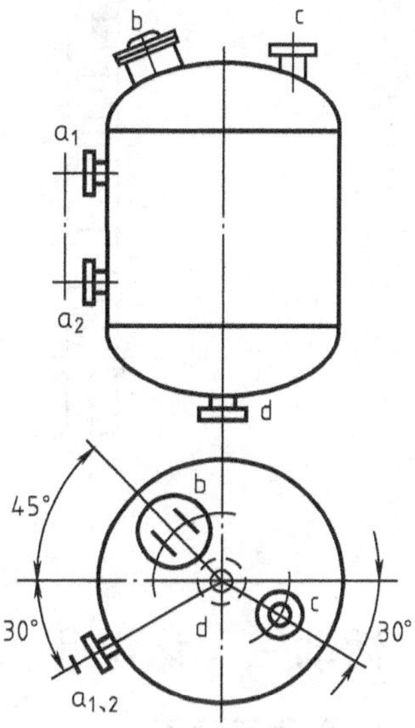

图 2-3 多次旋转的表达方法

3. 局部结构的表达方法

化工设备的某些细部结构，其尺寸与总体结构尺寸相比相差悬殊，如设备壁厚、接管、焊缝，这些部位按图样比例绘制，很难表达出其详细结构，因此，化工设备图中对细部结构可采用夸大画法或局部放大图。

（1）夸大画法　对于图样上的设备壁厚、接管、焊缝、密封垫圈等，在不影响装配结构的原则下，可作适当的夸大绘制。

（2）局部放大图　对于设备上某些细小的结构，按总体尺寸所选定的绘图比例无法表达清楚时，可采用局部放大的画法，放大比例把局部部位绘制成局部视图、剖视图或剖面图。在局部放大图中，剖切部位应标注清楚；按比例绘制时，应标注比例；不按比例绘制时，可标注“不按比例”。如图 2-4（a）所示为裙座的局部放大图。焊接结构的局部放大图又称节点图，如图 2-4（b）所示。

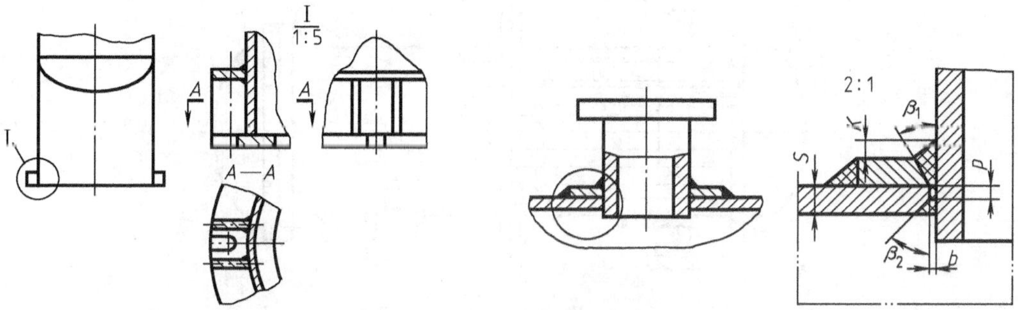

(a) 裙座局部放大图　(b) 焊缝局部放大图

图 2-4 局部放大图

4. 断开、分段（层）和整体的表达方法

为了表达设备的完整形状、有关结构的相对位置和尺寸，可采用设备整体的示意画法，即按比例用单线（粗实线）画出设备外形和必要的设备内件，并标注设备的总体尺寸、接管口、人（手）孔的位置等尺寸，如图 2-5（a）所示。

对于某些形体较高或较长的设备，如塔器、换热器等，为了采用较大比例清楚地表达设备结构，又合理地利用图纸，可用断开画法，即用双点画线将设备中重复出现的结构或相同结构断开，除去相同部分，使长度减小，简化绘图，如图 2-5（b）所示，采用断开画法后，可把内部结构表示得更清楚。

有些设备（如塔器）形体较长，又不适于用断开画法。为了合理地选用比例和充分利用图纸，可把整个设备分成若干段（层）画出，如图 2-5（c）所示。

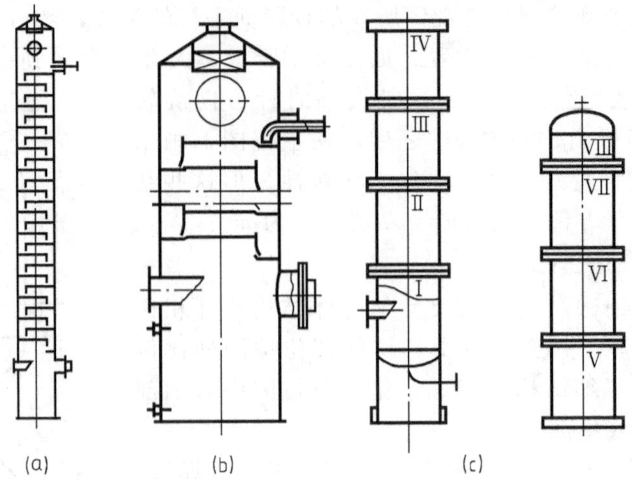

图 2-5 断开、整体及分层画法

活动三 认识化工设备的简化画法

1. 单线示意画法

设备上某些结构已有零部件图，或另外用剖视、断面、局部放大图等方法已表示清楚时，装配图上允许用单线（粗实线）表示。如图 2-6 所示的列管式换热器。

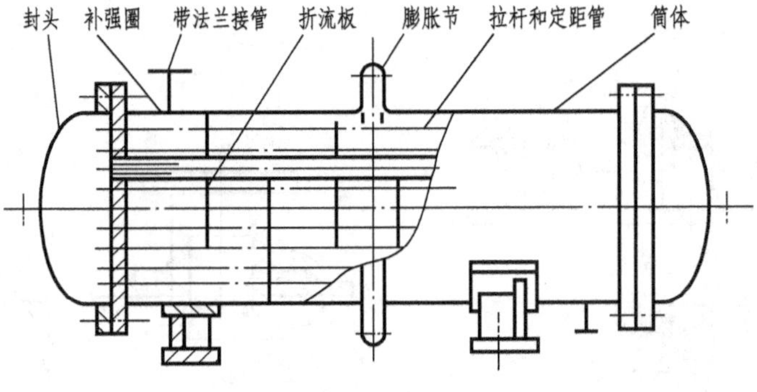

图 2-6 换热器的单线示意画法

2. 管法兰的简化画法

化工设备图中，不论法兰的连接面是什么形式（平面、凹凸面、榫槽面），在装配图中管法兰均可采用图 2-7 所示的简化画法。

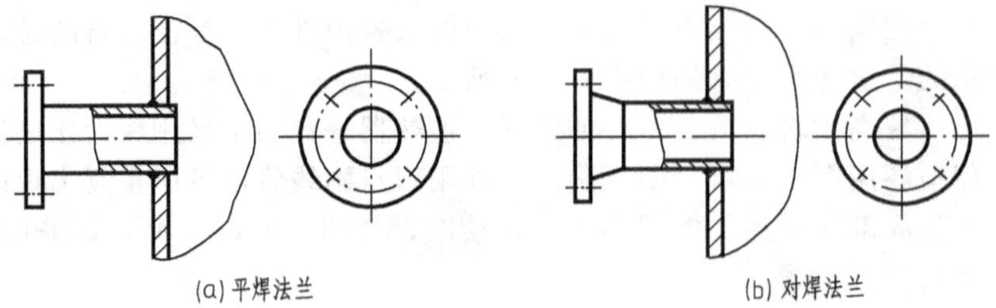

图 2-7 管法兰的简化画法

3. 重复结构的简化画法

（1）螺栓孔和螺栓连接的简化画法　螺栓孔可用中心线和轴线表示，而圆孔的投影则可省略不画，如图 2-8（a）所示。装配图中的螺栓连接可用符号“×”（粗实线）表示，若数量较多，且均匀分布时，可以只画出几个符号表示其分布方位，如图 2-8（b）所示。

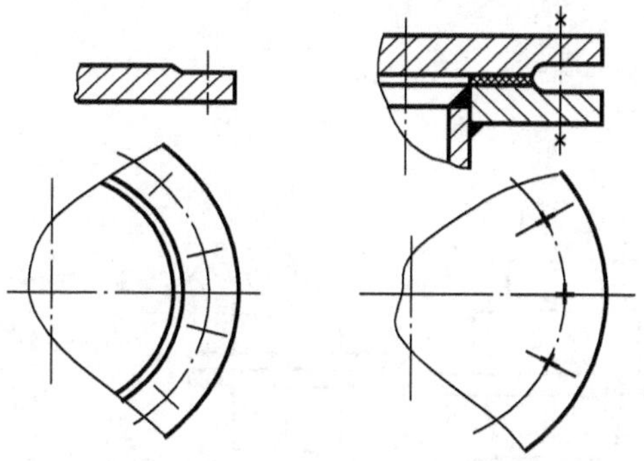
(a) 零件图中螺栓孔　(b) 装配图中螺栓连接

图 2-8　螺栓孔和螺栓连接的简化画法

（2）填充物的表示法　当设备中装有同一规格的材料和同一堆放方法的填充物时，在剖视图中，可用交叉的细实线表示，同时注写规格和堆放方法；对装有不同规格的材料或不同堆放方法的填充物，必须分层表示，并分别注明填充物的规格和堆放方法，如图 2-9 所示。

（3）管束的表示法　当设备中有密集的管子，且按一定的规律排列或成管束时，在装配图中可只画出其中一根或几根管子，其余管子均用中心线表示，如图 2-10 所示。

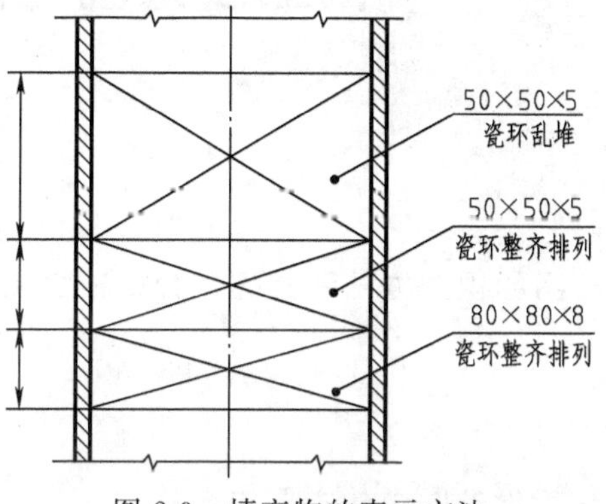

图 2-9　填充物的表示方法

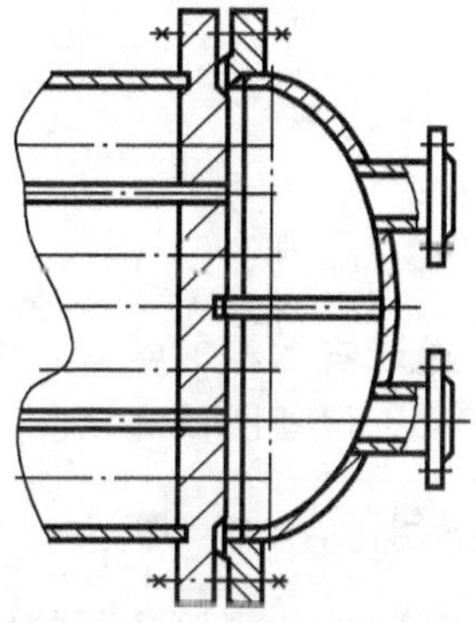

图 2-10　管束的表示方法

（4）标准零部件和外购零部件的简化画法　标准零部件都有标准图，在设备图中不必详细画出，可按比例画出其外形特征的简图，如图 2-11 所示，同时在明细栏中注写名称、规格、标准号等。

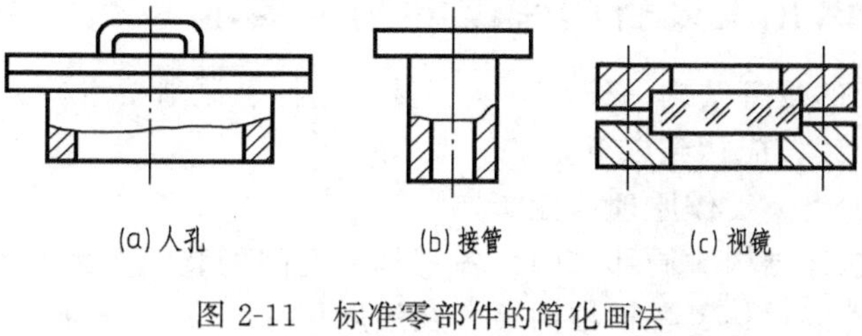
(a) 人孔　(b) 接管　(c) 视镜

图 2-11　标准零部件的简化画法

外购零部件在设备装配图中，只需根据尺寸按比例用粗实线画出其外形轮廓简图，如图2-12所示，同时在明细栏中注明其名称、规格、主要性能参数和“外购”字样。

（5）液面计的简化画法　在设备装配图中，带有两个接管的玻璃管液面计，可用细点画线和符号“+”（粗实线）简化表示，如图2-13所示。

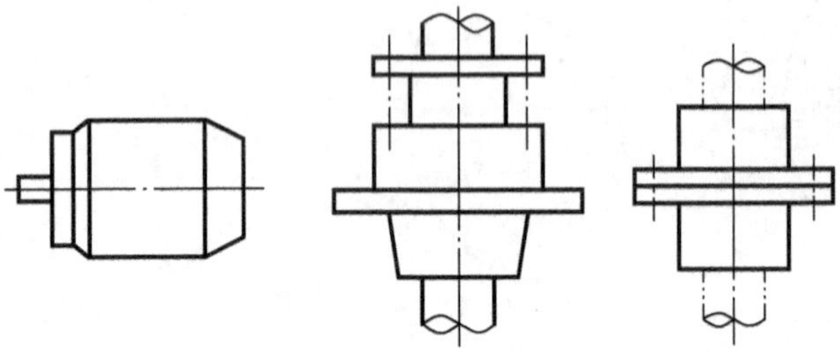

图2-12　外购零部件的简化画法

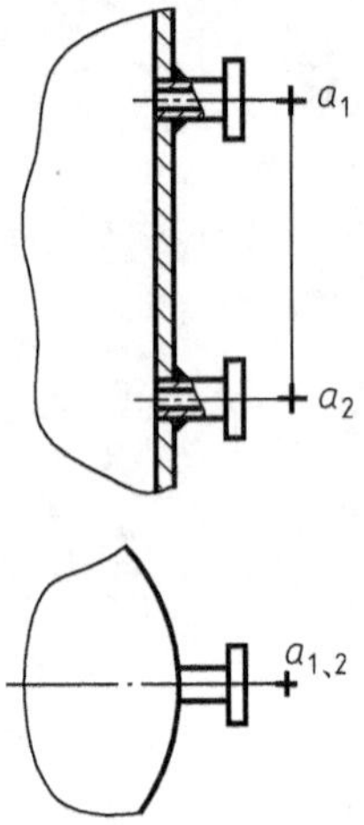

图2-13　液面计简化画法

课题二

化工设备图的阅读

教学目标

通过本课题的学习，学生将学会化工设备图的识图方法和技巧，尝试独立完成一张化工设备图的阅读。

知识目标

能熟知化工设备图的阅读步骤，能读懂化工设备图中的主要内容。

技能要求

能独立完成规定化工设备图的识读。

活动一　认识化工设备图阅读的基本要求

化工设备图涉及的设备结构、设计标准、材料选择、制造要求等方面的内容比较多，通过对化工设备图的阅读，应达到以下要求。

① 了解设备的种类、工作原理及性能。

② 了解设备的总体结构、局部结构、各零部件之间的装配关系及安装要求。

③ 了解各零部件的材料、各种结构尺寸及强度尺寸。

④ 了解各零部件的形状及制造要求，了解采用的标准件种类和型号。

⑤ 了解设备上的接管情况、用途与管口的方位。

⑥ 了解设备在制造、检验、安装等方面的技术要求。

活动二　认识化工设备图阅读的方法及步骤

阅读化工设备图时可按以下步骤进行。

1. 概括了解

① 通过阅读图样的主标题栏，了解设备的名称、规格、绘图比例等内容。

② 了解图面上各部分内容的布置情况，如图形、明细栏、表格及技术要求等在幅面上的位置。

③ 概括了解图上采用的视图数量和表达方法，如判断采用了哪些基本视图、辅助视图、剖面图等，以及它们的配置情况。

④ 概括了解该设备的零部件件号数目，判断哪些是非标零部件图纸，哪些是标准件或外购件等。

⑤ 概括了解设备的管口表、技术特性表以及有关设备的制造、安装、检验和运输要求的基本情况。

2. 详细分析

(1) 视图分析　通过视图分析，可以看出设备图上视图数量，分析哪些是基本视图，还有其他什么视图，各视图采用了哪些表达方法，并分析采用各种表达方法的目的。

(2) 装配连接关系分析　以主视图为主，结合其他视图，分析各部件之间的相对位置及装配连接关系。

(3) 零部件结构分析　以主视图为主，结合其他视图，对照明细栏中的序号，将零部件逐一从视图中找出，了解其名称、数量、材料、在设备图中的位置，分析其结构、形状、尺寸及其与主体或其他零件的装配关系。对标准化零部件，应查阅有关标准，弄清楚其结构。有图样的零部件，则应查阅相关的零部件图，弄清楚其结构。

(4) 尺寸分析及管口分析　找出设备在长、宽、高三个方面的尺寸基准；对设备图上的规格性能尺寸、外形尺寸、装配尺寸、安装尺寸进行分析，搞清它们的作用和含义；了解设备上所有管口的结构、形状、数目、大小和用途，以及管口的周边方位、轴向距离、外接法兰的规格和形式等。

(5) 了解技术要求　通过技术要求的阅读，了解设备在制造、检验、安装等方面所依据的技术规定和要求，以及焊接方法、装配要求、质量检验等的具体要求。

3. 归纳总结

通过详细分析后，将各部分内容加以综合归纳，从而得出设备完整的结构形象，进一步了解设备的结构特点、工作特性、物料的流向和操作原理等。

通过对化工设备图的阅读，对化工设备有了一个比较全面、清晰的了解，以便对化工设备进行制造、安装、调试和维修。

阅读化工设备图的方法步骤，常因读图者的工作性质、实践经验和习惯的不同而各有差异。但是，对初学者来说，应该有意识按照上述步骤进行学习和熟悉，逐步提高阅读化工设备图的能力和效率。

活动三　识读化工设备图的各种基本要素

1. 尺寸标注

化工设备图尺寸标注，应根据化工设备的表达特点，做到尺寸完整、清晰、合理，以便满足化工设备制造、检修和安装的要求。下面介绍化工设备图尺寸标注。

(1) 尺寸种类　化工设备图中的主要尺寸可分为以下几种。

① 特征尺寸（规格尺寸）：主要用于表示设备性能、规格的尺寸。这些尺寸是结构设计确定的，例如贮存容器筒体的直径、筒体的长度等。

② 装配尺寸：表示设备各零部件之间装配关系和相对位置的尺寸，接管在筒体轴向方向的定位尺寸，俯视图或管口方位图中接管在筒体圆周方向的定位尺寸，液面计、支座在筒体上的定位尺寸等。如图 2-1 中液面计的定位尺寸“1000”等。

③ 安装尺寸：表示设备安装在基础或其他构件上所需要的尺寸。例如，支座地脚螺栓孔尺寸。

④ 外形尺寸：是指设备总体长、宽、高尺寸。这类尺寸主要用于设备在运输、安装、厂房设计及设备布置。如图 2-1 中贮槽总长“2807”。

⑤ 其他尺寸：是指根据要求需标注的上述尺寸之外的尺寸。例如，填料高度、人孔的规格尺寸、凸形封头的内高度等。

(2) 尺寸基准　化工设备图的尺寸基准既要保证设备在制造和安装过程中应达到的设计要求，又要便于测量与检验，因此，要选择合理的尺寸基准。尺寸基准规定如下。

① 尺寸标注的基准一般从设计要求的结构基准面开始，如封头切线、设备法兰密封面等。

② 厚度尺寸的标注如图 2-14 所示。其中图 2-14 (b) 表示单线条图。

③ 接管伸出长度，一般标注接管法兰密封面至容器（塔器或换热器等）中心线之间的距离，除在管口表中已注明外，均应在图样中注明；封头上的接管长度以封头切线为基准，标注封头切线至法兰密封面之间的距离如图 2-15 所示。

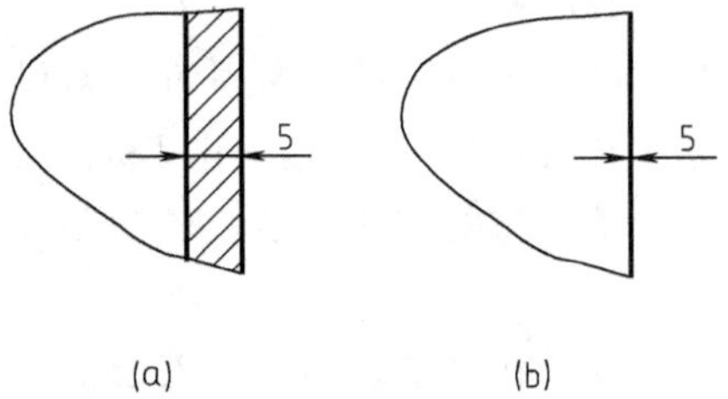

图 2-14　厚度表示方法

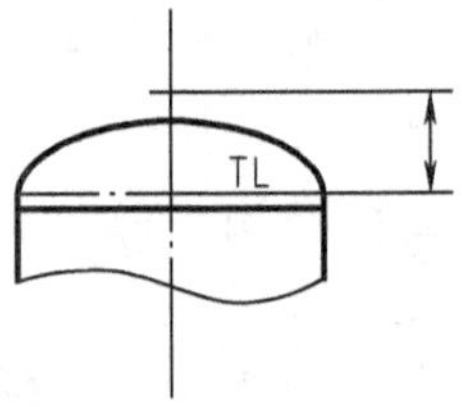

图 2-15　接管伸出长度标注

④ 塔盘尺寸标注的基准为塔盘支撑圈上表面。

⑤ 支座尺寸以支座底面为基准。

⑥ 封头尺寸标注以封头切线为基准。

⑦ 尺寸的始点和终点，当用单线条图样表示不清时，应用放大图或剖视图表示。

⑧ 尺寸的安排，应尽量安排在设备（或零、部件）图样轮廓尺寸右方或下方。

⑨ 一般不允许封闭尺寸，当需要标注时，封闭尺寸链中的某一不重要尺寸应以（　）表示，例如 (2500)，作为参考尺寸。

⑩ 倾斜放置的卧置容器尺寸的标注，如图 2-16 所示。

(3) 典型尺寸的标注

① 筒体尺寸。筒体尺寸应标注出筒体的公称直径（卷制筒体标注内径，无缝钢管制筒体标注外径）、壁厚和长度。

② 封头尺寸。应标注封头的壁厚和内高度（包括封头直边）。

③ 接管尺寸。应标注管口的直径和壁厚，若是无缝钢管，则应标注外径和壁厚；若是卷制管，则标注内径和壁厚，还应标注接管的外伸长度；若所有接管的外伸长度均相等，可在图纸“注”中说明所有接管的外伸长度数值，也可在接管表中填写接管法兰至壳体中心线的距离。

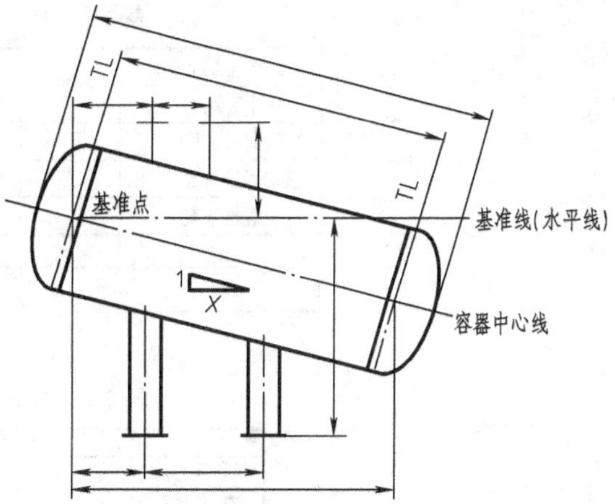

图 2-16 倾斜卧置容器的尺寸标注

④ 设备中的填料等填充物，应标注出填充物的总体尺寸和填充物的规格尺寸。

⑤ 尺寸标注的一般顺序为特征尺寸、装配尺寸、安装尺寸、其他尺寸，最后是外形尺寸。

2. 技术要求

技术要求是用文字说明在图中不能（或没有）表示出来的内容。针对化工设备的特点，除了机械通用技术条件外，要着重提出设备在制造、验收时应遵循的标准、规范和规定，以及在其他方面的特殊要求。通常包括以下几个方面。

① 制造依据条件。这是设备加工、制造或施工的主要依据。包括国家、部级、行业、企业的标准、规定、规范、手册等。

② 验收标准及方法。包括材料检验、试验方法手段、热处理方式等。

③ 施工要求。尤其对焊接工艺的要求，如焊缝布置、接头形式、坡口要求、焊条规格等；也包括机械加工内容、装配条件、现场制作、预制吊装等过程的要求。

④ 质量检验。包括对焊缝质量的检验，如介质渗透、超声波探伤、射线探伤等；或者对设备的整体验收，如盛水试漏、气密性试验、水压试验等。

⑤ 保温防腐要求。涂、喷防腐剂、防锈漆，制作防腐层，介质标志色及安全变色漆，保温隔声的方法、材料、规格等。

⑥ 运输、安装要求、包装形式、运输标志、保管事项等。

3. 技术特性表

技术特性表是表明设备的重要技术特性和设计依据的一览表，一般安排在管口表的上方。其格式有两种，见表 2-1 和表 2-2，其中表 2-1 用于一般化工设备，表 2-2 用于带换热管的设备，如果是夹套换热设备，则管程和壳程分别改为设备内和夹套内。

技术特性表还要了解以下几点。

① 技术特性表的线型为边框粗实线，其余细实线。

② 技术特性表中的设计压力、工作压力为表压，如果是绝对压力应标注“绝对”字样。

③ 在技术特性表中需填写的内容，因设备类型的不同会有不同的要求。

(a) 对容器类设备，应增加全容积（m^3）和操作容积（m^3）。

(b) 对热交换器，应增加换热面积（m^2），而且换热面积以换热管外径为基准计算。

表 2-1 技术特性表（一）

工作压力/MPa		工作温度/℃		8
设计压力/MPa		设计温度/℃		8
物料名称		介质特性		8
焊缝系数		腐蚀裕度/mm		8
容器系数				8

40　20　40　20

120

表 2-2 技术特性表（二）

	管程	壳程	8
工作压力/MPa			8
工作温度/℃			8
设计压力/MPa			8
设计温度/℃			8
物料名称			8
换热面积/m^2			8
焊缝系数			8
腐蚀裕度/mm			8
容器类别			8

40　40　40

120

(c) 对塔器，应填写设计的地震烈度（级）、设计风压（N/m^2）等。对填料塔还需填写填料体积（m^3）、填料比表面积（m^2/m^3）、处理气量（标准状态下）（m^3/h）和喷淋量（m^3/h）等内容。

(d) 对带夹套（蛇管）和搅拌的反应釜，应按釜内、夹套（蛇管）内分栏填写，同时还需填写全容积、操作容积、搅拌转速（r/min）、电动机功率（kW）、换热面积等内容。

(e) 其他专用设备，可根据设备的结构与操作特性，填写图示设备需特别说明的技术特性内容。

4. 管口符号

化工设备上的管口数量较多，接管在主视图上用多次旋转的画法把接管旋转到与正投影面平行的位置；在俯视图或管口方位图上表示接管的周向位置。为了清晰地表达各管口的位置、规格、连接尺寸和用途等，图中应编写管口符号，并在明细栏上方画出管口表。通常按管口顺序由上而下填写。

管口符号的编写规则如下。

① 编写管口符号时，一般应从主视图的左下方或左上方开始，按顺时针（或逆时针）方向依次用大写或小写英文字母“A、B、C”、“a、b、c”编号。

② 对规格、用途、连接面形式完全相同的管口，应编写一个管口符号，但必须在管口符号的右下角加注阿拉伯数字的注脚，以示区别，如 a_1、a_2 等。

5. 明细表

明细表用于装配图或部件图中，说明设备上所有零部件的名称、材料、数量、质量等内容，它是工程技术人员看图及图样管理的重要依据。明细栏的格式及尺寸见图 2-17，线型为左、右、下边框粗实线，其余细实线。明细表位于标题栏的上方。

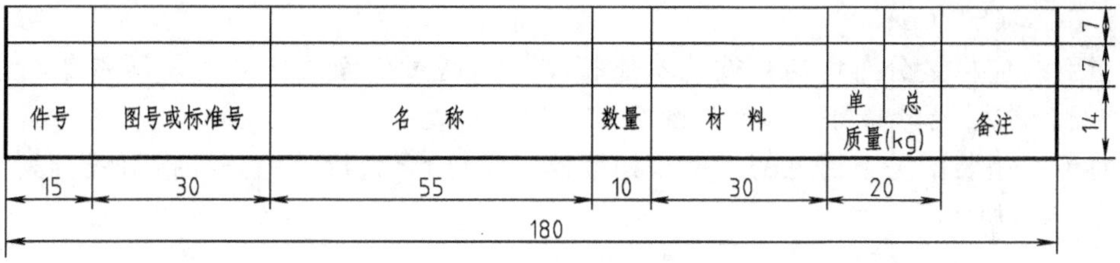

图 2-17 明细表的格式和尺寸

下面介绍明细表的填写（参见图 2-17）。

① 件号栏。本栏填写图示设备各零部件的顺序号。在表中填写的件号应与图中件号完全一致，且应由下而上按序填写。

② 图号或标准号栏。本栏填写各零部件相应的“图号或标准号”。凡已绘制了零部件图的零部件都必须填写相应的图号（没有绘制图样的零部件，此栏可不填）；若为标准件，则必须填写相应的标准号（材料不同于标准时，此栏可不填），若为通用件，则必须填写相应的通用图图号。

③ 名称栏。本栏填写零部件的名称与规格。填写时零部件的名称应尽可能采用公认的称谓，并力求简单、明确。同时，还应附上该零部件的主要规格。如果是标准件，则必须按规定的标注方法填写，如“法兰 C-PⅠ 700-1.6”；如果是外购件，则需按商品的规格型号填写，如“减速器 BLC 125-5Ⅰ”；如果是不另绘图的零件，在名称之后应给出相关尺寸数据，如“接管 $\phi108\times4$，$L=150$”（L 也可在备注栏内说明）、“筒体 $DN700\times6$，$H=5906$” 等。

④ 数量栏。本栏填写图示设备上归属同一件号的零部件的全部件数。对于大量使用的填料、木材、耐火材料等可采用 m^3 计，而大面积的衬里、防腐、金属丝网等，则可采用 m^2 计，其采用的单位，在备注栏内可加以说明。

⑤ 材料栏。本栏填写各零部件所采用的材料名称或代号。材料名称或代号必须按国家标准或部颁标准所规定的名称或代号填写；无标准规定的材料，则应按工程习惯注写相应的名称；由国外企业或国内企业生产的有系列标准的定型材料，应同时注写材料名称和相应的材料代号，并在备注栏内做附加说明。如果该件号的部件由不同材料的零件构成，本栏可填写组合件，如果该件号的零部件为外购件，本栏可不填，或在本栏画一短细斜线表示。

⑥ 质量栏。本栏填写零部件的真实质量，以 kg 为单位。一般零部件准确到小数点后两位。贵重金属可适当增加小数点后的位数。非贵重金属，且质量小、数量少的零件也可不填，或在本栏画一短细斜线表示。

⑦ 备注栏。本栏仅对需要说明的零部件附加简单的说明，如：对外购件可填写“外购”字样；采用了特殊的数量单位，可填写“单位 m^3”；对接管可填写接管长度“$L=120$”；对采用企业标准的零部件可填写“××企业标准”等字样。一般情况下，不予填写。

6. 零部件序号的编排

组成设备的所有零件、部件和外购件，无论有图或无图均需编独立的件号，不可省略。序号的编写规则如下。

① 序号编写的形式由圆点、指引线、水平线（或圆）及数字组成，如图 2-18（a）所示。指引线和水平线（或圆）均为细实线，数字写在水平线上方（或小圆内），数字高度应比尺寸数字高度大一号，指引线应从所指零件的可见轮廓内引出，并在末端画一圆点，当所指部分不宜画圆点（如很薄的零件或涂黑的剖面）时，可在指引线末端画一箭头以代替圆

点，如图 2-18（b）所示。

② 指引线应尽量分布均匀，彼此不能相交，当通过剖面线区域时，须避免与剖面线平行。必要时，指引线可曲折一次，如图 2-18（c）所示。

③ 对于一组装配关系清楚的组件（如螺栓、螺母），允许采用公共指引线，其编写形式如图 2-18（d）所示。

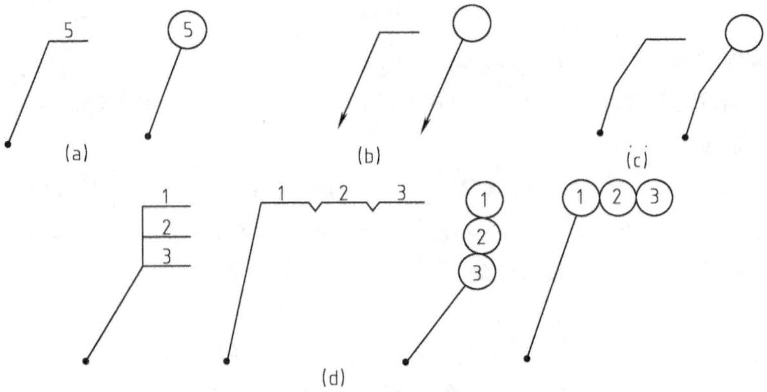

图 2-18 零部件序号编写方法（一）

④ 件号应尽量编排在主视图上，并由左下方或左上方开始，按件号顺序顺时针整齐地沿垂直和水平方向依次编号，可布满四周，但应尽量编排在图形的左方和上方，并安排在外形尺寸的内侧。若有遗漏或增添的件号应在外圈编排补足，如图 2-19 所示。

⑤ 在装配图中，将直接组成设备的部件、直属零件和外购件以 1、2、3、…顺序表示。在部件图中，组成该部件的零件或二级部件的件号由两部分组成，如图 2-20（a）所示；组成二级部件的零件的件号由二级部件的件号及零件顺序号组成，如图 2-20（b）所示。

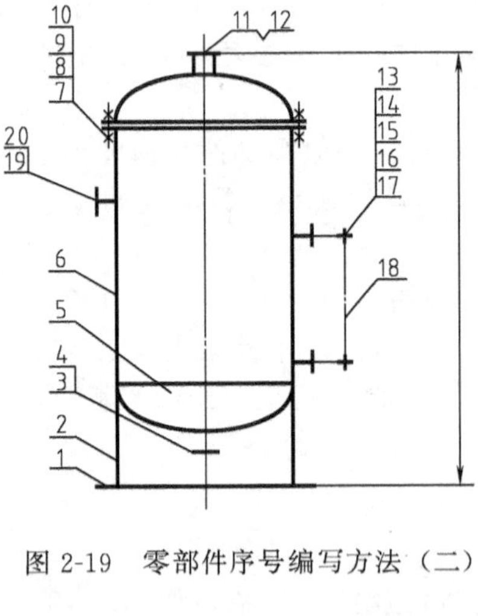

图 2-19 零部件序号编写方法（二）

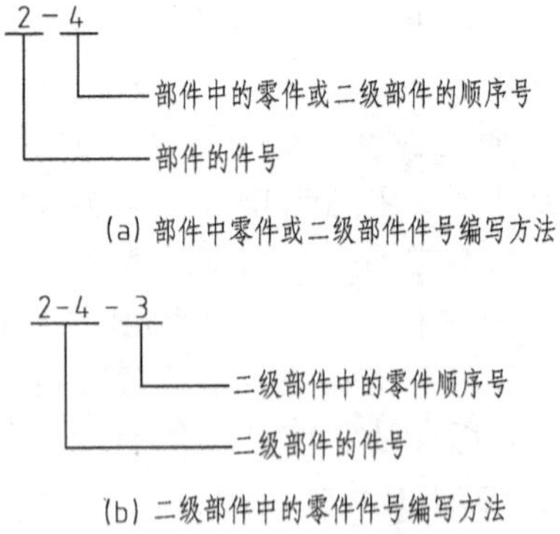

图 2-20 零部件序号编写方法（三）

活动四 阅读化工设备图

图 2-21 是一张在化工生产中常用的带搅拌的水解反应罐装配图，现应用化工设备图阅

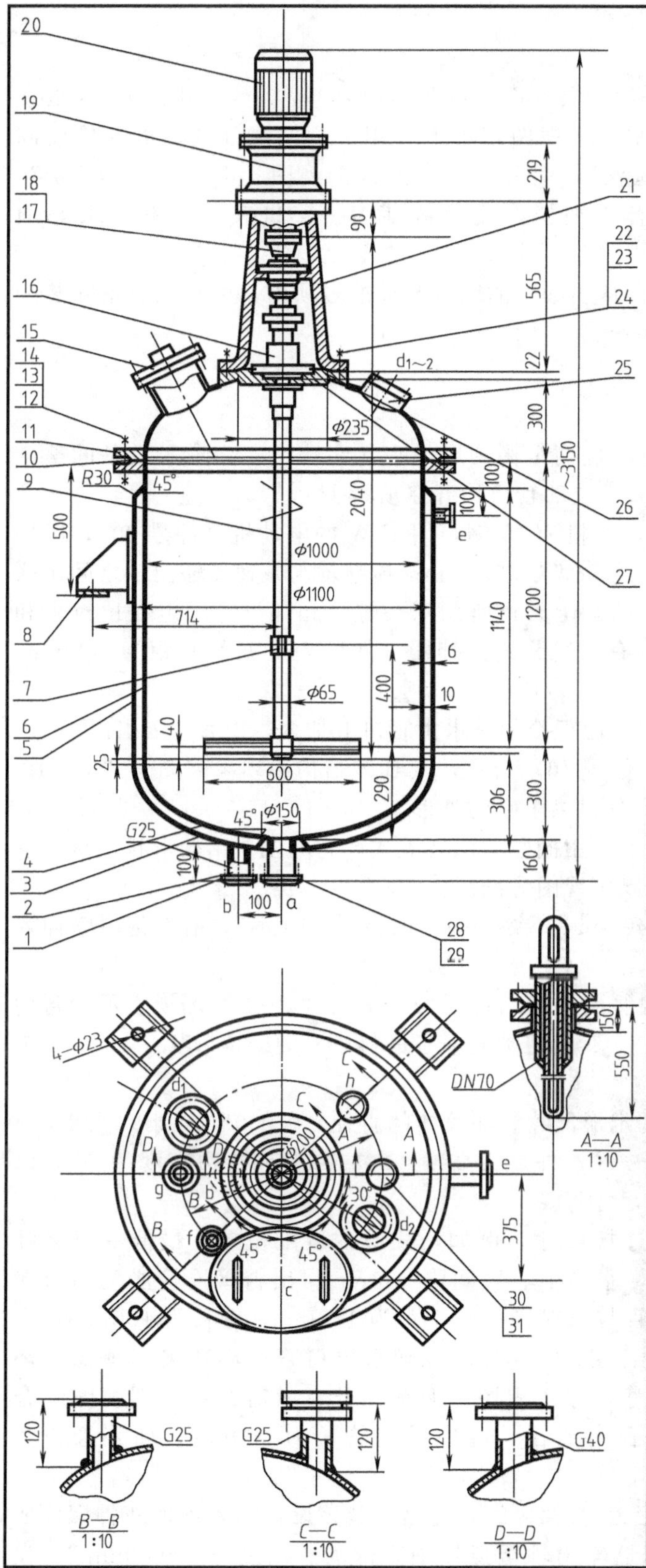

技术要求

(1) 本设备按GB 150—1998《钢制压力容器》和HGJ 18—89《钢制压力容器制造技术要求》进行制造、试验和验收,并接受原国家质量技术监督局颁发《压力容器安全技术监察规程》的监督。

(2) 焊接采用电弧焊,焊条牌号 T422(E4303),焊接接头形式及尺寸除图中注明外,按HGJ 17—89《钢制压力容器结构设计规定》,角焊缝的焊角尺寸按较薄板的厚度;法兰的焊接按相应法兰标准中的规定。

(3) 容器上的A类和B类焊缝应进行无损探伤检查,探伤长度大于20%,且不小于250mm,射线探伤或超声波探伤应符合JB 4730—94《压力容器无损检测》规定中的Ⅲ级为合格。

(4) 设备制造完毕后,以0.425MPa进行液压试验,合格后再以0.413MPa的压缩气体进行致密性试验。

(5) 设备上减速机支架凸缘应在组焊后一起加工,设备管口及支座方位见本图。

(6) 设备组装后,在搅拌轴上端密封处测定轴的径向摆动量不得大于0.5mm;搅拌轴轴向窜动量不得大于 ±0.2mm;搅拌轴下端摆动量不大于1.0mm,组装完毕后,以水代料进行试运转,严禁空运转,并使设备内达到工作压力;时间不少于4h,在试转过程中,不得有不正常的噪声[≤85 dB(A)]和振动等不良现象。

(7) 搅拌轴旋转方向应和图示相符,不得反转。

技术特性表

	罐内	夹套内
设计压力	真空度 86.6kPa	0.3MPa
设计温度	80℃	10℃
物料名称	料液	冷却水
罐体容积	$0.8m^3$	
加热面积	$4.8m^2$	
设计转速	63r/min	
电动机功率	4kW	

管口表

代号	公称尺寸	连接尺寸标准	连接面形式	用途或名称
a	40	*PN*0.6, *DN*40, HGJ 49—91	RF	出料口
b	25	*PN*0.6, *DN*25, HGJ 49—91	FF	冷却水进口
c	椭 400×300	—	TG	人孔
d_{1-2}	125	—	—	视镜
e	25	*PN*0.6, *DN*25, HGJ 49—91	FF	冷却水出口
f	25	*PN*0.6, *DN*25, HGJ 49—91	RF	备用口
g	40	*PN*0.6, *DN*40, HGJ 49—91	RF	进料口
h	25	*PN*0.6, *DN*25, HGJ 49—91	RF	备用口
i	25	*PN*0.6, *DN*25, HGJ 49—91	RF	温度计插口

序号	图号和标准号	名称	数量	材料	单件	总计	备注
31	JB/T 4701—2000	法兰-R, *DN*80	2				
30	50-012-05	温度计插管	1				
29		垫片	1	石棉橡胶板			
28	HG 20592—1997	法兰-RF, 40-0.6	2	Q235-A			
27		垫片	1	石棉橡胶板			
26	HG 5-1413-81	填料函座	1				组合件
25	HGJ 501-86-19	视镜 J, *PN*0.6, *DN*125	2	Q235-A			
24	GB/T 95—1985	垫圈 16-100HV	16	35			
23	GB/T 41—2000	螺母 M16	16	35			
22	GB/T 5782—2000	六角螺栓 M16×50	16	35			
21	HG 5-743-78	机座 J-B-65	1	HT200			组合件
20		电动机 J 02 41-4	1				
19		减速器 BI.D4-3-17	1				组合件
18	50-012-04	平键 18×68	1	45			
17	HG 21570—95	联轴器 C65-35	1	35			
16	HG 5-1413-81	填料函	1				组合件
15	HG 21515—95	人孔(R.A-2707)400×300	1	Q235-A·F			
14	GB/T 95—1985	垫圈 20-100HV	72	35			
13	GB/T 41—2000	螺母 M20	36	35			
12	GB/T 5782—2000	六角头螺栓 M20×60	36	35			
11	JB/T 4701—2000	法兰 TG 100-0.6	2	Q235-A			
10	JB/T 4700—2000	垫片 1004×1044	1	石棉橡胶板			
9	50-012-03	搅拌轴	1	45			
8	JB/T 4725—92	耳座, *BN*2	4	Q235-A·F			
7	50-012-02	桨式搅拌器, 600-50	2				组合件
6		筒体 *DN*1000	1	Q235-A			
5		筒体 *DN*1100	1	Q235-A·F			
4	JB/T 4737—95	封头 *DN*1000×10	2	16MnR			
3	JB/T 4737—95	封头 *DN*1100×6	1	16MnR			
2		接管 *DN*25×120	1	10			
1	HG 20592—1997	法兰 RF *DN*25-0.6	5	10			

(设计单位名称)					(工程名称)	
项目	签名	日期	水解反应罐 $V=1m^3$ 装配图		项目名称	聚合工段
设计					设计阶段	施工图
制图					50-012-01	
审核						
校核			比例	1:20	第 张	共 张

图 2-21 水解反应罐

读的方法及步骤，阅读该图样所表示的内容。

1. 概括了解

① 从主标题栏知道该图为水解反应罐的装配图，设备容积为 $1m^3$，绘图比例为 1∶20。

② 视图以主、俯两个基本视图为主。主视图基本上采用了全剖视（电动机及传动部分未剖，管口采用了多次旋转剖视的画法），另外有 4 个局部剖视图“*A*—*A*”、“*B*—*B*”、“*C*—*C*”和“*D*—*D*”。图纸的右上方有明细栏、技术特性表、管口表、技术要求等项内容。

③ 该设备共编了 31 个零部件件号。从明细栏的图号及标准号项内，可知该设备除装配图外尚有 4 张零部件图（图号为 50-012-2～50-012-5）。

2. 详细分析

（1）零部件结构形状

① 图 2-21 中，筒体（件号 6）和顶、底两个椭圆形封头（件号 4），组成了设备的整个罐体。筒体周围焊有支座（件号 8）四只，全部管口均开在顶封头上。

② 搅拌轴（件号 9）直径为 65mm，材料为 45 钢，用 4kW 的电动机（件号 20），经蜗轮减速器（件号 19）带动搅拌轴运转，其转速为 63r/min。搅拌轴与减速器输出轴之间用联轴器连接。传动装置安装在机座（件号 21）上，机座用双头螺栓和螺母等固定在顶封头和填料函座（件号 26）上。搅拌轴下端装有两组桨式搅拌器（件号 7），每组间距为 400mm。桨叶为斜桨，长 600mm。

③ 该设备的传热装置采用夹套，用水进行冷却。水由管口 b 加入，由管口 e 引出。

④ 搅拌轴与筒体之间采用填料函（件号 16）密封，其具体结构必须参阅图号“50-012-05”的零部件图（书中从略）。在总图上只提供了它的外形。

⑤ 该设备的人孔（件号 15），基本上采用椭圆形回转盖式，它的主要结构形状，从主视图和俯视图上可以看出，其开口方位应以俯视图为准。

⑥ 出料管（件号 29）为公称尺寸 40mm 的无缝钢管（材料为 10 钢），沿设备内壁伸入锅底中心，以便出料时尽可能排净。

⑦ 另外，“*A*—*A*”剖视表示了测温管的详细结构；“*B*—*B*”、“*C*—*C*”剖视表示了备用管口 h、f 的伸出长度和结构形状；“*D*—*D*”剖视则表示了进料口 g 的结构形状。

（2）尺寸的阅读

① 装配图上表示了各主要零部件的定形尺寸。如筒体的直径“ϕ1000”，高度“1200＋40”和壁厚“6”，内封头的高度“290－40”，外封头高度“306－6”和折边高度“25”，以及搅拌轴、桨叶、夹套和各接管的形状尺寸等。

② 图上标注了各零件之间的装配连接尺寸。例如，桨叶的装配位置，最低一组桨叶的水平中心线离锅底 290mm，共两组，水平中心线间隔 400mm；出料管连接法兰的密封面和罐底间距为 160mm，冷却水进口管与出料管的中心距为 100mm，管长为 100mm；夹套顶部的环焊缝到容器法兰密封面的距离为 100mm；冷却水出口管中心离夹套顶部的环焊缝距离为 100mm。各管口的装配尺寸，除主视图、俯视图外，尚需各局部剖视图配合阅读，如温度计插管从“*A*—*A*”剖视图可看出，温度计套管长为 550mm，插入管长为 150mm 等。

③ 设备上 4 个支座的螺栓孔中心距为“714×2”，这是安装该设备需要预埋地脚螺栓所必需的安装尺寸。从图上还可读出减速器输出轴至搅拌轴底部的总高度为“2040mm”，设备的总安装高度约为 3150mm 等。

(3) 管口的阅读　从管口表知道，该设备共有 a、b、…、i 等 10 个管口，它们的规格、连接的形式、用途等均由接管表中可知。各管口与筒体、封头的连接结构，a、b、c、d_1、d_2、e 等 6 个管口情况，可在主视图看懂，而 f、g、h、i 等另外 4 个管口，则需要分别在“A—A”、“B—B”、“C—C”、“D—D” 等剖视图中才能看清楚。

各管口的方位，从技术要求第 5 条可知，以本图的主视图、俯视图为准。从俯视图可看出，人孔 c 在正下方、支座中心线与反应罐中心线的夹角为 45°，备用管口 h、f 分别在左下和右上 45°处，加料口 g 在正左方，温度计插管 i 在正右方，视镜 d_1、d_2 分别左上和右下 30°处，且人孔 c 和管口 d_1、d_2、f、g、h、i 等 7 个管口均在罐体上封头上，而冷却水出口在罐体夹套的右上方，出料口在罐体正下方，冷却水进口与出料口左侧的夹套相连，这些相对位置必须认清。

(4) 技术特性表和技术要求的阅读　技术特性表提供了该设备的技术特性数据，例如，设备的设计压力和设计温度分别为：设备内 86.6kPa 的真空度、80℃，夹套内为 0.3MPa、10℃；操作物料：设备内为反应物料，夹套内为 10℃的冷却水等。

从图上所注的技术要求中可以了解到以下内容。

① 该设备制造、试验、验收的技术依据是 GB 150—1998《钢制压力容器》和 HGJ 18—89《钢制压力容器制造技术要求》和原国家质量技术监督局颁发《压力容器安全技术监察规程》。

② 焊接方法为电弧焊，焊条型号为 T422 (E4303)。焊接结构形式，按 HGJ 17—89《钢制压力容器结构设计规定》，角焊缝的焊角尺寸按较薄板的厚度；法兰的焊接按相应法兰标准中的规定。焊缝总长的 20%以上要进行无损探伤检查。如果采用射线探伤或超声波探伤，应符合 JB 4730—94《压力容器无损检测》规定中的Ⅲ级才为合格。

③ 设备除需以 0.425MPa 进行液压试验外，还需再以 0.413MPa 的压缩空气进行致密性试验。

④ 在技术要求中还对设备电动机和搅拌轴的安装与调试提出了严格要求。

(5) 归纳总结

① 该设备应用于物料的反应过程，且过程需在真空条件下进行，并需用冷却水降温至 80℃条件下搅拌反应。夹套内的冷却水温度仅为 10℃，压力为 0.3MPa，冷却水由管口 b 进入，管口 e 引出。

② 从这个图例的阅读可以看出，带搅拌反应罐的表达方案，一般是以主、俯两个基本视图为主，主视图一般采用全剖视以表达反应罐的主要结构，俯视图主要表示各接管口的周向方位，然后，采用若干局部剖视，以表示各管口和内件的不同结构。

③ 结合上述情况也可归纳出，对于一般的带搅拌反应罐，除了罐体形状（类同于容器的要求）及所附的通用零部件外，主要抓住传热装置、搅拌器形式、传动装置及密封装置四个方面，就能掌握一般反应罐的主要结构特点。

活动五　分组阅读化工设备图

分组：每组 2～4 人。

活动目的：巩固化工设备图的阅读方法及阅读步骤。

活动程序：按照活动四所示的阅读化工设备图的方法和步骤，分组阅读计量罐装配图（图 2-22）和管壳式换热器装配图（图 2-23），然后各组之间相互交流。

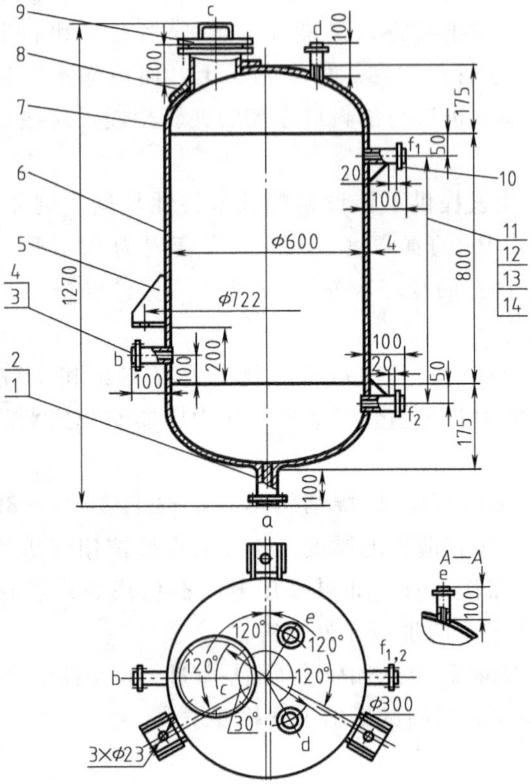

技术特性表

工作压力/MPa	常压	工作温度/℃	常温
设计压力/MPa		设计温度/℃	
物料名称	甲醛		
焊缝系数	0.6	腐蚀裕度/mm	
容器类别			
全容积/m³	0.28		

管口表

符号	公称尺寸	连接尺寸标准	连接面形式	用途或名称
a	20	JB 81—1994 20–1	平面	物料出口
b	15	JB 81—1994 15–1	平面	取样口
c	150			手孔
d	20	JB 81—1994 20–1	平面	物料进口
e	20	JB 81—1994 20–1	平面	放空
$f_{1,2}$	20	JB 81—1994 20–16	平面	液面计口

技术要求

1. 本设备按JB2880—1981钢制焊接常压容器技术条件进行制造、试验和验收。
2. 焊接采用电焊。焊条为：不锈钢之间及不锈钢与碳钢之间为奥132，碳钢之间为结422。
3. 设备制造完毕后，盛水试满。

序号	图号与标准号	名称	数量	材料	单重	总重	备注
14	GB/T 97.1—2002	垫片 φ58×2.5×2	2	石棉橡胶			
13	GB/T 5782—2000	螺栓 M12	8	Q235—A		0.25	
12	GB/T 6170—2000	螺母 M12	8	Q235—A		0.09	
11	HG/5—227—80	液面计DA Pg 16 L=800	1	组合件		7.9	
10	JB 1165—81	支系 4×20 l=150	2	Q235—A			
9	JB 577—79	常压手孔–g150	1	组合件		5.80	
8	JB/T 4736—95	补强圈–g150,l=4	1			1.56	
7	JB/T 4737—95	封头 Dg600×4	2	1Cr18Ni9Ti		27.6	
6		筒体 Dg600×4H=800	1	1Cr18Ni9Ti		48.0	
5	JB/T 4725—92	支座	3	Q235—A		2.7	
4	JB/T 81—94	法兰 15–1	1	1Cr18Ni9Ti		0.34	
3		接管 φ18×3 L=100	1	1Cr18Ni9Ti		0.02	
2	JB/T 81—94	法兰 20–1	5	1Cr18Ni9Ti		2.10	
1		接管 φ25×2.5L=100	5	1Cr18Ni9Ti		0.50	

标记	处数	分区	更改文件号	签名	年、月、日	计量罐	
设计			标准化			阶段标记	重量
审核							比例 1:10
工艺			批准			共 张 第 张	

图 2-22 计量罐装配图

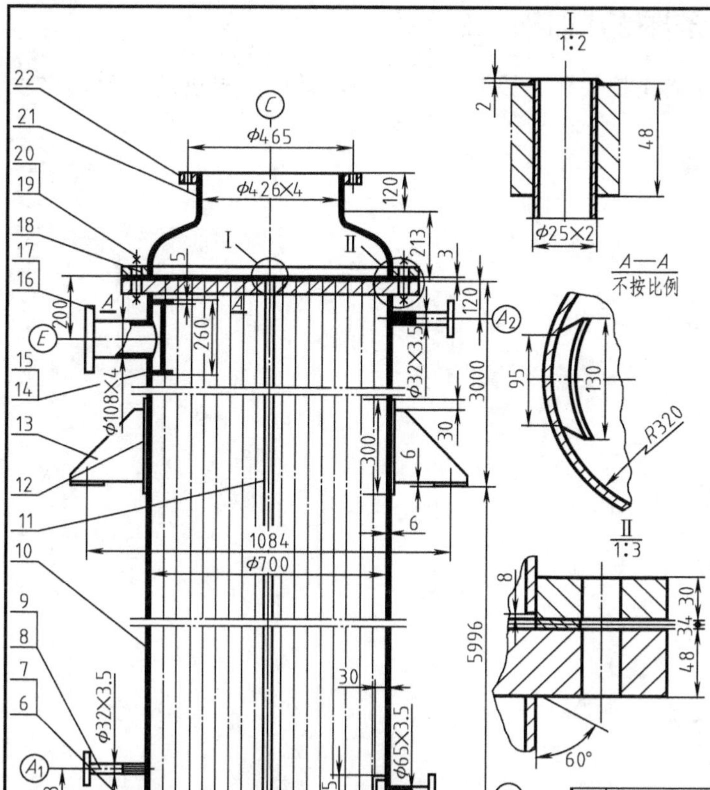

技术要求

1. 本设备按GB 151—2000《钢制管壳式换热器》中II级进行制造、检验、验收，并接受原劳动部颁发《压力容器安全技术监察规程》的监督。
2. 焊接采用电弧焊，焊条牌号、碳钢之间采用T422；16MnR之间及16MnR与碳钢之间采用T507；不锈钢之间以及不锈钢与碳钢之间采用A132。
3. 焊缝结构除图中注明外，按HGJ 17—89中之规定。
4. 不锈钢材料和焊接接头应按GB4334.1进行晶间腐蚀试验。
5. 容器上A、B类焊缝进行20%射线探伤，并符合GB 2323—89规定中III级为合格。
6. 设备制造完毕进行试压检验，管程以0.13MPa、壳程以1.75MPa进行水压试验。
7. 管口方位按管口方位图。

技术特性表

	管 程	壳 程
工作压力MPa	~600mmHg	1.3
工作温度	140~160℃	190℃
设计压力MPa	0.1	1.4
设计温度	180℃	200℃
物料名称	65%~72%$Mg(NO_3)_2$	蒸汽
换热面积	$176m^2$	
焊缝系数	0.85	
腐蚀裕度	0	2mm
容积类别	一类	

管口表

符号	公称尺寸	连接尺寸与标准	连接面型式	用途或名称
$A_{1,2}$	*DN*25	*PN*1.6，*DN*25，HG20593-97	FF	不凝汽体出口
B	*DN*100	*PN*0.25，*DN*100，HG20593-97	FF	硝镁液进口
C	*DN*40	*PN*0.25，*DN*40，HG20593-97	FF	蒸发蒸汽出口
D	*DN*100	*PN*1.6，*DN*100，HG20593-97	FF	蒸汽入口
E	*DN*40	*PN*1.6，*DN*40，HG20593-97	RF	冷凝水出口

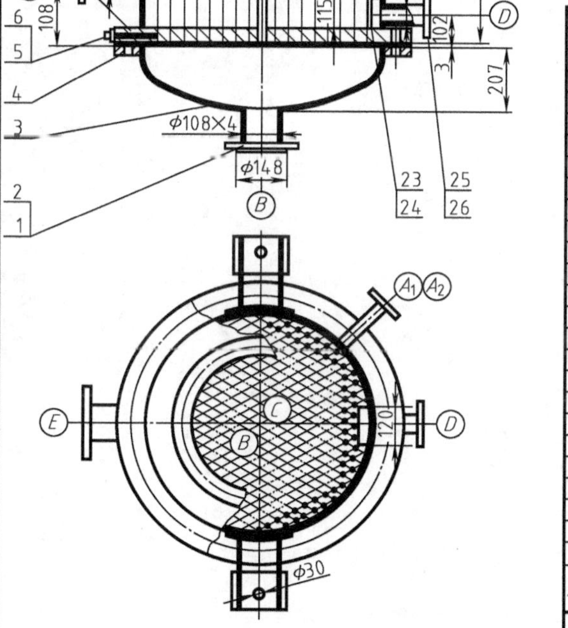

序号	图号或标准号	名称	数量	材料	单重 重量(kg)	总重 重量(kg)	备注
26		接管φ45×3.5，*L*=122	1	10		0.44	
25	HGJ 45—91	法兰40-1.6	1	Q235-A		2.00	
24		挡板δ=3	1	Q235-AF		0.10	
23		挡板δ=3	1	Q235-AF		0.15	
22	HGJ 45—91	法兰400-0.25	1	1Cr18Ni9Ti		17.81	
21		接管φ426×4，*L*=140	1	1Cr18Ni9Ti		5.05	
20	GB 6170—86	螺母M24	32	Q235-A	0.111	3.55	
19	JB 4707—92	螺栓M24×110-1	32	35	0.495	15.84	
18		垫片φ775/φ714 δ=3	2	耐酸石棉板			
17		接管φ108×4，*L*=130	1	10		1.30	
16	HGJ 45—91	法兰100-1.6	1	Q235-AF		4.00	
15		挡板	1	Q235-AF		0.30	
14		挡板	2	Q235-AF	0.20	0.40	
13	JB/T 4725—92	支座B2	2	Q235-AF			
12		加强板300×200，δ=6	2	Q235-AF	2.82	5.64	
11		列管φ25×2，*L*=6000	379	1Cr18Ni9Ti	6.78	2569	
10		筒体*DN*700×6，*L*=5906	1	16MnR		620	
9		接管φ32×3.5，*L*=122	2	10	0.31	0.62	
8	HGJ 45—91	法兰25-1.6	2	Q235-A	1.17	2.34	
7	H 24-0037—3	管板δ=48	2	1Cr18Ni9Ti	141	282	
6		垫片	1	石棉橡胶板			
5	H 24-0037—2	丝堵M16×1.5	1	Q235-AF		0.04	
4	JB 4701—92	法兰C-PI 700-1.6	2	组合件	46.1	92.2	
3	JB/T 4739—95	封头*DN* 700×6	2	1Cr18Ni9Ti	28.3	56.6	
2		接管φ108×4，*L*=150	1	1Cr18Ni9Ti		1.50	
1	HGJ 49—91	法兰100-0.25	1	Q235-A		2.66	

标记	处数	分区	更改文件号	签名	年月日				管壳式换热器
设计			审定			阶段标记	质量(kg)	比例	$F=176m^2$
制图			工艺						
校核			标准化						图号
审核			批准			共 张 第 张			

图纸目录

1. 装配图 H24-0037-1 1张
2. 丝堵零件图 H24-0037-2 1张
3. 管板零件图 H24-0037-3 1张

图 2-23 管壳式换热器装配图

课外活动 巩固化工设备图的阅读

活动方式：通过网络、图书馆等查找相关化工设备图，参照活动四所提供的步骤，完成化工设备图的阅读。

项目三

工艺流程图的识读与绘制

工艺流程图的识读与绘制是化工类专业学生必备的一项基本技能。工艺流程图是工程项目设计的一个指导性文件，工艺流程图分为流程框图、方案流程图、物料流程图（PF或PFD图）和管道仪表流程图（PI或PID图）。

课题一

认识化工工艺流程图应遵循的规定

教学目标

通过本课题的学习，学生将了解化工工艺流程图的图纸规格，掌握工艺流程图中文字的高度、字母的高度、图线宽度的规定、管道仪表流程图中常用设备图形符号、管道符号、阀门符号、管件图形符号、常用物料代号、隔热代号、保温防火代号、隔声代号，了解工艺流程图上常用的缩写词、管道的压力等级。能根据教师提供的图纸，在教师引导下认识工艺流程图上相关内容。

知识目标

能了解化工工艺流程图中相关的规定。

技能目标

能在教师引导下，认识工艺流程图中相应内容。

化工工艺流程图的设计应遵循中华人民共和国行业标准《化工工艺设计施工图内容和深度统一规定》和《管道仪表流程图设计规定》的规定。

活动一　认识化工工艺流程图的一般规定

1. 工艺流程图规格

一般情况下，工艺流程图应采用标准规格，并带有设计单位名称的统一标题栏。工艺流程图一般采用A1标准尺寸图纸横幅绘制，流程简单者可采用A2图纸。对同一装置只能使用一种规格的图纸，不允许加长、缩短（特殊情况除外）。

2. 工艺流程图中文字和字母的高度

工艺流程图上的各种文字字体要求匀称、工整，并尽可能采用工程字。字或字母之间要留适当间隙，使之清晰可见。汉字高度不宜小于 2.5mm（2.5 号字），0 号（A0）和 1 号（A1）标准尺寸图纸的汉字高度应大于 5mm。指数、分数、注脚尺寸的数字一般采用小一号字体。分数数字最小高度为 3mm，且和分数线之间至少应有 1.5mm 的空隙，推荐的字体适用对象如下：

① 7 号和 5 号字体用于设备名称、备注栏、详图的题首字；

② 5 号和 3.5 号字体用于其他具体设计内容的文字标注、说明、注释等。

③ 文字、字母、数字的大小在同类标注中大小应相同。

3. 工艺流程图中图线宽度的规定

所有线条要清晰、光洁、均匀，线与线间要有充分的间隔，平行线之间的最小间隔不小于最宽线条宽度的两倍，且不得小于 1.5mm，最好为 10mm。在同一张图上，同一类的线条宽度应一致，一根线条的宽度在任何情况下，都不应小于 0.25mm。

在工艺流程图中，线条宽度可参照表 3-1 绘制。

表 3-1 工艺流程图上的线条宽度

线宽类别/mm	粗线条	中线条	细线条
	1.0	0.5	0.25
使用情况	主要工艺物料管道、主产品管道和设备位号线	次要物料、产品管道和其他辅助物料管道，设备、机械图形符号，代表设备、公用工程站等的长方框，管道的图纸接续标志，管道的界区标志	其他图形和线条。如：阀门、管件等图形符号和仪表图形符号线、仪表管线、区域线，尺寸线、各种标志线、范围线、引出线、参考线、表格线、分界线、保温、绝热层线、伴管、夹套管线、特殊件编号框以及其他辅助线条

根据图 3-1，结合本活动所学内容，总结工艺流程图中文字和字母的高度情况、各种线条在该工艺流程图中的应用。并就学习成果进行展示。

活动二 认识工艺流程图中设备图例

工艺流程图中设备、机器图例见表 3-2。

表 3-2 工艺流程图常用设备图例

设备类型及代号	图 例
塔(T)	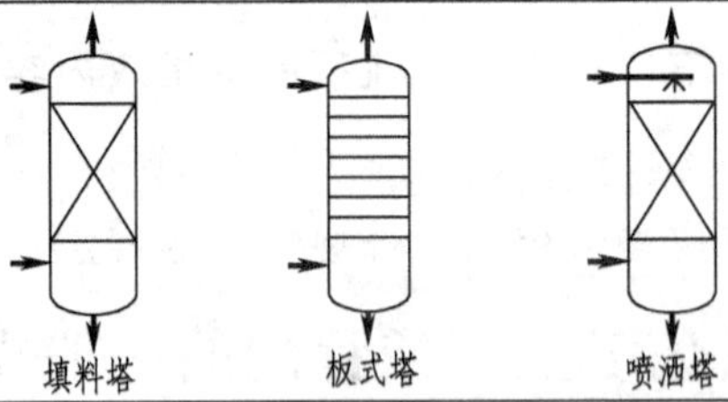
塔内件	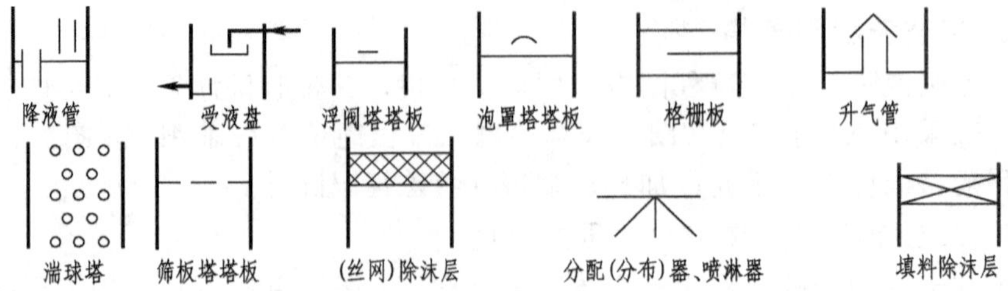

续表

设备类型及代号	图 例
反应器(R)	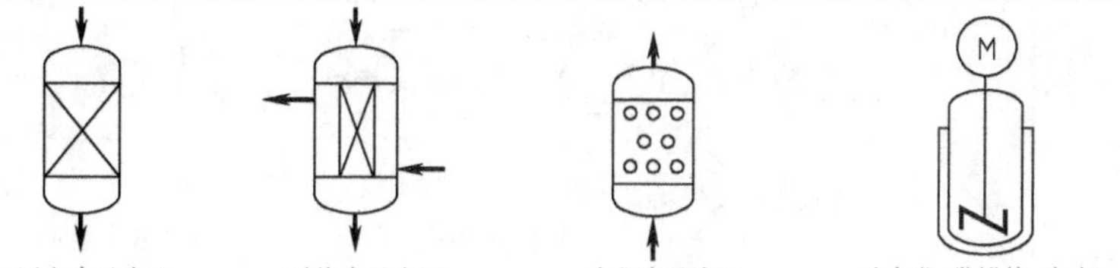 固定床反应器　列管式反应器　流化床反应器　反应釜(带搅拌、夹套)
工业炉(F)	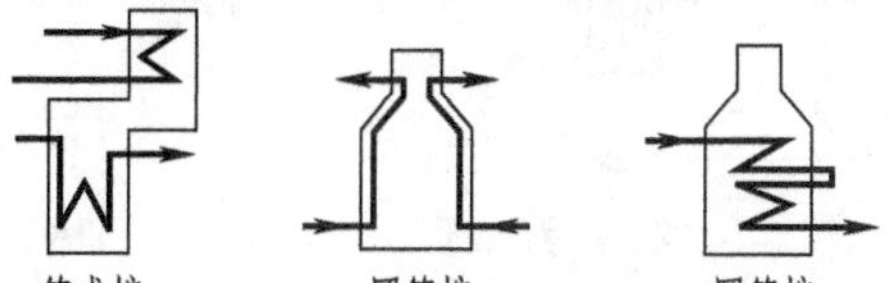 箱式炉　圆筒炉　圆筒炉
火炬烟囱(S)	 烟囱　火炬
换热器(E)	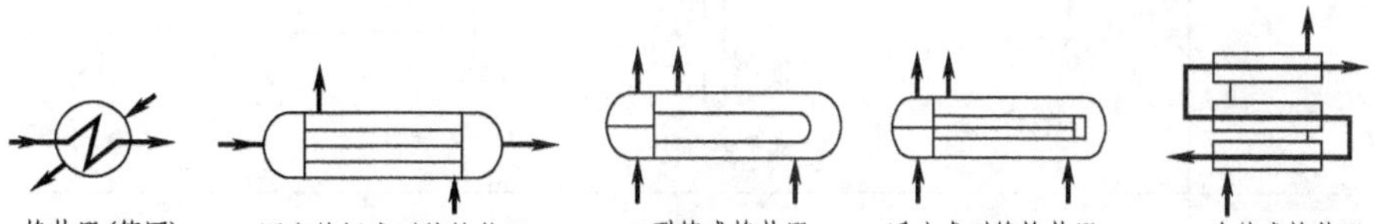 换热器(简图)　固定管板式列管换热器　U型管式换热器　浮头式列管换热器　套管式换热器 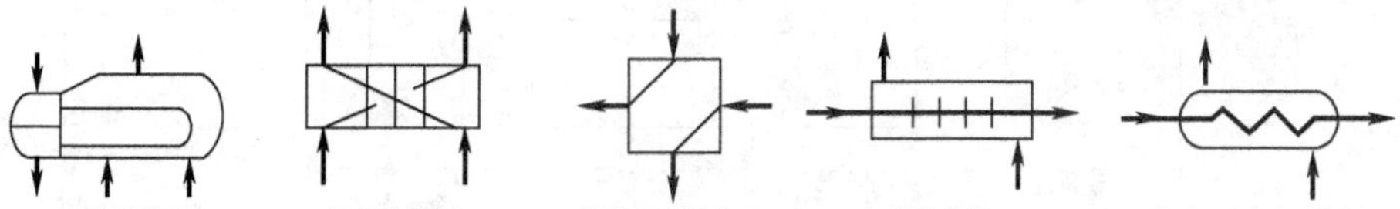 釜式换热器　板式换热器　螺旋板式换热器　翅片管换热器　蛇管式(盘管式)换热器 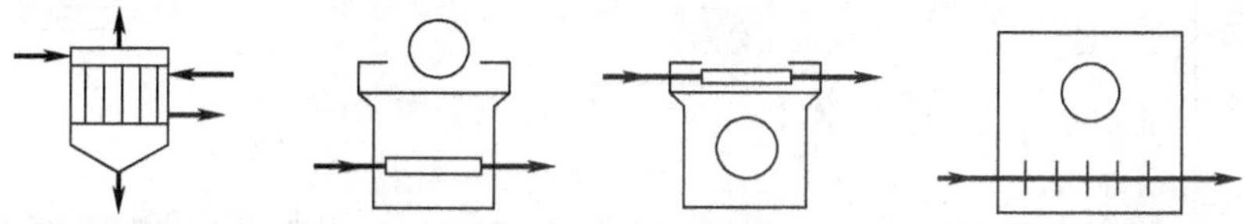 列管式(薄膜)蒸发器　抽风式空冷器　送风式空冷器　带风扇的翅片管式换热器 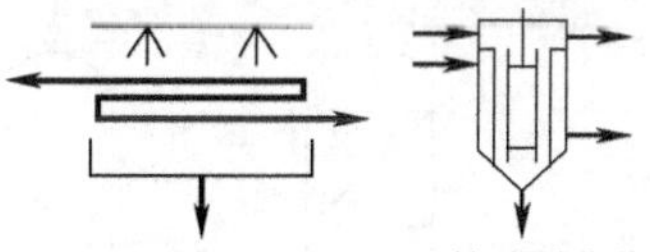 喷淋式冷却器　刮板薄膜蒸发器
泵(P)	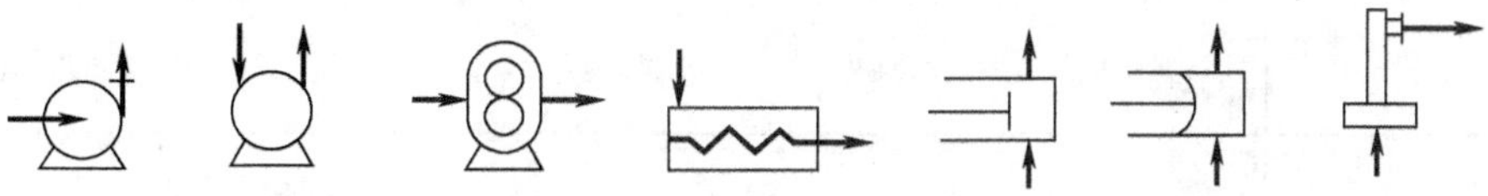 离心泵　水环式真空泵　旋转泵、齿轮泵　螺杆泵　往复泵　隔膜泵　液下泵  喷射泵　旋涡泵

续表

设备类型及代号	图例
压缩机(C)	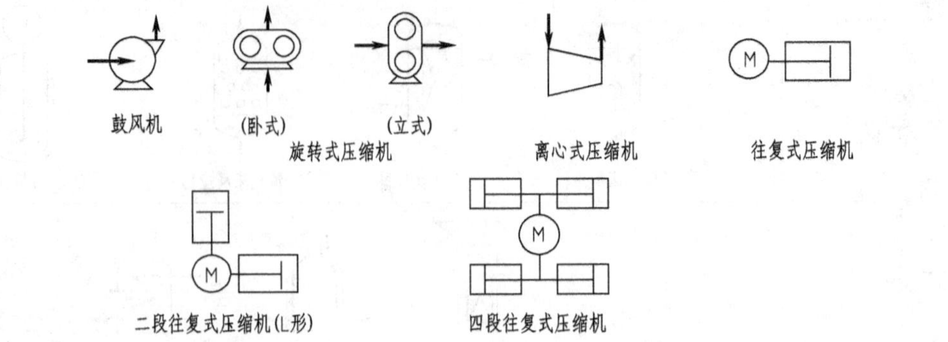
起重运输机械(L)	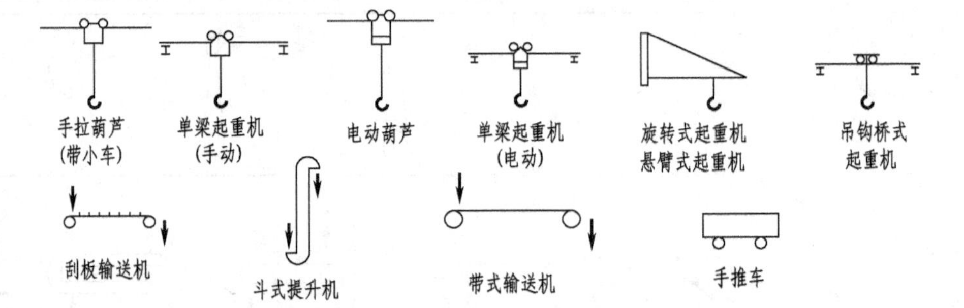
容器(V)	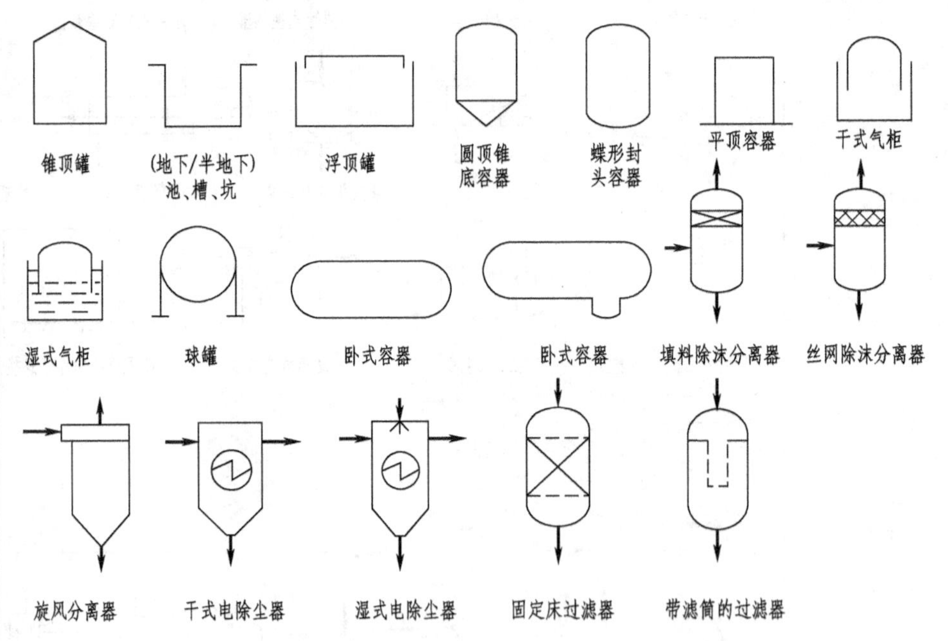
设备内件附件	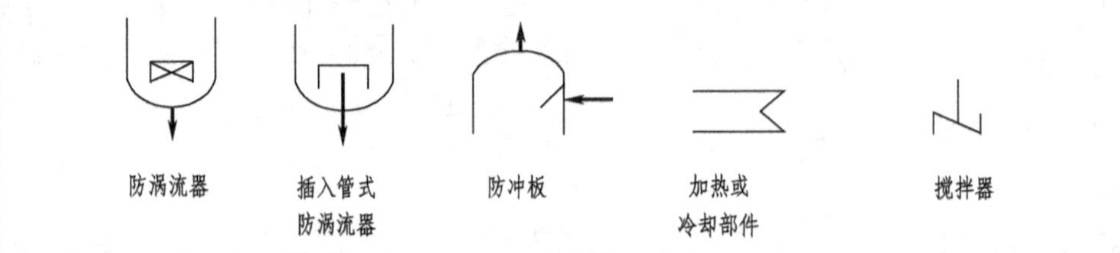

续表

设备类型及代号	图例
其他机械(M)	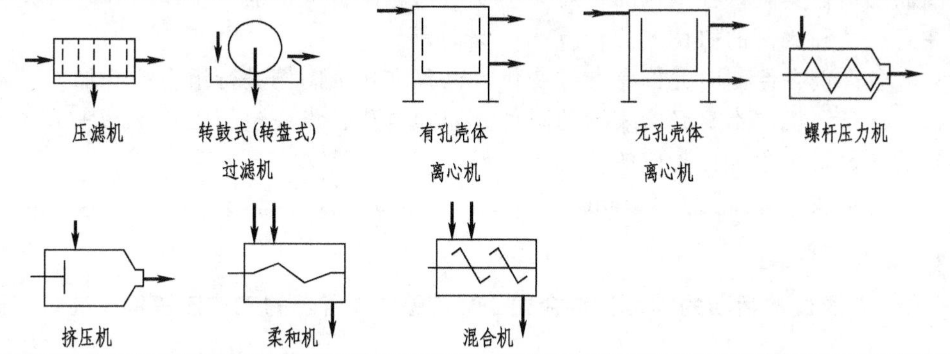
动力机(MESD)	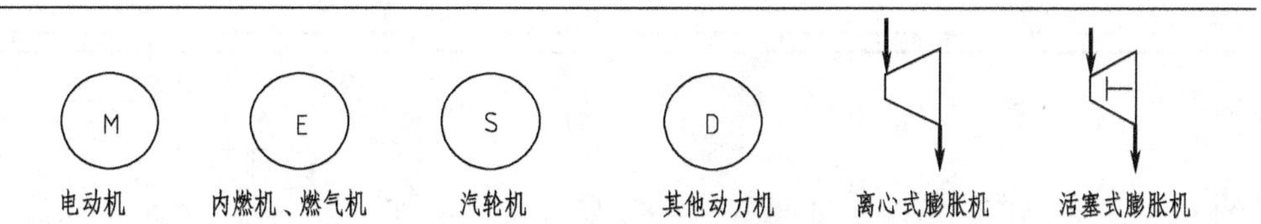
秤重机械(W)	

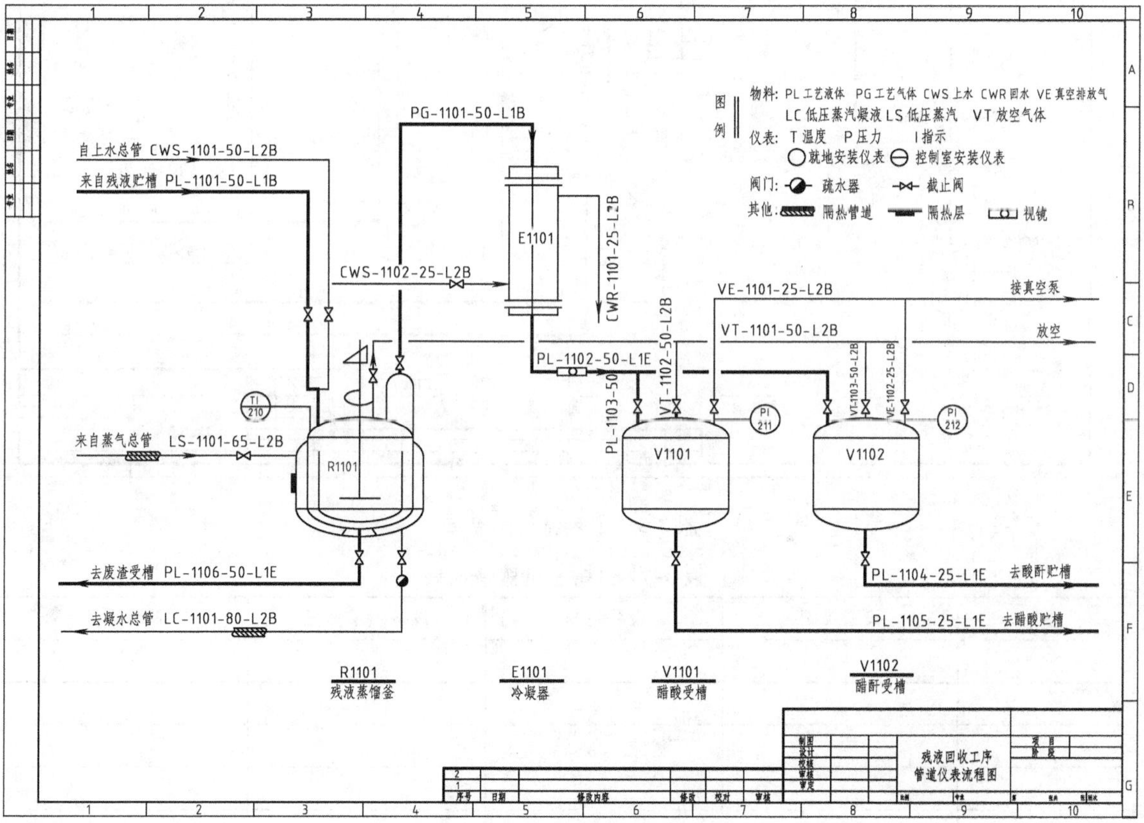

图 3-1 工艺流程图（一）

各图例在绘制时其尺寸和比例可在一定范围内调整。一般在同一工程项目中，同类设备的外形尺寸和比例应该有一个定值或一规定范围。绘图时各图例要形象、明了、表达确切；图面要清楚美观，各图例的相对大小要适当。设备（机器）主体与其附属设备或内外附件要注意尺寸和比例的协调。

各图例在绘制时允许有方位变化，也允许几个图例进行组合或叠加。

设备、机器本身必须表示的附件，如卸料孔、集液包、人孔、膨胀节等可用一些简单明了的图形符号附加在相应的图例上。

图形线条宽度为 0.25mm。

通过本活动的学习，结合图 3-1 及图 3-2 所示的工艺流程图，完成表 3-3

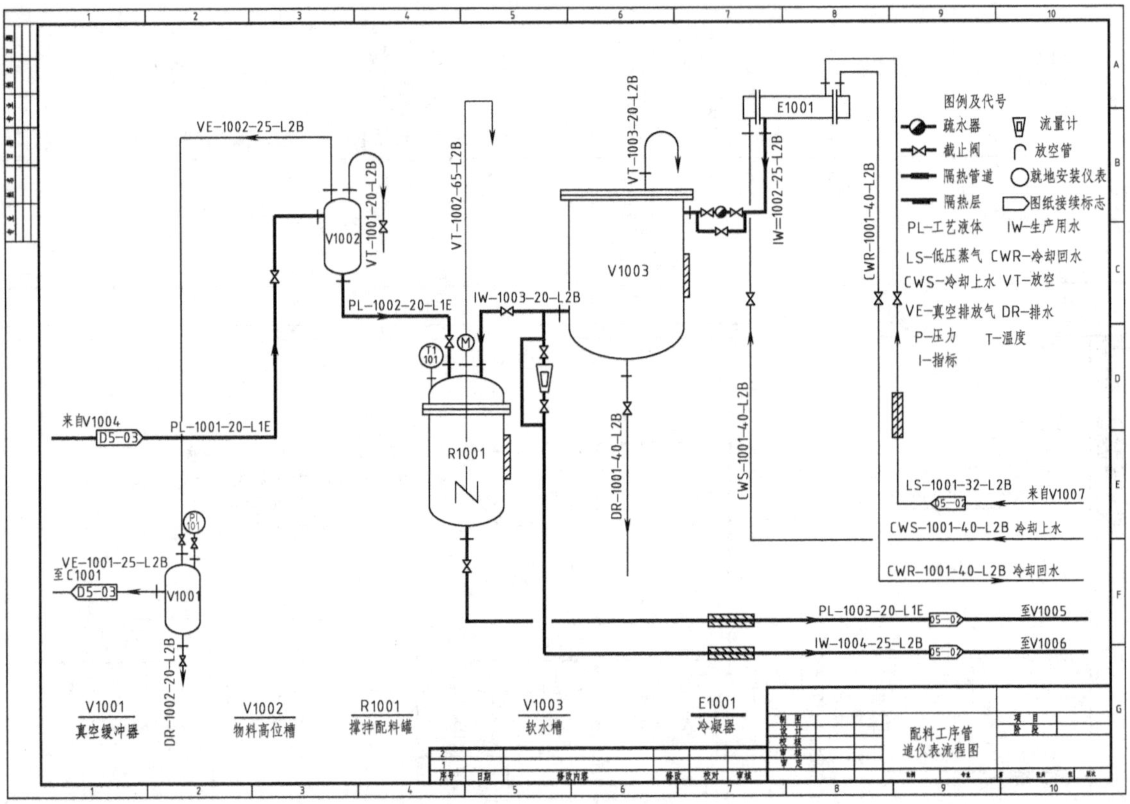

图 3-2 工艺流程图（二）

表 3-3 设备、机器情况表

序号	设备类别	设备符号	设备图示情况	备　注
1				
2				
3				
4				
5				

活动三　认识工艺流程图上管道、管件、阀门和管道附件图例

工艺流程图上管道、阀门和管件图形符号见表 3-4。

阀门图例尺寸一般为长 6mm，宽 3mm 或长 8mm，宽 4mm。

表 3-4　工艺流程图上管道、管件、阀门和管道附件图例

名　称	图　例	备　注
主物料管道		粗实线
辅助物料管道		中粗实线
引线、设备、管件、阀门、仪表等图例		细实线
原有管道		管线宽度与其相接的新管线宽度相同
可拆短管		
伴热(冷)管道		
电伴热管道		
夹套管	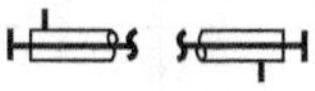	
管道隔热层		
翅片管		
柔性管		
管道相连		
管道交叉(不相连)		
地面		仅用于绘制地下、半地下设备
管道等级、管道编号分界	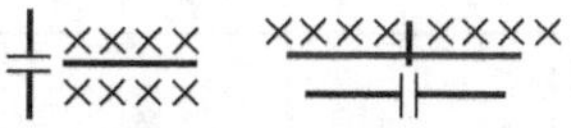	××××表示管道编号或管道等级代号
责任范围分界线	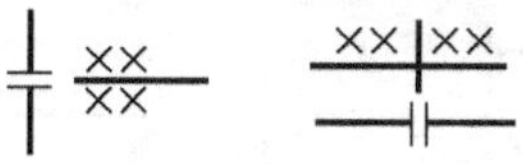	WE 随设备成套供应 B. B 买方负责；B. V 制造厂负责； B. S 卖方负责；B. I 仪表专业负责
隔热层分界线	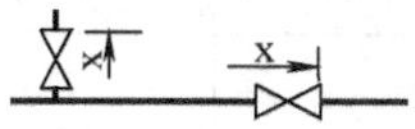	隔热层分界线的标识字母“x”与隔热层功能类型代号相同
伴管分界线	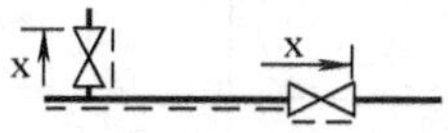	伴管分界线的标识字母“x”与伴管的功能类型代号相同
流向箭头		
坡度	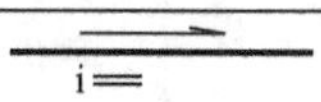	

续表

名　　称	图　　例	备　　注
进、出装置或主项的管道或仪表信号线的图纸接续标志，相应图纸编号填在空心箭头内	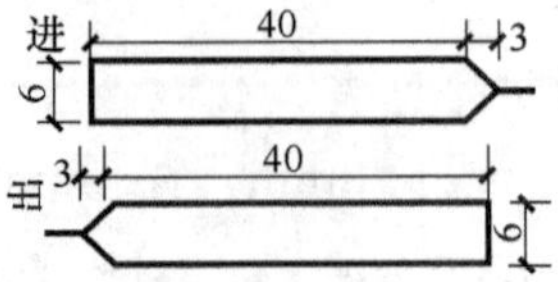	尺寸单位，mm 在空心箭头上方注明来或去的设备位号或管道号或仪表位号
同一装置或主项内的管道或仪表信号线的图纸接续标志，相应图纸编号的序号填在空心箭头内	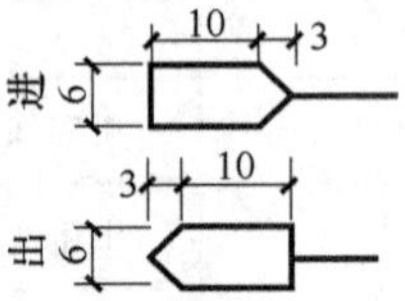	尺寸单位，mm 在空心箭头上方注明来或去的设备位号或管道号或仪表位号
取样、特殊管(阀)件的编号框		A：取样；SV：特殊阀门； SP：特殊管件　圆直径：10mm
闸阀		
截止阀		
节流阀		
球阀	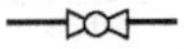	
旋塞阀		
隔膜阀		
角式截止阀		
角式节流阀		
角式球阀	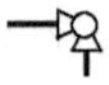	
三通截止阀		
三通球阀		
三通旋塞阀		
四通截止阀	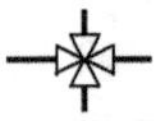	
四通球阀		
四通旋塞阀		
升降式止回阀		
旋启式止回阀	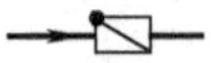	
蝶阀		
减压阀		
角式弹簧安全阀	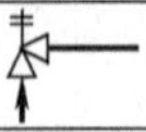	阀出口管为水平方向
角式重锤安全阀	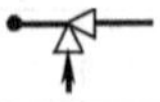	阀出口管为水平方向

续表

名　　称	图　　例	备　　注
疏水阀		
底阀		
直流截止阀		
呼吸阀		
阻火器		
视镜、视钟		
消声器		在管道中
消声器		放大气
限流孔板	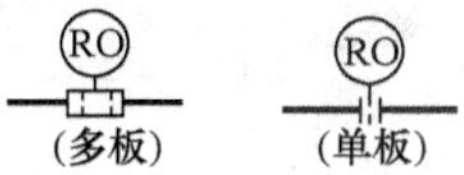	圆直径 10mm
爆破片		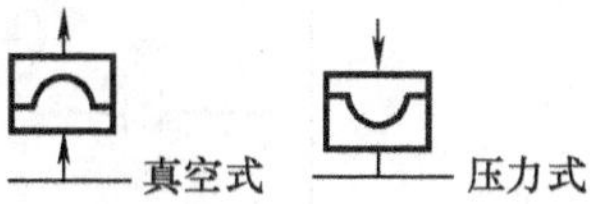
喷射器		
文氏管		
Y 形过滤器		
锥型过滤器	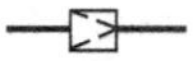	方框 5mm×5mm
T 形过滤器	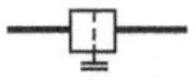	方框 5mm×5mm
罐式(篮式)过滤器		方框 5mm×5mm
管道混合器	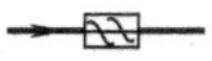	
膨胀节	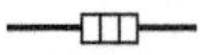	
喷淋管		
焊接连接		仅用于表示设备管口与管道为焊接连接
螺纹管帽		
法兰连接	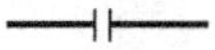	
软管接头		

续表

名　称	图　例	备　注
管端盲板		
管端法兰(盖)		
管帽		
同心异径管		
偏心异径管	 (底平)  (顶平)	
圆形盲板	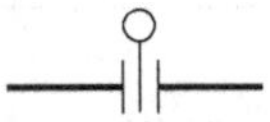 (正常开启)  (正常关闭)	
8字盲板	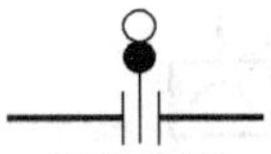 (正常关闭)  (正常开启)	
放空帽(管)	 (帽) 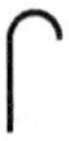 (管)	
漏斗	 (敞口)  (封闭)	
鹤管		
安全淋浴器		
洗眼器		
	 C.S.O	未经批准，不得关闭(加锁或铅封)
	 C.S.C	未经批准，不得开启(加锁或铅封)

结合表 3-4，阅读图 3-3，完成表 3-5

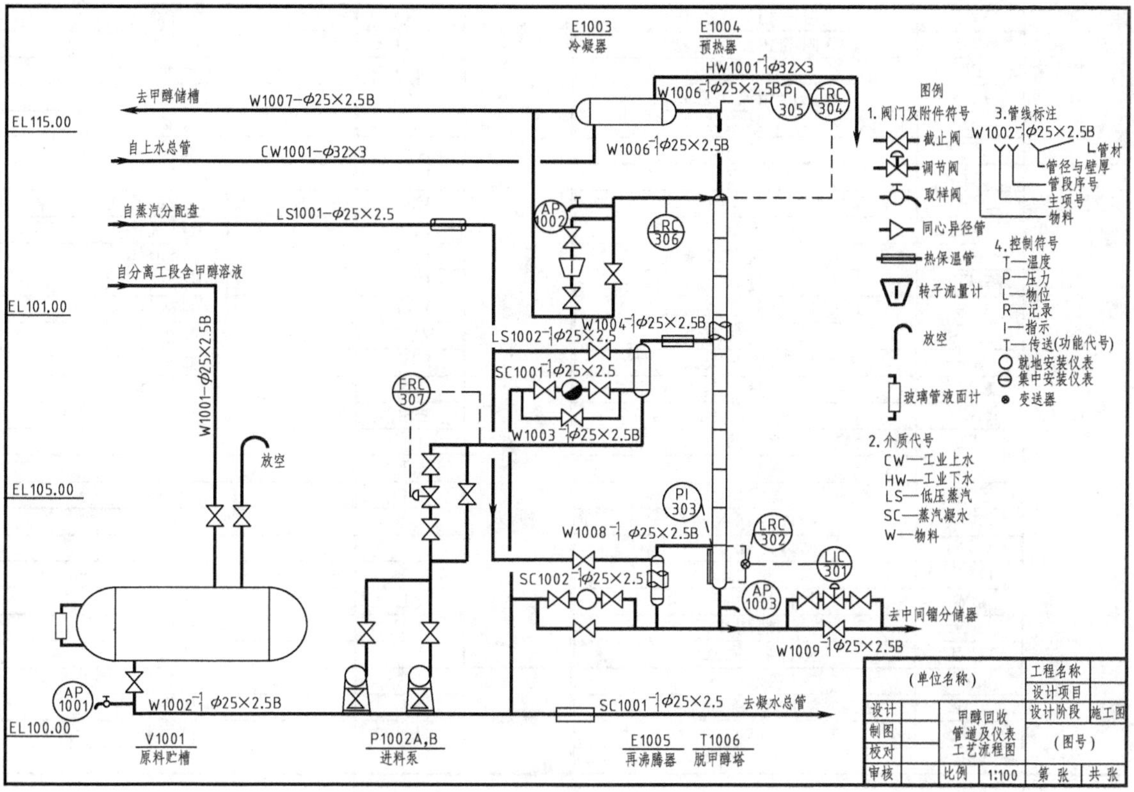

图 3-3 甲醇回收工艺流程图

表 3-5 管道、管件、阀门和管道附件阅读表

序号	类别	规定图形符号	图示情况	备注
1				
2				
3				
4				
5				
6				
7				
8				

活动四 认识工艺流程图上常用物料的代号

物料代号用于管道编号，分为工艺物料代号及化学品、辅助物料和公用物料代号两类。

按物料的名称和状态取其英文名字的字头组成物料代号，一般采用 2～3 个大写英文字母表示。常用物料代号见表 3-6。

根据工程项目具体情况，可以将辅助、公用工程系统物料代号作为工艺物料代号使用；也可以适当增补新的物料代号，但不得与表 3-6 中规定的物料代号相同。

如以天然气为原料制取合成氨的装置中，其工艺物料代号补充规定见表 3-7。

表 3-6 物料代号

类别	代号	物料名称	类别	代号	物料名称
工艺物料	PA	工艺空气	油	DO	污油
	PG	工艺气体		FO	燃料油
	PGL	气液两相流工艺物料		GO	填料油
	PGS	气固两相流工艺物料		LO	润滑油
	PL	工艺液体		RO	原油
	PLS	液固两相流工艺物料		SO	密封油
	PS	工艺固体	制冷剂	AG	气氨
	PW	工艺水		AL	液氨
空气	AR	空气		ERG	气体乙烯或乙烷
	CA	压缩空气		ERL	液体乙烯或乙烷
	IA	仪表空气		FRG	氟里昂气体
蒸汽及冷凝水	HS	高压蒸汽(饱和或微过热)		FRL	氟里昂液体
	HUS	高压过热蒸汽		PRG	气体丙烯或丙烷
	LS	低压蒸汽(饱和或微过热)		PRL	液体丙烯或丙烷
	LUS	低压过热蒸汽		RWR	冷冻盐水回水
	MS	中压蒸汽(饱和或微过热)		RWS	冷冻盐水上水
	MUS	中压过热蒸汽	其他	DR	排液、导淋
	SC	蒸汽冷凝水		FSL	熔盐
	TS	伴热蒸汽		FV	火炬排放气
水	BW	锅炉给水		H	氢
	CSW	化学污水		HO	加热油
	CWR	循环冷却水回水		IG	惰性气
	CWS	循环冷却水上水		N	氮
	DNW	脱盐水		O	氧
	DW	饮用水、生活用水		SL	泥浆
	FW	消防水		VE	真空排放气
	HWR	热水回水		VT	放空
	HWS	热水上水	燃料	FG	燃料气
	RW	原水、新鲜水		FL	液体燃料
	SW	软水		FS	固体燃料
	WW	生产废水		NG	天然气

表 3-7 工艺物料代号补充规定

代号	物料名称	代号	物料名称	代号	物料名称
AG	气氨	CG	转化气	TG	尾气
AL	液氨	NG	天然气		
AW	氨水	SG	合成气		

通过本活动的学习，结合图 3-1 及图 3-3，完成表 3-8

表 3-8 工艺物料识读表

序号	物 料 代 号	物 料 名 称	备 注

活动五 认识工艺流程图上常用的缩写词

工艺流程图上常用的缩写词可见附录一。

根据附录一，完成图 3-4 有关缩写词的识读。

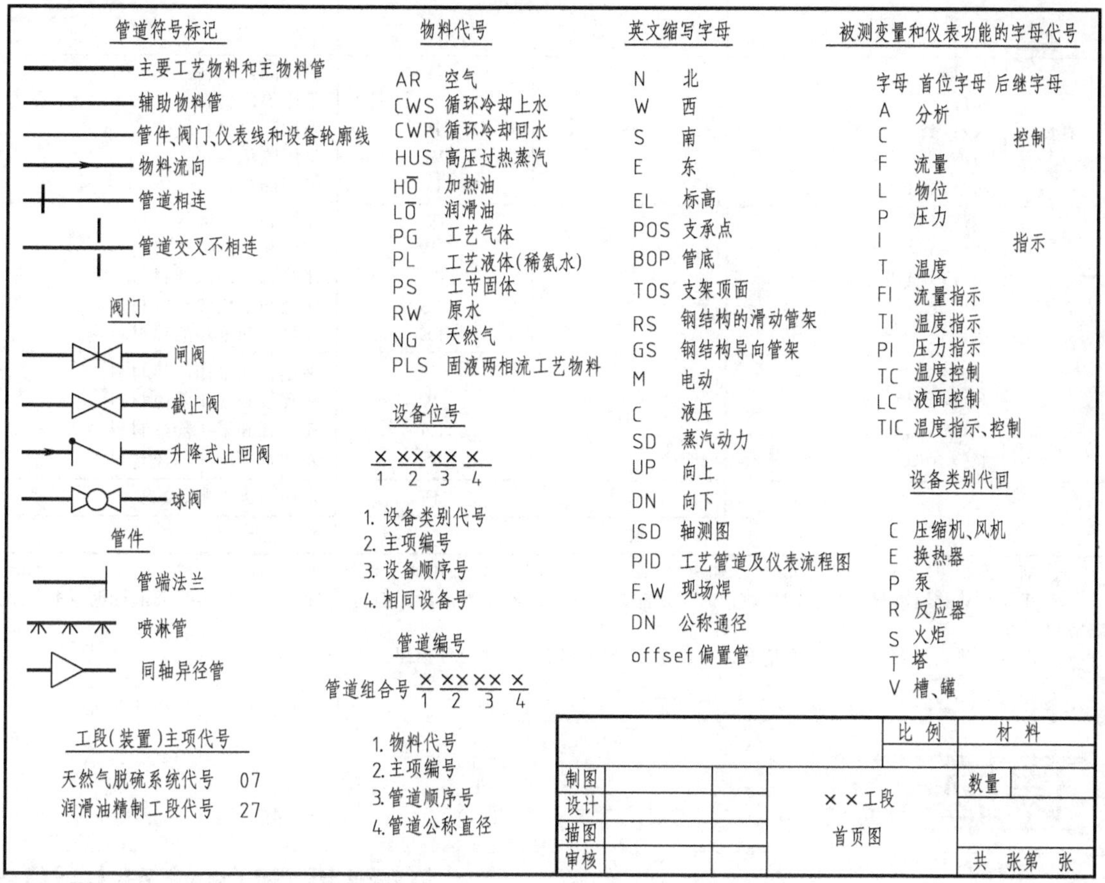

图 3-4 首页图

活动六 认识工艺流程图隔热、保温、防火和隔声代号

隔热（绝热）是指借助隔热材料将热（冷）源与环境隔离，它分为热隔离（绝热）和冷隔离（隔冷）。

保温（冷）是借助热（冷）介质的热（冷）量传递使物料保持一定的温度，根据热（冷）介质在物料（管）外的存在情况分为伴管、夹套管、电加热等。

防火是指对管道、钢支架、钢结构、设备的支腿、裙座等钢材料作防火处理。

隔声是指对发出声音的声源采用隔绝或减少声音传出的措施。

隔热、保温、防火和隔声代号用于工艺流程图等工程设计资料中对管道号的标注。

隔热、保温、防火和隔声代号采用一个或两个大写英文印刷体字母表示，两个英文字母大小要相同。

代号分为两类：通用代号和专用代号。

① 通用代号是泛指隔热、保温特性，不特定指明具体类别，优先用于物料流程图（PFD 图）和管道仪表流程图（PID 图）的 A 版。

② 专用代号是指特定的类别。随工程设计的进展和深化，在管道仪表流程图（PID 图）的 B 版（内审版）及以后各版图中要采用专用代号。

管道仪表流程图隔热、保温、防火和隔声代号见表 3-9。

表 3-9 工艺流程图上隔热、保温、防火和隔声代号

类别		功能类型代号		备注
		通用代号	专用代号	
隔热	隔热 隔冷 人身保护(防烫) 防冻 防表面结露	I①	H C P W D	采用隔热材料 采用隔冷材料 采用隔热材料 采用隔热材料 采用隔热材料
保温	蒸汽伴热管 热(冷)水伴管 热(冷)油伴管 特殊介质伴热(冷)管 电伴热(电热带)	T②	T TW TO TS TE	伴管和采用隔热材料 伴管和采用隔热材料 伴管和采用隔热材料 伴管和采用隔热材料 电热带和采用隔热材料
	蒸汽夹套 热(冷)水夹套 热(冷)油夹套 特殊介质夹套	J	J JW JO JS	夹套管和采用隔热材料 夹套管和采用隔热材料 夹套管和采用隔热材料 夹套管和采用隔热材料
防火隔声		F	F	采用耐火材料、涂料
		N③	N	采用隔声材料

① 对于既要热隔离（绝热），又要冷隔离（隔冷）的复合类型，采用通用代号“I”标注。

② 采用导热胶泥敷设伴热管和加热板时，功能类别代号按伴管类标注，但需要在有关资料和图纸上标明导热胶泥的规格和型号。

③ 既要隔热，又要隔声的复合情况，采用主要功能作用的类型代号标注。

课题二

流程框图的绘制与识读

教学目标

通过本课题的学习，学生将了解流程框图的作用和内容，掌握流程框图的阅读与绘制方法。完成规定流程框图的阅读并能根据文字描述绘制流程框图。

知识目标

能了解流程框图在化工生产中的作用，掌握流程框图的绘制方法与阅读技巧。

技能目标

能在教师引导下，识读流程框图，并能根据文字描述绘制流程框图。

活动一　认识流程框图

流程框图是用方框（矩形）及文字表示的工艺过程及设备，用箭头表示物料流动方向，把从原料开始到最终产品所经过的生产步骤以图示的方式表达出来的图纸。流程框图又称为工艺方块图。

流程框图属于原理图，对可以通过多种方案制取的化工产品，可以通过流程框图进行比较，选择较优的生产方案。流程框图是化工工艺流程图中最简单、最粗略的一种，它表示的是生产工艺的示意流程，通常在设计初期绘制，只定性地描绘出由原料到产品所经过的化工过程或设备的主要路线。一个方框可以是一个工序或工段，也可以是一个车间或系统，方框之间用带箭头的直线连接表示车间或设备之间的管线连接。

流程框图是工厂设计的基础，也是操作和检修的指南，无论在化工生产、管理过程中或在化工过程开发和技术革新设计时，还是在查阅资料或参观工厂时都要用到。用流程框图进行各种衡算，既简单、明了、醒目，也很方便，因此学会绘制与识读流程框图具有重要意义。

图 3-5 为氨碱法制纯碱工艺流程框图。

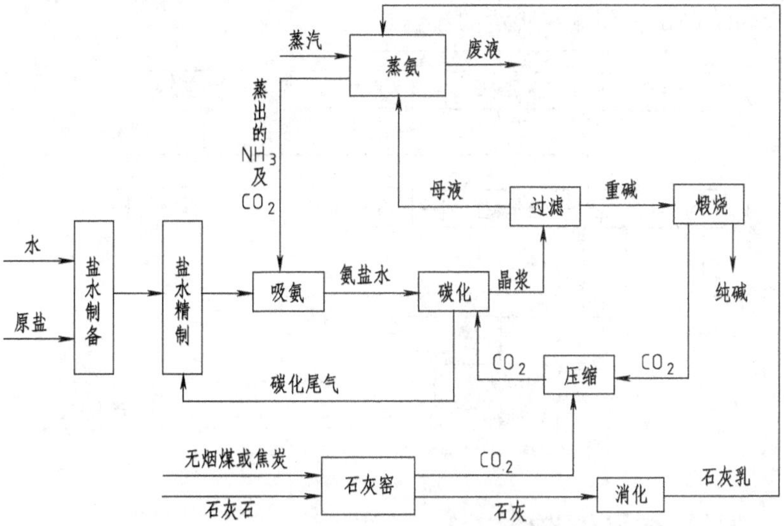

图 3-5 氨碱法制纯碱工艺流程框图

活动二 绘制流程框图

流程框图是一种示意性的展开图，主要内容包括：反映单元操作、反应过程或车间、设备的矩形方块；物料由原料变成半成品或成品的运行过程——带箭头的工艺流程线等。流程框图的绘制步骤如下。

① 根据原料转化为产品的顺序，从左到右、从上到下用细实线绘制反映单元操作、反应过程或车间、设备的矩形，次要车间或设备根据需要可以忽略。要保持它们的相对大小，以在矩形内能标注该单元操作、反应过程或车间、设备为宜，同时各矩形间应保持适当的位置，以便布置工艺流程线。

② 用带箭头的细实线在各矩形间绘出物料的工艺流程线，箭头的指向要与物料的流向一致，并在起始和终了处用文字注明物料的名称或物料的来源、去向。

③ 若两条工艺流程线在图上相交而实际并不相交，应在相交处将其中一条工艺流程线断开绘制。

④ 工艺流程线可加注必要的文字说明，如原料来源，产品、中间产品、废物去向等。物料在流程中的某些参数（如温度、压力、流量等）也可在工艺流程线旁标注出来。

如氨合成工艺流程简述如下。

从净化工序送来的新鲜氢氮气，补充在油分离器出口的循环气中，进入冷交换器和氨冷器进一步冷却，使其中的氨气绝大部分冷凝为液氨并被分离出去。循环气进入合成塔，经塔内环隙后，温度稍升高，引出到外部热交换器再次升高温度。第二次进入合成塔，经塔内热交换器加热并在催化剂作用下发生氨合成反应，温度升高出塔后依次经废热锅炉、热交换器和软水预热器回收热量，然后再经水冷器冷却，使气体中部分氨液化，进到氨分离器分离出液氨。气体则进入循环压缩机补充压力形成循环回路。从冷交换器中的氨分离器分离出的液氨与氨分离器分离出的液氨汇合进入液氨贮槽。由于液氨贮槽压力降低，溶于液氨中的气体和部分氨被闪蒸出来，合成弛放气送出另作处理。为限制循环气中惰性气体含量，在氨分离器后放出一部分循环气，称为放空气。从整个系统来看，进入系统的是新鲜氢氮气，离开系统的是产品液氨、弛放气和放空气。

可按前述步骤绘制出如图 3-6 所示的流程框图。

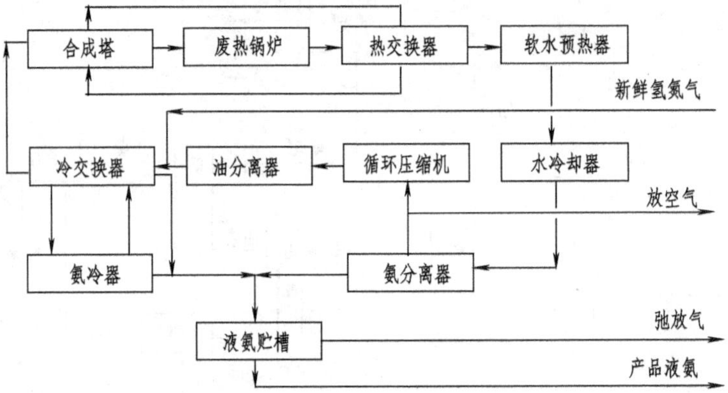

图 3-6　氨合成工艺流程框图

活动三　识读流程框图

常见的流程框图大多数为系统工艺框图，即化工生产过程中某一工艺系统（车间或一个工段等）的流程框图。

识读流程框图的目的主要是了解该工艺系统流程原理概略；了解由原料到产品过程中各物料的流向和经历的加工步骤；了解该系统的单元操作、化学反应过程或主要设备的功能及其相互关系、能量的传递和利用情况、副产品和“三废”的处理及排放等重要工艺和工程信息，为专业课程的学习和以后的生产操作提供帮助。

识读的步骤包括：

① 了解原料、产品的名称或其来源、去向；

② 按工艺流程次序，了解从原料到最终产品所经过的生产步骤；

③ 大致了解各生产步骤（或设备、装置）的主要作用。

对图 3-5 所示的氨碱法制纯碱工艺流程框图，识读如下。

原料有原盐、水、无烟煤或焦炭、石灰石，最终的产品为纯碱。基本工艺过程包括：

① 原盐与水在化盐桶中制备盐水溶液；

② 由无烟煤或焦炭在石灰窑内煅烧制备 CO_2 气体和生石灰；

③ 生石灰与水消化后制备成石灰乳；

④ 从石灰窑出来的二氧化碳气体送入压缩系统；

⑤ 碳化尾气与盐水进入盐水精制工序；

⑥ 精制后的盐水与蒸氨工序蒸出的气氨及 CO_2 进入吸氨工序；

⑦ 吸氨后的氨盐水与经压缩后的 CO_2 发生碳酸化反应生成碳酸氢钠；

⑧ 碳化后的晶浆送往过滤工段；

⑨ 碳化后的碳化尾气重新进入盐水精制；

⑩ 晶浆经过滤后所得到的母液进入蒸氨工序，重碱送煅烧炉煅烧；

⑪ 煅烧后得到产品纯碱，重碱分解得到的 CO_2 与石灰窑内产生的 CO_2 混合后送入压缩机；

⑫ 过滤后的母液与石灰乳用蒸汽加热后完成蒸氨，蒸出的 NH_3 及 CO_2 送往吸氨工序，残液排出。

课题二

方案流程图的绘制与识读

教学目标

通过本课题的学习，学员将了解方案流程图的作用和内容，掌握方案流程图的阅读与绘制方法。抄绘相关方案流程图，并对所抄绘的方案流程图进行识读。

知识目标

能了解方案流程图的作用与内容，并能抄绘和识读方案流程图。

技能目标

能在教师引导下，识读方案流程图，并能抄绘方案流程图。

活动一 认识方案流程图

方案流程图又称流程示意图或流程简图，是用来表达整个工厂或车间生产流程的图样。它是工艺设计开始时绘制的，供讨论工艺方案用。经讨论、修改、审定后的方案流程图是施工流程图设计的依据。图 3-7 所示为某化工厂空压站的方案流程图。

方案流程图的内容，只需概括地说明如下几个方面：

① 物料（介质）由原料转变为半成品或成品的来龙去脉——工艺流程线。

② 采用的各种机器及设备。

活动二 绘制方案流程图

方案流程图是一种示意性的展开图，即按工艺流程次序，把设备和流程线自左至右都展开画在同一平面上，如图 3-7 所示。

1. 设备的画法

在图样中，用细实线按流程顺序依次画出设备示意图，一般设备取相对比例，但应保持它们的相对大小，允许实际尺寸过大的设备适当取缩小比例，实际尺寸过小的设备适当取放大比例。各设备之间的高低位置及设备上重要接管口的位置，需大致符合实际情况。各台设

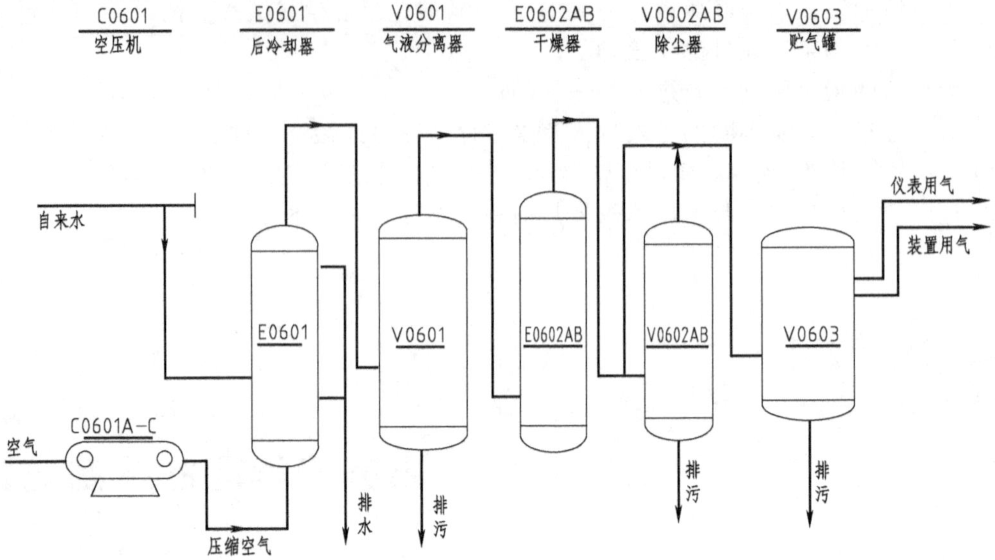

图 3-7　方案流程图

备之间应保留适当的距离，以便布置流程线。

在方案流程图中，同样的设备可只画一套，对于备用设备，一般可以省略不画。

2. 工艺流程线的画法

用粗实线画出主要工艺物料流程线，中粗实线画出其他辅助物料流程线，在流程线上应用箭头标明物料流向，并在流程线的起迄点注明物料名称、来源或去向。流程线一般画成水平或垂直。

注意：在方案流程图中一般只画出主要工艺流程线，其他辅助流程线则不必一一画出。如遇有流程线之间，或流程线与设备之间发生交错或重叠而实际上并不相连时，应将其中的一线断开，或曲折绕过设备图形。总之，要使各设备间流程线的来龙去脉清楚、排列整齐。

3. 设备位号的标注

在流程图的正上方或正下方标注设备的位号及名称，标注时排成一行，如图 3-7 所示。设备的位号包括设备分类号、工段号、同类设备顺序号和相同设备数量尾号等，设备位号标注如图 3-8 所示。

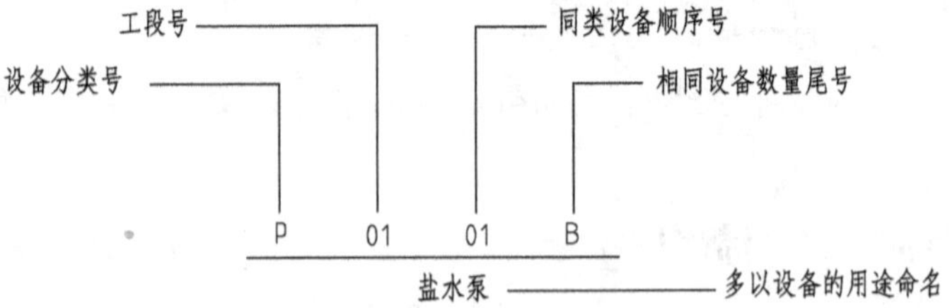

图 3-8　设备位号的标注

在有的方案流程图上，也可以将设备依次编号，并在图纸空白处按编号顺序集中列出设备名称。对于流程简单、设备较少的方案流程图，图中的设备也可以不编号，而将名称直接注写在设备的图形上。但为了简化设计和方便阅读整套工艺图纸，列出各台设备的位号及名称较好。

为了给工艺方案讨论和管道仪表流程图的设计提供更为详细具体的资料，常将工艺流程中流量、温度、压力、液位控制以及成分分析等测量控制点画在方案流程图上。

因为方案流程图一般只保留在设计说明书中，因此，方案流程图的图幅一般不作规定，图框、标题栏也可省略。

活动三　阅读方案流程图

方案流程图可以从以下几个方面来进行阅读。

① 从标题栏可以了解流程图的图名、图号、设计阶段、签名等；

② 从设备位号的标注可以了解设备的位号、名称及数量；

③ 从流程图中可以了解到生产过程所用设备；

④ 从流程图中还可以看到各物料的来龙去脉。

没有标题栏时，第①项内容可不用考虑。

对图 3-7 所示的空压站，可以完成该方案流程图的阅读，见表 3-10。

表 3-10　方案流程图的阅读

序号	信息种类	获取信息情况						
1	设备情况	设备名称	空压机	后冷却器	气液分离器	干燥器	除尘器	贮气罐
		台数	3	1	1	2	2	1
		位号	C0601	E0601	V0601	E0602	V0602	V0603
2	物料情况	空气	流程：空气→空压机→后冷却器→气液分离器→干燥器→除尘器→贮气罐→仪表用气及装置用气					
		自来水	流程：自来水→后冷却器→排水					

活动四　分组阅读方案流程图

分组：每 2～4 人一组。

活动目的：巩固方案流程图的阅读方法及阅读步骤。

活动程序：本活动中，先按每 2～4 人一组进行分组，各小组分别完成图 3-9 和图 3-10 方案流程图的阅读。并完成表 3-11。表格完成后，小组之间进行交流。

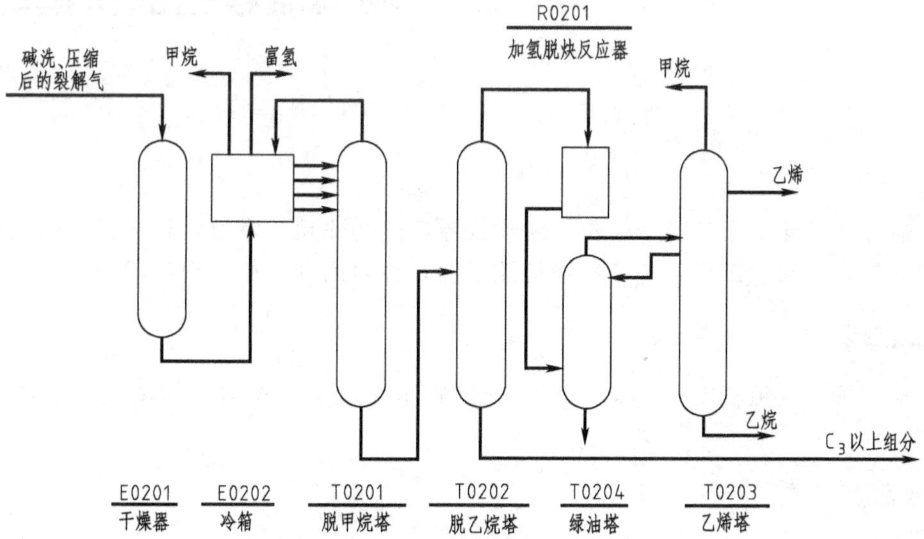

图 3-9　方案流程图（一）

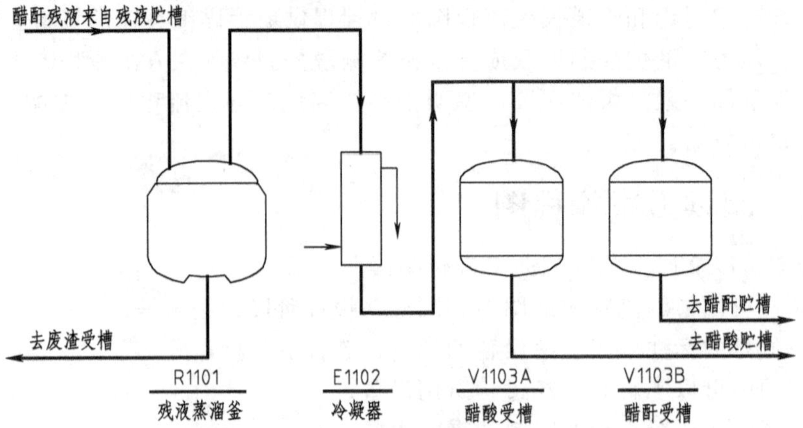

图 3-10 方案流程图（二）

表 3-11 方案流程图的阅读情况表

序号	获取信息种类	获取信息
1	设备情况	
2	物料情况	

课外活动 巩固方案流程图绘制与阅读

活动方式：通过网络、图书馆等媒体自行查找资料，自行选择一种化工产品，抄绘该化工产品生产过程的方案流程图，并完成方案流程图的阅读。

课题四

物料流程图的识读与绘制

教学目标

通过本课题的学习，学生将了解物料流程图的作用，掌握物料流程图的绘制与识读方法。抄绘化工厂相关工段物料流程图，并对所抄绘的物料流程图进行识读。

知识目标

能了解物料流程图在化工生产中所起的作用，掌握物料流程图的绘制与识读方法。

技能目标

能在教师引导下，识读方案流程图，并能抄绘方案流程图。

活动一 认识物料流程图

物料流程图是在初步设计阶段，完成物料衡算和热量衡算时绘制的。它是在方案流程图的基础上，采用图形与表格相结合的形式反映设计中物料衡算和热量衡算结果的图样。物料流程图为设计审查提供资料，又是进一步设计的依据，还可为日后实际生产操作提供参考。图 3-11 为空压站的物料流程图。从图中可以看出，物料流程图的内容、画法和标注与方案流程图基本一致，只是增加了以下一些内容。

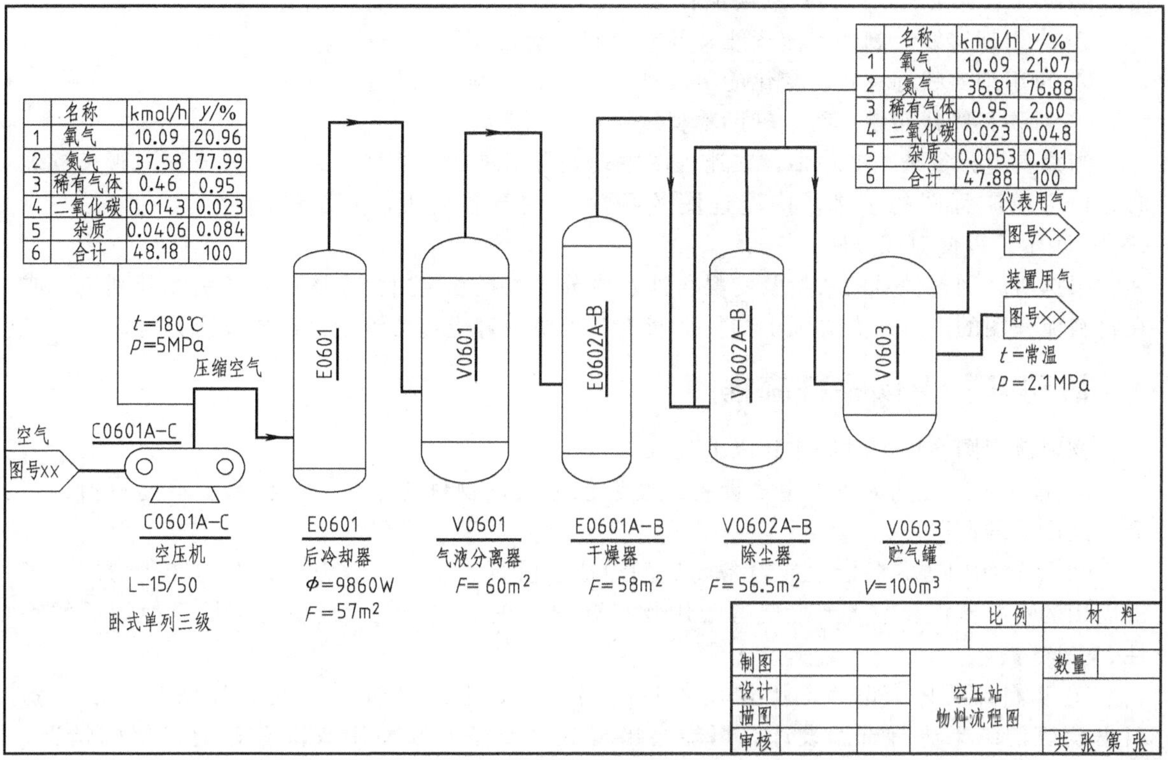

图 3-11 空压站物料流程图

① 设备的位号、名称下方，注明了一些特性数据或参数。如换热器的换热面积、塔设备的直径与高度、贮罐的容积、机器的型号等。

② 流程的起始部位和物料产生变化的设备之后，列表注明物料变化前后组分的名称、千摩尔流量（kmol/h）、摩尔分数（y%）等参数和每项的总和。具体书写时按项目依具体情况增减。表格线和引线都用细实线绘制。

物料在流程图中的某些工艺参数（如温度、压力等），可以在流程线旁注出。

物料流程图由带箭头的物料线与若干表示生产装置区、工段（或设备、装置）的简单的外形图构成。

图中须标注：

① 装置或工段的名称及位号、特性参数；

② 带流向的物料线；

③ 物料表，对物料发生变化的设备，要从物料管线上引线列表表示该处物料的种类、流量、组成等，每项均应标出其总和数。

活动二 绘制物料流程图

物料流程图绘制时，设备外形不一定按比例绘制，可采用加长 2 号或 3 号幅面的长边，特殊流程也可以采用其他图幅。

物料流程图一般以车间或装置为单元进行绘制。

物料流程图的绘制步骤如下。

① 按照确定的工艺路线和设备形式从左至右先用细实线画出设备及装置方块轮廓，设备之间留有适当空隙，以布置物料流程线。

② 先用细实线绘制物料流程线，并对物料的流向用箭头表示。

③ 再用细实线标注物料变化的引线列表，设备引线及表格。

④ 对物料管线用粗实线，辅助物料线用中粗线表示。

当物料组分复杂、变化多，在流程图中列表有困难时，如列表太挤或者流程图延长较多时，也可在流程图的下部，按流程图的顺序自左至右列表，并编排顺序号，用—◇—或—○—表示，以便对照查阅。

根据所编物料代号的数量及物料所涉及成分的数量在物料流程图的设备引线处列表，或在物料流程图的下方或右方画出物料平衡表。表格内容应包括流量、组成及合计等。

活动三 识读物料流程图

物料流程图在识读时需注意以下几点。

① 首先了解工艺流程中主要设备或装置的形式，物料的走向，原材料、辅助材料、产品、副产品的情况。

② 了解物料进入各装置或设备前后的组成、流量、温度、压力、状态的变化情况，了解需用的水、蒸汽、空气、燃气等公用物料要求，正常或最大、最小使用量及使用后的特性、去向等。

③ 物料流程图有时将同类型设备只画出一台，但绘制管道仪表流程图时，根据物料平衡表的结果进行选型设计，可能会出现数台设备并联使用或留有备用机组的情况。故物料流程图只表示物料通过这类设备或装置的物料量，而不能表明设备或装置的数量。

④ 物料流程图上物料流量或其他参数指的都是正常工艺控制指标。但若其流量峰值（如开车或停车）与正常指标相差较大且需维持一定使用时间时，在进行管径核算或设备选型、辅助动力配套时均应考虑这一情况。

物料流程图的识读可从以下几个方面进行。

① 从标题栏可以了解流程图的图名、图号、设计阶段、签名等。

②从标注可以了解设备的位号、名称。

③ 从流程图中可以了解到生产过程所用设备。

④ 可以从流程图中看到各物料的来龙去脉。

⑤ 从所列物料表格可以看出物料变化情况。

对图 3-11 所示的物料流程图，可以识读出如下信息。

① 图纸名称空压站物料衡算图。

② 空压站物料衡算图包括卧式单列三级空压机 3 台，其位号为 C0601；后冷却器 1 台，其位号为 E0601，面积为 57m^2；气液分离器 1 台，位号为 V0601，面积为 60m^2；干燥器 2

台，位号为 E0602，面积为 58m^2；除尘器 2 台，位号为 V0602，面积为 56.5m^2；贮气罐 1 个，位号为 V0603，容积为 100m^3。

③ 主要物料工艺流程：空气→空压机→后冷却器→气液分离器→干燥器→除尘器→贮气罐→仪表及装置用气。

④ 物料表格所得信息：空压机压缩后空气以及净化后空气的组成为 O_2、N_2、稀有气体、CO_2、杂质，对应各气体的流量及组成见图 3-11 中表格。

活动四　分组识读物料流程图

分组：每 2～4 人一组。

活动目的：巩固物料流程图的阅读方法及阅读步骤。

活动程序：本活动中，先按每 2～4 人一组进行分组，各小组分别完成图 3-12 和图 3-13 物料流程图的阅读，并完成表 3-12。表格完成后，小组之间进行交流。

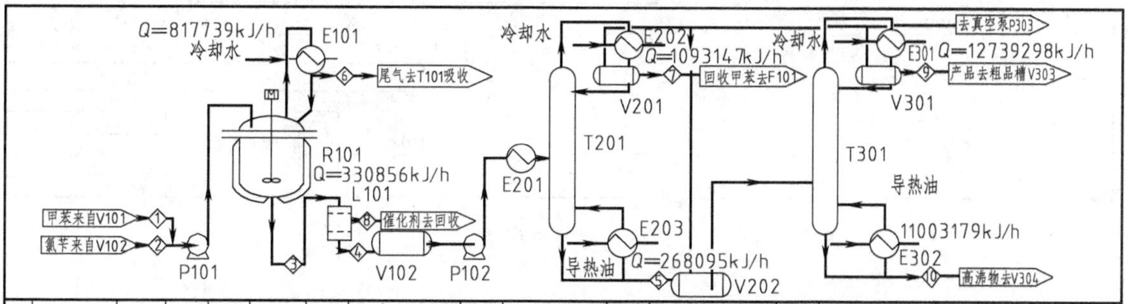

序号	组分	分子式	分子量	沸点	密度	①				②				③				④				⑤			
				℃	kg/m^3	摩尔流量/(kmol/h)	摩尔分数/%	质量流量/(kg/h)	质量分数/%	摩尔流量/(kmol/h)	摩尔分数/%	质量流量/(kg/h)	质量分数/%	摩尔流量/(kmol/h)	摩尔分数/%	质量流量/(kg/h)	质量分数/%	摩尔流量/(kmol/h)	摩尔分数/%	质量流量/(kg/h)	质量分数/%	摩尔流量/(kmol/h)	摩尔分数/%	质量流量/(kg/h)	质量分数/%
1	苯	C_6H_6	78	80.1	879.00	5.102	0.80	9.50	0.7	—	—	—	—	—	—	—	—	—	—	—	—	—	—	—	—
2	甲苯	C_7H_8	92	110.7	866.00	5.102	98.50	1380	98.50	0.102	2.00	9.39	1.46	11.122	73.49	1023.2	655.46	11.090	73.49	1020.27	55.64	—	—	—	—
3	二甲苯	C_8H_{10}	106	140	860.00	0.107	0.70	11.30	0.80	—	—	—	—	0.107	0.70	11.30	0.61	0.106	0.70	11.27	0.61	0.020	0.5	1.77	0.22
4	氯苄	C_7H_7Cl	126.5	179.4	1100.00	—	—	—	—	15.000	98.00	632.50	98.54	0.500	0.33	6.33	0.34	0.050	0.33	6.31	0.34	—	—	—	—
5	MBT(一苄基甲苯)	$C_{14}H_{14}$	182	280	994.00	—	—	—	—	—	—	—	—	2.846	18.81	518.02	28.17	2.838	18.81	516.51	28.17	2.826	73.36	514.24	64.64
6	DBT(二苄基甲苯)	$C_{21}H_{20}$	272	391	1042.00	—	—	—	—	—	—	—	—	0.946	6.25	257.43	14.00	0.944	6.25	256.68	14.00	0.944	24.51	256.69	32.27
7	TBT(三苄基甲苯)	$C_{28}H_{26}$	362	479.5	1053.40	—	—	—	—	—	—	—	—	0.063	0.42	22.85	1.24	0.063	0.42	22.78	1.24	0.063	1.63	22.791	2.87
8	合计					15.228	100.00	1400.80	100.00	5.102	100.00	641.89	100.00	15.135	100.00	1839.18	100.00	15.091	100.00	1833.82	100.00	3.851	100.00	795.49	100.00
物性数据		温度/℃ 压力/MPa		状态		25 常压		L		25 常压		L		110 常压		L		60 常压		L		180 0.085		L	

图 3-12　物料流程图（一）

表 3-12　物料流程图阅读表

序号	获到信息类别	获取信息情况	备注
1	设备情况		
2	主要物料工艺流程		
3	物料情况举例		

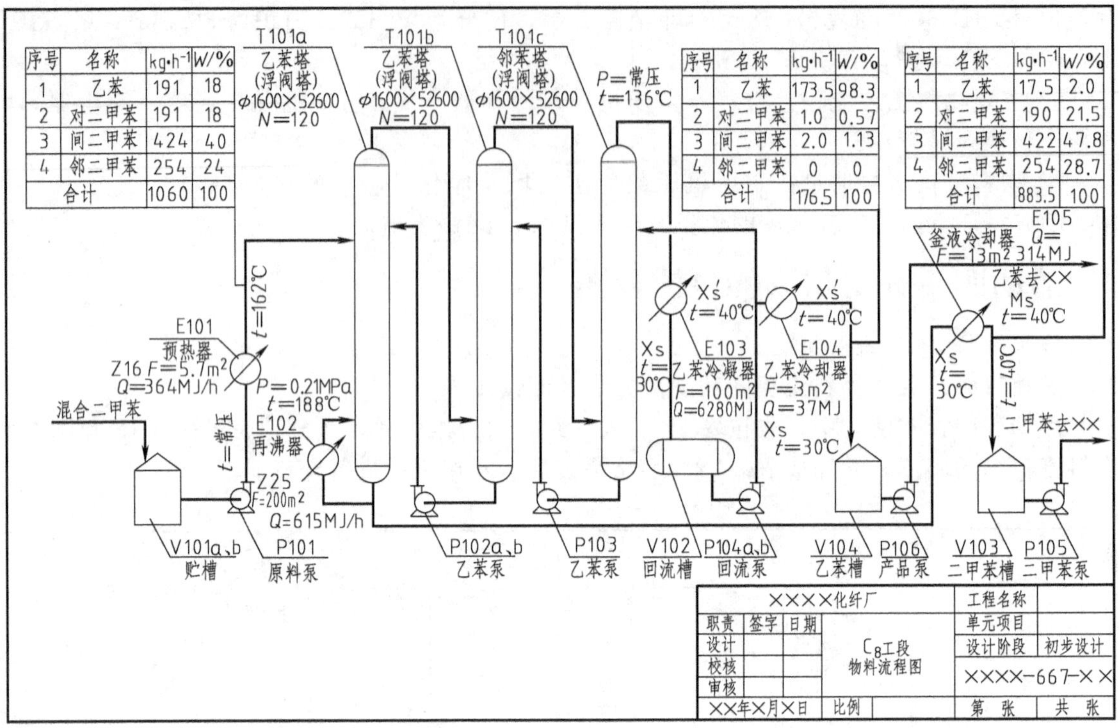

图 3-13 物料流程图（二）

课外活动 巩固物料流程图绘制与阅读

活动方式：通过网络、图书馆等媒体自行查找资料，自行选择一种化工产品，抄绘该化工产品生产过程的物料流程图，并完成物料流程图的阅读。

课题五

认识管道仪表流程图的基本内容

教学目标

通过本课题的学习，学生将了解管道仪表流程图的作用、内容和分类，认识首页图，掌握管道仪表流程图的图示方法和标注方法，并能了解辅助物料、公用管道仪表流程图。

知识目标

能了解管道仪表流程图的作用、内容和分类，掌握管道仪表流程图的图示方法和标注方法，并能了解辅助物料、公用管道仪表流程图基本内容。

技能目标

能在教师引导下，看懂首页图，看懂管道仪表流程图的标注情况。

活动一　认识管道仪表流程图

管道仪表流程图是借助统一规定的图形符号和文字代号，用图示的方法把某种化工产品生产过程所需的全部设备、仪表、管道、阀门及主要管件，按其各自功能，为满足工艺要求和安全、经济目的而组合起来，以起到描述工艺装置的结构和功能的作用。管道仪表流程图不仅是设计、施工的依据，也是企业管理、试运转、操作、维修和开停车等方面所需的完整技术资料的一部分。管道仪表流程图有助于简化承担该工艺装置的开发、工程设计、施工、操作和维修等任务的各部门之间的交流。

工艺管道仪表流程图是一种示意性展开图，通常以工艺装置的主项（工段或工序）为单元绘制，也可以装置为单元绘制，按工艺流程次序把设备、管道流程自左至右展开画在同一平面上。

工艺管道仪表流程图一般包括以下几个方面内容。

① 图形。用规定的图形符号和文字代号表示设计装置的各工序中工艺过程的全部设备、机械，全部管道、阀门、主要管件（包括临时管道、阀门和管件）、公用工程站和隔热，全部工艺分析取样点和检测、指示、控制功能仪表，供货（成套、配套）和设计单位设计要求的标注。

② 标注。对上述图形内容进行编号和标注；对安全生产、试车、开停车和事故处理在图上需要说明事项的标注；对设备、机械等的技术选择性数据的标注（如果需要）；设计要求的标注。

③ 备注栏、详图和表格。

④ 标题栏及修改栏。

管道仪表流程图按管道中物料类别划分，通常分为工艺管道仪表流程图（简称工艺 PI 或 PID 图）、辅助物料和公用物料管道仪表流程图（简称公用物料系统流程图）两类。

活动二　认识工艺管道仪表流程图的图示方法

在工艺流程图上，所有设备都应按《化工工艺设计施工图内容和深度统一规定》规定的标准图例绘制，未列入标准的图例，可参照已有图例编制新图例，无类似图例的，只要求用细实线画出其简单的外形轮廓和其内部的主要特征。对过于复杂的机器设备，允许用一细实线绘制的矩形框表示，在框内注明位号和名称。图例见表 3-2。

管道、管件、阀门、管道附件图例见表 3-4。

在管道仪表流程图上，应用细实线按标准图例画出和标注全部与工艺有关的检测仪表、调节控制系统和取样点、取样阀（组），常用测量仪表图例见表 3-13。仪表的图形符号如图 3-14 所示。表示仪表安装位置的图形符号见表 3-14。

表 3-13　常用测量仪表图例

测量仪表	图　例	测量仪表	图　例
孔板流量计		靶式流量计	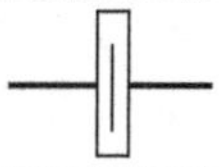

续表

测量仪表	图　例	测量仪表	图　例
转子流量计	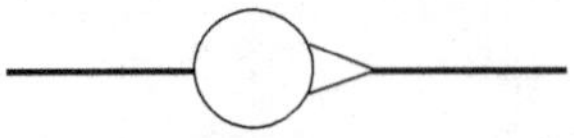	涡轮流量计	
文氏流量计	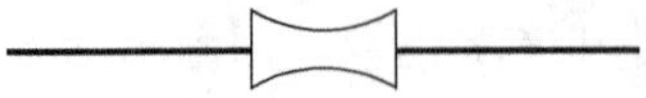	膨胀节	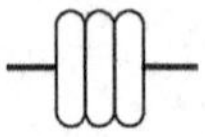
电磁流量计	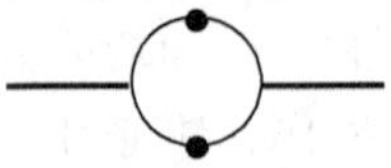	处理两个参量相同（或不同）功能的复式仪表	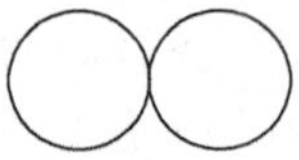
锐孔板	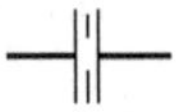		

表 3-14　仪表安装位置的图形符号

序号	安装位置	图形符号	序号	安装位置	图形符号
1	就地仪表	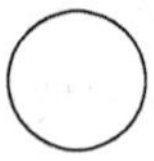	4	就地仪表盘面安装仪表	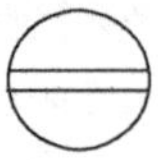
2	嵌在管道中的就地安装仪表	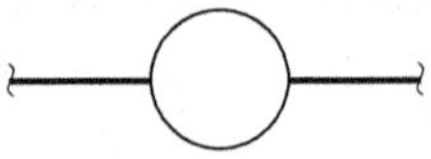	5	集中仪表盘后安装仪表	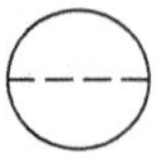
3	集中仪表盘面安装仪表	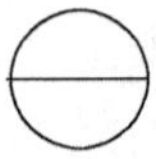	6	就地仪表盘后安装仪表	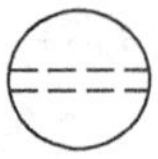

注：1. 仪表盘包括屏式、柜式、框架式仪表盘和操纵台等。

2. 就地仪表盘面安装仪表包括就地集中安装仪表。

3. 仪表盘面安装仪表，包括盘后面、柜内、框架上和操纵台内安装的仪表。

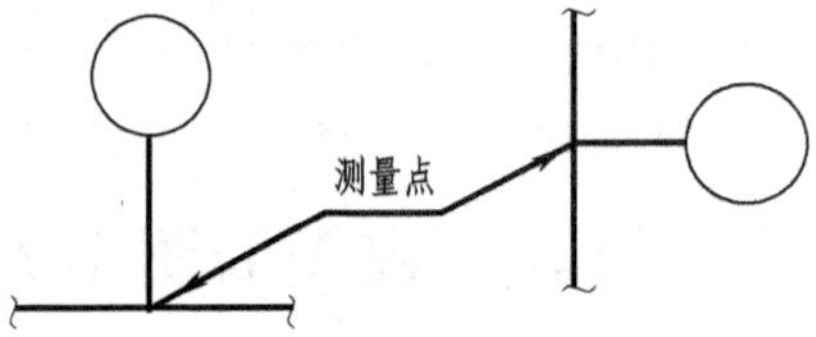

图 3-14　仪表的图形符号

工艺流程图上的调节与控制系统，一般由检测仪表、调节阀、执行机构和信号线四部分构成。常见的执行机构有气动执行、电动执行、活塞执行和电磁执行四种方式，如图 3-15 所示。

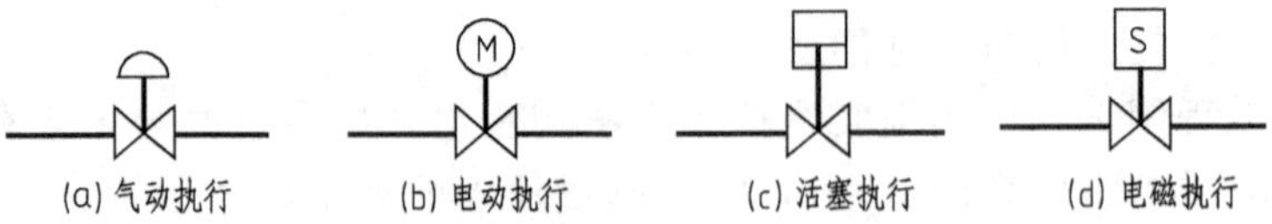

图 3-15　执行机构的图示

控制系统常见的连接信号线有三种，如图 3-16 所示。连接方式如图 3-17 所示。

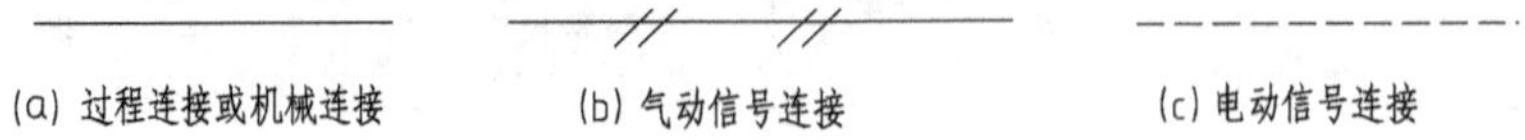

图 3-16　控制系统常见的连接信号线的图示

控制阀表

仪表号	管段号	各阀尺寸						备注
		A			B	C	D	
		DN	PN	法兰面				
T301	PG—3003	25	40	凹面	50	50	50	
P302	MG—3002	125	40	凹面	250	250	250	

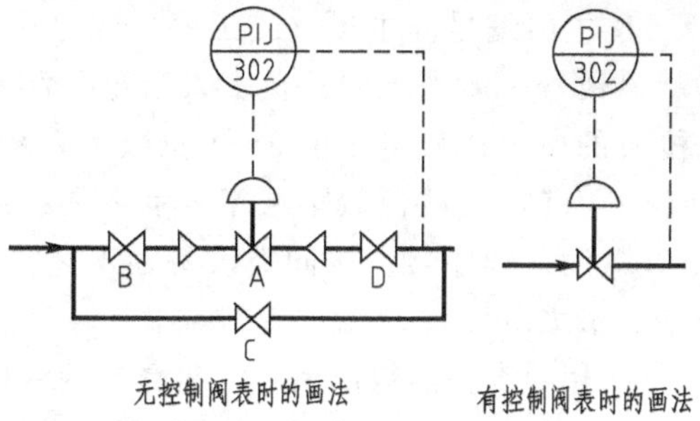

图 3-17 控制阀组的图示

活动三 认识工艺管道仪表流程图的标注

1. 设备的标注

PI 图上所有设备和机械都要标注位号和名称，标注的设备位号在整个车间内不得重复，两台或两台以上相同设备并联时，在位号尾部加注 A、B、C 等字样作为设备的尾号。一般要在两个地方标注设备位号，第一处在设备内或设备旁，用粗实线画一水平位号线，在位号线的上方标注设备位号，但应注意，此处不标注设备名称。第二处在设备相对应位置图纸上方或下方，由设备位号、设备位号线和设备名称组成，要求水平排列整齐，并尽可能正对设备，用粗实线画出设备位号线，在位号线的上方标注设备位号，在位号线的下方标注设备名称，设备名称用汉字标注。若在垂直方向排列设备较多时，它们的位号和名称也可由上而下按序标注。

每台设备均有相应的位号。设备位号由两部分组成，第一部分用大写英文字母表示设备类别，第二部分用阿拉伯数字表示设备所在位置（工序）及同类设备的顺序，一般数字为 3～4 位，如图 3-18 所示。

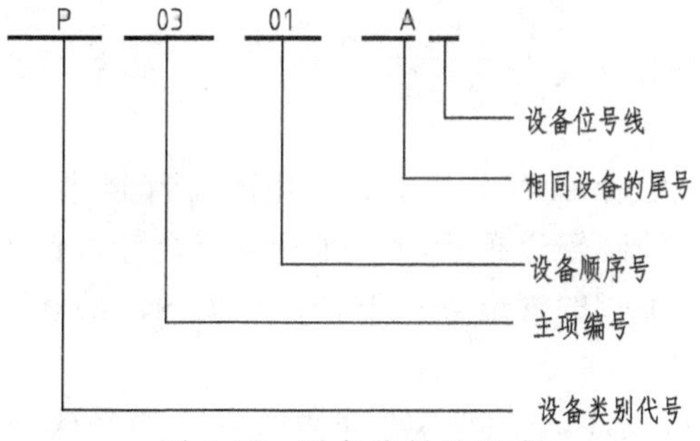

图 3-18 设备位号的组成

① 设备类别代号。按设备类别编制不同的代号，一般取设备英文名称的第一个字母（大写）作代号。具体规定见表 3-15。

表 3-15 设备类别代号表

设备类别	代号	设备类别	代号	设备类别	代号
塔	T	反应器	R	起重运输设备	L
泵	P	工业炉	F	计量设备	W
压缩机、风机	C	火炬、烟囱	S	其他机械	M
换热器	E	容器（槽、罐）	V	其他设备	X

② 主项编号。主项（或工序）编号采用一位或两位数字顺序表示，即可为 1～9 或 01～99。该代号一般由工程总负责人给定。注意：在一个联合工厂设计中，如果要识别装置，设备位号的主项代号可以由 3～4 位数字表示。前一位或两位数字表示装置识别号，即可为1～9 或 01～99，后两位数字顺序表示主项（或工序）代号，即可为 01～99。

③ 设备顺序号。按同类设备在工艺流程中流向的先后顺序编制，采用两位数字，从 01 开始，最大 99。

④ 相同设备的数量尾号。两台或两台以上相同设备并联时，设备标注的位号前三项完全相同，可用不同的数量尾号予以区别。按数量和排列顺序依次以大写英文字母 A、B、C 等作为每台设备的尾号；若同一位号的设备数量超过 26 台时，可用阿拉伯数字序号代替英文字母。

结合前边所学内容，根据图 3-1～图 3-3 填写表 3-16。填写完成后，进行交流。

表 3-16　设备标注表

设备标注	主项(工序)号	设备顺序号	设备名称

2. 管道的标注

(1) 管道编号对象　管道及仪表流程图（PI 图）上的全部管道都要标注管道组合号，但下述情况除外。

① 随设备、机械一起加工和配置的管道，即由卖方（制造厂）提供详细 PI 图或管道布置图，不需要工程设计单位编制管道布置图，即不需要统计材料的管道，包括：由卖方（制造厂）在成套设备或机组中供货的管道等；设备、机械内部的管道，如插入管（插入设备内的一段）、内部换热器等。

② 设备管口与设备管口直连，中间不需加短管者。如叠放的换热器、塔与紧靠的再沸器等。

③ 设备接管口上直接接阀门、盲板、丝堵而无管道连接的接管口。如设备自身的放净口、放空口、试压口、试漏口、备用口和公用工程连接管口，上述管口的阀门后如果连接上管道，则该管道要编号。

④ 管道上的放空管、导淋管，即指的是排至地坪（不是排至地沟或地坑）的排液管、直接排入大气的安全阀入口导管（此安全阀无出口导管）。

⑤ 设备上、机械上、管道上的伴热管和夹套在 PI 图上不编号。

⑥ 控制阀的旁路管、切换使用的小型管件或阀组的相同备用（或旁路）管。

⑦ 仪表管线，如压力表接管、各类仪表信号管线等。

(2) 管道号的组成　管道及仪表流程图的管道号由五部分组成。

① 物料代号。

② 管道编号。该管道所在工序（主项）的工程工序（主项）编号和管道顺序号。

③ 管道的公称直径。

④ 管道等级。

⑤ 隔热、保温、防火和隔声代号。

物料代号和管道编号合并组成统称为“基本管道号”，它常用于管道在表格文件上的记述，管道仪表流程图中图纸和管道接续关系标注和同一管道不同管道号的分界标注。

管道号和管径为一组，用一短横线隔开；管道等级和隔热为另一组，用一短横线隔开，两组间留适当的空隙。一般标注在管道上方，对个别由于管道太短写不下的情况，可以用引线引出来写（最好平行于管道线）。管道的标注如图 3-19 所示。

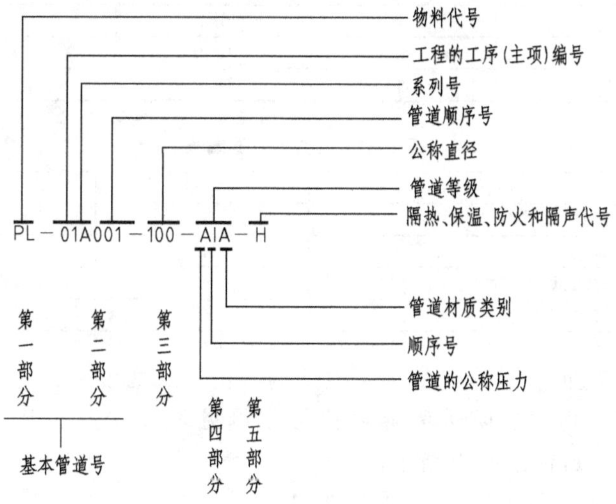

图 3-19　管道的标注（一）

也可将管道号、管径、管道等级和隔热（或隔声）分别标注在管道的上下方，如图3-20所示。

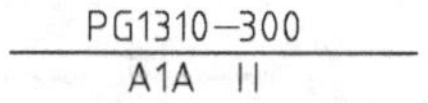

图 3-20　管道的标注（二）

(3) 管道号各部分说明

① 物料代号。用规定的大写英文缩写字母表示管道内流动的物料介质，物料字母代号见表 3-6。

② 管道编号。由该管道所在工序的主项编号和管道顺序号组成。工序（主项）编号按工程项目规定的主项编号填写，采用两位数字表示，如 01、10 等。管道顺序号为一个工序（主项）内对一种物料按顺序排列的一个特定号码。每一个工序对每一种物料介质都从 01（或 001）起编号，采用两位或三位数字表示，管道号多于 999 时，管道顺序号用四位数字表示。

③ 管道尺寸。用管道的公称直径表示。对公制尺寸管道，以 mm 为单位，只注数字，不注单位，如 PG0201-100。英制管需标注英寸符号，如 2″、4″。

④ 管道等级。一般不进行标注，但对高压、高温等系统一定要标注。管道等级由三个

单元组成：第一单元为管道的公称压力（MPa）等级代号，用大写英文印刷体字母表示，A～K 用于 ANSI 标准压力等级代号（其中 I、J 不用），L～Z 用于国内标准压力等级代号（其中 O、X 不用）；第二单元为顺序号，用阿拉伯数字表示，从 1 开始；第三单元为管道材质类别，用大写英文印刷体字母表示。管道的公称压力等级代号及管道材料类别代号含义见表 3-17 和表 3-18。

表 3-17 管道公称压力等级代号

用于 ANSI 标准(美国国家标准协会)		用于国内			
代号	压力/lb	代号	压力/MPa	代号	压力/MPa
A	150	L	1.0	T	20.0
B	300	M	1.6	U	22.0
C	400	N	2.5	V	25.0
D	600	P	4.0	W	32.0
E	900	Q	6.4		
F	1500	R	10.0		
G	2500	S	16.0		

表 3-18 管道材质编号

代号	材料名称	代号	材料名称
A	铸铁	E	不锈钢
B	碳钢	F	有色金属
C	普通低合金钢	G	非金属
D	合金钢	H	衬里及内防腐

⑤ 隔热、保温、防火、隔声代号。用规定的一位（或两位）大写英文印刷体字母表示，管道仪表流程图隔热、保温、防火和隔声代号字母见表 3-10。如果管道没有隔热、保温、防火和隔声要求，则管道标注中省略本部分。

结合前边所学内容，完成表 3-19 至表 3-22。

表 3-19 无装置识别号无系列号单元管道的标注

序号	介质代号	管道编号		公称直径	管道等级	隔热代号
		工程的工序编号	顺序号			
1	PG	02	04	100	B2E	TO
	管道标注为：PG—0204—100—B2E—TO					
2	HO	06	105	50	A2B	H
	管道标注为：					
3						
	管道标注为：CWS—151005—300—A1A					

表 3-20 无装置识别号有系列号单元管道的标注

序号	介质代号	管道编号			公称直径	管道等级	隔热代号
		工程的工序编号	系列号	顺序号			
1	PG	02	B	04	100	B2E	TO
	管道标注为：PG—02B04—100—B2E—TO						
2	HO	06	A	105	50	A2B	H
	管道标注为：						
3							
	管道标注为：CWS—15B1005—300—A1A						

表 3-21 有装置识别号无系列号单元管道的标注

序号	介质代号	管道编号			公称直径	管道等级	隔热代号
		装置识别号	工程的工序编号	顺序号			
1	PG	01	02	04	100	B2E	TO
	管道标注为：PG—010204—100—B2E—TO						
2	HO	06	05	105	50	A2B	H
	管道标注为：						
3							
	管道标注为：CWS—08151005—300—A1A						

表 3-22 有装置识别号有系列号单元管道的标注

序号	介质代号	管道编号				公称直径	管道等级	隔热代号
		装置识别号	工程的工序编号	系列号	顺序号			
1	PG	01	02	B	04	100	B2E	TO
	管道标注为：PG—0102B04—100—B2E—TO							
2								
	管道标注为：HO—0605A105—50—A2B—H							
3	CWS	08	15	B	1005	300	A1A	
	管道标注为：							

(4) 管道编号和标注的一般要求 管道编号和标注的一般要求如下。

① 管道仪表流程图上的管道是按工序（主项）、介质为基准编号的，每一种介质类别的管道，在每个工序中，都是从 01（或 001）起编，按管道在工序中的顺序依次编号。

② 在满足设计、施工、操作、事故处理和检修要求，不致产生混淆和错误的前提下，所编的管道号数量应尽可能减少。

③ 一个装置中的各个工序，所采用的管道编号方法应该是一样的，不同的装置（或由于设计单位不同）可以采用不同的管道编号方法。

④ 管道编号后，由于工程设计进展，如果要取消一些管道，其管道号通常不再采用，在新增加的管道上，不使用这些取消的编号。

3. 仪表、控制点的标注

管道及仪表流程图上需用细实线在相应的管道上用符号将仪表及控制点正确地绘出。符号包括图形符号和表示被测变量、仪表功能的字母代号。细圆直径为 10mm，并用细实线连到工艺设备的轮廓线或工艺管道上的测量点。字母代号见表 3-23。

仪表位号由字母代号组合与阿拉伯数字编号组成：第一位字母表示被测变量，后继字母表示仪表的功能（可一个或多个组合，最多不超过五个），被测变量及仪表功能的字母组合见表 3-24，用一位或两位数字表示工段号，用两位数字表示仪表符号，不同被测参数的仪表位号不得连续编号。仪表序号编制按工艺生产流程同种仪表依次编号，如图 3-21 所示。

在管道及仪表流程图中，仪表位号中的字母代号填写在圆圈的上半圆中，数字编号填写在圆圈的下半圆中，如图 3-22 所示。

表 3-23 表示被测变量和功能仪表的字母代号

字母	首位字母		后继字母	字母	首位字母		后继字母
	被测变量或初始变量	修饰词	功能		被测变量或初始变量	修饰词	功能
A	分析		报警	N	供选用		供选用
B	喷嘴、火焰		供选用	O	供选用		节流孔
C	电导率		控制	P	压力、真空		连接或测试点
D	密度	差		Q	数量	积算、累计	
E	电压(电动势)		检出元件	R	核辐射		记录、DCS趋势记录
F	流量	比率(比值)		S	速度、频率	安全	开关、联锁
G	毒性气体或可燃气体		视镜、观察	T	温度		传递(变送)
H	手动			U	多变量		多功能
I	电流		指示	V	振动、机械监视		阀、挡板、百叶窗
J	功率	扫描		W	质量、力		套管
K	时间、时间程序		自动-手动操作器	X	未分类		未分类
L	物位		信号	Y	事件、状态		继动器(继电器)计算器、转换器
M	水分或湿度	瞬动		Z	位置、尺寸		驱动器、执行元件

表 3-24 被测变量及仪表功能字母组合示例

仪表功能＼被测变量	温度	温差	压力或真空	压差	流量	物位	分析	密度
指示	TI	TdI	PI	PdI	FI	LI	AI	DI
指示、控制	TIC	TdIC	PIC	PdIC	FIC	LIC	AIC	DIC
指示、报警	TIA	TdIA	PIA	PdIA	FIA	LIA	AIA	DIA
指示、开关	TIS	TdIS	PIS	PdIS	FIS	LIS	AIS	DIS
记录	TR	TdR	PR	PdR	FR	LR	AR	DR
记录、控制	TRC	TdRC	PRC	PdRC	FRC	LRC	ARC	DRC
记录、报警	TRA	TdRA	PRA	PdRA	FRA	LRA	ARA	DRA
记录、开关	TRS	TdRS	PRS	PdRS	FRS	LRS	ARS	DRS
控制	TC	TdC	PC	PdC	FC	LC	AC	DC
控制、变速	TCT	TdCT	PCT	PdCT	FCT	LCT	ACT	DCT

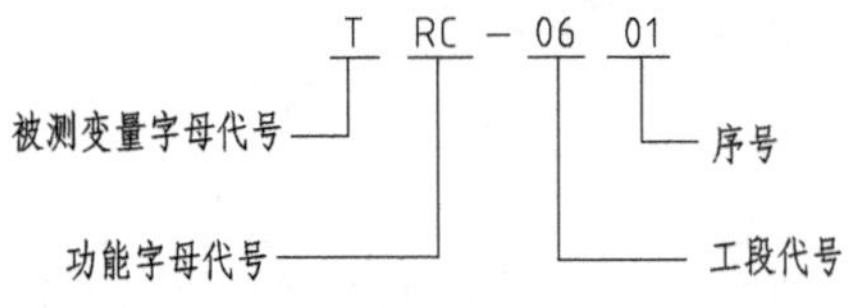

图 3-21 仪表位号的组成

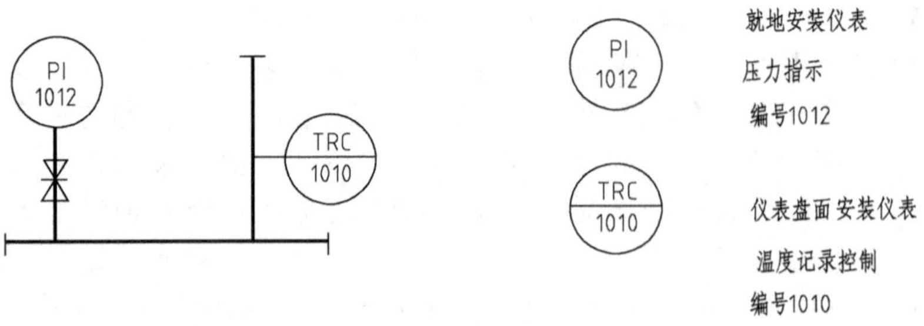

图 3-22 仪表的标注

结合所学内容，阅读图 3-3 中仪表使用情况，完成表 3-25。

表 3-25 仪表阅读情况表

序号	仪表图示	被测变量字母代号	功能字母代号	工段代号	序号	仪表安装位置
1						
2						
3						
4						
5						
6						
7						
8						
9						
10						

活动四　认识辅助物料、公用物料管道仪表流程图

辅助物料是指燃料气、燃料油、润滑系统（水、油等）、密封系统（水、油等）、液压系统（水、油等）、冲洗系统（水、油等）、稀释油、顶料用油、淬冷系统（水、油等）、化学污水、系统放空、尾气排放系统、火炬系统等。

公用物料是指非工艺用压缩空气、工厂空气、仪表空气、置换系统用氮气、导热油（用于加热、冷却）、加热蒸汽及冷凝液、生活用水、冷却水、冷冻盐水、制冷系统、保温用热水、软水、锅炉水、除盐水等。

辅助物料管道、公用物料管道仪表流程图是管道仪表流程图的补充和完善，也是装置中全部辅助管道实际安装体系的表示，是辅助管道施工安装的主要依据。

辅助物流管道、公用物料管道仪表流程图与管道仪表流程图的表示方法相似，一般按装置或主项为单元，按辅助物料、公用物料类型不同根据辅助物料的相关性进行绘制。如循环上水与循环回水、水蒸气与冷凝液可以画在一张图纸上，流程简单时各类介质的管道流程图可以绘在一张图上；如果流程较长、设备较多、介质又有多类型时，应该分开绘制。各种辅助物料、公用物料流程图无论是单张还是分开绘制，在图纸编号和图名确定时一定要清楚，便于识别与区分。

辅助物料、公用物料主管分配、支管连接及其管段编号、管径、材质等要与工艺流程图中的一致。

1．辅助物流管道系统管道仪表流程图的内容

① 管道仪表流程图上各辅助物料使用的设备或机器。如画循环上水、循环回水管道流程图时，所有需要循环水冷却的设备或机器均需按管道仪表流程图中要求的画法按设备布置

中的高低关系及辅助物料总管通过的先后顺序在图纸中表示出来；并画出使用辅助物料的设备上辅助物料接管管口；设备外形可不按比例，相对高度也不按比例，但大体与实际应相符。

② 辅助物料管道系统上的所有设备、管道、管件、阀门、管道附件等均应按管道仪表流程图的绘制要求表示。支管与总管的连接关系及顺序号尽量与实际布置一致。

③ 标注。标注出所有设备位号及名称；标注出所有辅助物料总管及支管的管段号、管径、材质、保温（保冷）情况；标注出所有的检测仪表、控制系统、分析取样点等；标注出特殊要求如坡向、坡度、最小高差等。另外对热力管道要根据计算设置必要的热补偿器。最后注出辅助物料的来源及去向。

如图 3-23 和图 3-24 所示的辅助物料管道及仪表流程图。图中主管走向、支管分出的顺序与实际配管相同，主管用粗实线绘制，总管上全部阀门和控制点应按规定用细实线画出其符号，并注明代号。支管也用粗实线绘制，支管上管件、阀门及控制点等除与设备或工艺物料管道连接处需画在管道仪表流程图上外，其余应在本图全部画出。支管引向设备处，则画一细线长方框，框内注明设备位号（或工艺物料管道的管段号），必要时还要注明该设备（或管道）所在的管道仪表流程图的图号。

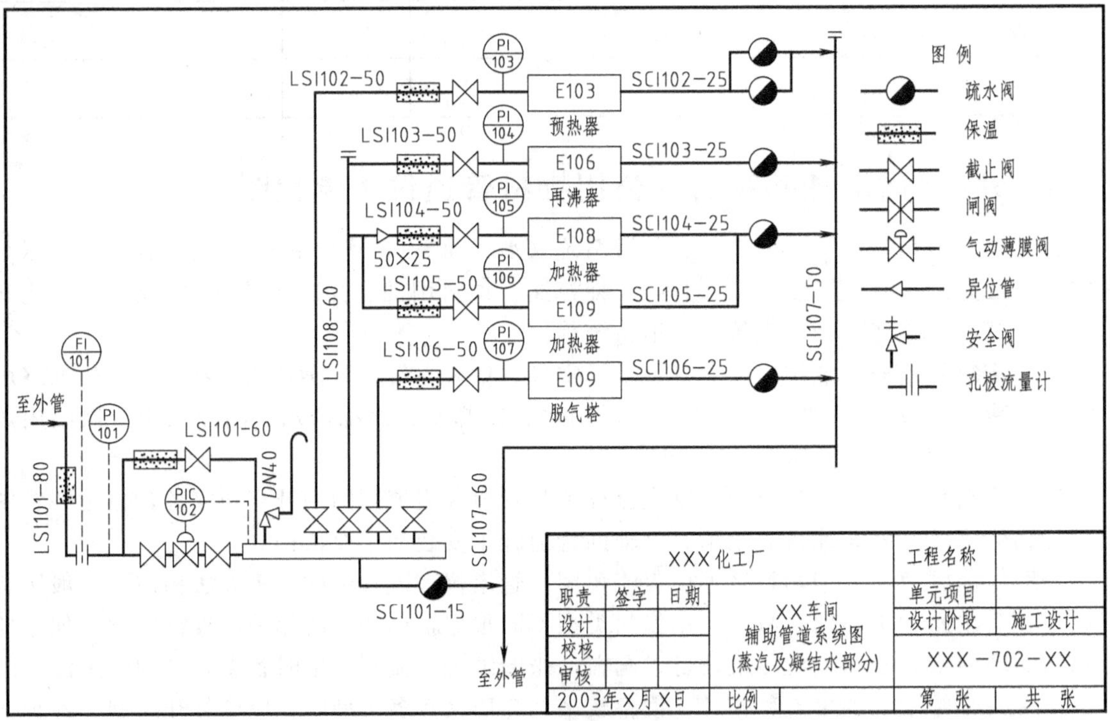

图 3-23 辅助物料管道及仪表流程图（一）

2. 识读注意事项

辅助物料及公用物料管道仪表流程图识读时应注意以下事项。

① 首先应全面了解所有使用该种辅助物料的所有设备或机器的名称、数量。

② 掌握两台或两台以上相同设备其工艺物料及辅助物料的串联、并联或既可串联又可并联的关系，这样可以在设备出现故障情况时，正确做出处理决定。同时要了解辅助物料支管上的控制、限流、开闭管件的设置情况。有无备用辅助物料。

③ 了解辅助物料的检测仪表、分析取样点的设置情况，并结合其他资料如工艺规程、初步设计、设计计算书等掌握辅助物料的控制指标，做到心中有数，以便更准确无误地进行操作和指导生产。

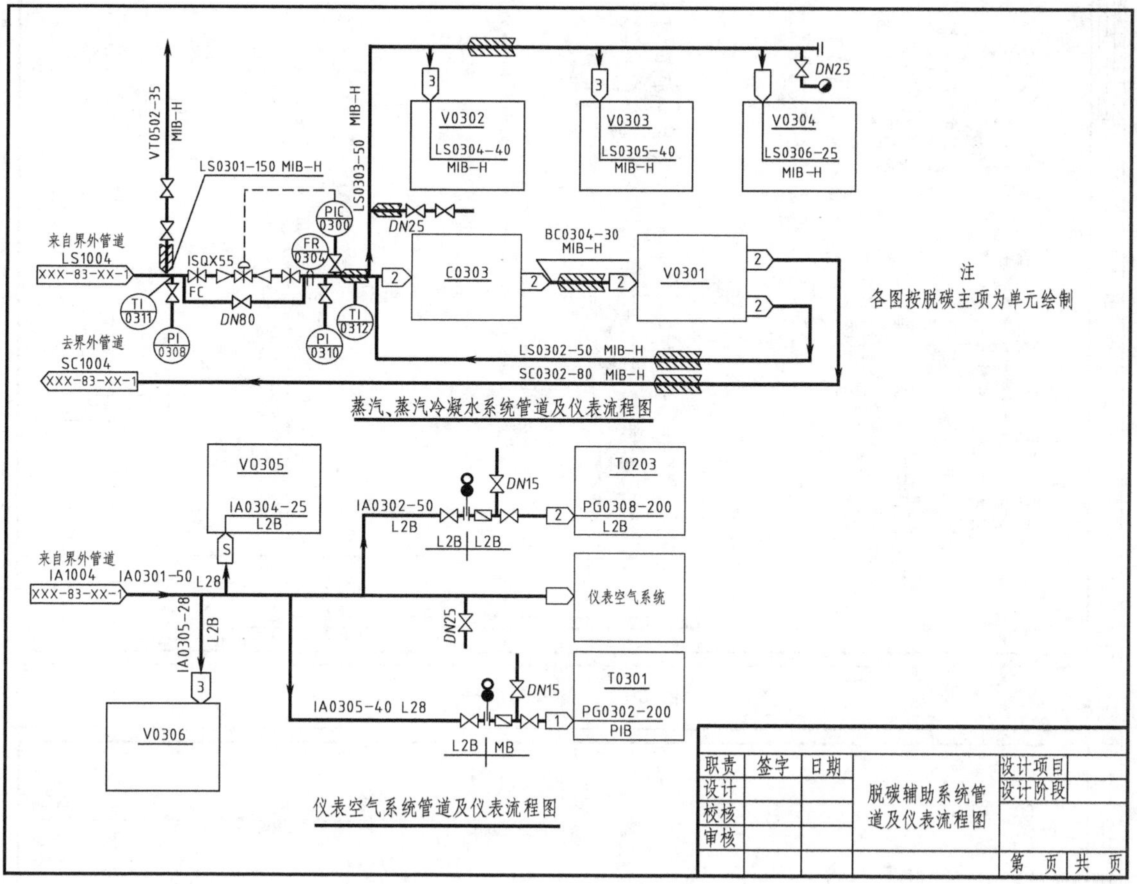

图 3-24 辅助物料管道仪表流程图（二）

活动五 认识首页图

在工艺设计施工图中，将所采用部分的规定以图表形式绘制成首页图，以便于识图和更好地使用设计文件。一般将整套工艺流程编制成册，首页图放在第一页，以供查阅图纸相关说明。首页图如图 3-25 和图 3-26 所示，它包括如下内容。

① 装置中所采用的全部物料代号。

② 装置中所采用的全部管道、阀门、管件等的图例。

③ 管道编号说明。通常举一实例说明管道编号的各个单元及含义。

④ 设备编号说明。通常举一个实例说明表示设备编号的各个单元及含义。

⑤ 装置中所采用的全部仪表图例、符号、代号等。

⑥ 所有设备类别代号。

⑦ 其他有关需要说明的事项。

图 3-25 和图 3-26 两张首页图包括了管线符号、阀门形式、管件符号、设备图形符号、物料代号、缩写符号说明、设备代号、管线编号及编号说明、仪表符号、联锁符号、一次元件、仪表切断阀、字母代号、执行机构断电时的动作符号、仪表符号等内容。

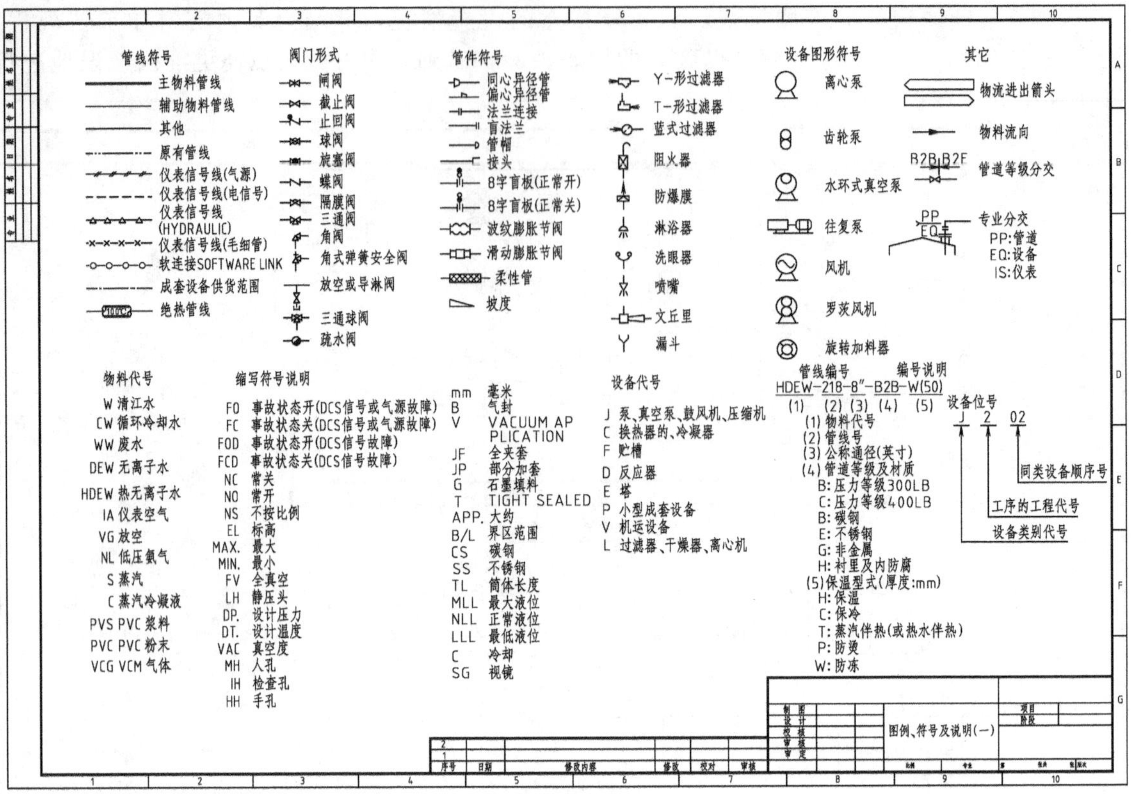

图 3-25 首页图（一）

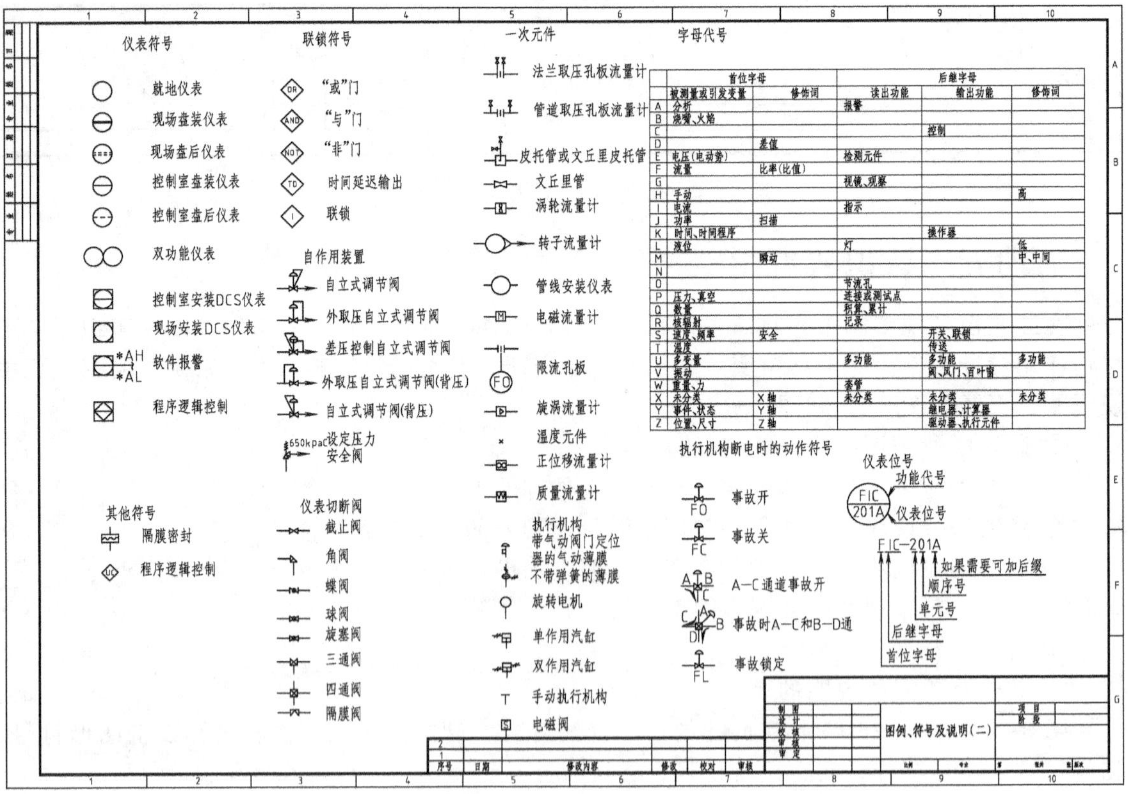

图 3-26 首页图（二）

课题六

管道仪表流程图的阅读与绘制

教学目标

通过本课题的学习，学生将掌握管道仪表流程图的识图方法，识图技巧，能独立完成一份管道仪表流程图的阅读，并能掌握管道仪表流程图的绘制方法和绘制技巧，抄绘一份管道仪表流程图。

知识目标

能了解管道仪表流程图的阅读与绘制步骤，能抄绘管道仪表流程图并能读懂流程图中的主要内容。

技能目标

能抄绘管道仪表流程图，并能完成所抄绘管道仪表流程图的识读。

活动一　认识管道仪表流程图阅读步骤

管道仪表流程图的识读是工艺专业学生必备的一项基本技能，通过管道仪表流程图可以了解工艺装置的结构和功能，管道仪表流程图也是绘制设备布置图和管道布置图的依据，是企业管理、试运转、操作、维修和开停车等所需的完整技术资料的重要部分。管道仪表流程图中给出了物料的工艺流程，以及为实现这一工艺流程所需设备的数量、名称、位号、管道的编号、规格以及阀门和控制点的部位、名称等。阅读管道仪表流程的任务就是要把图中所给出的这些信息完全搞清楚，以便在管道安装和工艺操作中做到心中有数。

管道仪表流程图阅读的一般方法和步骤如下。

① 若工艺流程比较复杂，首先阅读首页图，弄清管道仪表流程图中的各种图形符号和文字代号的含义。

② 通过阅读标题栏，了解所读图样的名称，并了解本张图在系统中的位置。

③ 若工艺流程比较简单，可以通过图例了解各种图形符号、代号的意义及管道的标注等。

④ 读懂管道仪表流程图所描述的工艺装置结构和功能。具体包括：

(a) 了解系统中设备的数量、名称及位号；

(b) 了解主要物料的工艺流程；

(c) 了解其他物料的工艺流程；

(d) 了解仪表控制点情况；

(e) 了解阀门的种类、作用、数量等；

(f) 了解主要管件的种类、作用、数量等。

活动二 阅读管道仪表流程图

以图 3-27 天然气脱硫系统工艺管道及仪表流程图为例，分析管道仪表流程图的阅读方法。

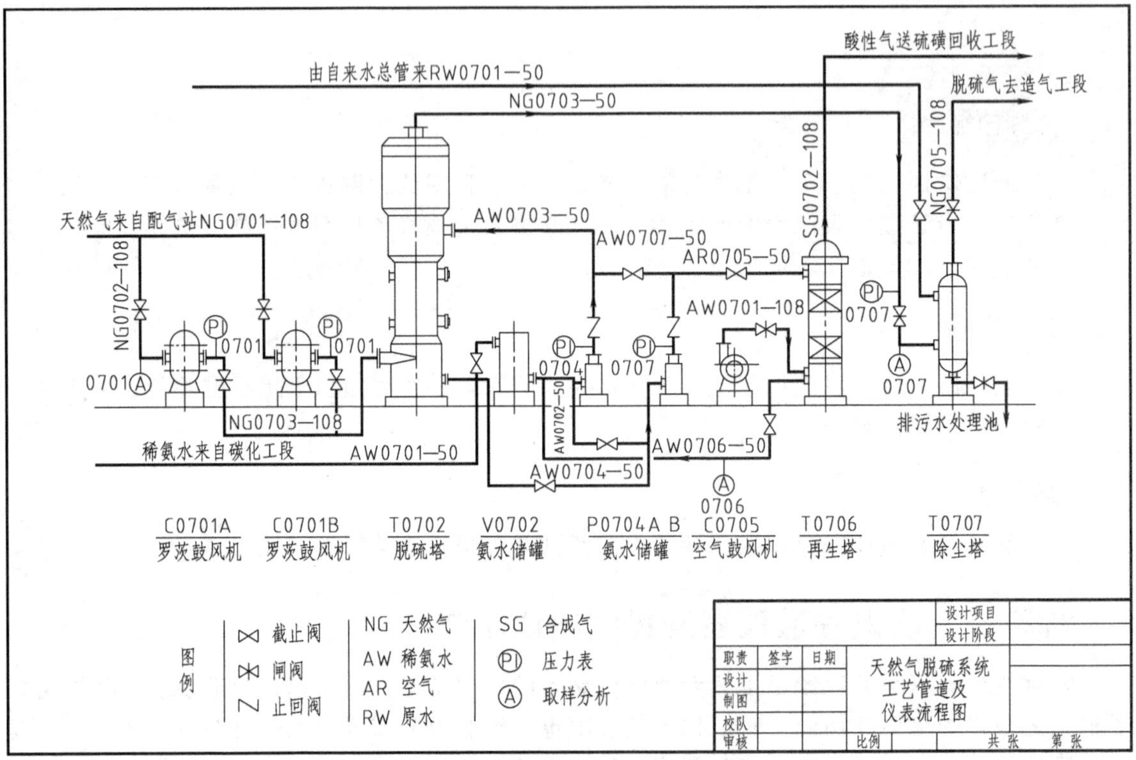

图 3-27 天然气脱硫系统管道仪表流程图

（1）阅读标题栏 由标题栏可知，该流程图为天然气脱硫系统工艺管道及仪表流程图。

（2）阅读图例 由图例可知，该流程图包括了截止阀、闸阀和止回阀三种阀门；物料中 NG 代表天然气，AW 代表稀氨水，AR 代表空气，RW 代表原水，SG 代表合成气；仪表中 PI 代表压力表，A 代表取样分析。

（3）了解设备的数量、名称和位号 天然气脱硫系统的工艺设备共有 9 台。其中有相同型号的罗茨鼓风机两台（C0701A、B），一个脱硫塔（T0702），一个氨水贮罐（V0703），两台相同型号的氨水泵（P0704A、B），一台空气鼓风机（C0705），一个再生塔（T0706），一个除尘塔（T0707）。

（4）了解主要物料的工艺流程

① 天然气。由配气站来的天然气原料，经罗茨鼓风机增加压力后，从脱硫塔底部进入，与塔顶喷淋下来的氨水气液逆流接触，天然气中的有害物质硫化氢被氨水吸收脱除。脱除硫化氢后的天然气进入除尘塔，在塔中经水洗进一步除尘和去除微量杂质后由塔顶出去送至后续造气工段。

② 氨水。由碳化工段来的稀氨水进入氨水贮罐，经氨水泵加压后从脱硫塔上部进入。吸收了硫化氢的氨水从脱硫塔底部流出，经氨水泵加压后打入再生塔，在再生塔中与新

鲜空气逆流接触发生氧化反应，脱除富氨水中的硫化氢，产生的酸性合成气从再生塔塔顶出去被送到硫磺回收装置；从再生塔底部出来的再生氨水由氨水泵打入脱硫塔后循环使用。

(5) 了解辅助介质的流程　由空气鼓风机来的空气用来除去废氨水中的硫化氢；由自来水总管来的原水从除尘塔上部进入塔中，用来除去脱硫气体中的微量杂质。

(6) 了解动力情况　两台并联的罗茨鼓风机（工作时一台备用）是整个系统中流动介质的动力。

空气鼓风机的作用是从再生塔下部送入新鲜空气。将富氨水里的含硫气体除去，通过塔顶排空管送到硫磺回收装置。

(7) 了解仪表控制点情况　天然气脱硫系统中只有检测仪表，在两台罗茨鼓风机、两台氨水泵的出口和除尘塔下部物料入口处，共有5块就地安装的压力指示仪表。在天然气原料线、再生塔底出口和除尘塔原料气入口处，共有3个取样分析点。

(8) 了解阀门种类、作用和数量　脱硫工艺系统各管段均装有阀门，对物料进行控制。共使用了三种阀门：截止阀9个，闸阀6个，止回阀2个，止回方向可由氨水泵打出，不可逆向回流，以保证安全生产。

天然气脱硫系统工艺管道仪表流程图阅读的具体信息见表3-26。

表 3-26　天然气脱硫系统工艺管道及仪表流程图阅读

获取信息途径	信息种类	获取信息情况	备注
图例	阀门	截止阀、闸阀、止回阀	符号见图例
	物料	天然气、稀氨水、空气、原水、合成气	符号见图例
	仪表	压力表、分析	符号见图例
标题栏	图纸名称	天然气脱硫系统工艺管道及仪表流程图	
设备标注	设备数量、名称及位号	罗茨鼓风机2台(C0701A、B)，脱硫塔(T0702)1个，氨水贮罐(V0703)1个，氨水泵(P0704A、B)2台，空气鼓风机(C0705)1台，再生塔(T0706)1个，除尘塔(T0707)1个	
工艺流程图	天然气流程	天然气来自配气站→罗茨鼓风机→脱硫塔→除尘塔→脱硫气去造气工段	
	氨水流程	稀氨水来自碳化工段→氨水贮罐→氨水泵→脱硫塔→氨水泵→再生塔→氨水泵→脱硫塔循环	
	空气流程	空气→空气鼓风机→再生塔→酸性气送硫磺回收工段	
	原水流程	自来水→除尘塔→排污水处理池	
工艺流程图	仪表控制点	5块压力表、3个取样分析点	
工艺流程图	阀门情况	截止阀9个，闸阀6个，止回阀2个	

活动三　分组阅读管道仪表流程图

分组：每2～4人一组。

活动目的：巩固工艺流程图的阅读方法及阅读步骤。

活动程序：本活动中，先按每2～4人一组进行分组，各小组分别完成图3-28、图3-29和图3-30管道仪表流程图的阅读。并完成表3-27。表格完成后，小组之间进行交流。

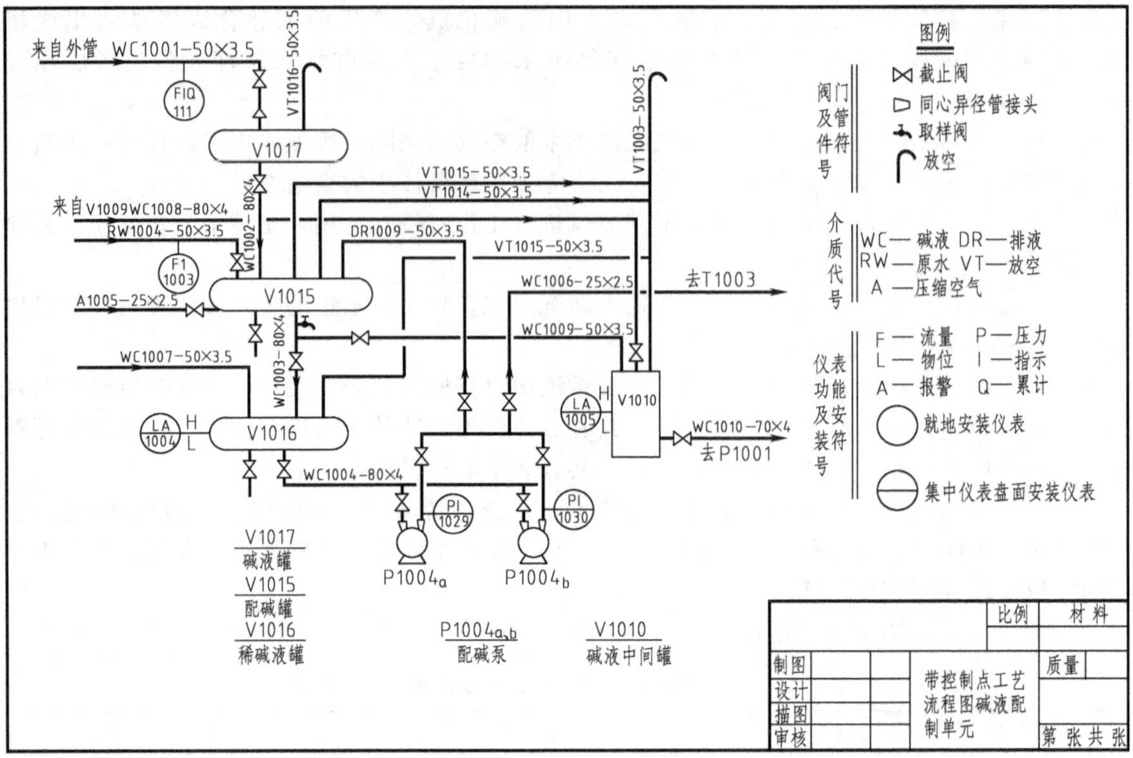

图 3-28 管道仪表流程图（一）

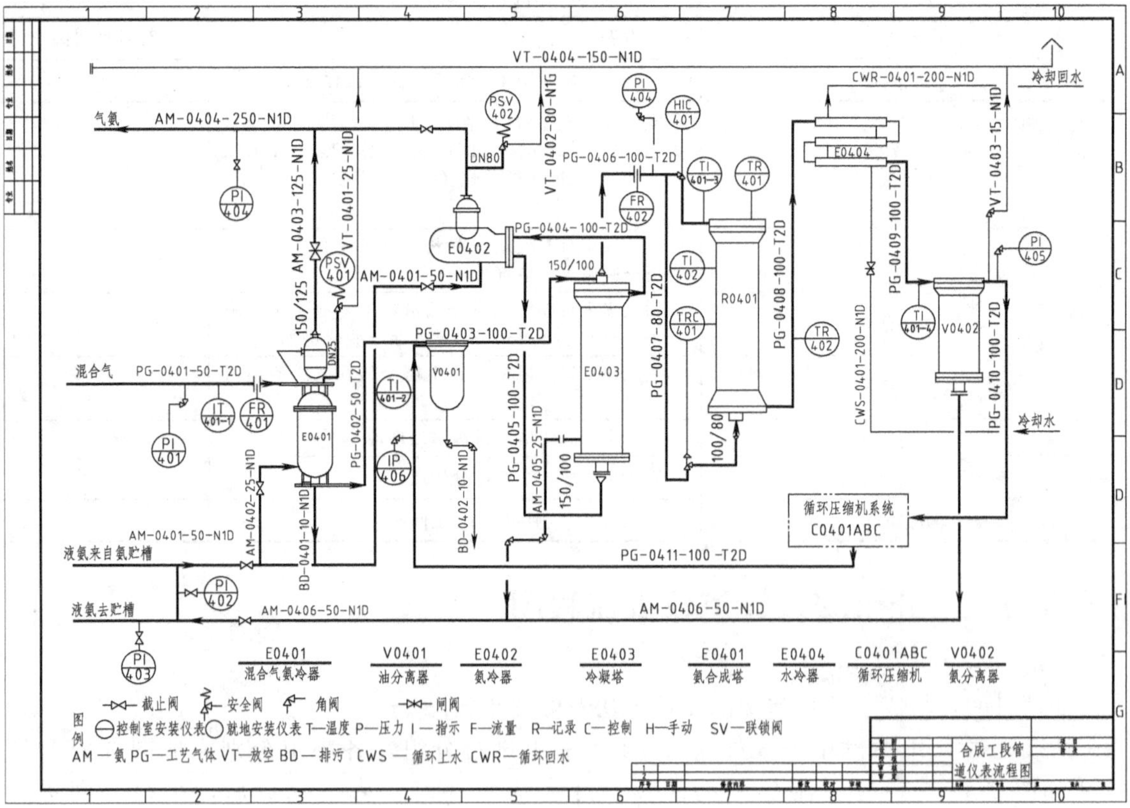

图 3-29 管道仪表流程图（二）

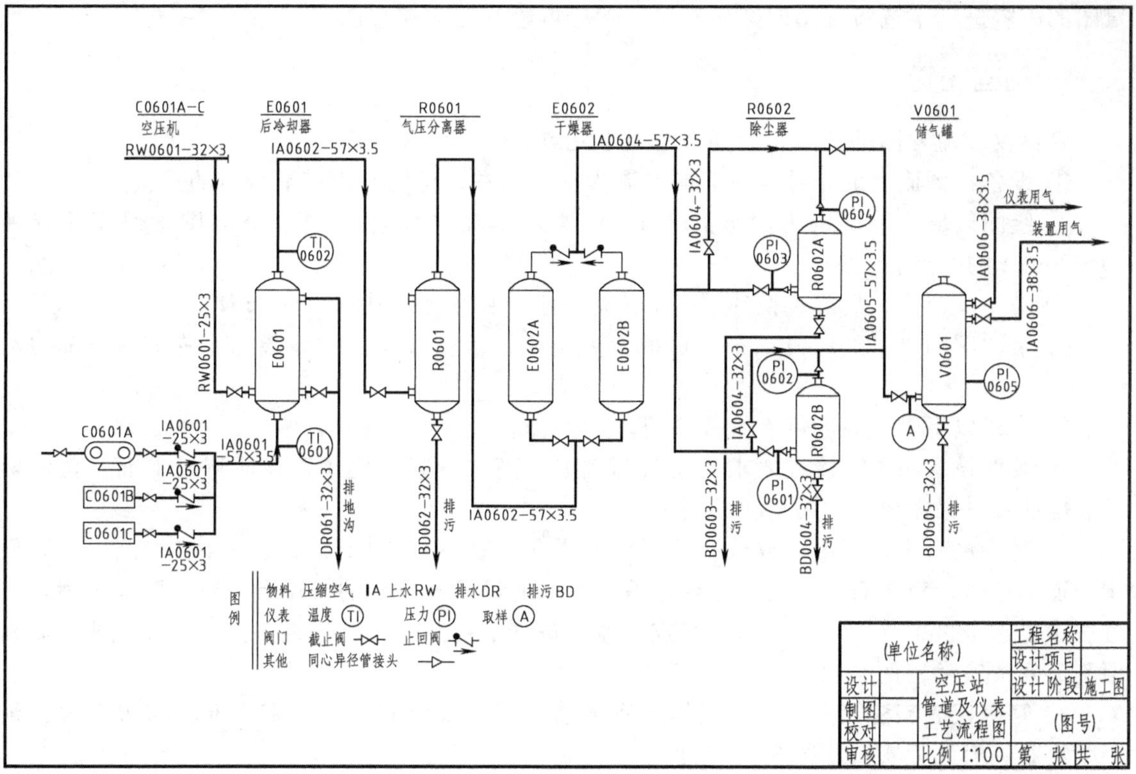

图 3-30 管道仪表流程图（三）

表 3-27 工艺流程图的阅读表

项目	内容	备注
标题栏		
图例		
设备名称及数量		
主要物料工艺流程		
辅助物料工艺流程		
仪表控制点		
阀门种类及数量		
其他信息		

活动四 绘制管道仪表流程图

为保证图纸的质量和绘图的效率，在绘制工艺流程图前，应根据选定的图幅和工艺流程草图的内容进行工艺流程图的图面布置，然后再绘制工艺流程图。

1. 图面布置

管道仪表流程图的图面布置要考虑以下几点。

① 设备在图面上的布置，一般应顺流程从左到右，但同时也应顺管道的连接。

② 绘图区域一般确定为图纸的 3/4（窄边）～4/5（宽边），并注意与图框线至少保留 10～20mm 的距离。

③ 塔、反应器、贮罐、换热器、加热炉一般从图面水平中线往上布置。

④ 泵、压缩机、鼓风机、振动机械、离心机、运输设备、称量设备，布置在图面 1/4 线以下。

⑤ 中线以下 1/4 高度供走管线使用。

⑥ 其他设备布置在流程要求的位置。例如：高位冷凝器要布置在回流罐上面，再沸器要靠塔放置，吊车放在起吊对象的附近等。

⑦ 对于没有安装高度（或位差）要求的设备，在图面上的位置要符合流程流向，以便于管道的连接。对于有安装高度（或位差）要求的设备及关键的操作台，要在图面上适宜位置表示出这个设备（或平台）与地面或其他设备（平台）的相对位置，注以尺寸（或标高），但不需要按实际比例绘制。

⑧ 管道仪表流程图总图面的安排不宜太挤，四周要留有一定空隙，推荐与边框线的最小距离和一般图面安排如图 3-31 所示。

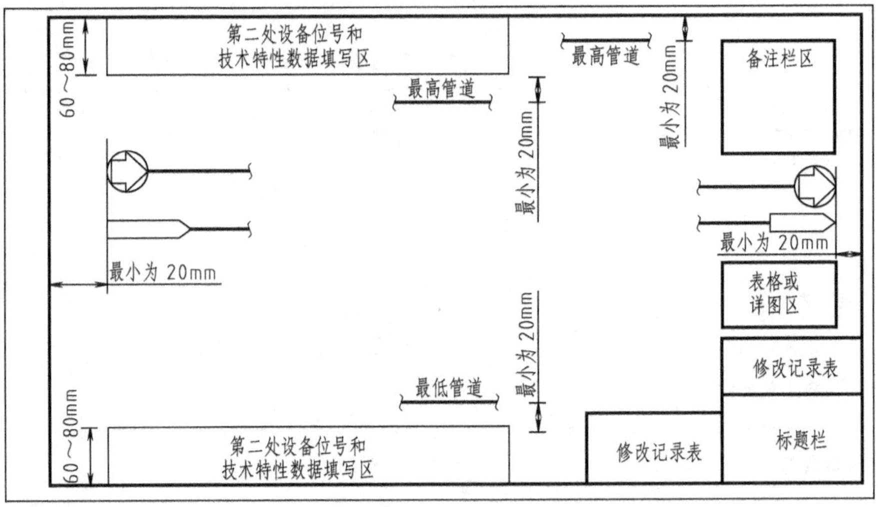

图 3-31 管道仪表流程图的一般图面布置

⑨ 设备位号应尽可能设计在同一水平线上，在工艺流程图中，除设备外，其他检测仪表、流量计、阀门、重要管件和控制系统的信号线，以及相关的符号、代号等，均应集中给出图例，图例的大小应与图中的实际大小相同，一般图例布置在图纸的右上角。

⑩ 工艺流程图中设备图例应尽可能排成一排，设备特别多时可排成上、下两排，不宜再多。应特别注意根据两设备之间需绘制物料流程线的多少来调整设备之间的相对距离，必须保证两平行物料流程线之间的距离大于或等于 5mm，并注意在设备图例中标注设备位号

的足够空间。

⑪ 物料流程线的相对位置应合理分布，应尽可能缩短物料流程线的长度，减少物料流程线的转折与交叉，避免物料流程线穿过设备；物料流程线进出设备接口的相对位置应与实际情况相近，并应与相关管道、阀门、设备的文字标注保留足够的空间。

2. 管道仪表流程图的绘制步骤

① 根据图面布置确定的设备图例大小、位置，以及相互之间的距离，采用细点画线从左至右按流程确定各设备的中心位置，对初学者，可以用纸剪成设备图样，写上设备名称，在欲绘制的图纸上摆放，以期找到合理布置位置。

② 用细实线按照流程顺序和标准图例画出设备（机器）的规定图例，各设备（机器）横向间留有一定的间距，以便布置管道流程线，并注意管道仪表流程图图面布置的几个原则。

③ 先用细实线按照流程顺序和物料种类，逐一画出各主要物流线，并配以表示流向的箭头。

④ 用细实线画出管道流程图的阀门、管件以及与工艺有关的检测仪表，调节控制系统，分析取样点的符号和代号。

⑤ 绘制完成后，按照流程顺序检查，看是否有漏画、错画情况，并进行适当的修改和补画。

⑥ 按标准将物料流程的线条改成粗实线，并给出表示物料流向的标准箭头。

⑦ 分别对设备（机器）、管道等进行标注。

⑧ 给出集中图例与代号、符号说明。

⑨ 填写标题栏，并给出相应的文字说明。

若用 AutoCAD 绘制工艺流程图，可直接用规定线条绘制相关物料线和设备线。

3. 管道仪表流程图绘制实例

以天然气脱硫系统管道仪表流程图为例说明绘制方法与步骤。

① 按照流程从左到右画出设备（机器）的规定图例，如图 3-32 所示。

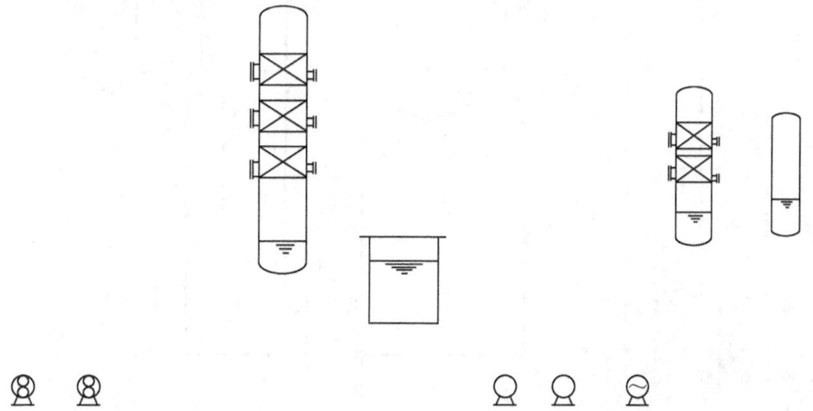

图 3-32　天然气脱硫系统管道仪表流程图绘制步骤（一）

② 用粗实线画出主要物料管道流程线，并配以表示流向的箭头；用中粗实线画出辅助物料、公用物料管道流程线，并配以表示流向的箭头，如图 3-33 所示。

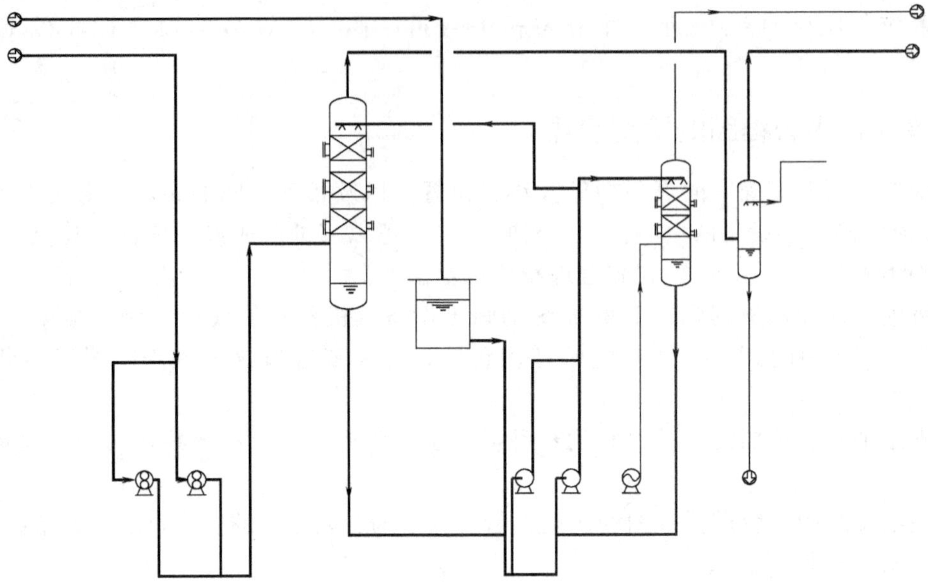

图 3-33 天然气脱硫系统管道仪表流程图绘制步骤（二）

③ 用细实线画出管道流程线上的阀、管件以及与工艺有关的检测仪表，调节控制系统，分析取样点的符号和代号。如图 3-34 所示。

④ 分别对设备（机器）、管道等进行标注；填写备注栏、详图和表格；填写标题栏及修改栏。如图 3-35 所示。

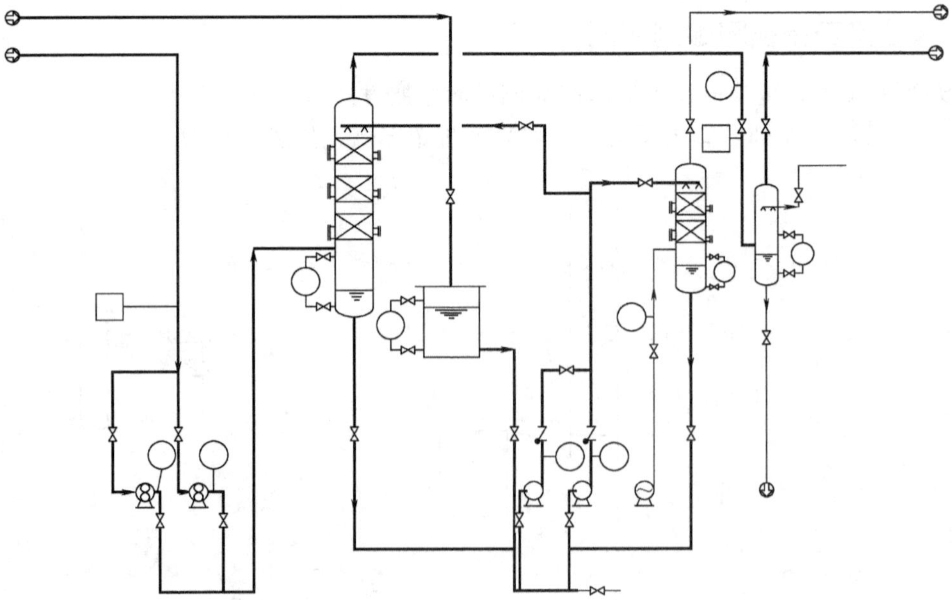

图 3-34 天然气脱硫系统管道仪表流程图步骤（三）

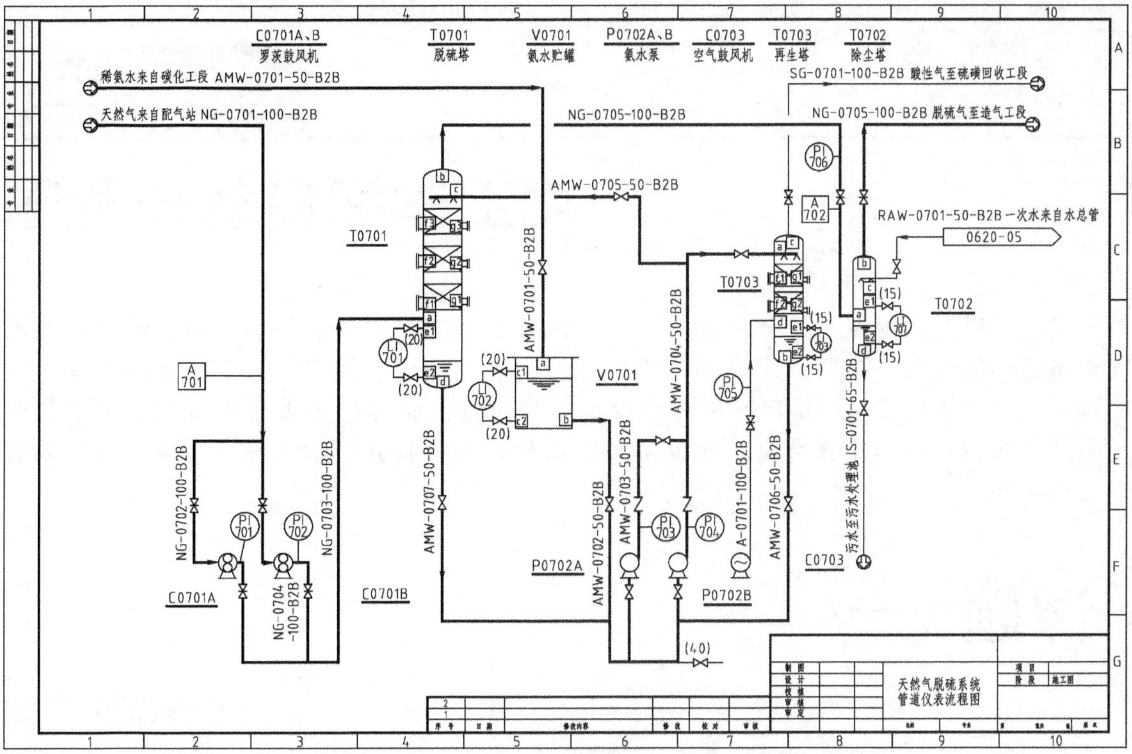

图 3-35 天然气脱硫系统管道仪表流程图绘制步骤（四）

课外活动 巩固管道仪表流程图的阅读与绘制

活动方式：通过网络、图书馆等查找相关化工产品某工段管道仪表流程图，参照活动四所提供的步骤，抄绘相应的管道仪表流程图，并参照活动二的内容，自行设计表格，完成所抄绘管道仪表流程图的阅读。

项目四

化工车间设备布置图

工艺流程设计所确定的全部设备，必须根据生产工艺的要求与场地的状况，以及不同设备的具体情况，在厂房建筑物的内外进行合理的布置，并安装固定，才能确保生产的顺利进行。用以表达厂房建筑物内外设备安装位置的图样称为设备布置图。为了清楚地表达设备在车间的布置情况，除设备布置图外，还需有分区索引图、设备安装图和管口方位图等。

课题一

认识车间厂房

教学目标

通过本课题的学习，学生将了解化工车间厂房的结构与特点及化工车间建筑标准规定等内容，为阅读和绘制化工车间设备布置图打下基础。

知识目标

能了解化工厂房结构特点及化工车间建筑方面的标准规定。

技能目标

能在教师引导下，认识化工车间厂房中相应内容。

化工生产中所使用的设备，必须在厂房建筑内外合理布置。因此技术人员绘制设备布置图时，应该掌握厂房建筑的基本知识，并具备绘制和识读厂房建筑图的基本知识。

活动一　认识化工车间厂房的结构

厂房属于工业建筑，与民用建筑的功能不同，但其组成部分是相似的。民用建筑的“进深”和“开间”，在厂房建筑中，称为“跨度”和“柱距”。厂房的结构如图 4-1 所示，主要分为以下几种。

① 支承荷载作用的承重结构，如基础、柱、墙、梁、楼板等。

② 防止外界自然侵蚀或干扰的围墙结构，如屋面、外墙、雨篷等。

③ 沟通房屋内外与上下的交通结构，如门、走廊、楼梯、台阶、坡道等。

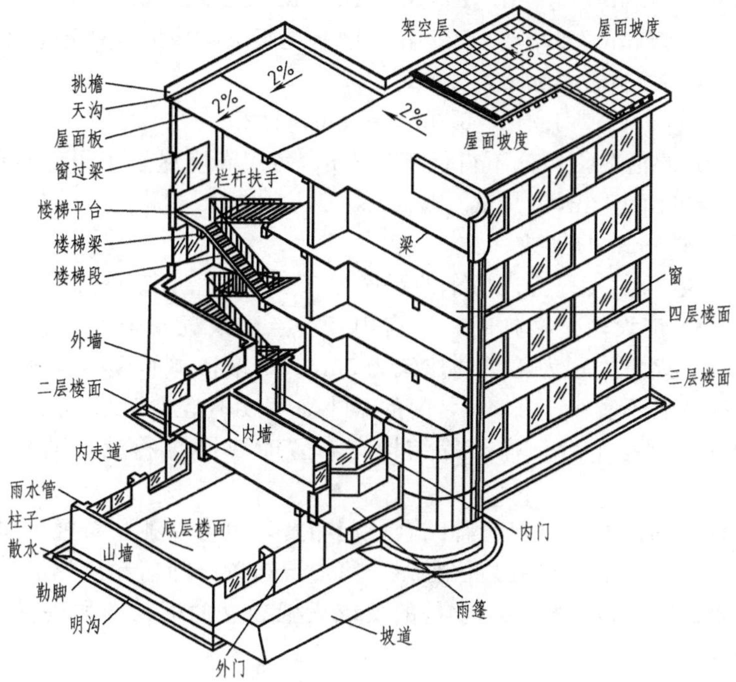

图 4-1　厂房建筑的组成

④ 起保护墙身作用的排水结构，如挑檐、天沟、雨水管、勒脚、散水、明沟等。

⑤ 起通风、采光、隔热作用的窗户、天井、隔热层等。

⑥ 起安全和装饰作用的扶手、栏杆、女儿墙等。

活动二　认识车间建筑的有关标准

为了方便阅读和绘制设备布置图，必须先了解厂房建筑的有关标准，了解厂房建筑的有关标准图样中有关厂房建筑物、构筑物的图示方法等内容，了解《建筑制图标准》和《房屋建筑制图统一标准》的有关规定，掌握房屋建筑图的图示特点以及基本表达方法。

1. 建、构筑物基础知识

安装化工生产装置的厂房建筑物，需充分考虑安全生产的要求，这是与一般民用建筑物不同的地方。如果在生产过程中，涉及闪点小于 28℃的液体，爆炸下限小于 10%的气体，常温下能自行分解或在空气中氧化能导致迅速自燃或爆炸的物质，必须按甲类建筑要求设计；如果涉及闪点为大于等于 28℃、但小于 60℃的液体，爆炸下限大于等于 10%的气体，助燃气体，则应按乙类建筑要求设计。厂房建筑物的耐火极限（以楼板耐火极限为基准）规定如下：一级耐火等级为 1.5h，二级耐火等级为 1h，三级耐火等级为 0.75h，四级耐火等级为 0.5h。甲类单层厂房，耐火等级为一级时，每个防火分区的最大允许建筑面积为 4000m^2，耐火等级为二级时，每个防火分区的最大允许建筑面积为 3000m^2；甲类多层厂房，耐火等级为一级时，每个防火分区的最大允许建筑面积为 3000m^2，耐火等级为二级时，每个防火分区的最大允许建筑面积为 2000m^2。

建筑物的跨度、柱距和层高等均应符合建筑物模数的要求。不论框架结构或混合结构，在一幢厂房中不宜采用多种柱距。柱距要尽可能符合建筑模数的要求，这样可以充分利用建筑结构上的标准预制构件，节约设计和施工力量，加速基建进度。

① 跨度：6.0m，7.5m，9.0m，10.5m，12.0m，15.0m，18.0m。

② 柱距：4.0m，6.0m，9.0m，12.0m。钢筋混凝土结构厂房柱距多用6.0m。

③ 开间：3.0m，3.3m，3.6m，4.0m。

④ 进深：4.2m，4.8m，5.4m，6.0m，6.6m，7.2m。

⑤ 层高：0.3m的倍数，最低不得低于4.5m，每层高度尽量相同，不宜变化过多。

⑥ 走廊宽度：单面1.2m，1.5m；双面2.4m，3.0m。

⑦ 吊车轨顶：600mm的倍数。

⑧ 吊车跨度：电动梁式和桥式吊车的跨度为1.5m。手动吊车的跨度为1m。

⑨ 多层厂房一般应设两个楼梯间，厂房内任一点到最近安全出口的距离：火灾类别为甲类的建筑为25m，火灾类别为乙类的建筑为50m。疏散楼梯的最小净宽度不宜小于1.1m，疏散走道的最小净宽度不宜小于1.4m，门的最小净宽度不宜小于0.9m。

敞开构筑物的框架、平台、梯子等结构在布置时要注意和设备的搭配及操作上的方便性。

（1）框架　设备的框架可以与管廊结合一起布置，也可以独立布置。如果管廊下布置机泵，则管道上方的第一层框架布置高位容器，第二层布置冷却器和换热器，最上一层布置空冷器或冷凝冷却器。也可以根据各类设备的要求设置独立的框架，如塔框架、反应器框架、空冷器和容器框架等。

框架的结构尺寸取决于设备的要求，在管廊附近的框架，其柱距一般应与管廊柱距对齐，柱距常为6m。框架跨度随架空设备要求而不同，框架的高度应满足设备安装检修、工艺操作及管道铺设的要求，框架的层高应按最大设备的要求而定。布置时应尽可能将尺寸相近的设备安排在同一层框架上，以节省建筑费用。

（2）平台　当设备因工艺布置需要支撑在高位时，此时应为操作和检修设置平台。对高位设备，凡需要维修、检查、调节和观察的地点，如人孔、手孔、塔、容器管嘴法兰、调节阀、取样点、流量孔板、液面计、工艺盲板、经常操作的阀门和需要用机械清理的管道转弯处都应设置平台。平台的主要结构尺寸应满足下列要求。

① 平台的宽度一般不应小于0.8m，平台上净空不应小于2.2m。

② 相邻塔器的平台标高应尽量一样，并尽可能布置成联合平台。

③ 人孔、手孔设置的平台与人孔底部的距离宜为0.6～1.2m，不宜大于1.5m。

④ 为设备加料口设置的平台，距加料口顶不宜大于1.0m。

⑤ 直接装设在设备上的平台，不应妨碍设备的检修，否则应做成可拆卸式的平台。

⑥ 平台的防护栏杆高度为1.0m，标高20m以上的平台的防护栏杆高度应为1.2m。

（3）梯子的主要尺寸

① 斜梯的角度一般为45°，由于条件限制也可采用55°，每段斜梯的高度不宜大于5m，超过5m时应设梯间平台，分段设梯子。

② 斜梯的宽度不宜小于0.7m，也不宜大于1.0m。

③ 直梯的宽度宜为0.4～0.6m。

④ 设备上的直梯宜从侧面通向平台，每段直梯的高度不应大于8m，超过8m时必须设梯间平台，分段设梯子，超过2m的直梯应设安全护笼。

⑤ 甲、乙、丙类防火的塔区联合平台及其他工艺设备和大型容器或容器组的平台，均应设置不少于两个通往地面的梯子作为安全出口，各安全出口的距离不得大于25m。但平台长度不大于8m的甲类防火平台和不大于15m的乙、丙类平台，可只设一个梯子。

2. 房屋建筑图的视图

(1) 立面图　立面图是表达建筑物各个方向外形的视图(见图 4-2),其命名的方法如下。

图 4-2　立面图

① 从正面观察房屋所得的视图,称为正立面图(或称南立面图)。

② 从侧面观察房屋所得的视图,称为侧立面图(或称东立面图或西立面图)。

③ 从背面观察房屋所得的视图,称为背立面图(或称北立面图)。

(2) 平面图　假想经过门窗沿水平方向把房屋剖开,移去上部,从上向下投影而得到的全剖视图,称为平面图。其命名方法如下。

① 沿底层切开的,称为底层平面图。

② 沿第二层切开的,称为二层平面图,如图 4-3 所示。

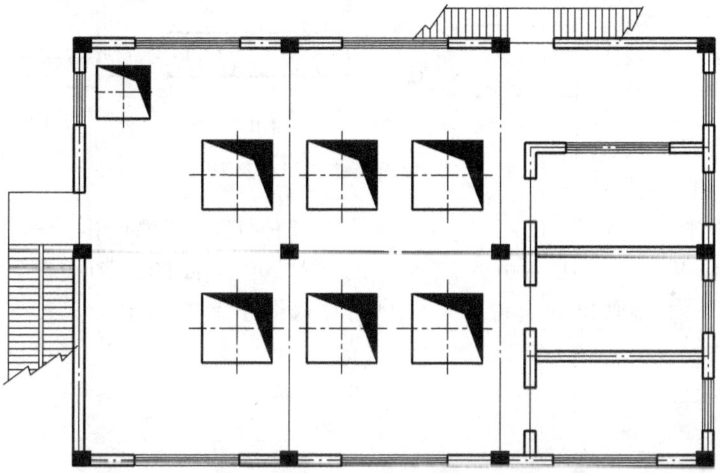

图 4-3　二层平面图

③ 依次类推,分别称三层平面图、四层平面图等。

(3) 剖面图　假想用正平面或侧平面沿垂直方向把房屋剖开(注意剖切平面均应通过门和窗,如剖切平面不能同时剖开外墙上和内墙上的门或窗时,也可将剖切平面转折一次),将处于观察者和剖切平面之间的部分移去,其余部分向投影面投影所得的图形称为剖面图。

建筑图剖面图有横剖面图[图 4-4 (a)]和纵剖面图[图 4-4 (b)]之分。如何进行剖切,可根据绘图需要自行决定。

3. 建筑材料图例

建筑的不同部分采用不同的材料,在建筑图中常采用统一规定的图例来表达,见图 4-5。

4. 房屋建筑图的比例

房屋建筑图一般采用 1∶50、1∶100,大型贮罐或仓库等也采用 1∶200、1∶500,因此

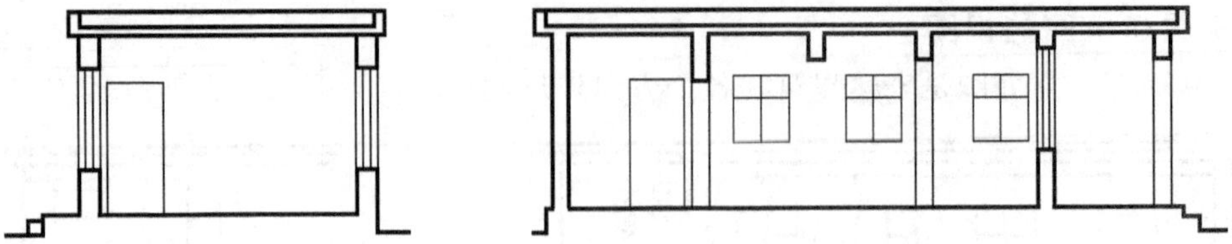

(a) 1—1剖面图　　(b) 2—2剖面图

图 4-4　剖面图

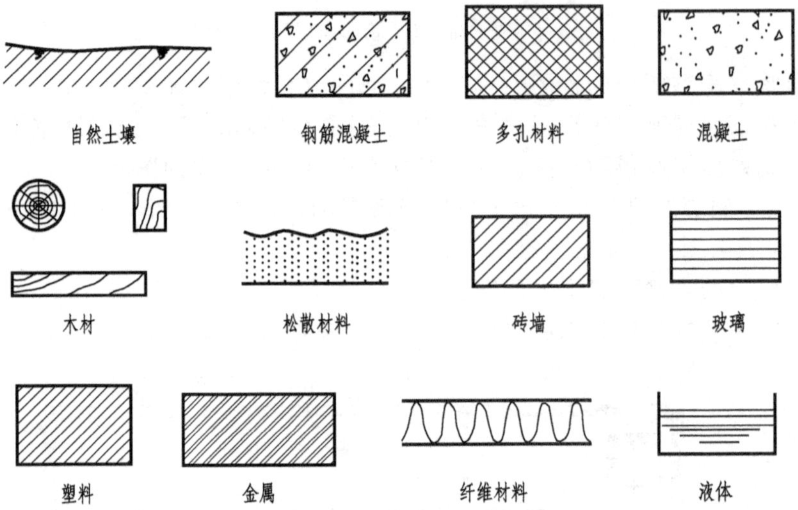

图 4-5　常用的建筑材料图例

在建筑图中，对比例小于或等于 1∶50 的平面图、剖面图、砖墙的剖面符号可不画 45°斜线，而在底图背面涂红表示，对比例小于或等于的 1∶100 平面图、剖面图，钢筋混凝土构件（如柱、梁、板等）不必画出剖面符号，而只需在底图上涂黑表示。

课题二

认识设备布置图

教学目标

通过本课题的学习，学生将了解设备布置图的内容与作用、图线线宽规定、图例及简化画法、常用缩写词等内容，熟悉设备布置图的图示方法、标注方法、典型设备的画法及标注，初步认识设备安装图及管口方位图。

知识目标

能熟悉设备布置图的相关规定、设备布置图的图示方法和标注方法。

技能目标

能在教师引导下，认识设备布置图相应的内容。

活动一　认识设备布置图的作用和内容

1. 设备布置图的作用

设备布置图是在简化了的厂房建筑图上增加了设备布置的内容，用来表示设备与建筑物、设备与设备之间的相对位置，并能直接指导设备的安装。设备布置图是化工设计、施工、设备安装、绘制管道布置图的重要技术文件。

2. 认识设备布置图的内容

为了清楚地表达设备布置的详细情况，设备布置图一般包括以下内容。

(1) 一组视图　视图按正投影法绘制，包括平面图和剖视图，用以表示装置的界区范围、装置界区内建、构筑物的形式和结构、设备在厂房内外的布置情况以及辅助设施在装置界区内的位置。

设备布置图一般以联合布置的装置或独立的主项为单元绘制，只绘制平面图。对于较复杂的装置或贯穿多层建、构筑物的装置，用平面图表达不清楚时，可绘制立面图或剖面图，界区以粗双点画线表示，在界区外侧标注坐标，以界区左下角为基准点。

(2) 尺寸及标注　在视图中标注与设备布置有关的尺寸、建筑定位轴线、设备的位号及名称。

(3) 安装方位标　它是表示设备安装方位基准的图标，用于表示安装方位。

(4) 设备一览表　用表格的形式说明设备的位号、名称、规格及有关参数。

(5) 标题栏　填写图名、图号、比例及设计者签名。

图 4-6 表示了某装置设备布置图。

活动二　认识设备布置图的一般规定

1. 图线宽度的规定

图线宽度见表 4-1。

表 4-1　设备布置图图线宽度规定

粗实线 0.9～1.2mm	中粗实线 0.5～0.7mm	细实线 0.15～0.3mm	备　注
设备轮廓	设备支架、设备基础	其他	动设备(机泵等)如只绘出设备基础图线，宽度用 0.9mm

2. 常用设备布置图图例及画法

常用设备布置图图例及画法见附录二。

3. 设备布置图常用的缩写词

设备布置图常用的缩写词见附录三。

活动三　认识设备布置图图示方法

1. 设备布置图的分区

对于联合布置的装置（或小装置）或独立的主项，若管道平面布置图按所选定的比例不

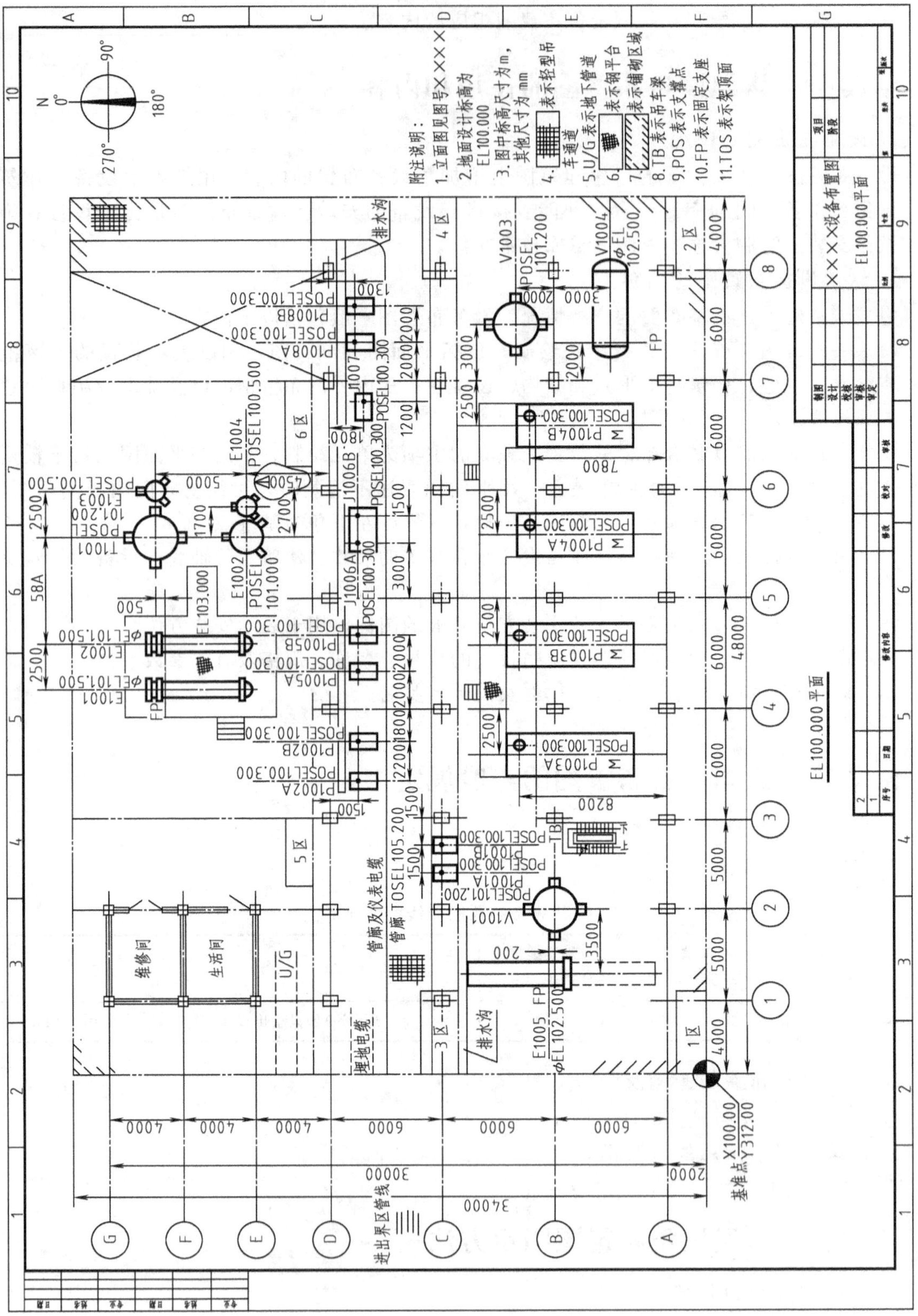
附注说明：
1.立面图见图号××××
2.地面设计标高为EL100.000
3.图中标高尺寸为m，其他尺寸为mm
4. 表示轻型吊车通道
5.U/G表示地下管道
6. 表示钢平台
7. 表示铺砌区域
8.TB表示吊车梁
9.POS表示支撑点
10.FP表示固定支座
11.TOS表示架顶面
×××设备布置图
EL100.000平面
维修间
生活间
排水沟
管廊及仪表电缆
埋地电缆
进出界区管线
基准点 X100.00 Y312.00
EL100.000平面

图 4-6 设备布置图

能在一张图纸上绘制完成时，需将装置进行分区。为了了解分区情况，方便查找，应编制分区索引图，分区索引图可利用设备布置图复制成底图后再进行分区。

（1）分区的原则　以小区为基本单位，将装置划分为若干小区。小区范围的确定，以使该小区的管道平面布置图在一张图纸上绘制完成为原则。小区数不得超过 9 个。若超过 9 个应采用大区和小区结合的分区方法，即先分为若干大区，其大区数不得超过 9 个，再将每一大区划分为若干小区，小区数也不得超过 9 个。

（2）分区索引图　分区索引图可利用设备布置图适当缩小后进行分区。无大区只分小区的分区索引图，分区线用粗双点画线（线宽 0.9～1.2mm）表示。大区与小区结合的分区索引图，大区用粗双点画线表示，小区分区线以中粗（0.5～0.7mm）双点画线表示。

图样以界区线的左下角为坐标原点画一符号（直径为 10mm 的细实线圆）表示基准点，如图 4-7 所示。

（3）分区编号

① 无大区只有小区的分区，采用一位数编号即可，如 1 区、2 区、3 区…。

② 大区和小区相结合的方式分区，大区采用一位数编号，如 1 区、2 区、3 区…；小区采用两位数编号，其中第一位是大区号，第二位是该大区内的小区号，如 11 区、12 区、13 区…，31 区、32 区、33 区…等，33 区表示第 3 大区中的第 3 小区。

③ 分区编号应写在分区界限的右下角 16mm×6mm 的矩形框内，字高为 4mm。

2. 设备布置图的比例与图幅

（1）比例　常用 1∶100，也可用 1∶200 或 1∶50，根据装置的设备布置疏密情况而定。

（2）图幅　一般采用 A1 图幅，不加长不加宽。特殊情况也可采用其他图幅。

图纸内框的长边和短边的外侧，以 3mm 长的粗线划分等分，在长边等分的中点自标题栏侧起依次写 A、B、C、D、…，在短边等分的中点自标题栏侧起依次写 1、2、3、4、…。A1 图幅长边分 8 等分，短边分 6 等分，A2 图幅长边分 6 等分，短边分 4 等分，如图 4-8 所示。

3. 设备布置图图面安排及视图要求

图面安排及视图要求如下。

① 设备布置图一般只绘平面图。对于较复杂的装置或有多层建、构筑物的装置，当平面图表示不清楚时，可绘制剖视图。

② 一般情况下，每一层只画一张平面图，当有局部操作台时，在该平面图上可以只画操作台下的设备，局部操作台及其上面的设备另画局部平面图。如不影响图面清晰，也可用一个平面图表示，操作台下的设备画虚线。

③ 多层建筑物或构筑物，应依次分层绘制各层的设备布置平面图。如在同一张图纸上绘几层平面时，应从最底层平面开始，在图中由下至上或由左至右按层次顺序排列，并在图形下方注明“EL×××.×××平面”等。

④ 一台设备贯穿多层建、构筑物时，在每层平面上均需画出设备的平面位置，并标注设备位号。各层平面图是以上一层的楼板底面水平剖切所得的俯视图。

⑤ 设备布置图一般以联合布置的装置或独立的主项为单元绘制，界区以粗双点画线表示，在界区外侧标注坐标，以界区左下角为基准点（以确定本装置与其他装置的相对位置，基准点的画法见附录二设备布置图图例及简化画法），基准点坐标为 N、E（或 N、W），如图 4-9 所示，同时注出其相当于在总图上的坐标 x、y 数值。

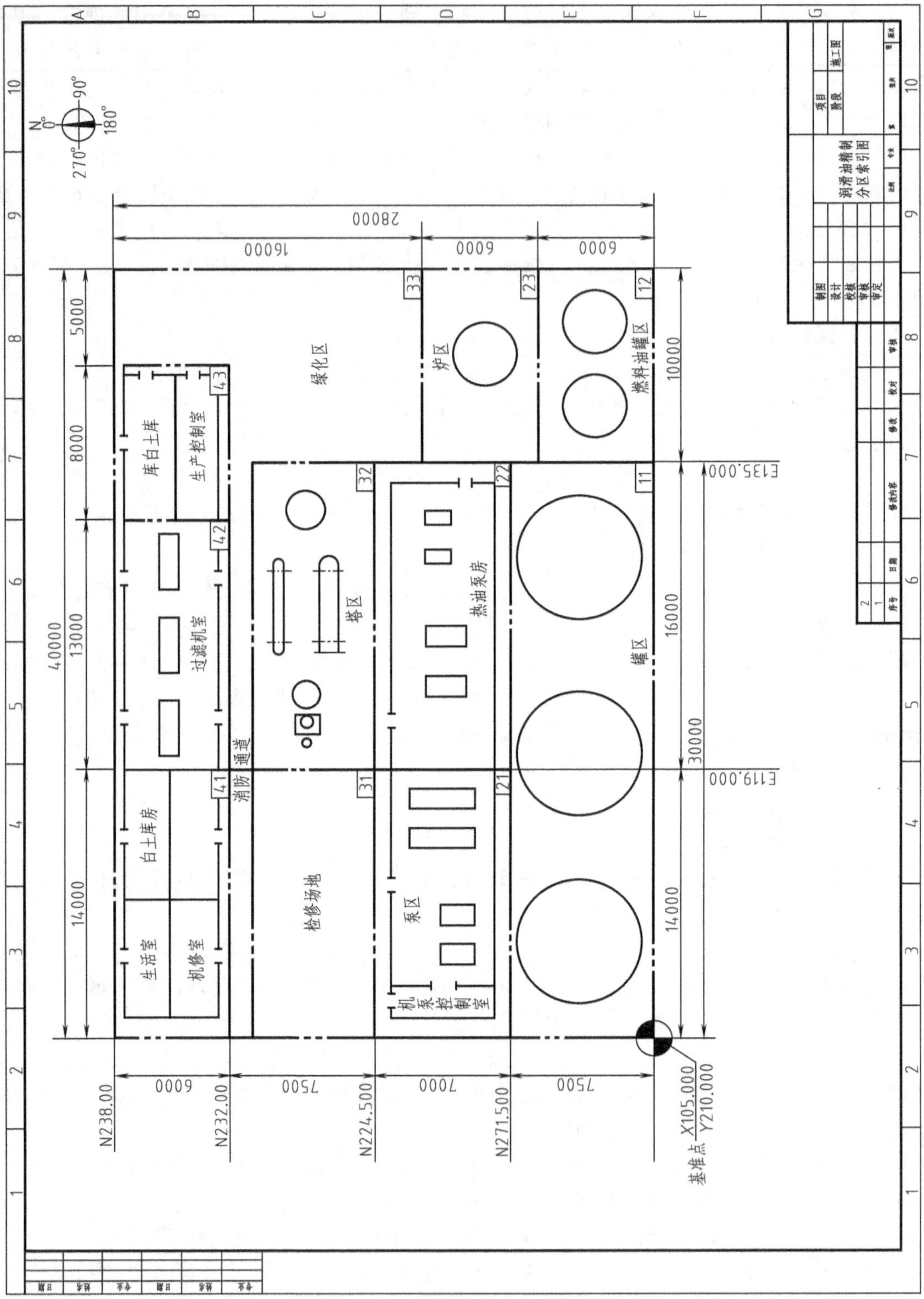

图 4-7 某车间分区索引图

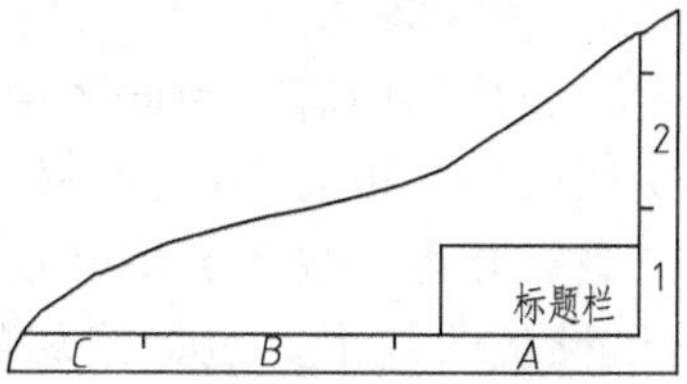

图 4-8 图幅的规定

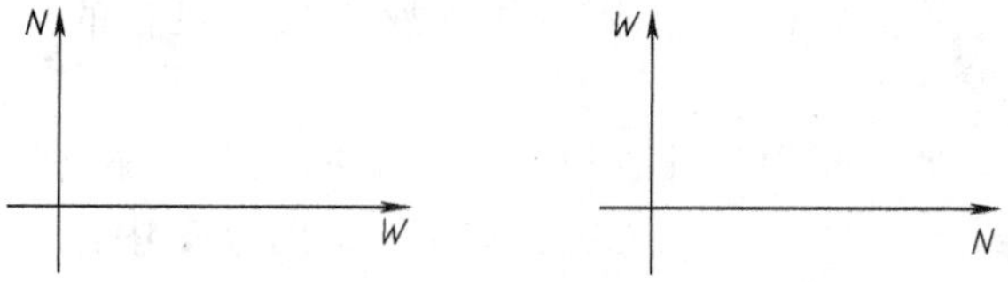

图 4-9 基准点坐标

⑥ 对于设备较多、分区较多的主项，此主项的设备布置图，应在标题栏的正上方列一设备表，便于识图，如图 4-10 所示。

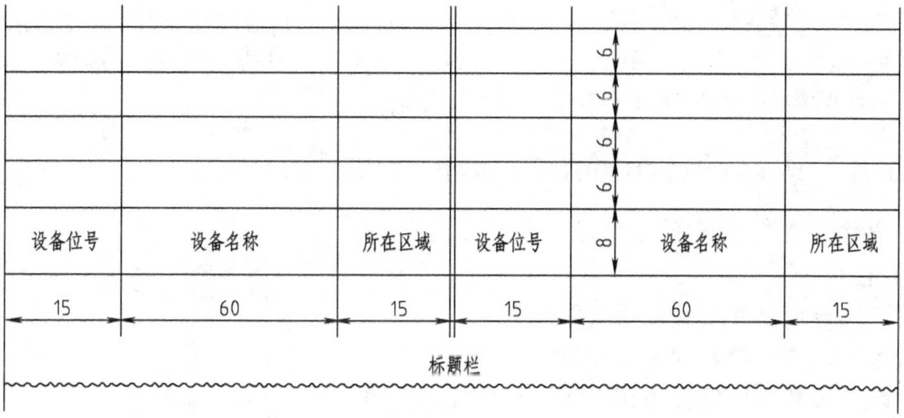

图 4-10 设备表的格式

4. 设备布置图视图的表达方法

设备布置图采用正投影法绘制。设备布置图中视图的表达内容主要是两部分：一是建筑物及其构件；二是设备，下面分别讨论。

（1）建筑物及其构件　如图 4-6 设备布置图所示，厂房建筑物及其构件的画法为：用细实线、细点画线表示，按建筑图纸所示，并采用规定的比例和图例（见附录二），画出厂房建筑的平面图或剖视图。画图时要注意以下几点。

① 用细点画线画出承重墙、柱等结构的建筑定位轴线，其他用细实线画出。

② 设备布置图图例及简化画法是根据《建筑制图》标准的有关规定并结合化工特点简化而成，所以与设备布置有关的建筑物及其构件，如门、窗、墙、柱、楼梯、楼板和梁、操作及检修平台、栏杆、管廊、安装孔洞、地坑、地沟、管沟、散水坡、吊轨及吊车等，均应按附录二所示简化画出。

③ 与设备安装定位关系不大的门、窗等构件，一般只在平面图上画出它们的位置及门的开启方向等，在剖视图上则不予表示。

④ 设备布置图中，对于生活室和专业用房间如配电室、控制室、维修间等均应画出，

以文字标注房间名称。

(2) 设备　设备布置是图中主要表达的内容，因此图中的设备及其附件（设备的金属支架、电机传动装置等）都应以粗实线画出。被遮盖的设备轮廓一般不画，如必须表示，则用粗虚线画出。设备的中心线用细点画线画出。设备轮廓在设备布置图中的画法如下。

① 非定型设备可适当简化画出设备的外形，包括附属的操作台、梯子和支架（注出支架代号）。如图 4-6 中立式贮罐 V1001、V1002、V1003（有设备支架）所示。对于卧式设备不仅要简化画出设备的外形，还应画出其特征管口或标注固定侧支座。如图 4-6 中卧式贮罐 V1004，不仅画出外形，而且用 FP 标注固定侧支座位置。设备的外形轮廓大小和形状应根据设备总装图的有关数据画出。

② 动设备只画基础，并表示出特征管口和驱动机的位置，驱动机的画法采用附录二的简化画法。如图 4-6 中泵 P1001、1002 和 P1005～1008，压缩机 C1003～1004 所示。

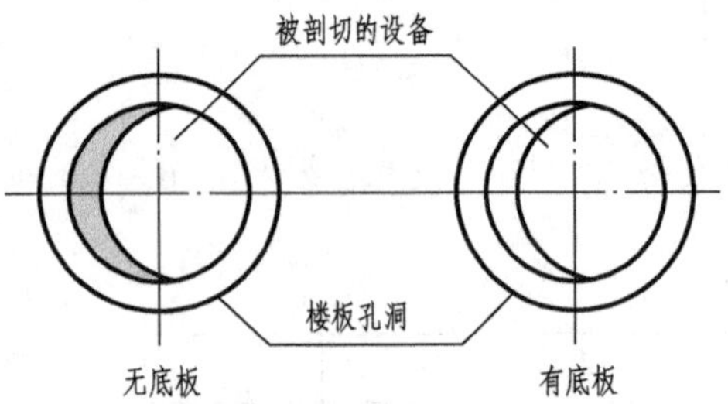

图 4-11　穿过楼层设备剖视的表示形式

③ 位于室外而又与厂房不连接的设备及其支架等，一般只在底层平面图上予以表示。穿过楼层的设备、每层平面图上均需画出设备的平面位置，并可按图 4-11 所示的剖视形式表示。

④ 用虚线表示预留的检修场所，如图 4-6 中 E1005 所示。

活动四　认识设备布置图的标注

1. 厂房建、构筑物的尺寸标注

(1) 标注内容

① 墙、柱定位轴线的编号及间距尺寸。

② 厂房建筑物的总长度与宽度尺寸。

③ 为设备安装预留的孔、洞、沟、坑的定位尺寸。

④ 地面、楼板、平台、屋面的主要高度，以及其他与设备安装定位有关的建筑物、构筑物的高度尺寸。

(2) 标注方法

① 建筑图的定位轴线标注。把房屋的柱或承重墙的中心线用细点画线引出，在端点画一小圆圈，并按序编号，称为定位轴线，它可用来确定房屋主要承重构件的位置、房屋的柱距与跨度。在设备或管道布置图中则可用来确定设备与管道的位置。定位轴线的编号方法如下。

(a) 纵向定位轴线，水平方向自左至右采用阿拉伯数字 1、2、3 等进行编号。

(b) 横向定位轴线，垂直方向自下而上采用大写字母 A、B、C 等进行编号。

(c) 定位轴线编号中采用的小圆直径为 8mm，用细实线画出，如图 4-12 所示。

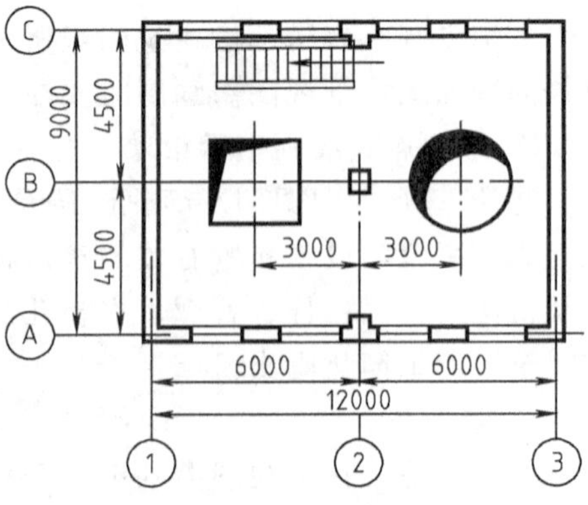

图 4-12　建筑平面图的定位轴线

② 厂房建、构筑物的尺寸标注与建筑制图的要求相同，应以相应的定位轴线为基准，平面尺寸以毫米为单位，高度尺寸以米为单位，图中不必注明。

③ 一般采用建筑物的定位轴线和设备中心线的延长线作为尺寸界线。

④ 尺寸线的起止点不采用箭头而采用45°的倾斜短线表示，在尺寸链最外侧的尺寸线需延长至相应尺寸界线外3～5mm，如图4-13所示。

⑤ 尺寸数字一般应尽量标注在尺寸线上方的中间位置，当尺寸界线之间的距离较窄，无法在相应位置注写数字时，可将数字标注在相应尺寸界线的外侧，尺寸线的下方或采用引出方式标注在附近适当位置，如图4-13所示。

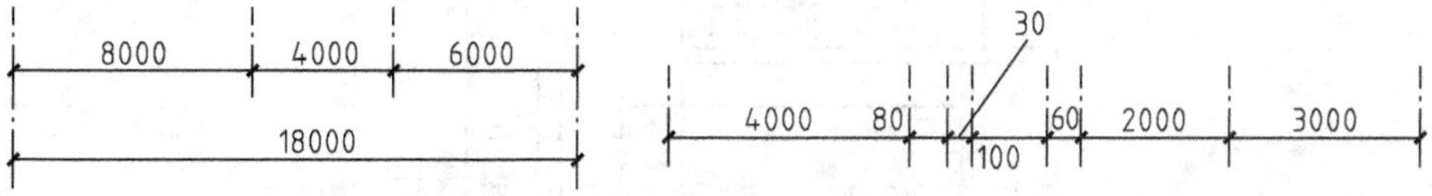

图4-13 建筑立面图的尺寸标注

⑥ 标高符号一般以细实线绘制，标高符号的尖端应指向被注高度的位置，尖端一般向下，也可向上。室外的地坪标高符号，宜采用涂黑的三角形表示，如图4-14（a）所示形式。对标注部位较窄的地方，也可采用如图4-14（b）所示的形式。在图样的同一位置需表达几个不同标高数字时，标高可采用如图4-14（c）所示的形式表达。

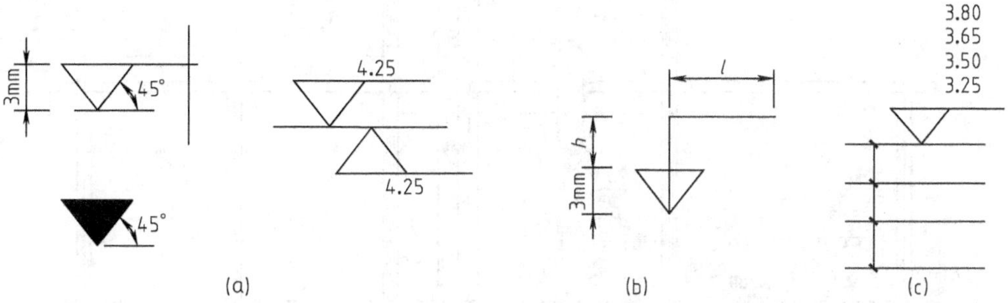

图4-14 标高的标注

⑦ 标高数字应以米为单位，注写到小数点后面第二位。零点标高应注写成±0.00，正数标高不注“+”，负数标高需注“－”，如图4-15中的“10.00”、“0.15”、“0.50”和“－0.30”等。

⑧ 相互有关的尺寸与标高，宜尽可能不注在同一水平线和垂直线上。

2. 设备的尺寸标注

（1）标注内容

① 设备的主要外形尺寸，如直径、总长与总高。

② 设备中心轴线所在的平面与立面位置，以及支撑点的标高位置。

③ 主要外接管口的坐标位置。

（2）标注方法

① 设备布置图一般不标注设备的定形尺寸，只标注设备之间或设备与厂房建筑物之间的安装定位尺寸。

② 平面布置图的尺寸标注。在设备平面布置图上的定位尺寸应以设备和建筑物的定位轴线为基准进行标注（也可采用坐标系标注定位尺寸）。设备的定位尺寸一般选择离设备最近的建筑物定位轴线作为定位基准线。当某一设备已选择建筑物定位轴线作为基准标注定位尺寸后，其他邻近的设备则可依次以该设备已定位的中心轴线为基准来标注定位尺寸。如图

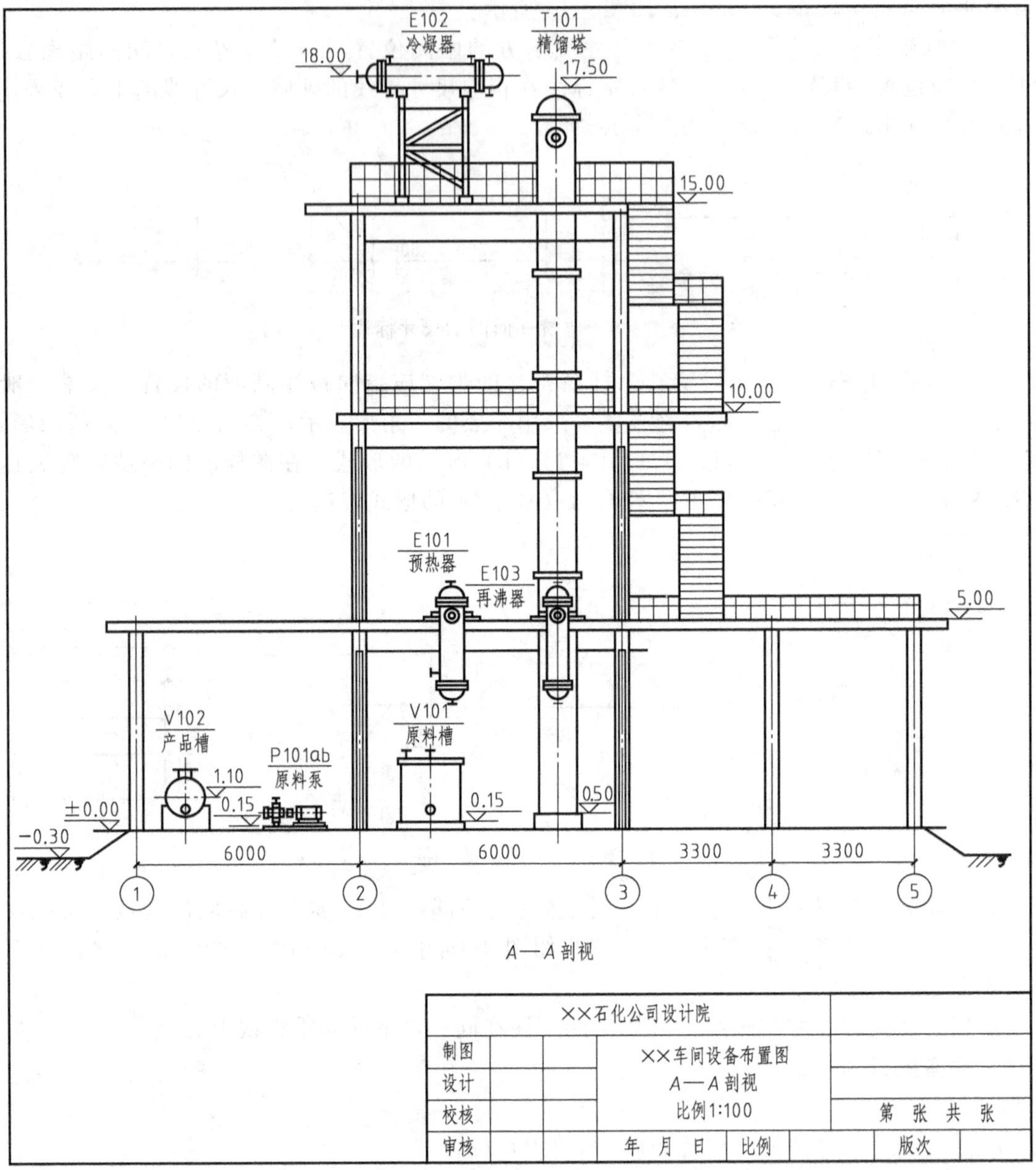

图 4-15 车间设备布置立面图

4-16“±0.00”平面图中的原料槽（V101）和再沸器（E103），就是以精馏塔（T101）的中心线为基准来标注定位尺寸的。设备自身的定位基准线选择原则如下。

(a) 卧式设备以设备中心线、轴线和管口（如人孔、管程接管口）中心线为尺寸基准，如图 4-17 所示，板式换热器以中心线和某一出口法兰端面为尺寸基准。

(b) 离心泵、离心式压缩机、鼓风机、蒸汽透平以中心线和出口管中心线为尺寸基准，往复泵、活塞式压缩机以缸中心线和曲轴（或电动机轴）中心线为尺寸基准，如图 4-18 所示。

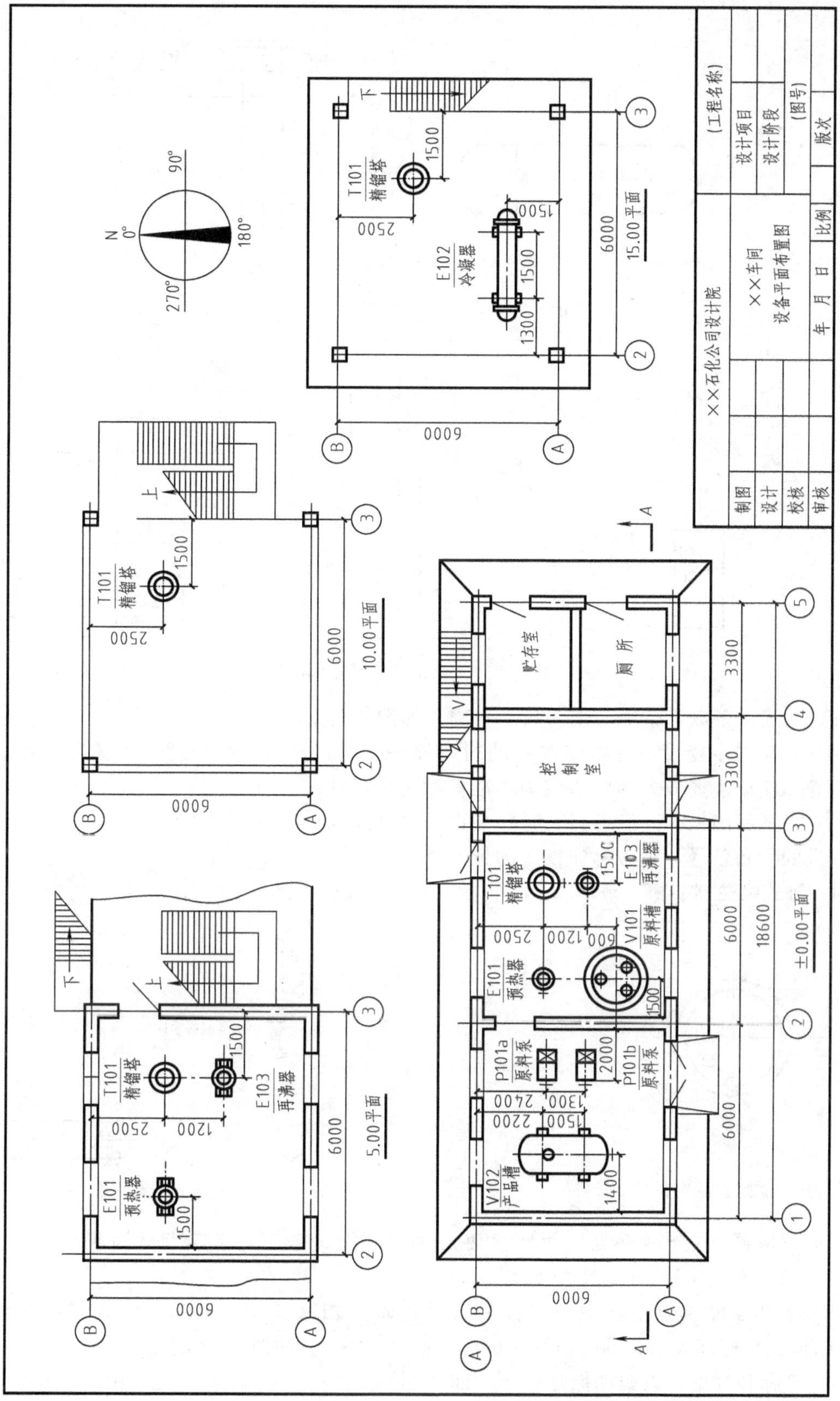

图 4-16 某车间平面布置图

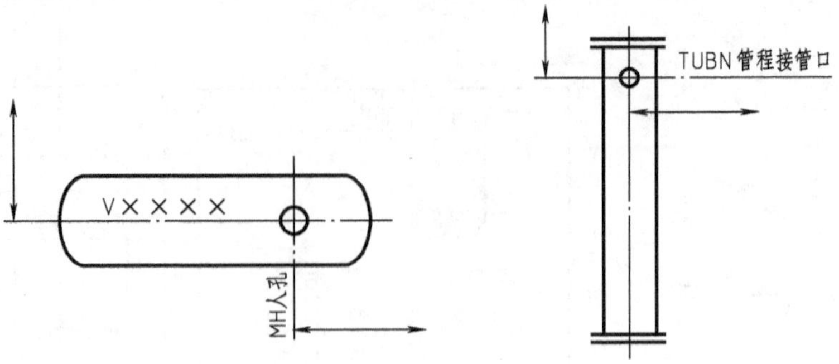

图 4-17 卧式设备定位尺寸标注

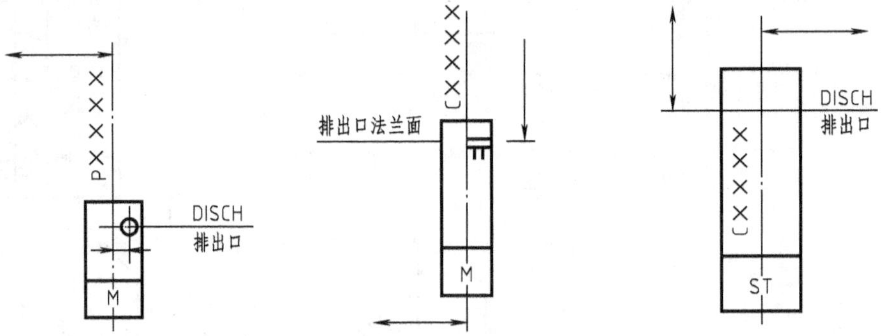

图 4-18 动设备定位尺寸标注

(c) 立式设备以设备中心线为尺寸基准，如图 4-19 所示。

(d) 直接与主要设备有密切关系的附属设备（如再沸器、喷射器、回流冷凝器、旋风分离器等）应以主要设备的中心线为基准标注定位尺寸。

(e) 在平面图上标注设备标高时，在设备中心线或沿中心线引出的细实线上方标注与流程图一致的设备位号，下方标注设备的标高。

(f) 卧式换热器、槽、罐，以中心线标高表示，如图 4-20 所示，即“¢EL××××××”。

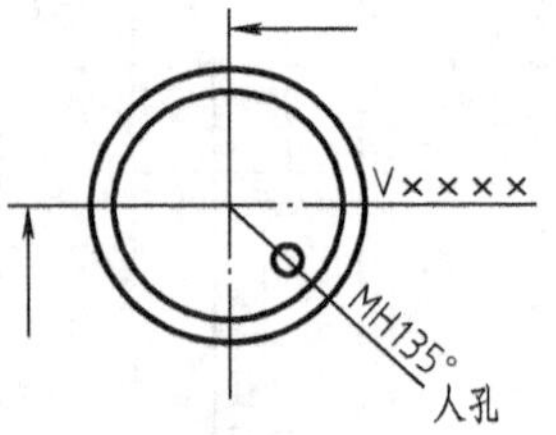

图 4-19 立式设备定位尺寸标注

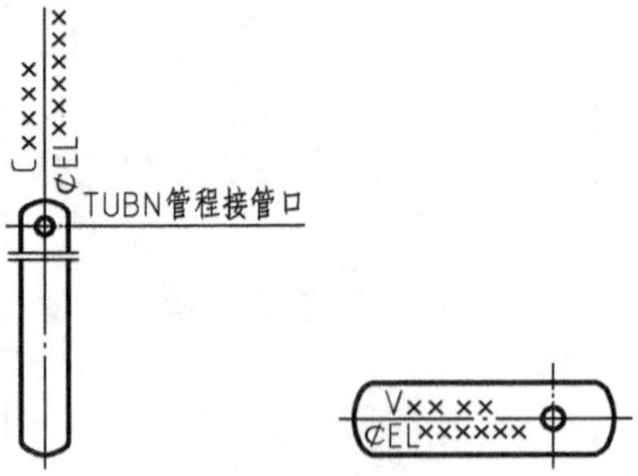

图 4-20 卧式设备标高

(g) 反应器、立式换热器、板式换热器和立式槽、罐，以支撑点标高表示，即“POS EL×××.×××”，如图 4-21 所示。

(h) 泵和压缩机以主轴中心线标高表示，即“¢EL×××.×××”；或以底盘底面（即基础顶面）标高表示，即“POS EL×××.×××”。如图 4-22 所示。

(i) 管廊和管架，以架顶标高表示，即“TOS EL×××.×××”，如图 4-23 所示。

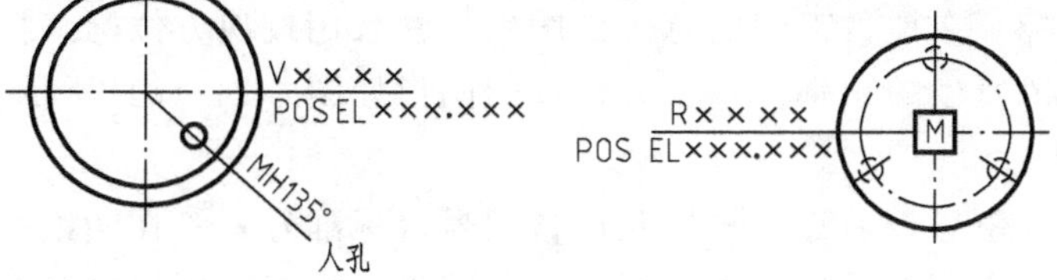

图 4-21　以支撑点进行标高

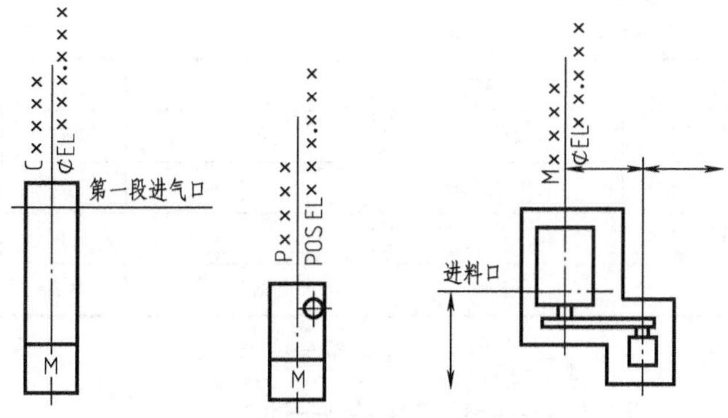

图 4-22　泵和压缩机的标高

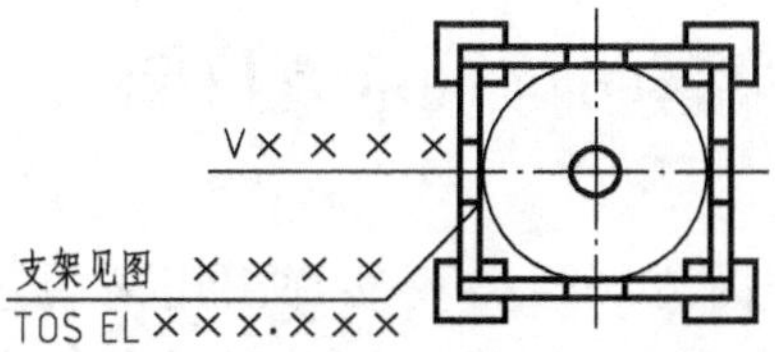

图 4-23　管廊和支架的标高

3. 设备布置图安装方位标及图上的附注

在平面布置图的右上角用于表示出设备安装方位基准的符号，称为方位标。通常采用的方位标有以下三种形式，如图 4-24 所示。该方位一经确定，凡必须表示方位的图样（如管口方位图、管口图等）均应统一。

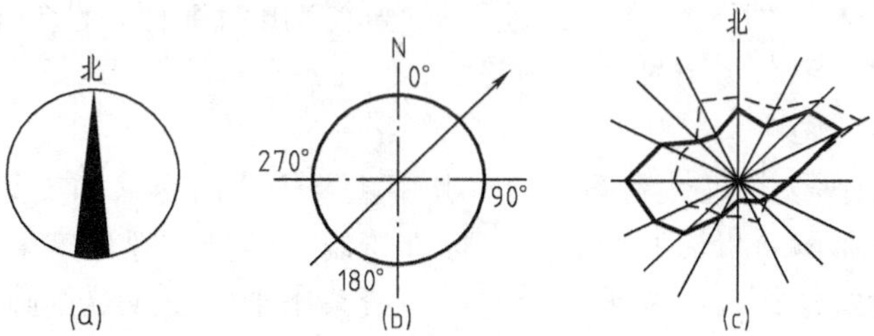

图 4-24　建筑图中的方位标

(1) 指北针　图形如图 4-24 (a) 所示，圆圈为细实线，直径约为 20mm，在圈内绘制指北针，其下端的宽度为直径的 1/8 左右。

(2) 方位标　图形如图 4-24 (b) 所示，圆为粗实线，直径为 14mm，通过圆心绘制长度为 20mm 且互相垂直的两条直线，用“北”字（或字母 N）标明真实的地理北向，并从北向开始顺时针方向分别标注 0°、90°、180°和 270°等。同时，可另用一条带箭头的直线，指明建筑物的朝向。

(3) 玫瑰方位标　在项目工程的总平面图中，常采用玫瑰方位标来标明该项目工程所在地域每年各方向的风发生的频率。玫瑰方位标的图形如图 4-24 (c) 所示。

4. 设备一览表

设备图可将设备位号、名称、规格及设备图号（标准号）等在图纸的标题栏上方列表注明。也可不在图上列表而在设计文件中附设备一览表，将车间所属设备分类编制表格，如非定型设备表、泵类设备表、压缩机、鼓风机类设备表、机电设备表等，以便订货、施工之用。如图 4-25 所示。

4	G203	刮板输送机	MC	1		
3	G202	刮板输送机	MC	1		
2	G201	刮板输送机	MS	1		
1	C201	立筒仓		1		
序号	代号	名称	规格型号	数量	重量	备注

图 4-25　设备一览表

活动五　认识典型设备的画法及标注

常用典型设备在布置图上的画法及标注如图 4-26 所示。

活动六　认识设备安装图及管口方位图

1. 设备安装图

(1) 设备安装图的作用和内容　设备安装详图用来表达安装、固定设备的非定型支架、支座、操作平台及附属的栈桥、钢梯、传动等设备。在设备布置设计中需要单独绘制图样，以作为制造与安装的依据。图 4-27 为冷却塔挡架安装图，从图中可以看出它有如下内容。

① 一组视图。表示挡架各组成部分的结构形状、装配关系、挡架与设备的连接情况等。

② 尺寸标注。标明挡架各组成部分的定形、定位尺寸，与设备安装定位有关的尺寸。

③ 说明或附注。用于编写技术要求或施工要求以及采用的标准、规范。

④ 明细栏和标题栏。对各组成部分进行编号并列出明细栏，注写有关名称、规格、数量等。在标题栏中注写图名、图号、比例等。

(2) 设备安装图的画法

① 设备安装图的画法与机械制图相近，其中主要表达内容（如支架、支座、操作平台）的具体画法按《技术制图与机械制图》国家标准绘制。螺栓、螺母等采用简化画法。图中的设备和有关的厂房建筑结构属次要表达内容，一般采用细实线或双点画线绘制其有关部分的轮廓。

② 图纸幅面一般采用 A3 图幅，比例一般为 1∶20 或 1∶10。

2. 管口方位图

(1) 管口方位图的作用与内容　管口方位图是制造设备时确定各管口方位、支座及地脚螺栓等相对位置的图样，也是安装设备时确定安装方位的依据。图 4-28 是一设备的管口方位图，从图中可看出管口方位图应包括以下内容。

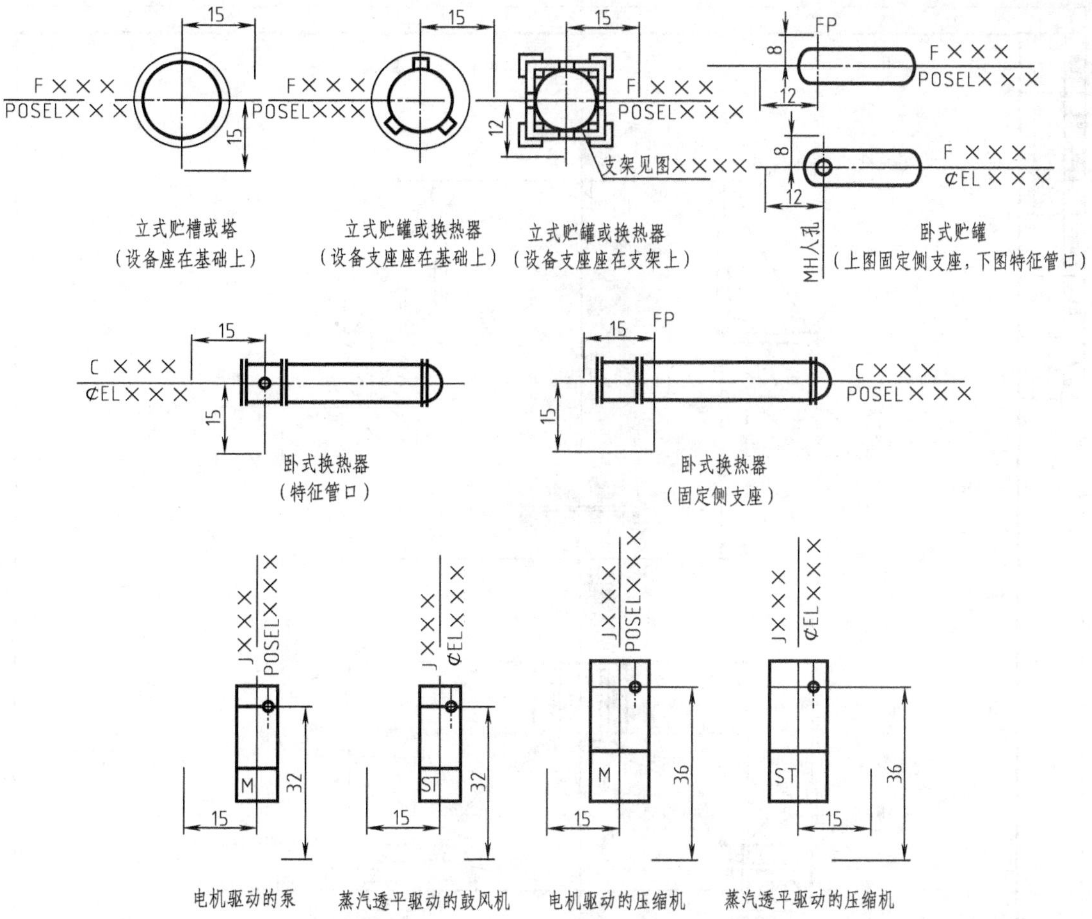

图 4-26　常用典型设备的画法及标注

① 视图。表示设备上各管口的方位情况。

② 尺寸及标注。标明各管口以及管口的方位情况。

③ 方位标。

④ 管口符号及管口表。

⑤ 必要的说明。

⑥ 标题栏。

(2) 管口方位图的画法

① 视图。管口方位图只简化画出一个能反映设备管口方位的视图（立式设备采用俯视图，卧式设备采用左视图或右视图）。每个非定型设备一般绘制一张管口方位图。对于多层设备且管口较多时，则应分层画出管口方位图。用细点画线和粗实线画出设备中心线及设备轮廓外形；用粗实线画出各管口、罐耳（吊柱）、支腿（或支耳）、设备铭牌、塔裙座底部加强筋及裙座上人孔、地脚螺栓孔的位置。

② 尺寸及标注。在图上按顺时针方位标出各管口及有关零部件的安装方位角；各管口用小写英文字母加方框（5mm×5mm）按顺序编写管口符号。

③ 方位标。图纸右上角绘制一个方位标，画法同前。

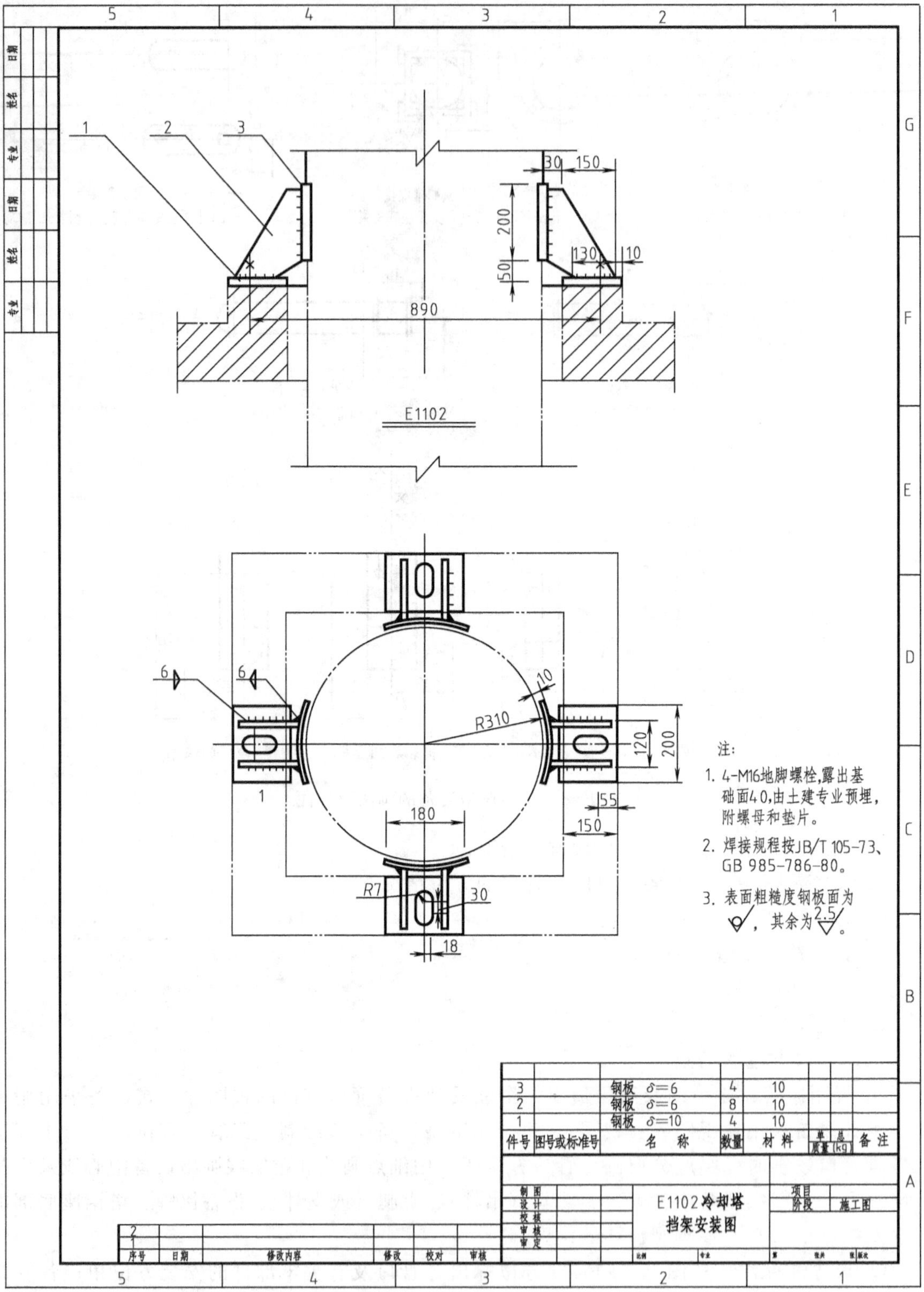
E1102
890
30 150
200
50
130 10
R310
10
120
200
55
150
180
R7
30
18
6
1
2
3
注:
1. 4-M16地脚螺栓,露出基础面40,由土建专业预埋,附螺母和垫片。
2. 焊接规程按JB/T 105-73、GB 985-786-80。
3. 表面粗糙度钢板面为 ，其余为2.5。
3 钢板 δ=6 4 10
2 钢板 δ=6 8 10
1 钢板 δ=10 4 10
件号 图号或标准号 名 称 数量 材 料 单 质量 总 (kg) 备 注
E1102冷却塔
挡架安装图
项目
阶段 施工图
序号 日期 修改内容 修改 校对 审核

图 4-27 设备安装图

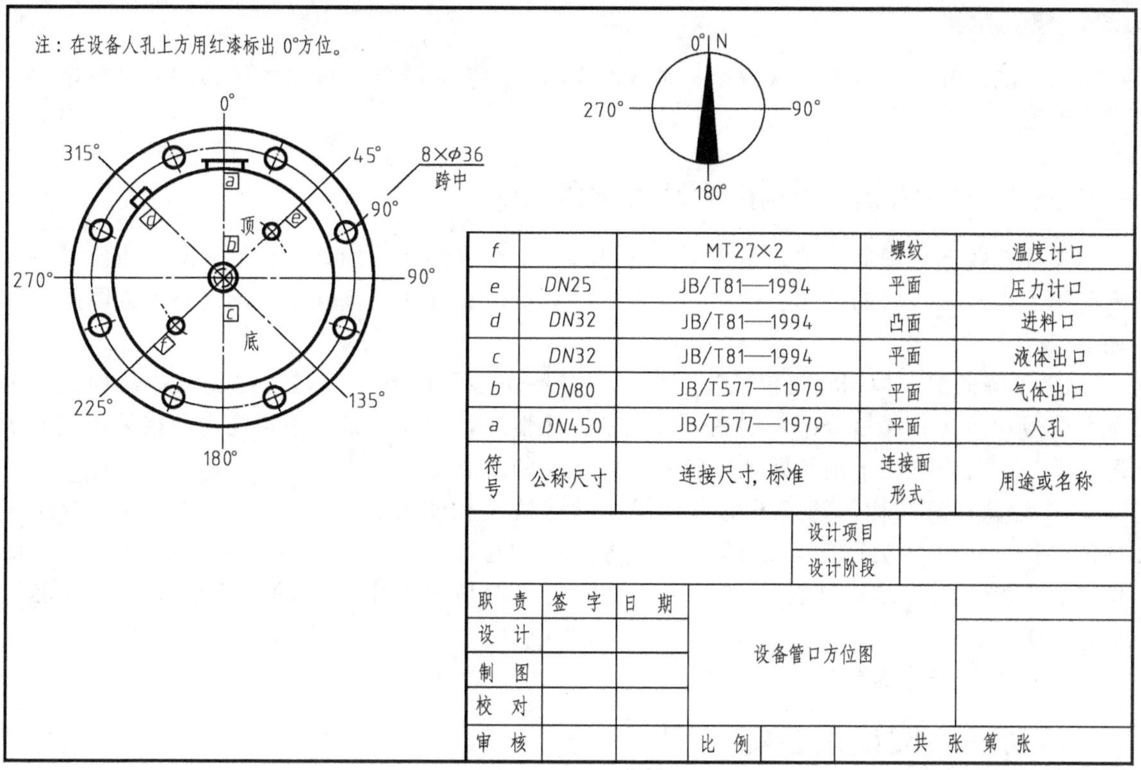

符号	公称尺寸	连接尺寸，标准	连接面形式	用途或名称
f		MT27×2	螺纹	温度计口
e	DN25	JB/T81—1994	平面	压力计口
d	DN32	JB/T81—1994	凸面	进料口
c	DN32	JB/T81—1994	平面	液体出口
b	DN80	JB/T577—1979	平面	气体出口
a	DN450	JB/T577—1979	平面	人孔

图 4-28 管口方位图

④ 管口符号及管口表。在标题栏上方列出与设备图一致的管口表，以注写各管口的编号、公称直径、公称压力、连接标准、连接面形式及管口用途等内容。在管口表右上侧注出设备装配图图号。

⑤ 必要的说明。在管口方位图上应加两点必要说明：

（a）应在裙座和器身上用油漆标明 0°的位置，以便现场安装识别方位用；

（b）铭牌支架的高度应能使铭牌露在保温层之外。

课题二

设备布置图的阅读与绘制

教学目标

通过本课题的学习，学生将学会设备布置图的阅读及绘制方法，能根据教师提供的图纸，阅读图纸上相关内容，并能根据要求绘制设备布置图。

知识目标

能掌握设备布置图中相关内容。

技能目标

能在教师引导下，认识设备布置图中相应内容，并能按要求抄绘和阅读设备布置图。

活动一 认识设备布置图阅读的步骤

阅读设备布置图的目的，是为了了解设备在工段（装置）的具体布置情况，指导设备的安装施工以及开工后的操作、维修或改造，并为管道布置建立基础。阅读设备布置图的步骤如下。

① 了解概况。根据管道仪表流程图、设备一览表了解基本工艺过程及设备的种类、名称、位号和数量；通过分区索引图了解设备分区情况，以及设备占用建筑物和相关建筑的情况；通过设备布置图上的标题栏了解每张图表达的重点。

② 看懂建筑结构。阅读设备布置图中的建筑结构主要是以平面图、剖视图分析建筑物的层次，了解各层厂房建筑的标高，每层中的楼板、墙、柱、梁、楼梯、门、窗及操作平台、坑、沟等结构情况，以及它们之间的相对位置。由厂房的定位轴线间距可得厂房大小。

③ 掌握设备布置情况。

活动二 阅读设备布置图

阅读天然气脱硫系统设备布置图，见图4-29。

1. 了解概况

通过项目三阅读天然气脱硫系统工艺流程图，了解基本工艺过程及设备的种类、名称、位号和数量。由图4-29标题栏可知，设备布置图有两个视图，一个为“EL100.000平面图”，另一个为“*A*—*A*剖视图”。图中共绘制了八台设备，分别布置在厂房内外，泵区在室内，塔区在室外。

2. 看懂建筑基本结构

天然气脱硫系统的泵区是一个单层建筑物，西面有一个门供操作工人内外活动，南面有两个窗供采光。厂房建筑的定位轴线编号分别为1、2和A、B，横向定位轴线间距为9.0m，纵向定位轴线间距为4.8m，室内外地面标高EL100.000m，房顶标高EL104.200m。

3. 掌握设备布置情况

图中右上角的安装方位标（设计北向标志），指明了有关厂房和设备的安装方位基准。

(1) 罗茨鼓风机（C0701A、B） 罗茨鼓风机的标高为POS EL100.300m，横向定位尺寸2.00m（以1轴为基准线，该设备的中心线为基准），竖向定位尺寸2.2m（以A轴为基准线，该设备进出口中心线为基准），相同设备中心线间距为2.3m。

罗茨鼓风机靠南墙部分是安装区，北面作为操作空间。

(2) 氨水泵（P0702） 氨水泵的标高为POS EL100.250m，横向定位尺寸1.2m（以2轴为基准线，该设备的中心线为基准），竖向定位尺寸1.7m（以A轴为基准线，该泵出口中心线为基准），相同设备中心线间距为1.3m。

氨水泵靠南墙部分是驱动电机，北面作为操作空间。

(3) 脱硫塔（T0701） 其横向定位尺寸2.0m、纵向定位尺寸1.2m（以2、A轴为基准

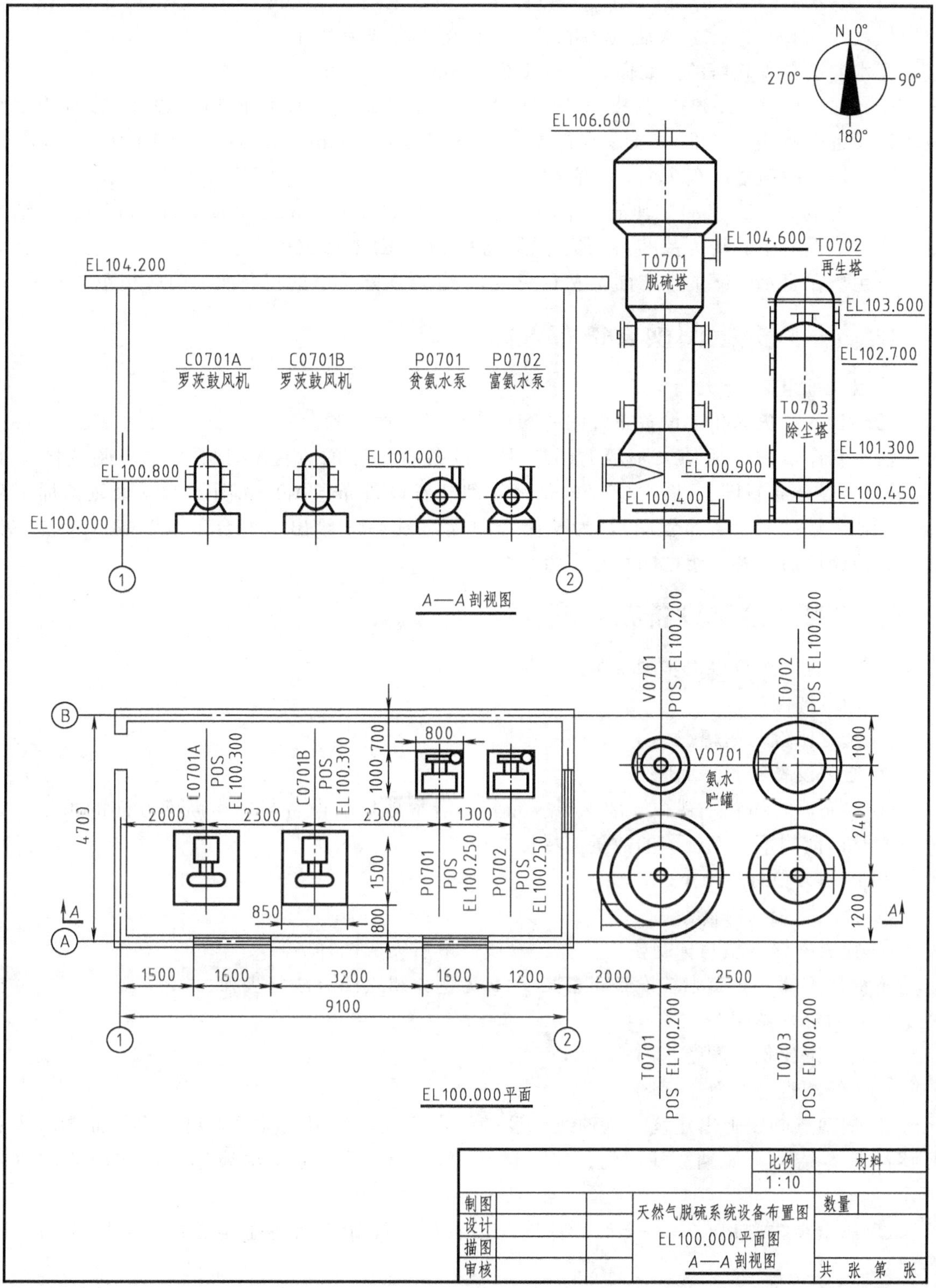

图 4-29 天然气脱硫系统设备布置图

线，该设备中心线为基准），支承点标高是 POS EL100.200m，塔顶标高是 EL104.000m。

(4) 氨水贮罐（V0701） 其支承点标高是 POS EL100.200m，横向定位尺寸 2.0m、纵向定位尺寸 3.6m（以 2、A 轴为基准线，该设备中心线为基准）。

氨水贮罐在脱硫塔的正北面，前后相距 2.5m。

(5) 除尘塔（T0702） 其横向定位尺寸 4.5m、纵向定位尺寸 1.2m（以 2、A 轴为基准线，该设备中心线为基准），支承点标高是 POS EL100.200m，塔顶标高是 EL102.800m。

除尘塔在脱硫塔的正东面，左右相距 2.5m。

(6) 再生塔（T0703） 其横向定位尺寸为 4.5m、纵向定位尺寸为 3.7m（以 2、A 轴为基准线，该设备中心线为基准），支承点标高是 POS EL100.200m。

再生塔在氨水贮罐的正东面，左右相距 2.5m，在除尘塔的正北面，前后相距 2.5m。

活动三 分组阅读设备布置图

分组：每组 2～4 人。

活动目的：巩固化工设备布置图的阅读方法及阅读步骤。

活动程序：按照活动二所示的阅读化工设备布置图的方法和步骤，分组阅读图 4-30（配酸岗位设备布置图）、图 4-31（软化水处理装置设备布置图）和图 4-32（聚氯乙烯工程聚合工段贮罐区域设备布置图），为了便于阅读，图 4-33 给出了聚合工段贮罐区设备一览表，完成阅读后，各小组之间相互交流。

活动四 绘制设备布置图

设备布置图可按以下步骤绘制。

① 确定视图配置。

② 选定比例与图幅。

③ 绘制设备布置平面图。

④ 绘制设备布置剖视图。剖视图应完整、清楚地反映设备与厂房高度方向的关系，在充分表达的前提下，剖视图的数量应尽可能少。

⑤ 绘制方位标。

⑥ 标注图上的附注。

⑦ 完成图样。填写标题栏，检查、校核，最后完成图样。

下面以天然气脱硫系统设备布置图 4-29 为例介绍绘图方法与步骤。

(1) 确定视图配置

(2) 选定比例与图幅

(3) 绘制设备布置平面图

① 用细点画线画出建筑定位轴线、设备的定位线，再用细实线画出厂房平面图，表示厂房的基本结构，如墙、柱、门、窗、楼梯等，标注厂房定位轴线编号。如图 4-34 (a) 所示。

② 用粗实线画出设备、支架、基础及设备所带操作平台等基本轮廓。如图 4-34 (b) 所示。

③ 标注各类文字符号，包括厂房定位轴线间的尺寸和厂房总尺寸、设备的定位尺寸、设备位号（应与工艺流程图中一致）和标高、视图名称、其他。如图 4-34 (c) 所示。

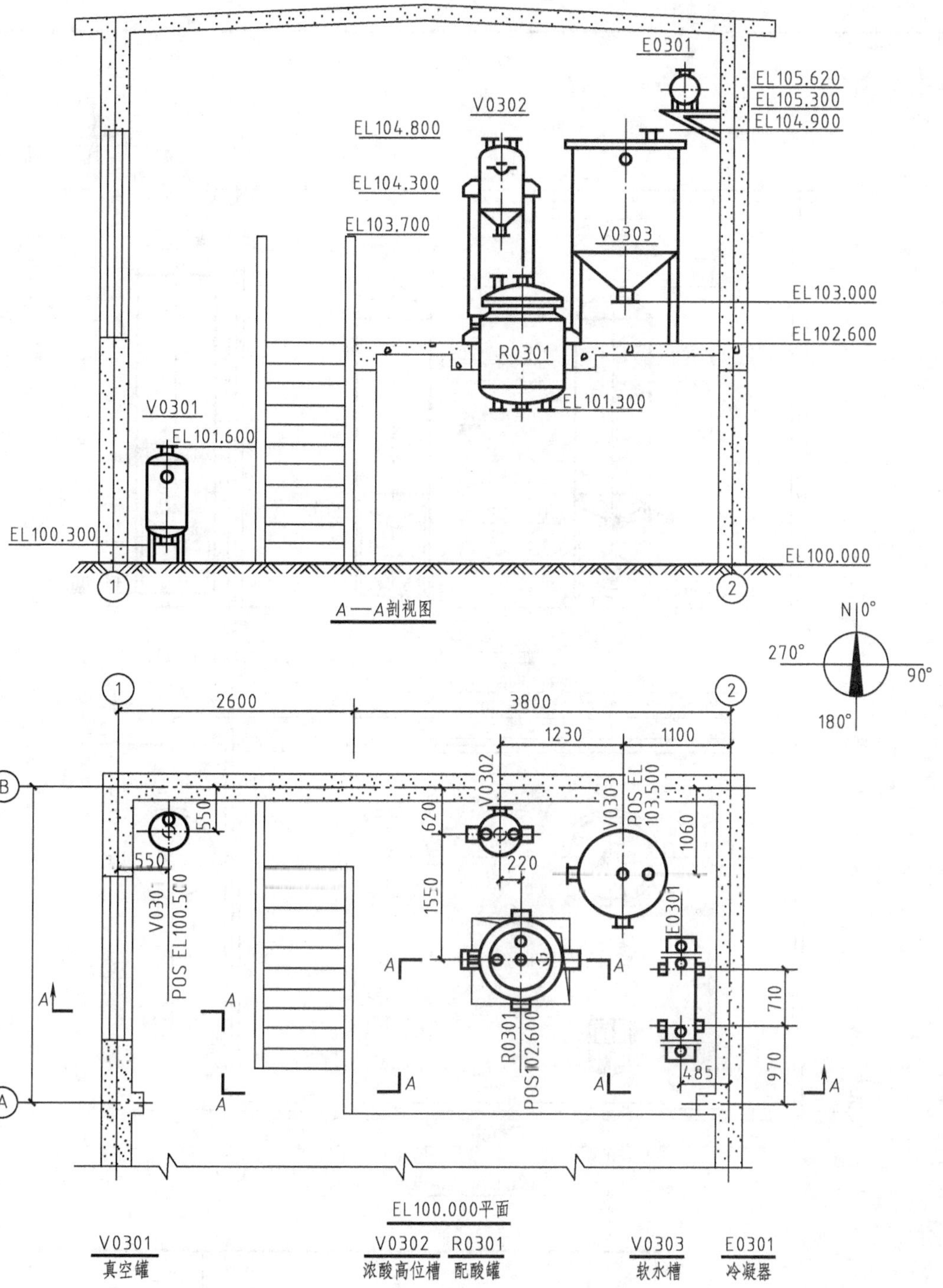

配酸岗位 设备布置图		比例		P-3-02
		件数		
制图			设计阶段	施工图

图 4-30　配酸岗位设备布置图

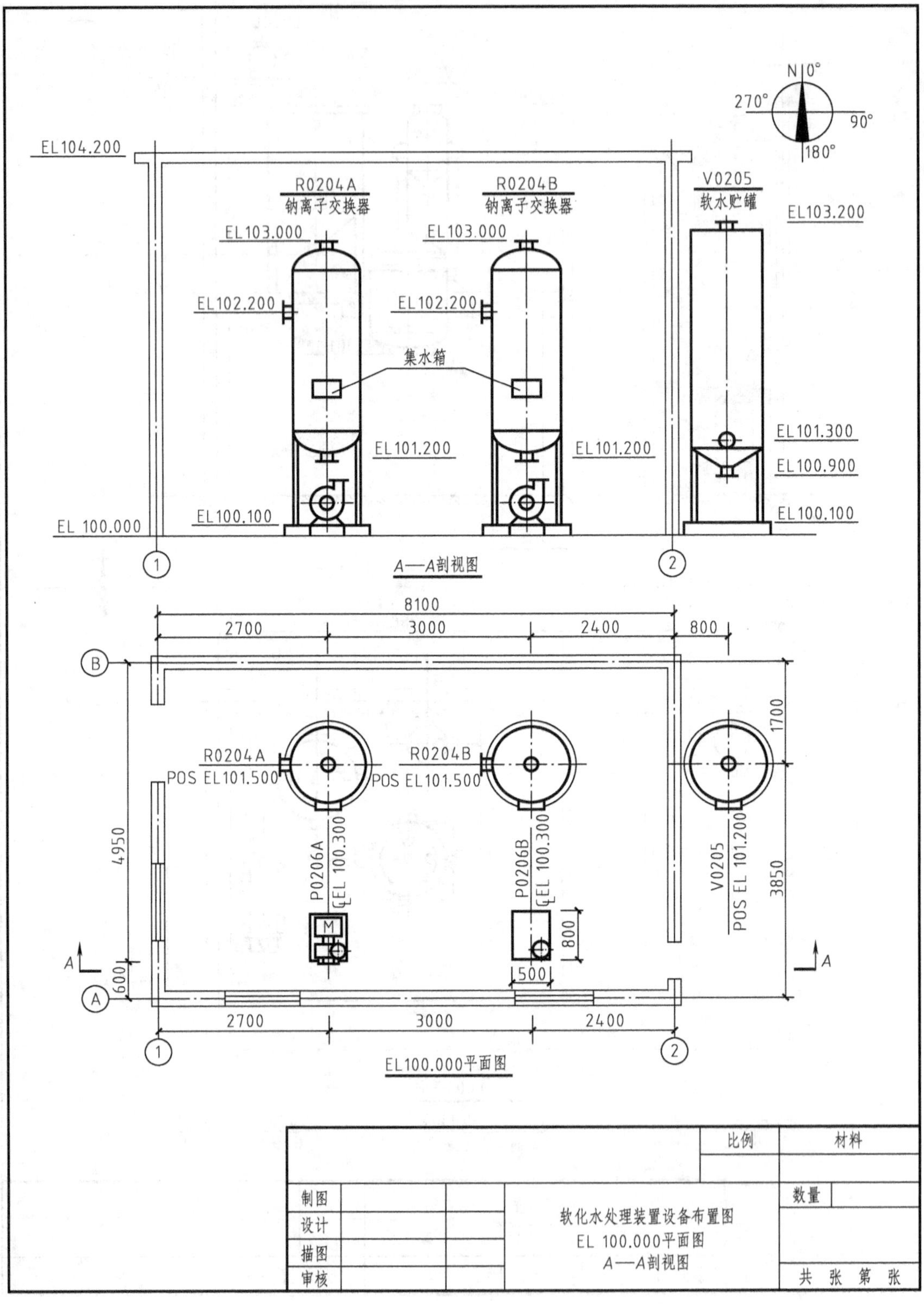

图 4-31 软化水处理装置设备布置图

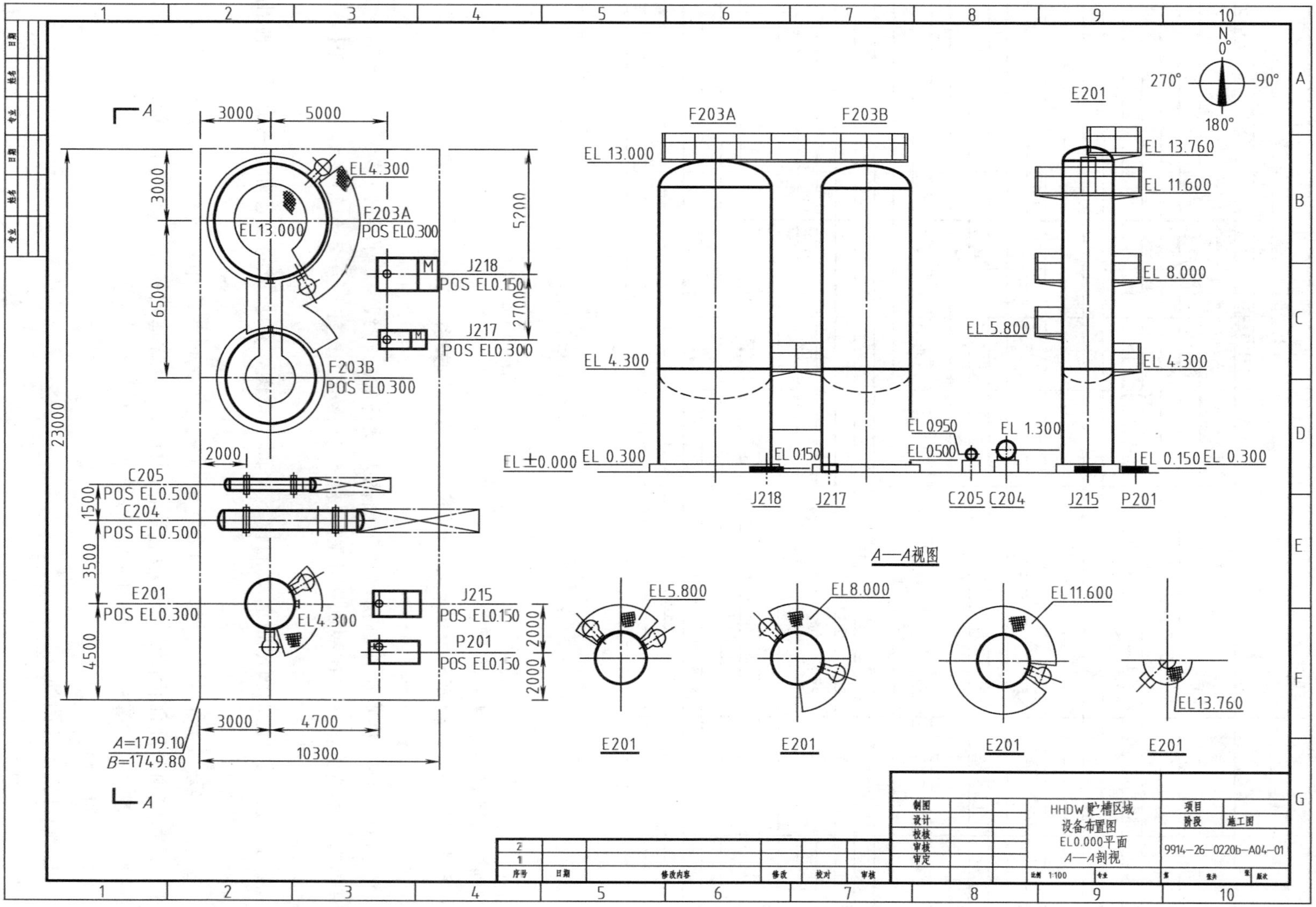

图 4-32　聚氯乙烯工程聚合工段贮罐区域设备布置图

	工程名称		编制		项目	
	设 备 一 览 表		校核		图号	
			审核		阶段	施工图
			审定		第 张共 张	版次 0

序号	位号	名称	规格	图号或标准号	材料	数量	重量 单	重量 总	备注
1	E201	脱氧塔	立式，圆筒 外型尺寸ϕ2100×13420TL 容积：V=165m^3		304SS	1	22500	22500	
2	P201	水喷射真空泵机组	真空度：23mmHg(A)，最大排气量110m^3/h 其中：离心泵型号：3BL-9 N=7.5kW 喷射泵型号：ZSB 水箱尺寸：1400×915×1300	ZSWJ-110	CS	1	759	759	
3	J215	脱盐水进料泵	型式：离心式 流量：130m^3/h 扬程：75m		304SS	1	850	850	
4	C204	HDEW加热器	列管式 外形尺寸：ϕ750×6300TL 换热面积：120m^2		304SS,CS	1	4500	4500	
5	C205	HDEW加热器	列管式 外形尺寸：ϕ400×3956TL 换热面积：18m^2		304SS,CS	1	1050	1050	
6	F203A	HDEW贮槽	立式，圆筒 外形尺寸：ϕ4800×12820TL 容积：V=165m^3		304SS	1	31000	31000	
7	F203B	HDEW缓冲槽	立式，圆筒 外形尺寸：ϕ3800×12570TL 容积：V=99m^3		304SS	1	31000	31000	
8	J217	HDEW循环泵	型式：离心式 流量：80m^3/h 扬程：30m		304SS	1	280	280	
9	J218	HDEW加料泵	型式：离心式 流量：276m^3/h 扬程：150m		304SS	1	950	950	

图 4-33 聚氯乙烯工程聚合工段贮罐区域设备一览表

（4）绘制设备布置剖视图

剖视图应完整、清楚地反映设备与厂房高度方向的关系，在充分表达的前提下，剖视图的数量应尽可能少。

① 用细实线、细点画线画出厂房剖面图及设备的定位线。与设备安装定位关系不大的门窗等构件和墙体材料，在剖面图上则一概不予表示。标注厂房定位轴线编号。如图 4-35（a）所示。

② 用粗实线按比例画出带管口的设备立面示意图，被遮挡的设备轮廓一般不予画出。如图 4-35（b）所示。

③ 标注各类文字符号，包括：设备位号（应与工艺流程图中一致）、厂房定位轴线间的尺寸、厂房室内外地面标高、操作检修平台的标高、设备基础标高。必要时，标注主要管口中心线、设备最高点等标高。如图 4-35（c）所示。

（5）绘制方位标

（6）绘制图上的附注

（7）完成图样。

填写标题栏，检查、校核，最后完成图样。

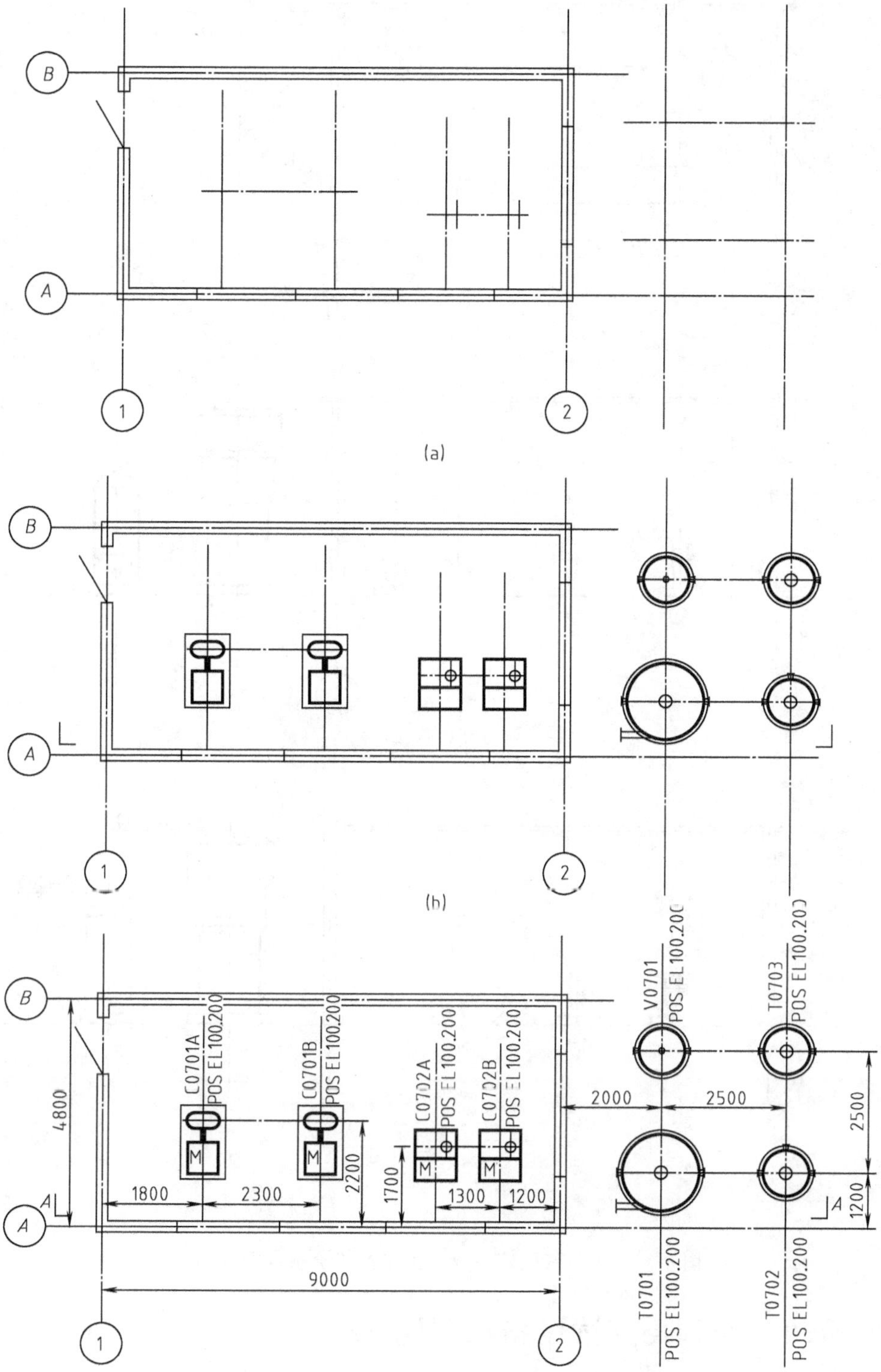

图 4-34　天然气脱硫系统设备布置图绘制步骤（一）

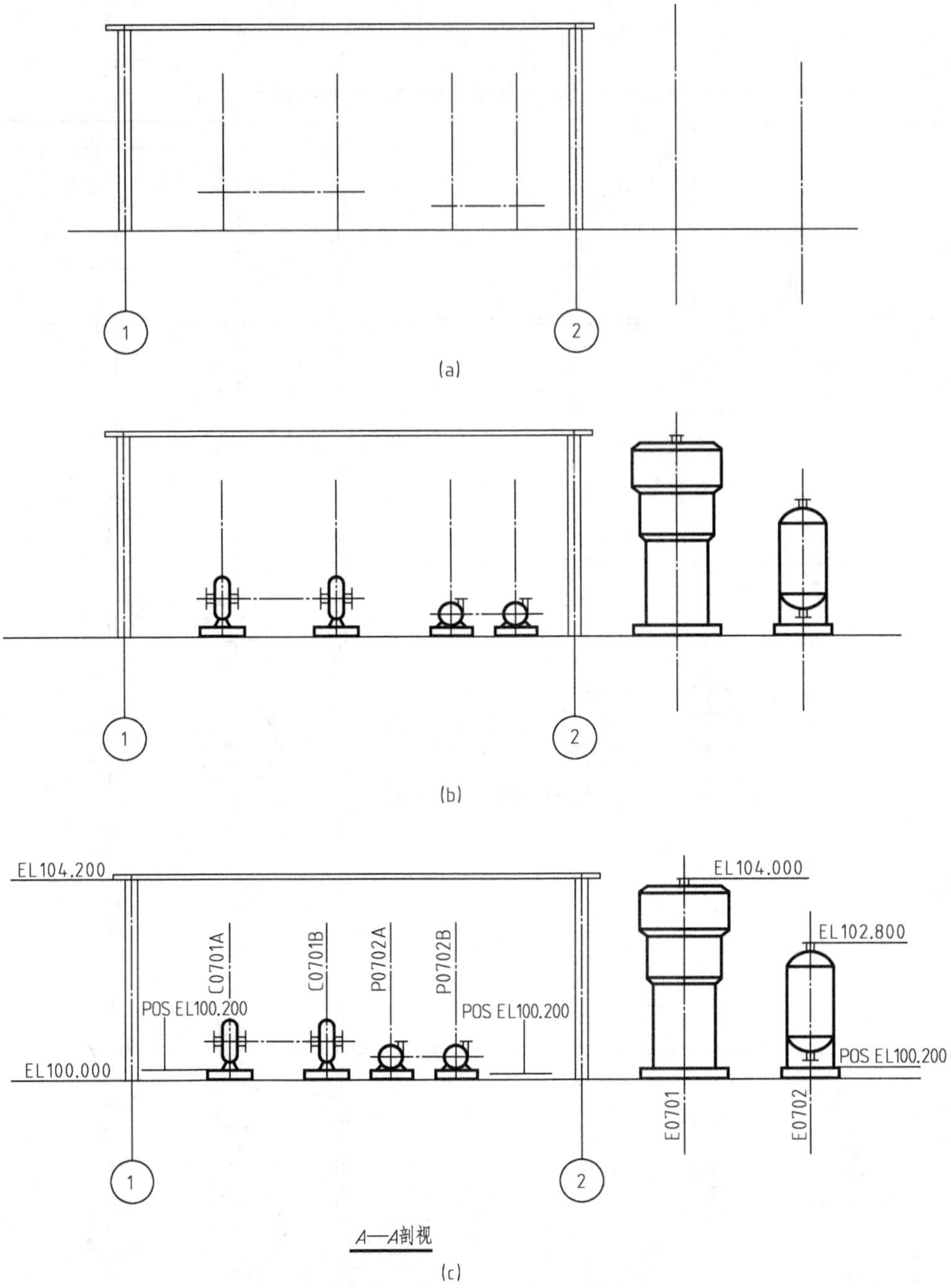

图 4-35 天然气脱硫系统设备布置图绘制步骤（二）

课外活动 绘制及阅读设备布置图

活动方式：通过网络、图书馆等查找相关化工设备布置图，参照活动一所提供的步骤及活动二给出的实例，完成化工设备布置图的阅读，并根据活动四所提供的步骤，抄绘该设备布置图。

项目五

管道布置图

管道布置设计是在施工图设计阶段进行的，其最终文件就是管道布置图。管道布置图通常以化工工艺设计人员为主完成，是化工工艺、化工设备、仪表控制及自动化、土建等各专业工程技术人员集体劳动成果的综合反映，也是化工装置现场安装施工的重要依据和化工工艺技术人员掌握现场设备和管道配置情况的主要文件。

课题一

管道布置图的内容与作用

教学目标

通过本课题的学习，学生将了解管道布置图的内容，初步懂得管道布置图在化工工艺设计、操作及管理中的作用。

知识目标

了解化工管路布置图的内容和作用。

技能目标

了解管道布置图的基本内容。

管道布置图也称为配管图，属于化工工艺设计施工图中的一部分，是化工工艺设计人员在设计过程中已完成全部化工工艺过程物料衡算和能量衡算、设备计算及选型，并已完成了管道仪表流程图、设备图、设备布置图绘制的基础上进行的。因此，在阅读管道流程图时，往往需要配合管道仪表流程图、化工设备图、设备布置图的阅读；在绘制管道布置图的过程中应注意保持整套图纸的一贯性，要以工艺管道仪表流程图、设备图和设备布置图为依据，按照管道设计规范和要求，遵循国家和行业标准所规定的表达方式进行绘制。

活动一　管道布置图的内容

图 5-1 为某工序的管道布置图，从图中可以看出，管道布置图的主要视图（即平面布置图）的基本结构与设备布置图基本相同。实际上，管道布置图就是在设备布置图的基础上绘制的。一套完整的管道布置图，包括以下内容。

① 一组视图。按照正投影原理绘制的一组平面和立面剖视图等，以表达出整个车间（装置）的管道、管件、仪表控制点的布置、安装情况以及相关建筑物和设备的基本结构。

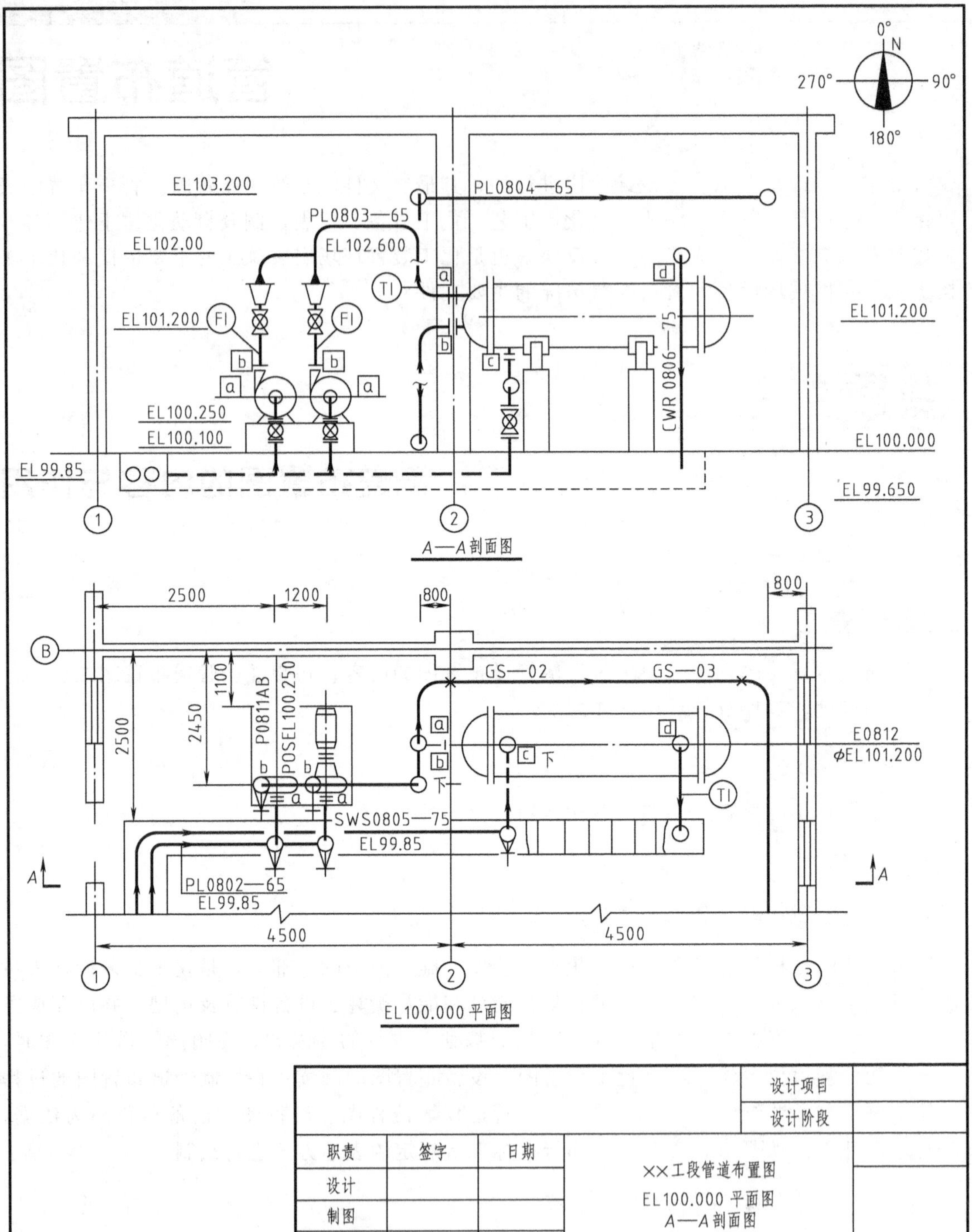

图 5-1 管道布置图

② 尺寸和标注。图中标注出管道、管件、阀门、仪表控制点等的平面尺寸和标高，同时，还表达出了相关建筑轴线编号、设备位号、管段序号及有关控制点代号等相关信息。

③ 分区索引图。也称为分区简图。对于规模较大或者较复杂的系统装置，仅采用单张图纸绘制难以完整表达界区内所有装置的内容，此时，可以将界区进行分区布置设计，将其绘制于多张图纸上。为全面了解界区内分区情况，方便查找阅图，应绘制出分区索引图以表达车间（装置）界区范围内的分区情况。

④ 方位标。与设备布置图相同，在平面图上绘制出方位标以表示管道安装的方位基准。

⑤ 管口表。注写各设备上管口的有关数据。

⑥ 标题栏。注写图名、图号、设计阶段等相关信息。

通过本活动的学习，阅读图 5-1，并与图 4-6 所示设备布置图进行比较，找出两种图纸在重点表达内容方面的差异并熟悉管道布置图的内容。

活动二　管道布置图的作用

管道布置图一般是在项目施工图设计阶段绘制的，是以管道仪表流程图、化工设备图、设备布置图以及土建、自动控制、电器仪表等相关专业图样和技术资料为依据，通过对实现工艺过程所需管道进行分析并对其进行空间布置设计后所绘制的图样，用于表达车间或装置内管道及其附件（如阀门、管件、仪表控制点等）的空间位置、尺寸规格及其与设备的连接关系。它是工艺设计人员设计思想的表达，也是设备和管道安装施工人员进行管道安装施工及维修的依据，对于化工操作和管理人员进一步了解工艺生产流程、熟悉设备和管道布置也非常重要。

管道的布置设计一般包括下列图样。

① 管道布置图。表达车间（装置）内管道空间位置及平面、立面布置的图样。

② 管道轴测图。也称为管段图或空视图，是表达一台设备至另一台设备（或另一管道）间管道安装要求的立体图样。

③ 蒸汽伴管布置图。表达车间内各蒸汽分配管与冷凝液收集管平面、立面布置情况的图样。

④ 管架图。表达管架结构的零部件图样。

⑤ 管件图。表达管件结构的零部件图样。

对于简单装置的设计或者对生产现场进行技术改造时绘制图纸，其表达内容可以根据具体情况适当予以简化。

课题二

管道及附件的画法

教学目标

通过本课题的学习，学生将懂得并掌握管道布置图中各种元素包括建筑物、设备、管道、管件、管架等的规定画法。

知识目标

熟悉化工管道布置图中各种元素的绘制规定。

技能目标

掌握管道布置图中各元素的规定画法。

活动一 建筑物和设备的画法

在管道布置图中，需要表达的内容有管道与管件、设备、建（构）筑物等。管道起连接设备和输送物料的作用，管道与管件等是管道布置图的主要表达内容。设备及有关建（构）筑物，如房屋、设备基础、操作平台、楼梯、地沟等虽然也是管道布置图必须表达的内容，但设备及其布置已通过化工设备图和设备布置图予以详细表达，建（构）筑物也在建筑设计图纸中表达，因此，设备和建（构）筑物都不是管道布置图重点表达的内容。因而在管道布置图中，设备和建（构）筑物均采用细线（0.15～0.3）绘制。

1. 建（构）筑物及其构件的画法

建（构）筑物的绘制与设备布置图相同，用细点画线画出厂房的定位轴线，按比例用细实线根据规定图例绘出建（构）筑物主体及其柱、梁、楼板、门、窗、楼梯、操作平台、安装孔、管沟、篦子板、管廊架、通道、栏杆、楼梯和安全护圈等各种设施。

2. 设备的画法

在图中按比例根据设备布置图所确定的位置采用细点画线画出所有设备的中心线（或定位线），采用细实线按比例绘制设备的简略外形，图中应表达出设备的全部管口。

设备的基础，如卧式设备的支撑底座和混凝土基础、立式设备的裙座、人孔等均应采用细实线按比例绘制。

对于一些重型设备或超限设备，在设计时应预留出设备安装和检修必需的“吊装区”或“检修区”，某些换热器或类似设备也需预留检修区或抽芯区，这些区域在图中采用双点画线按比例绘制，但不标注尺寸，如图 5-2 所示。

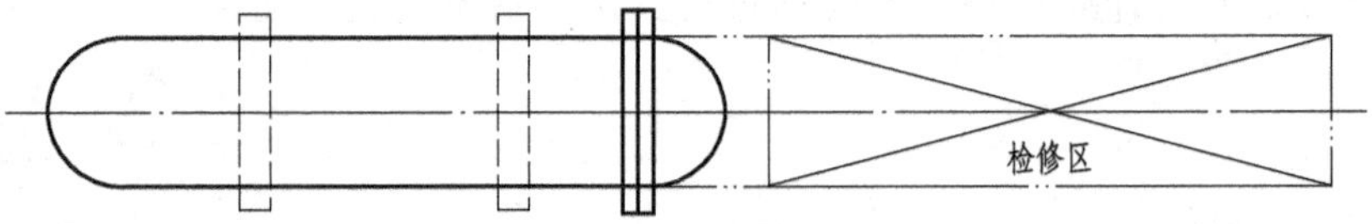

图 5-2 设备检修或抽芯区示意图

工业炉和其平台有关的柱子及炉子外壳和总管连箱的外形、风道、烟道等均应采用细实线绘制。

设备自带的各种附属装置如液面计、取样点、排料点、测温测压点等，按照管道仪表流程图规定符号绘制，包括相应的管道和阀门。

活动二 管道的画法

管道是管道布置图表达的重点内容，管道布置图中应画出全部工艺物料管道、辅助管道及公用系统管道。在管道布置图中，根据管道的直径大小，管道的绘制有单线表达和双线表达两种方式。通常规定公称直径（*DN*）大于和等于 400mm 的管道采用双线表示，小于和等于 350mm 的管道采用单线表示。但也可以根据具体情况适当调整，如系统中粗管道不多时，也可将公称直径（*DN*）大于和等于 250mm 的管道用双线表示，小于和等于 200mm 的管道用单线表示。总的原则是将较大管径和重要管道采用双线表示，其余采用单线表示。但在同一套图纸中，应当遵循相同的规定，不得随意变更。

绘制单线管道时，采用粗实线(0.9～1.2)；绘制双线管道时，采用中实线（0.5～0.7)，以便与建（构）筑物、设备轮廓等图形有所区别，做到主次分明、醒目。单线和双线绘制直管的表达方式如图 5-3 所示。

(a) 单线　　(b) 双线

图 5-3　管道的单线和双线表示方法

管道在图样上的规定画法如下。

1. 管道的连接

一般情况下，在管道布置图中不必表示出管道的连接方式，将其置于有关资料中予以说明。如需表达，可采用表 5-1 中表达的方式绘制。

表 5-1　管道的连接方式及画法

连接方式	轴测图	装配图	规定画法
法兰连接	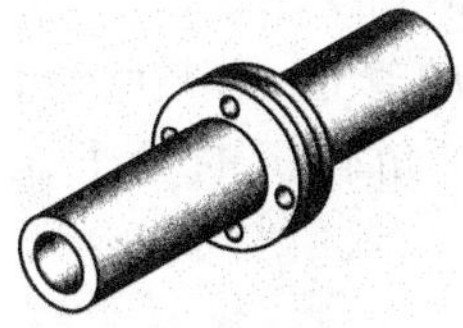	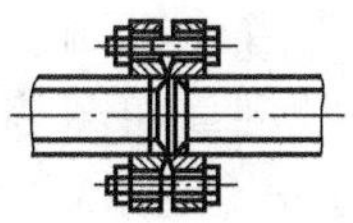	单线 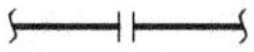 双线 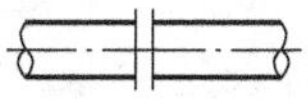
承插连接	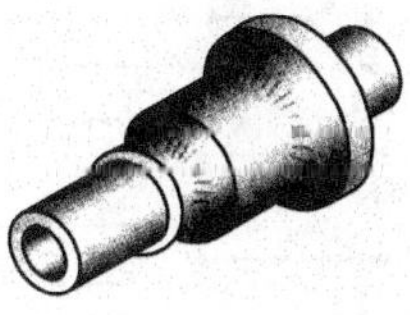	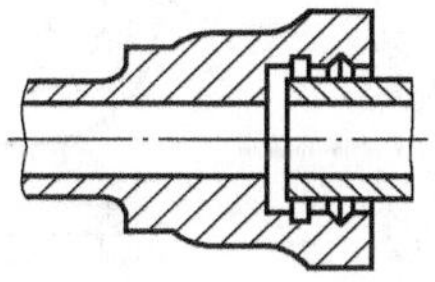	单线  双线 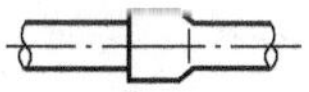
螺纹连接	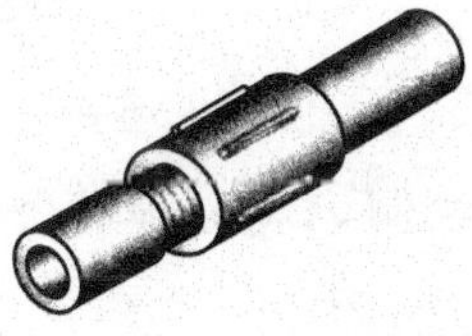	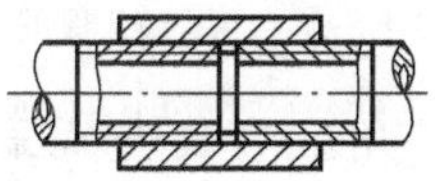	单线 双线 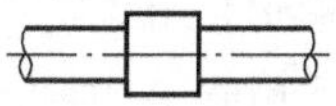
焊接	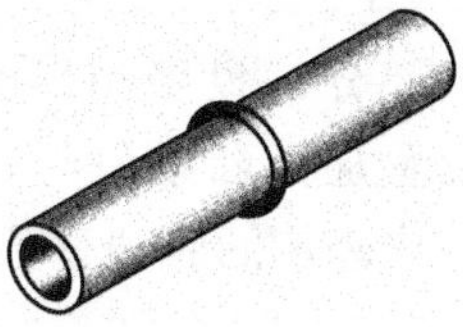	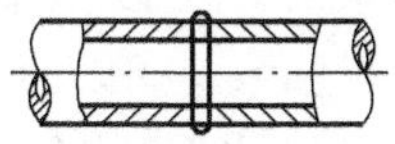	单线  双线 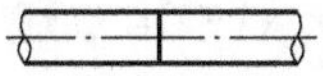

化工生产中的管道连接方式较为固定，一般工艺管道大多采用法兰连接，其特点是便于连接各种管件和阀门，拆装维修方便，但费用较高；水泥管、陶瓷管、铸铁管等均采用承插连接，其成本低，但不耐压，容易泄漏，多作为下水管道等密封要求不高的场所连接；小规格的管道如自来水管等多采用螺纹连接，其结构简单，拆装方便，但连接处容易泄漏，不宜

用于较高压力及密封要求高的场所；高压管道则多采用焊接方式连接，其特点是成本低，方便可靠，但拆装维护不便。各种直管连接方式和规定画法见表 5-1。

当采用三通方式连接时，不同方向的视图不相同，在表达上应当注意。三通方式连接表达如图 5-4 所示。

当管道只画出其中一段时，应在管子中断处画上断裂符号。

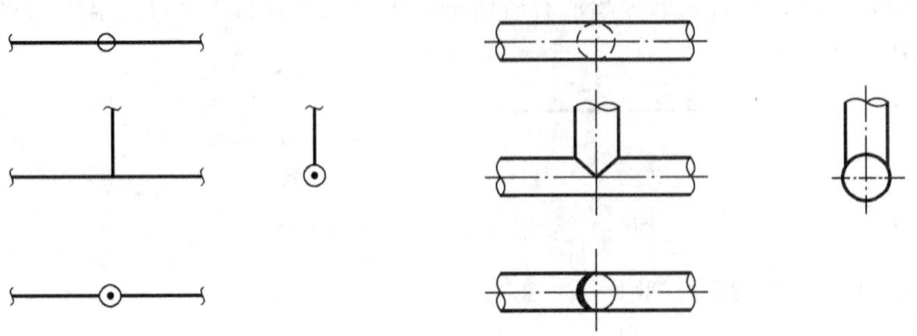

图 5-4 三通连接方式的三视图

2. 管子转折

管子转折的表示方法如图 5-5 所示。向下 90°角转折的管子画法，如图 5-5（a）所示，单线绘制的管道，在投影有重影处画一细线圆，直管插入圆的中心。在另一视图上画出转折的小圆角（或直角）。向上转折 90°角的管子画法，如图 5-5（b）所示，一般在单线管的细线圆中加一小圆点，也可以将小圆点省略不画。双线绘制的管道，则在该部位画一“新月形”剖面符号，也有不画“新月形”剖面符号者。大于 90°角转折的管子在实际中应用较少，需表达时采用如图 5-5（c）所示方法绘出。

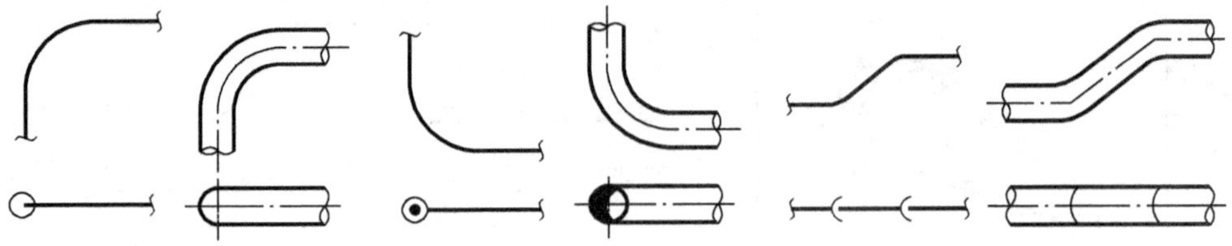

(a) 向下弯折90°角　(b) 向上弯折90°角　(c) 大于90°角弯折

图 5-5 管道转弯的表示方法

管道的转弯一般应按照实际圆角或直角方式采用投影绘制，规定管道公称直径（*DN*）小于 50mm 的弯头一律用直角表示。

3. 管子交叉

当管子空间交叉而造成投影相重时，可以把下面被遮盖部分的投影稍微断开，如图 5-6（a）所示；也可以将上面管道的投影断裂表示，并在断裂位置加截断线符号，如图 5-6（b）所示；对于用双线表达的管道，还可以按照投影规则将下方被遮住的管道采用虚线表达。

4. 管子重叠

管道投影重叠时，将可见管道的投影断裂表示，不可见管道的投影则画至重影处稍留间隙并断开，如图 5-7（a）所示。当多根管道的投影重叠时，可采用图 5-7（b）的表示法，将图中单线绘制的最上一条管道图画以“双重断裂”符号；或不画出“双重断裂”符号，而在管道投影断开的对应处分别注上 a、a 和 b、b 等小写字母以表达清楚各管道之间的对应关

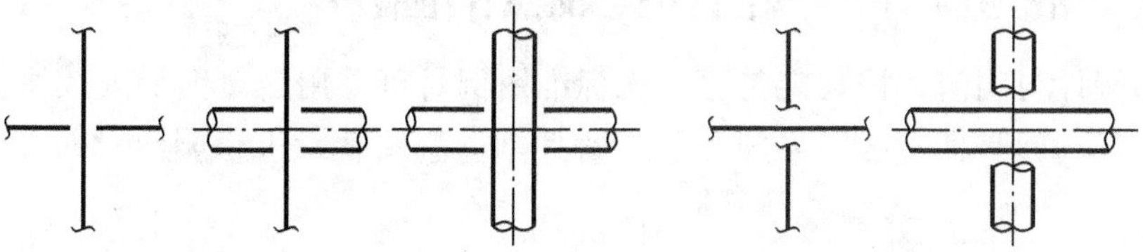

(a) 被遮挡管道断开的画法　　(b) 上面管道断开的画法

图 5-6　管道交叉的表示方法

系，如图 5-7（d）所示；也可以分别在相应管道上注出管道代号以便于辨认。管道转折后投影发生重叠时，下面的管子画至重影处给予间断表示，如图 5-7（c）所示。

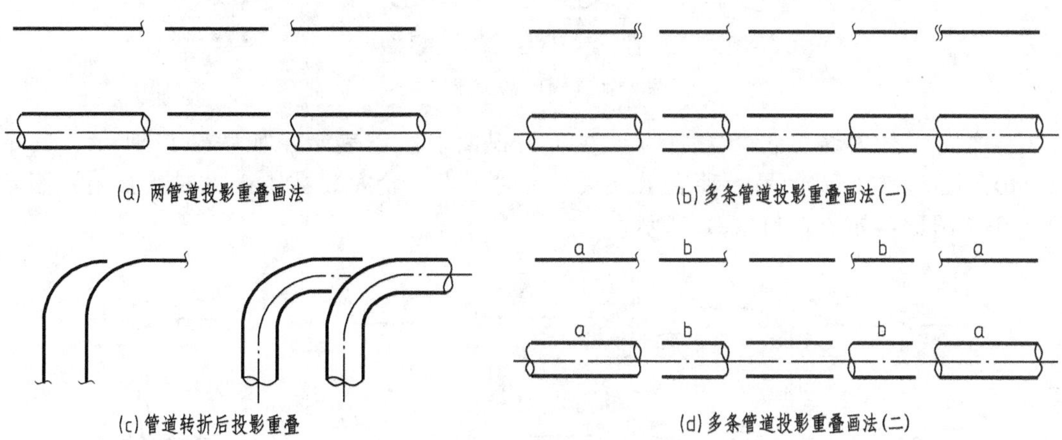

图 5-7　管道重叠的表示方法

5. 异径管

不同管径的管子连接时，需采用异径管接头连接。采用同心异径管接头连接时，画法如图 5-8（a）所示；采用偏心异径管接头连接时，画法如图 5-8（b）所示。

6. 管道内物料流向

管道内物料流向应必须在图上给予表示，单线管道可将箭头直接画在管道上或绘于管线的上方，双线管道画于管道的中心轴线上，如图 5-9 所示。

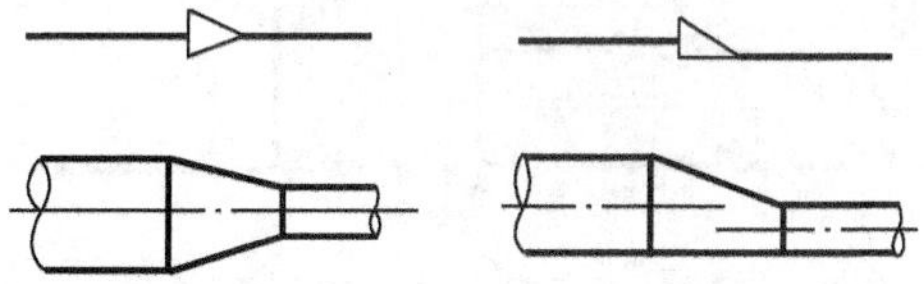

(a)　　(b)

图 5-8　异径管的表示方法

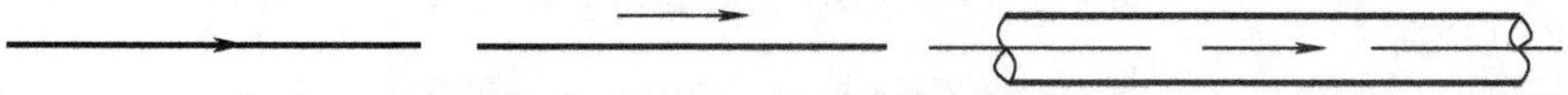

(a) 单线　　(b) 双线

图 5-9　管道内物料流向箭头的表示方法

活动三 常用管件、阀门和控制点的画法

管道上的管件与阀门，按规定符号（无标准图例时可采用简单图形大致按比例画出外形轮廓）绘制。常用的管件与阀门见图 5-10，较详细的规定符号可参阅附录四。

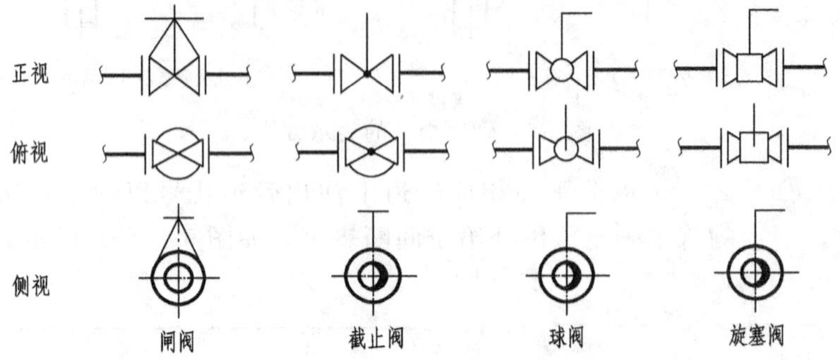

图 5-10 阀门的表示方法

对于阀的手轮安装方位，需要时可在有关视图上给予表示，如图 5-11 所示，其中图 5-11（c)是图 5-11（d）的另一种表示方法。有时，当手轮安装在正上方时，其俯视图常常不画出手轮图形，如图 5-11（e）所示。

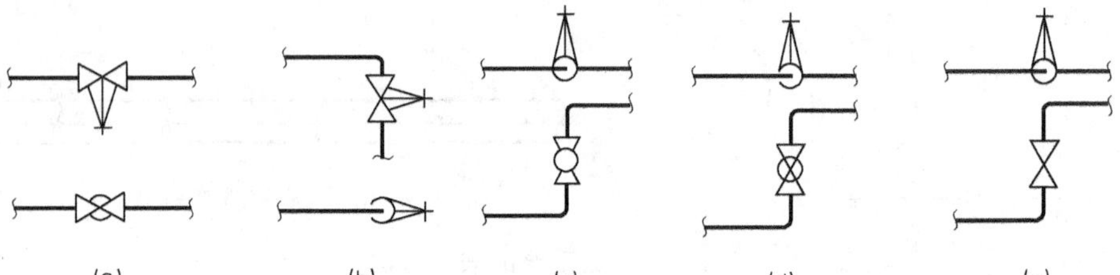

图 5-11 阀门手轮方向的表示方法

主阀所带的旁路阀一般均应画出，如图 5-12（a）所示，特殊的阀门与管件还须另绘结构图。有些调节阀、疏水器的安装要求，已用标准图或另有统一安装规定时，则可在平面图上用细线矩形框示意表示，并注明编号，在立面图上可以简化而不必画出，如图 5-12（b）所示。

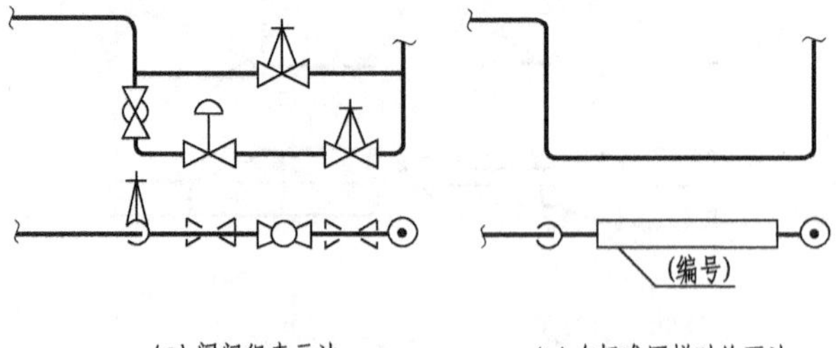

图 5-12 主阀所带的旁路阀表示方法

管道布置图上还应该用细线画出所有仪表控制点的符号，每个控制点一般仅在能清楚地表达其安装位置的一个视图上画出。控制点的符号基本上与管道仪表流程图（PID）的符号相同，采用 ϕ10mm 的圆圈表示，并用细实线和圆圈连接起来，参见图 5-1。对于阀门与控

制元件组合作为自动控制系统执行器，阀门和控制元件均需画出。

标准管件一般不需要单独绘制图纸，在管道平面布置图编制相应材料表加以说明。非标准或没有标准的管件，如加料斗、方圆接管、安装在管道内的限流孔板组等应绘制单独的管件图。

管件图应完整地表达该管件（包括特殊的阀门）的装配结构、零件形状和有关尺寸，以供制造、安装之用。其内容与画法和一般零部件图相同，需按国家标准与化工设备设计文件编制规定进行绘制。除图样和标题栏外，还应列出相应的材料表置于标题栏上方，通常一个管件绘一张图。如图 5-13 所示。

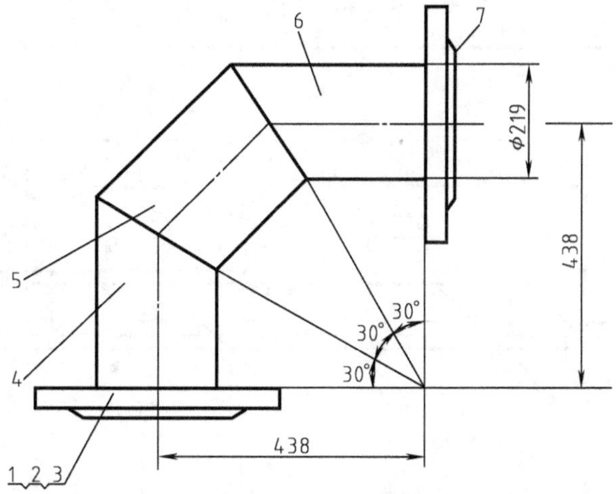

件号	图号或标准号	名称及规格	数量	材料	单重	总重	备注
7		垫片,φ260×220,δ=3	2	橡胶			
6		短管,φ219×9.5,L=315	1	Q215			
5		短管,φ219×9.5,L=326	1	Q215			
4		短管,φ219×9.5,L=315	1	Q215			
3		垫圈,φ18	16	Q235			
2	GB 39—88	六角螺母,M16	8	Q235			
1	HG20592—1997	法兰,RF300—0.25	2	Q235			

（单位名称）					工程名称	
					设计项目	
设计			T205		设计阶段	
制图			管　件　图		（图号）	
校核						
审核			年　月	比例　1:10	第　张	共　张

图 5-13　管件图

活动四　管架的画法

管道是用各种形式的管架安装并固定在建（构）筑物上的，这些管架的位置，在管道布置图上需要表示出来。管架位置一般在平面图上用符号表示。有时在图上标明固定与非固定（包括滑动、滚动型）管架的符号。图中管架的位置，都用一种符号表示在平面图上。非标准管架应另行提供管架图。如果管架配置比较复杂，也可单独绘制管架布置图。

标准管架的表示方法如图 5-14 所示。

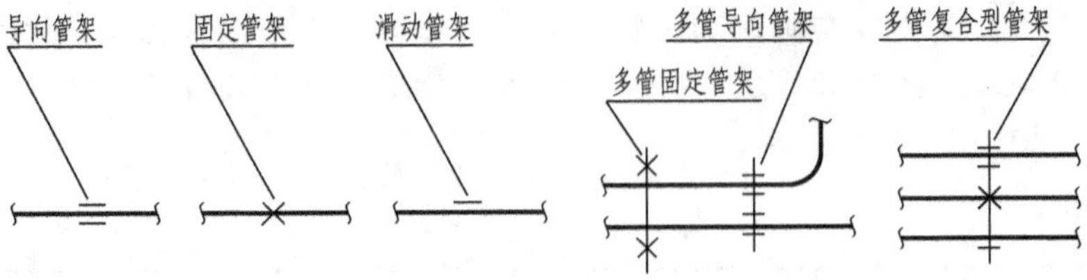

图 5-14　标准管架的表示方法

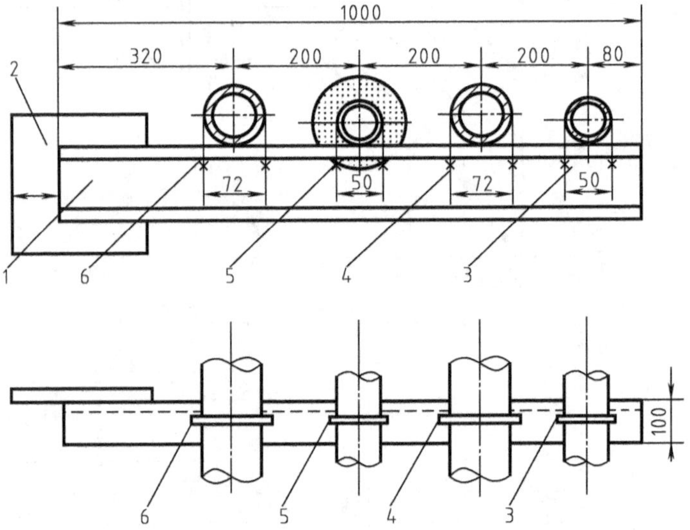

注：焊缝均采用电弧焊，焊条牌号为×××。管架总质量约为22kg。

件号	图号或标准号	名称及规格	数量	材料	单重	总重	备注
6	GB 39—88	方螺母 M12	4	Q215			
5	GB 39—88	方螺母 M8	4	Q215			
4	×××-××	管卡，ϕ18，Q1-50	2	Q215			
3	×××-××	管卡，ϕ16，Q1-40	2	Q215			
2		钢板300×300，δ=10	1	Q215			
1		槽钢100×48×5.3，L=1000	1	Q215			

（单位名称）		工程名称	
		设计项目	
设计	AS 1105	设计阶段	
制图		（图号）	
校核	管　架　图		
审核	年　月　比例 1:10	第　张	共　张

图 5-15　管架图

管道布置设计中应提供管架施工图样，其图样与一般机械图样相似。标准结构可套用标准图，非标准结构的管架则应参照《机械制图》国家标准和化工设备设计文件编制的规定另绘管架图。

管架图图幅一般采用 A4 或 A3，比例一般为 1∶20 或 1∶10，为便于图纸复用，通常一个管架绘一张图。管架图应完整地表达管架的具体结构及尺寸等，以供管架制造、安装之用。管架图中还应在标题栏上方列出材料表。图 5-15 是一种槽钢管架的图样。管架图的表达与一般部件装配图相同，图样包括一组按正投影原理绘制的视图、有关的尺寸、零件的编号及明细栏、标题栏等。

图中管道等非主要表达内容用中实线（也有用细实线或双点画线）表示，同时一些部件也可采用规定的简化画法，如图中圆钢弯制的 U 形管卡也简化成了单线表示，螺母则用交叉粗短线简化表示。管道需在中心线上标注管段号和管径。管架图中如果选用有标准件，应注出标准件的图号或标准号。

课题三

管道布置图的表达方法

教学目标

通过本课题的学习，学生将懂得并掌握管道布置图的表达方法。

知识目标

熟悉化工管路布置图的绘制规范。

技能目标

掌握管道布置图的表达方法。

活动一　认识管道布置图的视图

管道布置图应能完整地表示车间（装置）内全部管道、阀门、管道上的仪表控制点、部分主要管件、设备的简单形状及以及建（构）筑物的轮廓等内容。

（1）图幅　管道布置图图幅尽量采用 A0，比较简单也可采用 A1 或 A2。如果采用分区布置，同区的图纸应尽量采用同一规格。图幅不宜加长或加宽。

（2）比例　管道布置图必须按比例绘制，常用比例为 1∶30，根据管道布置的复杂程度不同也可采用 1∶25 或 1∶50。同区的或各分层的平面图，应采用同一比例。

（3）平面布置图　平面布置图是管道布置图最主要的图样。如图 5-1 下部的 EL100.000 平面图。在能将管道布置情况完整表达的前提下，管道布置图可以只绘制平面布置图。平面图的配置，一般应与设备布置图中的平面图一致。对于多层建筑物，应按建筑物标高平面分层绘制，将楼板以下的建筑物、设备、管道等全部绘出。如果将多层平面图绘于同一张图纸上，则应按由下至上、从左到右的顺序排列，并在图下标注标高“EL×××.×××平面。如果某一层管道上下重叠过多，布置复杂时，也可将其再分为上下两层绘制。

若单采用平面图难以完整表达管道的布置情况，可根据需要辅之以其他视图予以补充，如剖视图、向视图、局部放大图和轴测图等。

(4) 剖视图　剖视图是管道布置图的主要辅助图形，如图 5-1 上部的 *A*—*A* 剖面。根据需要，剖视图可以采用局部剖视，也可以采用全剖视，配置的原则是能以采用尽量简单的方式将对象表达清楚。剖视图应尽可能与剖切平面所在的管道布置平面图绘于同一张图纸上(但不允许在管道平面布置图内的空白处再绘小的剖视图或轴测图)，也可集中于另一张图纸上绘出。剖视图可按 *A*—*A*、*B*—*B* 等顺序编号，也可以按 1—1、2—2、（或Ⅰ—Ⅰ、Ⅱ—Ⅱ）等顺序编号。

(5) 向视图　对于较复杂的系统，如果采用剖视图仍难以将管道布置情况表达清楚时，还可再辅之以向视图、局部放大图等的方式予以补充表达，向视图按 *A* 向、*B* 向等顺序编号。

注意在同一主项设计中，当剖（向）视图和平面图采用分张绘制时，为便于查找，应注明剖切平面（向视箭头）所在平面图图号。剖切平面位置线的画法及标注方式与设备图相同。向视图、局部放大图的标注方法与一般机械图的注法相同。

活动二　认识管道布置图的标注

管道布置图上要标注尺寸、位号、代号、编号以及必要的注写文字说明等内容。与设备布置图一样，管道布置图中标注的标高采用米为单位，精确到小数点后三位数，即毫米。其余的尺寸采用毫米为单位，只标注数字，不注单位。管子公称直径一律采用毫米为单位。

基准地平面的设计标高值规定为：EL100.000，其余标高均以此为基准推算。例如低于设计平面时标注为：EL9×.×××。

1. 建（构）筑物的标注

在管道布置图中，构成建（构）筑物的结构构件常被用作管道布置的定位基准，因此，与设备布置图一样，各平面图和立面剖视图上都应明确标注建筑定位轴线的编号以及各定位轴线的间距尺寸，以便识别，如图 5-1 所示。

地面、楼板、平台面、梁、屋顶等应标注标高尺寸。

2. 设备及设备管口表的标注

在管道布置图中设备是管道布置的主要定位基准之一。因此，在图中应标注设备位号，以便识别。其位号应与该工程项目的工艺管道仪表流程图、设备布置图一致，标注方式与设备布置图相同，如图 5-1 所示。

按照设备布置图的定位方式和标注方法标注所有设备的定位尺寸和基础面（或中心面、支承面）标高，注意，设备只需标注定位尺寸而不标注定形尺寸。

按照设备图用 5mm×5mm 的方块标注设备管口（包括需要表示的仪表接口及备用接口）符号及管口的定位尺寸，即由设备中心至管口端面的距离，如图 5-16 所示。

3. 管道的标注

管道布置图的标注应以平面布置图为主，标注出所有管道的定位尺寸、标高及管道编号。如绘制了立面剖视图，则所有安装标高应在立面剖视图上表示。

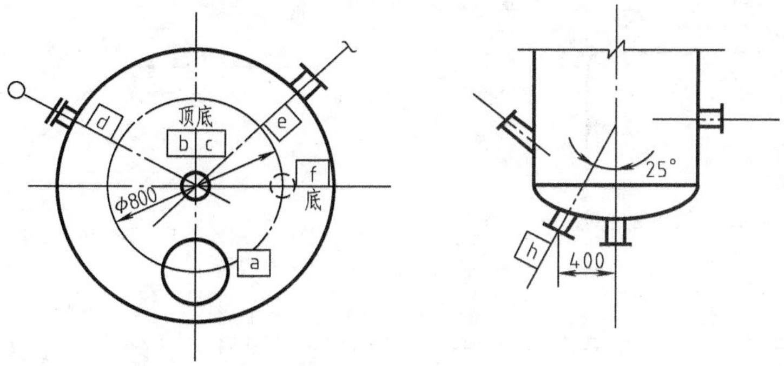

(a) 平面图　　(b) 立面图

图 5-16　设备及管口的标示

管道的定位尺寸以建（构）筑物的定位轴线、设备中心线、设备支撑点、设备管口中心线、分区界线等作为基准进行标注。

管道安装标高均以室内地面标高为基准，以管道中心线为基准标注时，标注为“EL×××.×××”（例如 EL105.000），管道按管底外表面标注安装高度者，则在标注的管道标高前加注管底标高的代号“BOP”，标注为“BOP　EL×××.×××”，由于位置拥挤写不下时可引出标注。

管道布置图上所有管道都应标注管段编号，管段编号应与管道仪表流程图相一致，也可以省略其中的管道等级代号与隔热代号，只标注编号中的前三项，即物料代号、管段序号和公称直径。其编注方式可参见管道仪表流程图。

通常，将管段编号标注在管线上方或左方，将标高标注在管线下方或右方，如图 5-17 中所示。写不下时可用指引线引至图纸空白处标注，也可将几条管线一起引出标注。

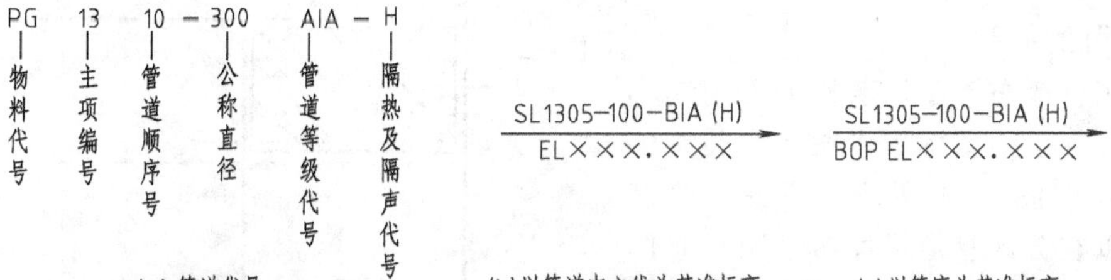

(a) 管道代号　　(b) 以管道中心线为基准标高　　(c) 以管底为基准标高

图 5-17　管道的标注

若管道布置图上的局部标注尺寸有困难时，允许在同一张图上另画放大图标注尺寸。

对安装坡度有严格要求的管道，应在管道上方画出细箭头，指出坡向，并写上坡度数字及坡度代号“i”，如图 5-18 所示。

异径管前后端公称管径应标出，如 $DN50/25$ 或 $DN50\times25$。

非 90°的弯管和非 90°的直管连接，应标注角度。如图 5-19 所示。

4. 管件、阀门、仪表控制点

图中管件、阀门、仪表控制点在所有位置按规定符号画出后，除须严格按规定尺寸安装者外，一般不再标注定位尺寸。竖管上的阀门和特殊管件有时在立面剖（向）视图中标出安装高度。

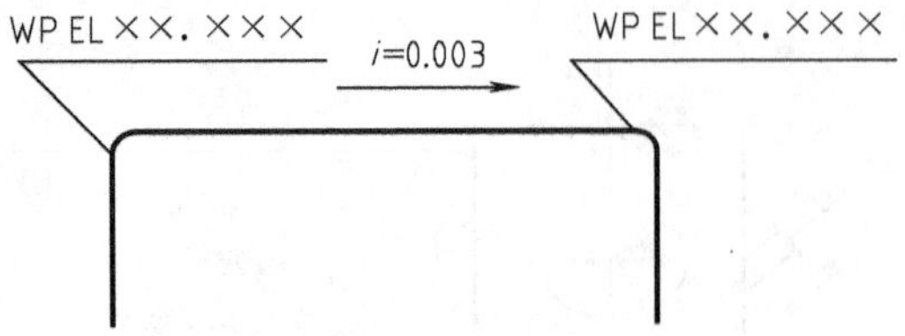

图 5-18 管道坡度的标注

图 5-19 非 90°弯管的标注

5. 管架

在管道布置图中，每个管架都应编写一个独立的管架号。管架编号应按照管架类别与生根部位的结构分别按序编写，并标注在图中管架符号的附近或引出标注。

管架的编号由五个部分组成，其中，区号通常用一位数字表示，位号也由一位数字表示，管架序号的编写一般采用两位数字表示，从“01”号开始按顺序编写。管架的编号应按管架类别与生根部位的结构分别编排，如图 5-20 所示。

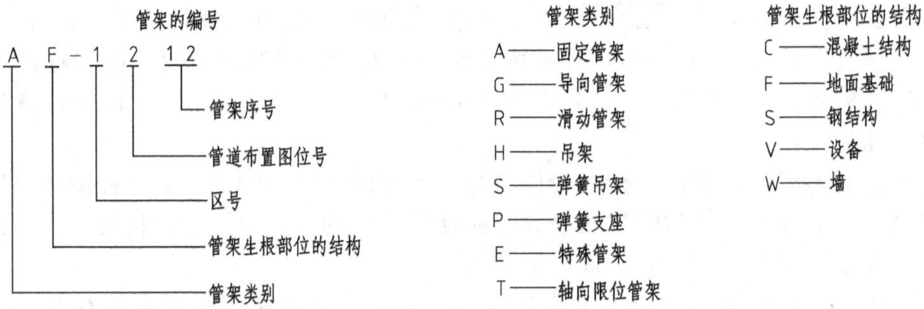

图 5-20 管架的编号方式

6. 索引的标注

在每张管道布置图标题栏上方用缩小的加阴影线的索引图标识本图所在装置区的位置图，如图 5-21 所示。当分区较多时，也可以在分区管道平面布置图与立体剖面图的分区边界线的右下方绘制一粗实线的小矩形框，在框内标注本图的分区号（参见图 5-1），再另行绘制一张单独的索引图。

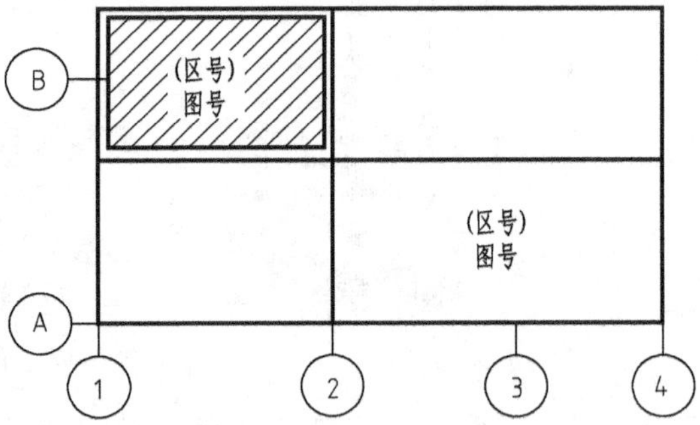

图 5-21 索引的标注

活动三 认识管口表和标题栏

1. 管口表

管口表通常置于管道布置图的右上角（参见图 5-32），表中填写该管道布置图中设备的管口位置及相应参数。格式见表 5-2。

2. 标题栏

格式与设备布置图基本相同，一般需再增加区域号一栏，以便查找。

表 5-2 管口表

管口表											
设备位号	管口符号	公称直径 DN/mm	公称压力 PN/MPa	密封面形式	连接法兰标准号	长度/mm	标高/m	坐标		方位	
								N	E(W)	水平角/(°)	垂直角/(°)
E0701	a	100	10	RF	HG 5010	850	100.900			180	
	b	100	10	RF	HG 5010	200	104.000				
	c	50	10	RF	HG 5010	850	103.400			90	
	d	50	10	RF	HG 5010	850	100.800			270	
E0702	a	100	10	RF	HG 5010	550	102.800			270	
	b	100	10	RF	HG 5010	550	102.200				
	c	50	10	RF	HG 5010	550	100.400			90	
	d	50	10	RF	HG 5010	200	102.800				
E0703	a	50	10	RF	HG 5010	550	100.400			90	
	b	50	10	RF	HG 5010	550	103.500			180	
	c	100	10	RF	HG 5010	200	101.400				
F0701	a	50	10	RF	HG 5010	550	101.500			90	
	b	50	10	RF	HG 5010	550	100.400			270	

课题四

管道轴测图

教学目标

通过本课题的学习，学生将了解管道布置图中的另一种表达方式——管道轴测图，掌握管道轴测图的基本原理、表达方式、应用范围及特点，掌握管道轴测图的识读和绘制方法。

知识目标

熟悉管道轴测图的原理及应用。

技能目标

掌握管道轴测图的识读，能绘制简单的管道轴测图。

活动一　管道轴测图的作用与内容

管道轴测图也称为管段图或空视图。

前面讨论的管道布置图均是采用正投影视图方式进行表达，其特点是科学严谨，便于加工制造和现场施工。但由于采用正投影原理绘制，每个视图只能反映出物体一个方向的投影，缺乏立体感，当现场的布管情况较复杂，图中的线条多时，容易造成理解困难。因此，在管道布置图中，常常采用轴测投影原理绘制出轴测图予以补充，以帮助初学者和现场安装施工人员正确理解管道的布置情况。

管道轴测图也是管道布置设计中提供的一种图样，用于表达自一个设备至另一个设备（或另一管段）间的一段管道及所附管件、阀门、控制点等具体配置情况的立体图样，也可以工段（或分区）为单元来表示，一般多采用前一种方式，故也称为管段轴测图。如图 5-22 所示为同一段管道的三视图与轴测图的图例。

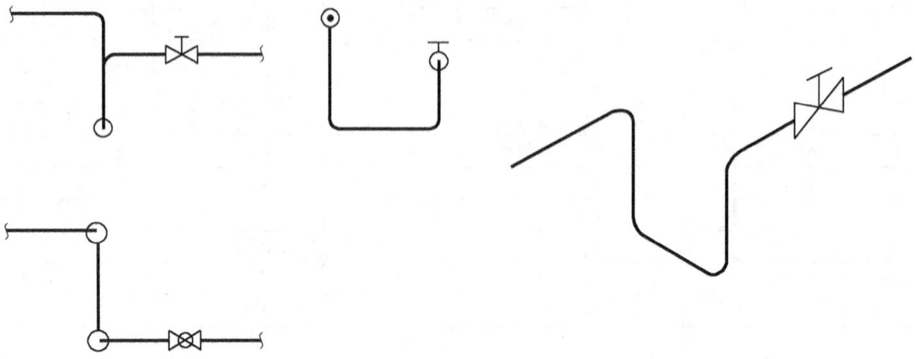

(a) 三视图　　(b) 轴测图

图 5-22　一段管道的三视图与轴测图

从图中可以看出，由于轴测图采用了轴测投影原理图的方式绘制，使图样具有较强的立体感，有利于认清楚管道的空间走向关系，便于理解管道的空间布置情况，对识图具有很大的帮助。同时，也有利于一些特殊管段如衬里管道、石墨管道、酚醛塑料管道和大口径管道等的预制和安装施工。但管段轴测图只是一段管道的图样，它反映的仅是个别的局部情况，不便于表达比较复杂的管道布置情况，因而不适宜作为主要图样，只适合于作为反映整个车间（装置）设备、管道布置全貌的管道布置平面图、立面剖视图或设计模型与之配合的辅助图样使用。

管道轴测图一般包括如下内容。

(1) 图形　按轴测投影原理绘制的管段及其所附管件、阀门等的图形、符号。

(2) 尺寸及标注　管段编号、管段所连设备的位号及其管口号（或其他管段的编号）和安装尺寸等的标注。

(3) 方位标　安装方位的基准。

(4) 技术要求　有关焊接、热处理、试压等方面的要求。

(5) 材料表　列出预制管段所需材料、尺寸、规格、数量等。

(6) 标题栏　图名、图号、比例、设计阶段等。

活动二　管道轴测图的图示方法

1. 轴测图简介

轴测图是采用平行投影法将物体连同确定其空间位置的直角坐标系沿不平行与任一坐标面的方向投射在单一投影面（轴测投影面）上所得到的具有立体感的图形。采用正投影法形成的轴测图称为正轴测图，用斜投影法形成的轴测图称为斜轴测图，两种轴测图如图 5-23

所示。两种方法均可用于绘制管道轴测图，工艺管道的管段轴测图一般采用正等轴测图，本书也只以正等轴测图为例予以简单介绍。

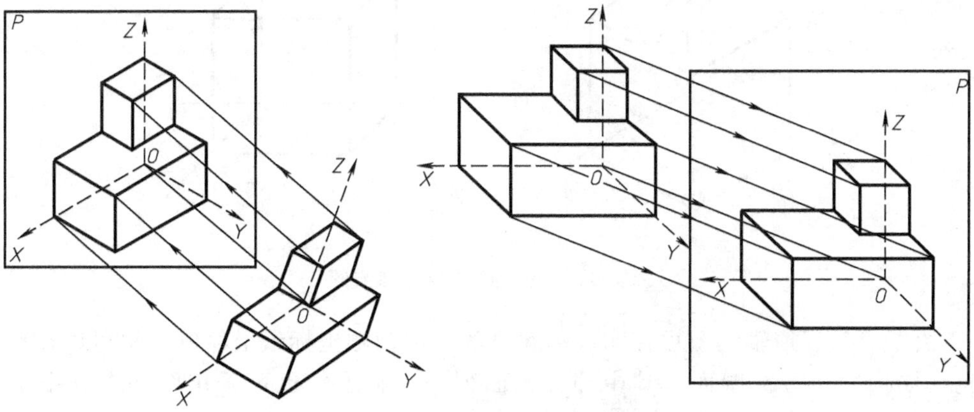

(a) 正轴测图　　(b) 斜轴测图

图 5-23　正轴测与斜轴测图的示意图

正轴测图的空间坐标如图 5-24 所示，三个轴间角均为 120°。其中 XOY 平面为水平面，其余两个平面分别为立面。

轴测图有如下特点。

① 相互平行的两条直线的轴测投影仍相互平行。

② 空间同一线段上各段长度之比在轴测投影中保持不变。

③ 空间相互平行的线段，其轴测投影伸长或缩短的倍数相同。

实际上，如图 5-24 所示，由于将立体空间立体坐标表达在平面坐标系中，坐标轴采用了斜向投影，因此，图中线条的长度反映的并不是空间线条的实际长度，而是其投影。在正轴测坐标系中，空间 1 单位长度的直线在坐标系中的投影为 0.82 单位长度，此值称为轴测轴的轴向伸缩系数，即实际空间中 1 单位长度的直线在图中应表达为 0.82 单位长度，也就是正等轴测图中的轴向伸缩系数为 0.82。实际应用中，由于轴测图通常不作为施工安装的定位尺寸依据，为作图方便，通常忽略这种差别，将轴向伸缩系数简化为 1 而不按实际系数绘制，这样并不影响图的可读性，却给绘图带来了简便。

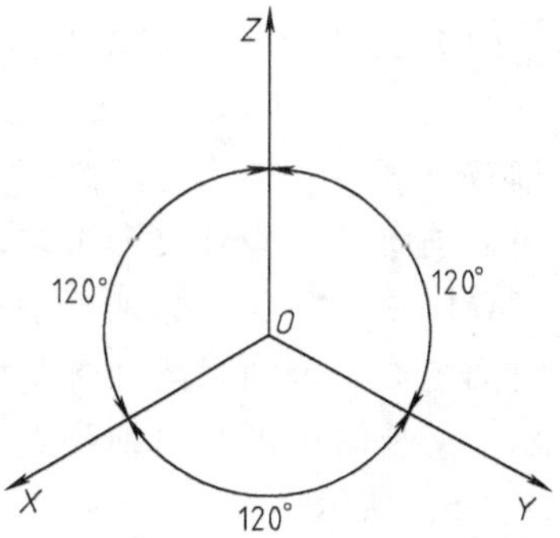

图 5-24　正轴测图坐标

掌握了这些基本原则，就容易理解和绘制简单的轴测图了。

简单立方形体的两种轴测图如图 5-25 所示。

由图可见，轴测图具有很强的立体感，有助于帮助理解物体的空间形状和布局，但由于其难以表达物体的空间全貌，在实际使用中并不方便，因此只宜作为辅助图形使用。

2. 比例与图幅

作为一种辅助图，管道轴测图不必严格按比例绘制，可根据具体情况而定，但应使图面布置保持匀称、合理，各种阀门、管件之间的比例和在管段中的相对位置都应协调。

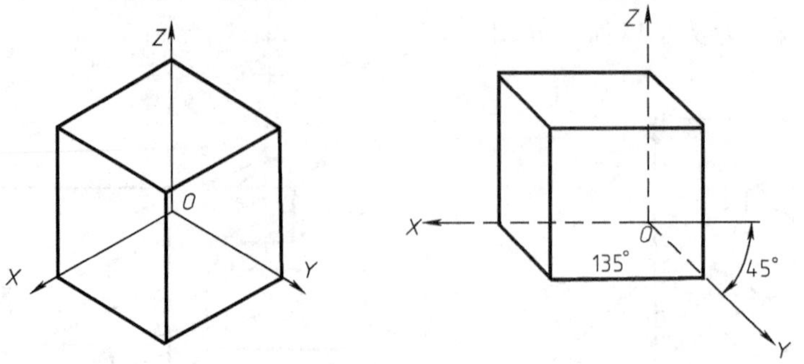

图 5-25 立方体的两种轴测图

手工绘图时，管道轴测图可在印有细斜格的专用轴测坐标纸上绘制，也可以在普通图纸上绘制。图纸常采用 A3 幅面，其中部分幅面列作材料表。也可采用图和表分张绘制的方式。如果不用轴测坐标纸，则其图幅稍可灵活。

原则上一个管段号画一张管段轴测图。过于复杂的管段，也可适当断开，分成两张或多张图绘制，但仍用同一图号，并注明张数。此时分界线要在管道的自然断开点，如法兰（孔板法兰除外）、管件的焊接点或安装需要的现场焊接点等。管路简单、物料相同、材质相同的几个管段，也可画在一张图上，但应分别注出管段号。

3. 管道轴测图的基本规范

车间（装置）中需绘制管道轴测图的管道，一般为公称直径 *DN* 大于 50mm 的中低压碳钢管道，大于 *DN*20mm 的中低压不锈钢管道和大于 *DN*6mm 的高压管道。但也可根据工程实际情况适当变动，若上述管段中包含小直径管道（如控制阀组、排液管、放空管等）也可随大管一起画成轴测图。

管道轴测图应该画出全部阀门和管件（包括法兰及焊在管道上的仪表控制点管接头、预制弯头等）。当管段穿越楼板时，常常还要画出楼板的标记。管段与设备相接时，设备一般只画出其管口即可。

图 5-26 中管道均以单线（粗实线）绘制，并在适当位置画出表示物料流向的箭头。管件（弯头及三通除外）、阀门以细实线画成符号表示，与管段相接的设备管口或其他管道可以细双点画线绘制。为了简化，管段上的弯头可不画成圆弧而画成直角，但是管子与管件、阀门的连接方式应该表示出来，如法兰、焊接和螺纹连接等，如图 5-27 所示。

管段中一些与坐标轴不平行的斜管，在轴测图中绘制出来很容易发生误读，为准确表示其空间走向，帮助阅读理解，可采用细线绘制的平行四边形来表示所在平面，如图 5-28（a）所示；必要时还可画出细线立方体来准确描述管子的空间走向，使其表达更清楚明了，如图 5-28（b）所示。

也可以采用另外补加向视图的方式，画出该处的局部正投影以帮助理解。

管件（弯头、三通除外）、法兰、阀门等均按投影的原则，以细实线按照规定的符号（见附录四）大致按比例绘制，阀门的阀杆与手轮应画出，阀杆中心按设计方向画出，手轮采用一段与管道平行的短线表示。必要时，可画出阀门上控制元件图示符号。

压力表、温度计、流量计等仪表与检测元件（图 5-29）的图示，与管道布置图相同，按照规定图形符号绘制。

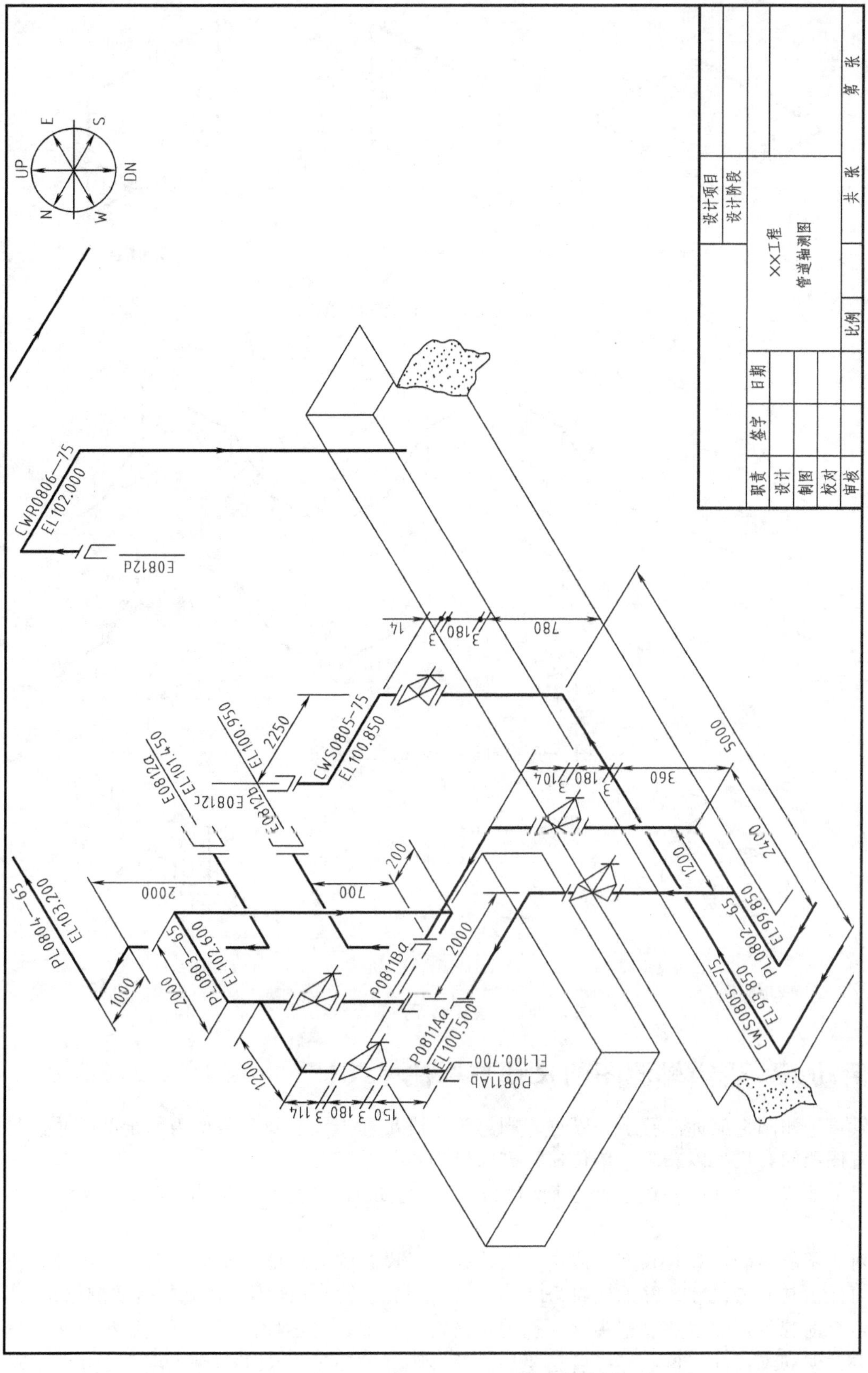
UP
E
S
DN
W
N
CWR0806—75
EL102.000
E0812d
CWS0805-75
EL100.850
E0812b
EL100.950
E0812c
E0812a
EL101.450
PL0804—65
EL103.200
PL0803—65
EL102.600
P0811Ba
P0811Aa
EL100.500
P0811Ab
EL100.700
PL0802—65
EL99.850
CWS0805—75
EL99.850
2250
2000
700
200
1000
2000
2000
1200
1200
2400
5000
14
3
180
3
780
704
3
180
3
360
114
3
180
3
150
设计项目
设计阶段
××工程
管道轴测图
职责
签字
日期
设计
制图
校对
审核
比例
共 张
第 张

图 5-26 管道轴测图

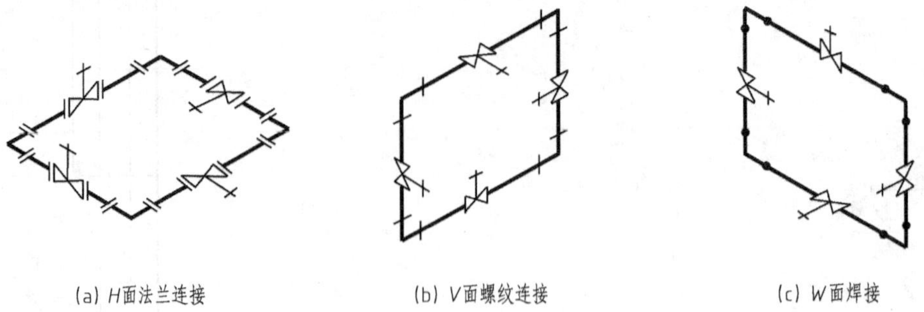

图 5-27 空间管道连接方式

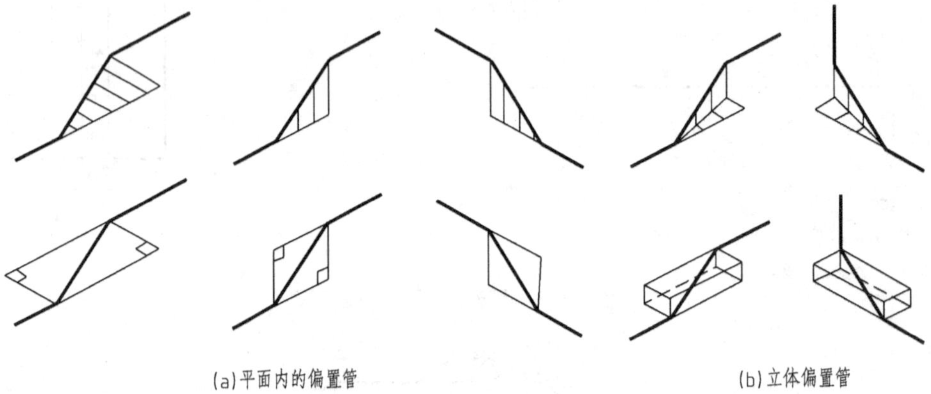

图 5-28 空间偏置管的表示方法

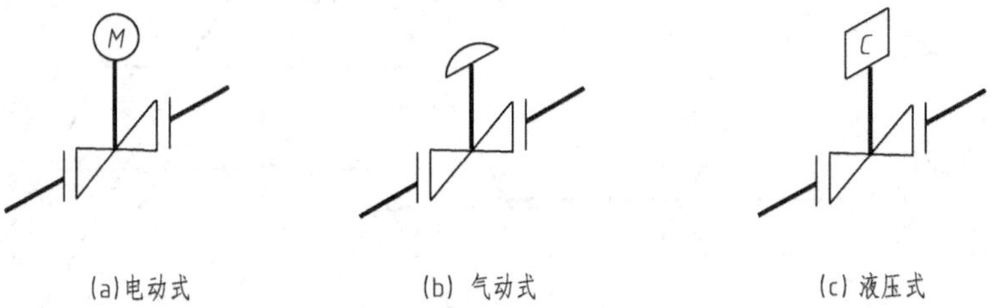

图 5-29 仪表控制元件表示方法

活动三 管道轴测图的尺寸与标注

管道轴测图上应标注管子、管件、阀门等为满足加工预制及安装所需的全部尺寸，与管道布置图相同，尺寸以毫米为单位，标高以米为单位。

尺寸线应从管件中心线或法兰面引出，并应与所标注的管线平行，尺寸界线应与管线垂直。

对于不能准确计算其长度，或由于土建施工、设备安装可能带来较大误差的部分管段尺寸，可注出其参考尺寸，并加注符号“～”，以便与其他尺寸区别，待施工时实测修正。

定型的管件，如三通、弯头（一般指长径弯头）等，可不标注尺寸，但短径弯头、异径管等要注明详细尺寸，偏心异径管还要加注偏心距和“ECC RED（偏心异径管）”、“FOT

(顶部平)”、“FOB(底部平)”或“东(西、南、北)侧取平”等字样。特殊的管件要辅以文字补充说明。

管段中，与阀门及设备管口配对的法兰规格，如与管道等级规定的规格不一致时，要注明其规格。配对法兰上的螺栓孔位置必须与管口法兰一致，若有不同时，应予注明，以便预制管段能与设备管口顺利连接。

图中有几套相同系统，可只标注其中一套尺寸，其余可用徒手线圈出，给以注明。

穿过平台或楼板的管道，预制时在一定位置要留有现场焊接口，否则会造成无法安装的现象。由于管段预制或设备安装的误差，可能造成现场实况与图样不一致，需要调整，此时，在图样上必须表示这些特殊需要的现场焊接点，注明“现场焊”字样。现场焊接点设在管子与管子焊接处或管子与法兰、管件焊接处，长度超过 6m 的直管一般都在现场焊接，图上也可用徒手线圈出，注明“现场焊”。

阀门应该画出手轮(阀杆)的安装方向和注出阀门长度尺寸、垫片厚度。必要时还应注出阀的公称直径。

每一管段至少要有一个表示流向的箭头，最好在物料流向变化处都画上箭头，管道编号尽可能标注在流向箭头相近处。

与管段相连接的设备(或另一管段)，须注出设备位号(或另一管段的编号)。有时也注出管口端面与设备中心的距离、管口中心线的标高和相连其他管段的所在图号等。

其他要求如下。

① 方位标。管道轴测图是按正等测投影绘制的，画图时先应该确定北向方向，并将其绘制于图样的右上方，如图 5-26 所示。

② 技术要求。注写有关焊接、试压等方面的要求。

③ 管道材料表。管道轴测图上的材料表包括预制管段所需管子、法兰、弯头、异径管、垫片、螺栓、螺母、孔板和各种非焊接连接的阀门，对于不绘轴测图的管道，则应专门编制管段表。

课题五

管道布置图的阅读与绘制

教学目标

通过本课题的讨论和训练，学生将懂得管道布置图阅读的基本步骤和方法，掌握管道布置图的绘制方法和步骤。

知识目标

熟悉管道布置图的阅读和绘制方法。

技能目标

掌握管道布置图的识读及绘制基本方法和步骤。

活动一 管道布置图的阅读

在进行审查设计、安装施工、了解生产工艺、熟悉设备和管道的现场布置等都需要阅读管道布置图，因此，阅读管道布置图是化工工程技术人员和操作人员必须掌握的一项基本技能。为了能在读图过程中搞清楚每一条管道及其管件、阀门、控制点等的设置及安装情况及要求，读图前应做一定的准备，读图时如能采用合理的方法步骤，就能较快地达到预期目的。下面介绍的方法可供参考。

1. 读图前的准备工作

管道布置图的绘制是整个化工设计图纸绘制的最后一个步骤，此时，管道仪表流程图、设备布置图、设备管口图等已经完成。因此在阅读管道布置图之前，应通过查阅相关资料，熟悉生产过程的原理，各主要设备的操作原理、特性及使用要求，原材料、中间产品和产品的物理化学性能。然后查阅管道仪表流程图、设备图和设备布置图，通过阅读管道仪表流程图，对生产过程的工艺流程安排、流程中的设备、管道、各种检测和控制仪表等配置情况进行熟悉了解；通过阅读设备图，熟悉设备的基本构造、内部构成、管口布置等情况；再通过阅读设备布置图，了解厂房建筑的基本构造，各设备的具体布置情况；通常几种图纸的阅读需要交叉进行。同时，还应熟悉各种图样中所使用的有关国家及行业标准和规定画法。

2. 读图的方法步骤

读图时，应当采用从宏观到微观，然后再逐步深入的方法进行。通过实践总结出更好的读图经验。

(1) 概括了解　阅读管道布置图之前，首先应通过读懂工艺管道仪表流程图、设备布置图来熟悉本工序的工艺流程、设备布置及分区情况，做到心中有数。在阅读管道布置图时，先通过阅读图纸目录，宏观了解本套图纸中管道布置图样的类型，图纸数量，管道布置平面图、立面剖（向）视图、管道轴测图等的配置情况和视图的数量等，了解图例的含义及设备位号的索引、非标准型管件、管架等图样的提供情况。然后配合立面剖视图、向视图及轴测图等初步浏览各不同标高的平面图，大致熟悉本项目基本情况。一些图上还有相应的施工要求，也应适当了解。

(2) 详细分析　依照管道仪表流程图的流程顺序，按设备位号和管道编号，从主要物料开始，以平面布置图为主，配合立面剖视图，依次逐条弄清管道与各设备的连接关系，分支情况。如此再进行另一种物料的流向关系分析，直至将所有的主要物料和辅助物料的流向情况全部搞清楚。

弄清楚物料的流向后，再对照管道仪表流程图，了解各管道上安装的阀门、仪表、管件和管架等。

详细阅读各管道、阀门、仪表、管件和管架的定位尺寸、代号和各种相关的文字标注和说明。

对于多层结构的复杂管道布置，需反复阅读和认真检查核对，特别是各层图纸间的连接关系是否正确，确保已经完全了解装置内设备、管道、仪表等的整体布置情况。

读图时先弄清各视图配置情况，从第一层平面开始，配合有关的立面剖（向）视图，从位号最小的设备开始，按流程顺序逐条分析各管口连接管段的布置情况，弄清其来龙去脉，分支情况，阀门、管架、控制点的配置部位，同时分析尺寸及其他有关标注。了解一层平面以后，再依次进行其他各层平面上管道布置的分析，直至完全了解透彻。对于只绘有平面布置图的系统，各管道的相对位置及走向均要靠通过平面尺寸标注、标高数据、管道编号、管内物料流向箭头等诸多因素综合进行判断。

如果手头缺乏相应的工艺流程图等其他资料，管道布置图的阅读也可以进行，但要困难些。首先，应当了解生产的大致原理，根据设备编号大致了解设备的类别，判断其在工艺流程中所起的作用（后面还需验证是否正确）。然后，按照设备编号，按顺序逐个分析各管口的连接情况，配合管道编号，按编号顺序依次弄清物料的名称、流向顺序，进一步确认前面的判断是否正确，如此反复，直至全部了解。

（3）归纳和总结　读图后及时进行归纳与总结，是提高读图水平的有效措施。通过归纳和总结不仅可以帮助我们充分了解自己是否确实读懂图纸，并通过图纸的阅读弄清车间管道布置的确切情况，同时，举一反三，还能了解和熟悉工艺设计中应当考虑和注意的诸多事项。例如相邻设备的合理距离，管道、仪器仪表安装必须遵循的基本原则等。还可以发现图纸中存在的不合理之处甚至是遗漏、错误之处。只有多阅读、多总结，才能使自己的读图水平不断提高，以适应不同层次的要求。

读图的目的不同，其要求和深度也不尽相同。

如果读图的目的是对图纸进行校核审定，应根据管道和仪表流程图对图纸进行逐一检查，检查图中所有的设备、管线、阀门、管件及仪表控制点是否准确标定安装位置，各种标注是否与管道仪表流程图一致，是否有遗漏或错标，是否存在不合理之处及不安全隐患，各种表达方式是否符合国家及行业的相关规定，确认没有问题后，在标题栏相应栏目中签名。

如果只是作为化工工艺生产人员熟悉和了解生产流程，则应立足便于工艺操作和管理的角度，认真对照管道仪表流程图、设备布置图，根据生产原理了解车间的设备、仪表控制点的相对位置，并分析其是否合理，是否为最佳布置，以加深对工艺过程和现场情况的进一步理解。这对于工艺生产和管理人员是非常必要的，可以为日后进行生产现场操作、管理、故障检修和排除、技术改造等方面提供宝贵的素材。

如果是组织指挥现场施工安装，应该在动手之前认真仔细阅读图纸，对所有的管线、阀门、仪表等认真分析，并对照施工要求及所采用的施工方法检查原设计的合理性，可操作性等，为制定合理的施工方案提供依据，确保安装过程的顺利进行。

活动二　管道布置图阅读实例

图 5-30 为某工序的管道布置平面图，以此图为例进行阅读。

1. 初步了解

从图 5-30 可以看出，此图是一套图纸中的某个局部（右下角标有“×区”），表达的是 EL100.000 室内平面及 EL99.850 的室外平面，在本张图纸内并未显示方位标。但根据房屋建筑的一般规律，判断该车间厂房应是南北向布置，也可通过本套图纸中的其他图纸查到方位标而进行确定。图中部分设备置于厂房内，其设备位号为 V1301、P1302A 及 P1302B，从其位号可判断分别为一个容器和两台并联安装的型号、用途均相同的泵（从泵的位号相同，后注 A、B 可以看出）。室外还有两台设备，位号分别为 V1304 和 T1305，可初步判断分别为一个容器和一个塔设备。

为更清楚表达设备及管道布置情况，图纸下方还配置了 $A—A$ 和 $B—B$ 两个局部剖视图，分别表达出室内两台泵、室外塔与容器的立面管道配置情况。

由于本图仅是同一主项内的一张分区图，难以反映整个生产流程的全貌。如果需要了解

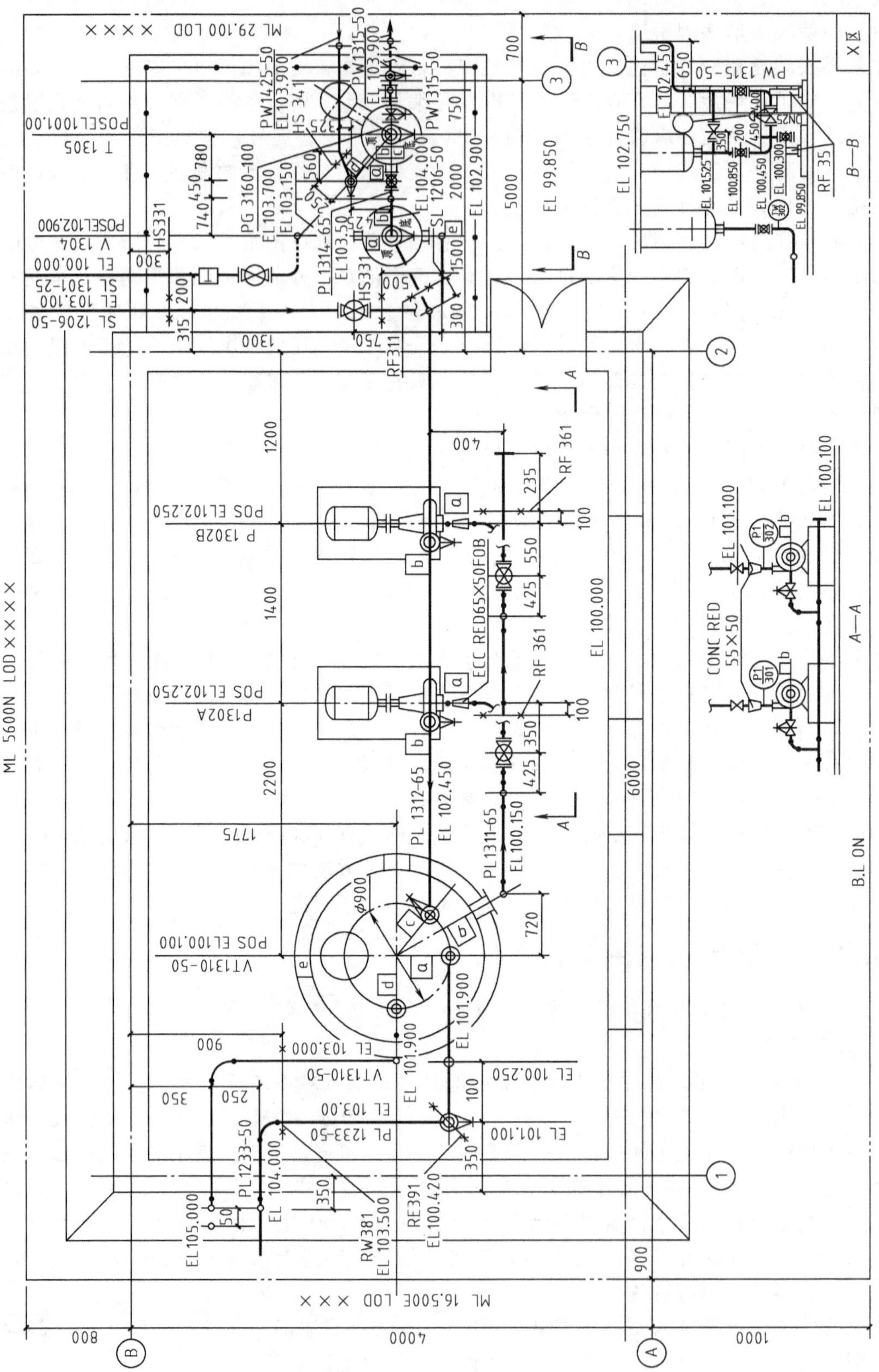

图 5-30 管道布置图

整个主项全貌，还需查阅该主项的分区索引和其他的分区布置图。

通过查阅相应的管道和仪表流程图（未列出）可知，上述设备分别为料液槽、输送泵、料液中间槽及精馏塔。

2. 详细阅读与分析

现以料液槽 V1301 为例说明其管道配置详细情况。

料液槽 V1301 共有 a、b、c、d 四个管口，设备支撑点（基座）的标高为 EL100.100，其中与管口 a 相连接的管道代号为 PL1233-50，管内输送的为工艺液体，由界外通过 PL1233-50 穿过墙体引入室内，其引入点标高为 EL104.100，经过了标高 EL103.100、EL100.450、EL101.900 等不同标高位置转换并转向后再与管口 a 相连接，进入料液槽，管道上安装了 2 个控制阀，其轴测图如 5-31 所示。

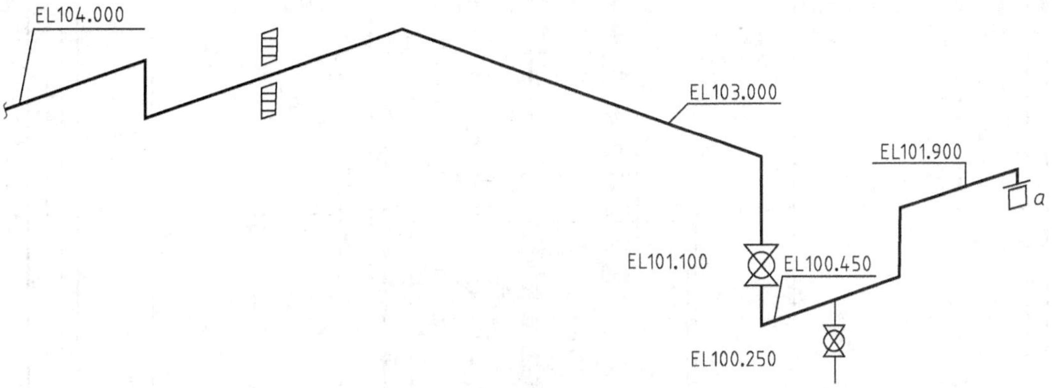

图 5-31　PL-50 管道的立体示意图

管口 b 相连的管道代号为 PL1311-65，由料液槽下部（EL100.150）引出进入两台并联的料液泵 P1302A 和 P1302B，然后从泵出来，经过代号为 PL1232-65 的管道进入中间槽 V1304，另一支管返回连接料液槽管口 c 重新进入料液槽。与管口 d 连接的管道代号为 VT1310-50，出设备后依次向上、向西（EL101.900）、向上、向北（EL103.000）、向西穿过墙体后再向上排向大气，为一根放空管。

与其他设备相连的管道也可按照上述办法参照管道仪表流程图依次进行分析，必要时还需参考其他图纸，直至全部了解清楚。

图纸阅读完毕后，还应该进行一次综合性的检查与总结，以全面了解管道及其附件的安装与布置情况。

活动三　分组阅读管道布置图

练习 1　分组活动，阅读图 5-1，并进行讨论。要求通过读图知识和所掌握的化工工艺常识看懂图中的设备、管线中物料种类及其流向，分析图中设备 E0812 属于什么类型设备，在本流程中大约起何种作用。讨论完毕后据此绘制出本系统的管道仪表流程图。

练习 2　图 5-32 为一张天然气脱硫系统的管道平面布置图，分组认真阅读、总结并相互讨论。要求通过读图获得如下技能。讨论后各组推出代表对照图纸进行讲解。

① 图中的设备和管道标注的方法；

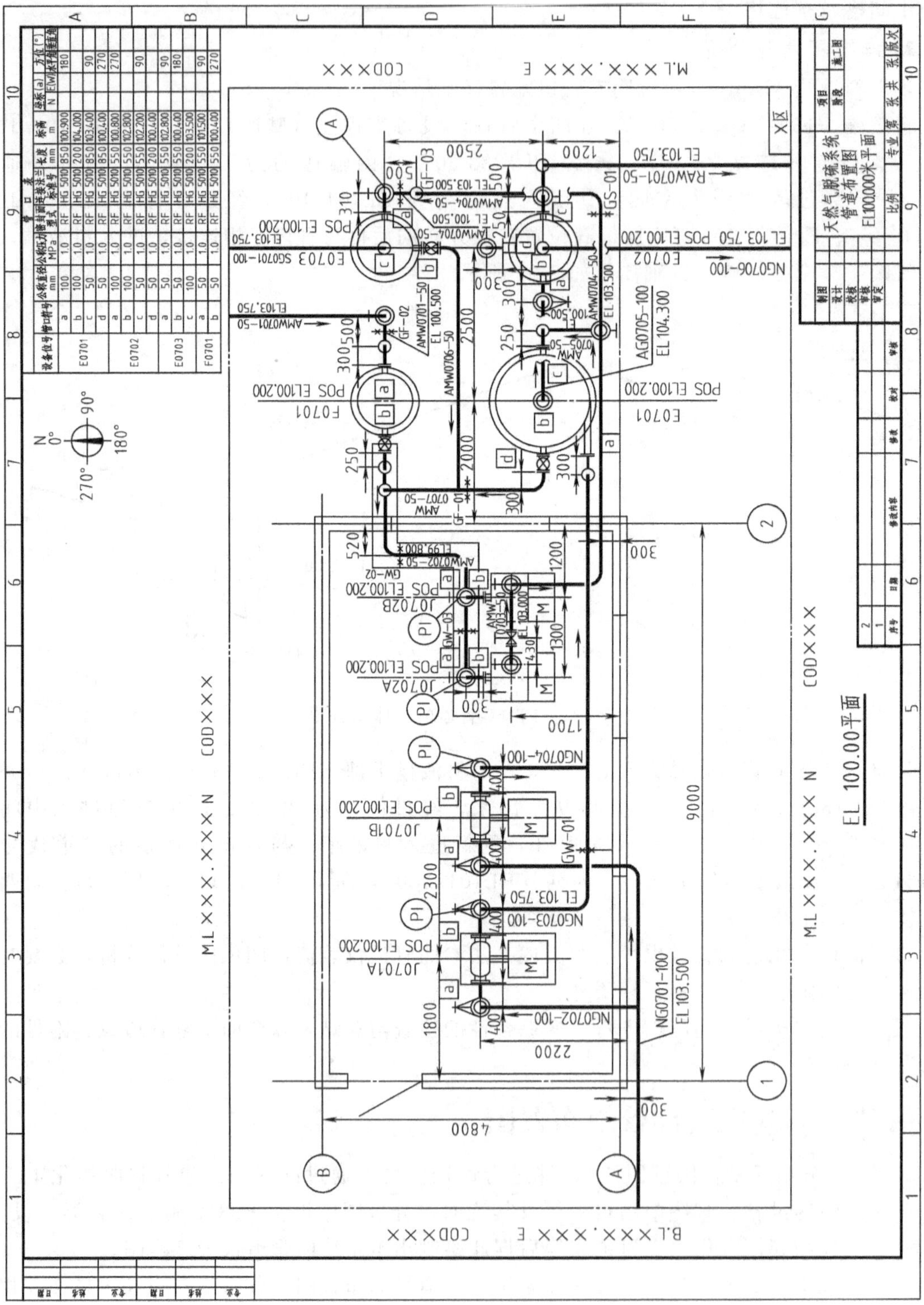

图 5-32 天然气脱硫系统管道布置图

② 图中管路交叉时的处理方法；

③ 总结出只有管道平面布置图时，较好的读图方法；

④ 对进行管道布置时应当注意的事项进行归纳总结。

活动四 管道布置图的绘制

绘制管道布置图以前，需做好必要的准备工作，绘图时应按照合理的顺序绘制。

1. 绘图前的准备工作

在两种情况下需进行管道布置图的绘制。第一种是进行化工设计，第二种是对现有的工艺管道布置情况进行改造。现以化工设计方式予以讨论。按照化工设计的步骤，在完成工艺流程设计和工艺计算之后就进入了制图阶段。根据设计项目的基本条件及要求，依次进行管道仪表流程图绘制、设备图绘制、设备布置图绘制，最后进入管道布置图的绘制阶段。因此，管道布置图的绘制是在管道仪表流程图、设备图和设备布置图的基础上进行的。在进行管道布置图绘制前，一定要了解清楚整个设计过程的情况，熟悉工艺原理和流程，熟悉设备的构造和用途，熟悉设备的布置情况，只有熟悉上述内容，才具备绘制管道布置图的基础。

绘好管道布置图的另一前提是必须熟悉从工艺角度对管道布置的要求，并熟悉国家和行业标准及制图规范。

因此，进行管道布置图绘制之前，首先要充分了解生产工艺流程、厂房建筑的基本常识、大致结构、设备及其管口等的配置情况，掌握管道布置的一般原则，通过查阅各种技术资料和图纸，熟悉本工程项目对管道及其附件布置的具体要求，根据掌握的情况对本项目管道布置的合理性作出初步考虑，再通过查阅国家标准和行业标准来熟悉制图规范，以使设计绘制的图样符合要求。

图纸绘制过程是设计思想的表达过程，必须要从工程的角度全面考虑问题，否则，将可能出现设计不合理的现象，造成不必要的损失。虽然各种生产过程的具体要求各有差异，但总地来说，还是具有一定的共性。现从通用角度将管道布置的一些主要原则和应考虑的问题简述如下，以供绘图时参考。

（1）考虑物料因素

① 有腐蚀性物料的管道，应布置在平列管道的下方或外侧。易燃、易爆、有毒和有腐蚀性物料的管道不应敷设在生活间、楼梯和走廊处，并应配置相应的安全阀、防爆膜、阻火器、水封等防火、防爆装置。安全阀和防爆膜的物料排出位置必须指向安全方向，不能影响操作人员等的人身安全及造成设备、厂房等的损坏，放空管应引至室外指定地点或高出屋面2m以上。

② 冷、热管道尽量分开布置。无法避免时，应采用热管在上，冷管在下的铺设方式。其保温层外表面的间距，上下并行时一般不应小于0.5m；交叉排列时，不应小于0.25m。

③ 一般来说管道敷设应考虑保证适度坡度，坡度方向一般均沿着物料流动方向，个别情况下亦有相反者。坡度一般为1/1000～5/1000。

④ 输送黏度大的物料管道，坡度要求大些，可至1/100；若物料中含固体结晶时，坡度可高至5/100左右。埋地管道及敷设在地沟中的管道，在停止生产时，若不必考虑放尽积存物料者，则可不考虑敷设坡度。表5-3所列数据可供参考。

（2）考虑方便施工、操作、维修

表 5-3 各种物料敷设的坡度

物料	坡度	物料	坡度
蒸汽	5/1000	生产废水	1/1000
蒸汽冷凝水	3/1000	压缩空气、氮气	4/1000
清水、冷冻水、冷冻回水	3/1000	真空	3/1000

① 管道尽可能沿墙壁、地面安装，管与管之间、管与墙之间的距离应能方便管件、阀门、仪表等的安装、操作与维修。

② 管道应集中架空布置，尽量走直线，少拐弯；不要挡住门窗和妨碍设备、阀门的操作与维修；不妨碍吊车作业；在行走过道地面至 2.2m 的空间不应安装管道。

③ 支管多的管道应布置在平行管的外侧。气体支管应从上方引出，液体支管应在下方引出。

④ 除工艺上有要求外，管道应避免出现“气袋”、“口袋”和“盲肠”。集汽系统的布置，应使得蒸汽能方便地向最高点排放，如图 5-33 所示。

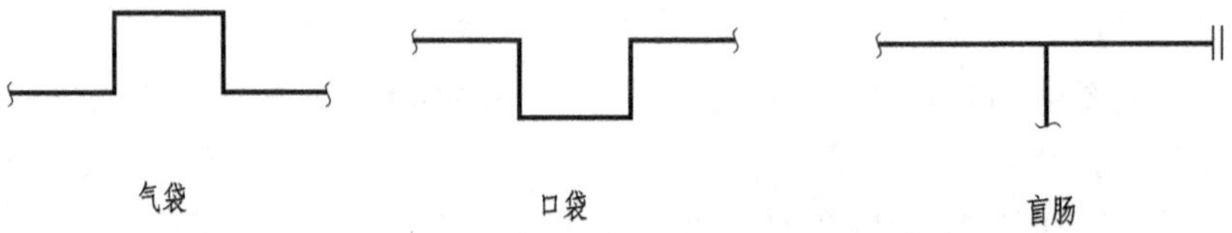

图 5-33 气袋、口袋和盲肠

(3) 考虑安全生产

① 阀门要布置在便于操作的部位，操作频繁的阀门应按操作顺序排列。容易开错且会引起重大事故的阀门要拉开间距，并涂刷不同颜色以便于区别。

② 地下管道通过道路或受负荷地区，应加保护措施。

③ 管道与阀门的重量，不要考虑支承在设备上，尤其是铝制设备、非金属材料设备、硅铁泵等。

(4) 考虑其他因素

① 距离较近的两设备间，管道一般不应直连，其一是垫片不易配准，其次，管道长度也难以准确配准，况且如果设备及管道在高温下操作，由于热胀冷缩可能产生很大的热应力，难以保证紧密连接。除非设备之一未与建筑物固定或采用了波形伸缩器。建议采用 45°

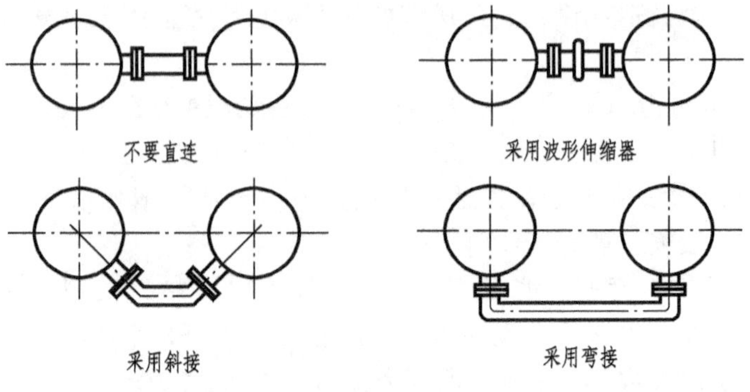

图 5-34 设备间的管道连接设计

斜接或 90°弯接，如图 5-34 所示。

② 不同金属材料之间的管道连接应考虑是否可能发生电腐蚀问题，例如不锈钢管与碳钢管架不应直接接触，以防电蚀。

③ 管道通过楼板、屋顶或墙时，应安装一个直径足够大的管套，管套应高出楼板、平台表面 50mm 左右。

④ 管道布置应顾及电缆、照明、仪表、暖气通风等其他管道，应全面考虑使其各就其位。

(5) 应掌握有关的标准和规定

① 涉及到化工工艺配管设计的标准、规定很多，应注意采用最新的标准。

② 关于管路、管件、阀门等的标准画法，可参见附录四。

③ 基本原则是：管线最短；转弯最少；布置美观；安排合理；管径适宜；方便检修；符合规范。

2. 绘图的方法步骤

① 确定表达方案、视图的数量和各视图的比例。

② 确定图纸幅面的安排和图纸张数。

③ 绘制视图。参照设备平面布置图，在管道平面布置图上分别用细点画线、细实线按比例绘制出厂房建（构）筑物、带有管口方位的设备图；按照流程顺序，管道布置基本原则，在上述基础上按照线型要求分别采用粗实线（虚线）、中实线（虚线）、细实线（虚线）绘出管道、管件、阀门、管架、仪表控制点等元素。

④ 标注尺寸、编号及代号等。

⑤ 绘制方位标、附表及注写说明。

⑥ 绘制相应的辅助图纸，如剖视图、向视图等。

⑦ 校核与审定。

3. 绘图举例

以绘制图 5-1 中的管道布置平面图为例，绘制过程参见图 5-35。

① 参照设备平面布置图，在管道平面布置图上分别用细点画线画出厂房建（构）筑物的建筑定位轴线和设备定位线，以细实线按比例绘制出建筑物和带有管口方位的设备图，如图 5-35（a）所示。

② 根据管道布置基本原则，按照流程顺序，采用规定的线型分别绘出管道、管件、阀门、管架、仪表控制点等元素，如图 5-35（b）所示。

③ 绘图检查无误后，按照管道仪表流程图中的统一编号在图中标出设备和管道编号、仪表控制点代号等，然后进行尺寸标注。认真检查图纸中是否所有需要表达的内容全部表达出来了，确定无误，即完成平面图的绘制，完成的图纸如图 5-35（c）所示。

④ 最后，在规定位置绘出方位标、填好标题栏、书写注意事项等。

依此方法，分别绘制出剖面图等辅助图纸。

课外活动　巩固管道布置图的绘制与阅读

活动方式：通过网络、图书馆等查找相关化工产品某工段管道布置图，参照活动四所提供的步骤，抄绘相应的管道布置图，并参照活动二的内容，交叉对其他同学所抄绘管道布置图进行阅读与讨论。

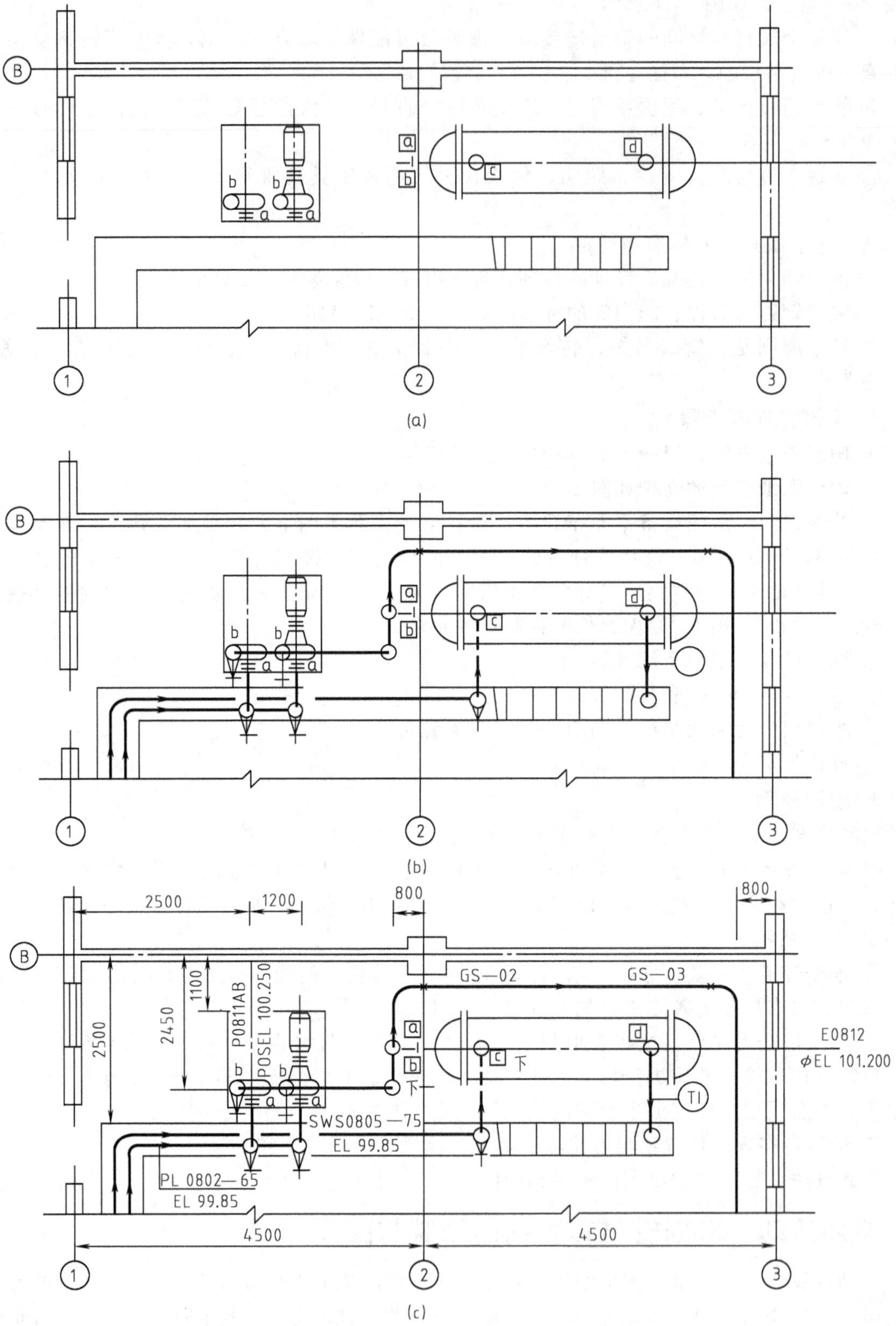

图 5-35 管道布置图的绘制

拓展知识

化工生产现场测绘

在很多情况下需要掌握现场生产情况，并将现场情况适当记录下来，比如学生到生产现场参观实习，生产人员到相关生产厂家进行学习等，都需要进行现场测绘和记录。进行现场测绘和记录，是化工生产工艺技术人员和操作人员一项非常重要的基本功，通过测绘和记录，不仅可以更深入地了解生产过程原理和工艺流程，也能提高读图和绘图能力。

要进行生产现场的测绘，需要具备必要的基础，首先是要掌握必需的化工生产基本常识，如化工生产工艺常识、化工设备基本常识、常用电气设备及控制常识、化工仪表和控制基本常识以及其他方面的化工生产现场常识等。其次是需要掌握化工制图知识，熟悉化工生产过程的管道仪表流程图、化工设备图、化工设备布置图、化工管道布置图的知识。还要了解该生产流程的原料、中间产品和产品的主要物理化学性质，懂得该产品生产原理和基本要求。

1. 测绘前的准备

在具体到生产现场进行测绘之前，应做好如下准备。

① 熟悉该车间的生产流程。通过阅读教科书或查阅相关资料，如操作手册、工艺流程图册等，熟悉生产过程的流程、主要设备、仪表检测及控制原理和方法，使自己在进入车间之前就已经基本掌握该车间的生产情况，做到心中有数。

② 要有必备的安全知识。按生产企业的安全规定，学生进厂必须经过必要的各级安全教育并通过考核，因此，在下厂之前应学习必要安全知识。

③ 准备必要的测绘工具，如皮尺（卷尺），计算器、铅笔、橡皮、图纸和记录本、笔、粉笔、绳索、铅坠等，最好能携带一个指南针，以便准确测定车间的方位。

2. 测绘及记录

测绘过程中首先是要弄懂现场的生产工艺流程、设备、管道布置、仪表检测点的布点和安装使用，然后再进行必要的记录，要按照流程、设备及布置安装、管道布置的顺序进行测绘并详细记录。

(1) 工艺管道仪表流程草图的绘制　熟悉生产流程是所有步骤中的第一步，是整个测绘的基础，也是最重要和最困难的一个步骤，可根据以下步骤进行分析和判断。

① 根据已掌握的生产原理和工艺知识，按照从前往后的原则，首先找到起始点的第一个设备，根据连接管道或是其他输送方式，一个一个设备按顺序向后推进，直至最后一个设备。对于流程较长的生产过程或产品较多的联合生产企业，管道交叉往返多，难以按照上述方法一次弄清楚，可根据已掌握的化工生产常识及设备知识，按不同物料流向分别摸查，并反复进行查对，直至弄清楚。

② 通过判断物料的流向来确定流程。判断物料流向还可以从设备、输送机械、阀门等方面进行。在较规范的化工企业，设备位号一般标注于设备之上，根据设备外形及工艺流程图中设备位号标注知识，很容易判断设备的作用、大致结构及其在流程中的顺序。

对于塔器等静设备，只要懂得其工作原理，就往往可以判断出物料流向。如在吸收塔中，气体总是下进上出，而液体则一般是上进下出；热交换器中，冷却液或被加热液一般是下进上出，加热蒸汽则是上进下出；对于输送设备，如离心泵、压缩机等，大多数是可以根据其工作原理判断出来的，如离心泵，进口管总是在中心，柱塞泵和压缩机，进出口一般都装有压力表，根据其压力读数值即可判断；一些阀门，如截止阀、止逆阀等具有方向性，在外表上往往标有流向箭头，或根据其形状结构可判断流向。

根据管道颜色可以判断管道内物料。化工设计规范中规定了部分物料的管道外表颜色，如黄色表示氨管，绿色表示水管，红色表示蒸汽管道等，通过颜色判断管内物料，再配合设备知识常可判断出物料流向。

③ 对于比较复杂的生产现场，自己难以分析判断清楚时，可求教于现场的操作工人或技术人员。

在弄懂流程之后，就可以着手绘制草图了。流程草图的绘制基本原则同管道仪表流程图，一般从第一个设备开始按照主物料的流向由前往后进行布置和绘制。由于采取手工绘图，在规范上适当降低要求，但一定要表达清楚，不可随意，以免读图时发生误解。

绘制时可按照由粗到细，由主到辅的方式进行。一步一步，以防遗漏，首先绘制好主流程管线，然后加绘各种辅助流程管及其他管线。绘制完毕后，应对照现场进行认真检查，防止出现错误及遗漏，检查无误后，再将现场所有的各种检测点及控制点用规定的符号绘制出来。最后再认真复查一遍，确保无误。

现场草图绘制一定要细心，在搞清楚全部流程后方可进行绘制，部分难以表达清楚之处，可适当辅以相应的文字予以补充说明，以防止误读及搞错，否则等到离开现场后再发现有误往往就来不及了。

（2）设备布置草图的绘制

① 现场测绘及绘制草图：

(a) 采用指南针测定方位，在图纸上标出正北方向；

(b) 测量建（构）筑物的平面尺寸，并按照实际方位记录于平面布置草图上，将主要尺寸标注于图纸上；

(c) 测量设备的大小及各设备之间的距离，并将其绘于平面布置图上并进行标注；

(d) 在平面图上标注出各设备管口尺寸及方位；

(e) 有必要时，再绘制剖面图作为平面图的辅助图形，将标高注于剖面图上。

② 测绘中的注意事项　测绘应当准备好测量工具，如皮尺、卷尺等。圆柱型设备的直径可以采用测量周长然后用圆周率换算直径的方法求得。如果缺乏必要的测量工具，可利用简单的估算方法记录下大致尺寸，如采用步测法测量地面距离，相似三角形法估算设备的高度等。

（3）管道布置草图的绘制　管道是系统中最为复杂的部分，现场测绘和记录需要很长时间而且很容易出错，但搞清楚现场管道布置可以帮助我们了解和巩固化工设计中管道布置的基本原则，对日后的管道配置设计有很大的帮助。

受条件限制，在一般的测绘中无法也没有必要进行准确的管道测绘，但通过现场简单测量及观察，可以记录下管路的空间布置情况，作为了解熟悉生产现场、掌握管路布置现场的训练。

鉴于现场管道布置的复杂性，即使较简单的生产现场，在草图上绘制出全部管道时也会显得很凌乱，甚至由于线条过多而难以表达清楚，此时可将其分解成多个部分进行记录，如将主物料管线、辅助物料管线、蒸汽系统管线等分别绘制在不同的图纸上，也可以采用轴测方式辅助记录，以使现场记录显得更直观易懂。

有条件的话，拍摄部分现场照片作为补充，也不失为记录现场的一种很好的辅助方法。

3. 绘制正式的工作图

在现场由于受到绘图条件的限制，只能绘制草图，但这种草图应当在内容上全面，不能遗漏有效信息。

在绘制正式图纸之前，应对现场记录的草图进行整理，认真核实，检查是否有遗漏，是否存在错误及矛盾的内容，如有，应尽快回忆并修改，当现场不很远的情况下，必要时，还需二次到现场检查核对落实。

绘制图纸时，应严格遵守绘图的有关规范，按照国家和行业标准进行绘制。一般还是按照管道仪表流程图、设备布置图及管道布置图的顺序进行。

综合训练　管道布置图绘制训练

（1）根据教师提供的管道布置模型或轴测图等，要求学生进行管路分析和管道布置图的绘图训练。

（2）配合生产现场实习，选择一个简单的实训装置或生产现场，由教师带领学生进行现场绘制草图，回校后进行现场数据整理，然后据此进行工艺管道流程图、管道布置图和管道轴测图的绘制训练。

项目六

AutoCAD 在化工制图中的应用

课题一

AutoCAD 的基础知识

教学目标

通过本课题的学习，学生将了解 AutoCAD 2006 的一些工作界面的基础知识，通过学习将对 AutoCAD 2006 有一个整体的了解，学会 AutoCAD 2006 绘图前准备工作的基本操作。

知识目标

(1) 了解 AutoCAD 2006 软件。
(2) 熟悉 AutoCAD 2006 的工作界面。
(3) 学会 AutoCAD 2006 绘图前的准备工作。
(4) 学会 AutoCAD 2006 文件的一般操作。
(5) 学会 AutoCAD 2006 绘图环境的设置。

技能目标

(1) 熟练掌握 AutoCAD 2006 工作界面的设置方法。
(2) 熟练掌握 AutoCAD 2006 图形文件的操作。
(3) 熟练设置 AutoCAD 2006 绘图环境。
(4) 熟练设置化工绘图所需图层、线型、颜色等。
(5) 熟练设置标注的文字设置。
(6) 熟练掌握绘图坐标点的输入。

活动一　认识 AutoCAD 软件

AutoCAD 作为一个通用绘图软件，它功能强大，应用范围广，操作灵活方便，并且具有结构开放性好、汉化环境较为完善等特点，在国内设计行业得到普遍应用；而且，国内不少厂商、使用单位也都以其为基础开发出适合国内市场和本单位使用要求的二次开发软件，如 PIPCAD、PIDCAD、PKPM 等。正因为如此，掌握 AutoCAD 绘图技术已成为各级各类工程技术人员必须具备的基本能力。

AutoCAD 是由美国 Autodesk 公司推出的计算机辅助设计软件，从 1982 年开发出 AutoCAD 第一个版本以来，已经发布了二十几个版本，AutoCAD 的问世，使得计算机辅助设计及绘图技术在许多领域得到了前所未有的发展，其应用范围遍布机械、建筑、化工、航天、轻工、军事、电子、服装等设计领域。AutoCAD 彻底改变了传统的手工绘图模式，把工程设计人员从繁重的手工绘图中解放了出来，极大地提高了设计效率和工作质量。

AutoCAD 2006 是美国 Autodesk 公司于 2005 年 6 月发布的版本。具有绘图界面生动形象、设计环境简洁快速的特点，是一个优秀的计算机图形数字化设计软件，它已经具有广大的用户群。对于初学者在学习这个软件的过程中，应当在掌握其基本功能的基础上，学会如何使用 AutoCAD 设计并绘制化工相关图纸。学会 AutoCAD 2006 基本操作之后，将来即使使用更高版本的 AutoCAD 软件，也会较快地适应。

结合本活动的学习，查一查、看一看国内外还有哪些绘图软件？看看 AutoCAD 早期版本和 2006 版在功能上有什么异同点？

活动二　认识工作界面

当正确安装了 AutoCAD 2006 之后，系统就会自动在 Windows 桌面上生成一个快捷图标，双击该图标即可启动 AutoCAD 2006。图 6-1 所示为中文版 AutoCAD 2006 工作界面，

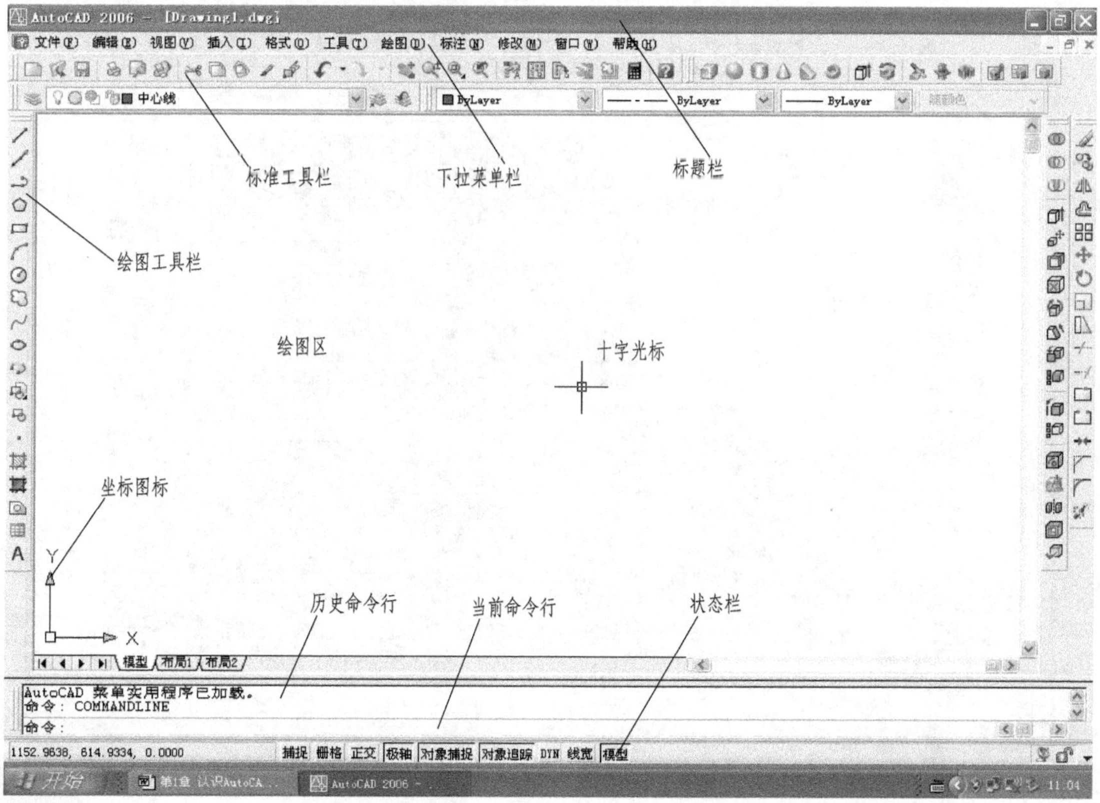

图 6-1　中文版 AutoCAD 2006 工作界面

它主要由标题栏、下拉菜单、工具栏、绘图区、十字光标、命令行和状态栏等部分组成。

1. 标题栏

标题栏在屏幕的顶部，显示的是当前图形文件的名称。如中文版 AutoCAD 2006 默认的文件名为“Drawing1. dwg”。标题栏右上角有 3 个按钮、、，可分别对 AutoCAD 2006 窗口进行最小化、正常化和关闭操作。

2. 菜单栏

和以前的版本不同，在 AutoCAD 2006 中的全部命令都可以利用菜单命令来执行。单击菜单栏中某一命令项，将弹出其相应的下拉子菜单，如图 6-2 所示。除了菜单栏以外，AutoCAD 2006 还提供快捷菜单。

（1）下拉菜单　中文版 AutoCAD 2006 的下拉菜单和以前的版本一样，但它完全继承了 Windows 的风格。单击下拉菜单栏上的任一主菜单，即可弹出相应的子菜单。通过单击子菜单中的任一命令选项，即可完成与该项目对应的操作。归结起来，AutoCAD 下拉菜单可以分为下述三种类型：

① 菜单项右侧什么也没有的，表示系统将自动执行其相应的命令。

② 菜单项后带有小黑三角的，表示单击该命令，系统将会自动弹出其下一级的子菜单。

③ 菜单项后带有省略号的，表示选取该项后将会打开一个对话框，通过对话框可为该命令的操作指定参数。

小提示： 在菜单中，用黑色字符标明的菜单选项表示该项可用，用灰色字符标明的菜单选项则表示该项暂时不可用，需要选定合乎要求的对象之后才能使用。

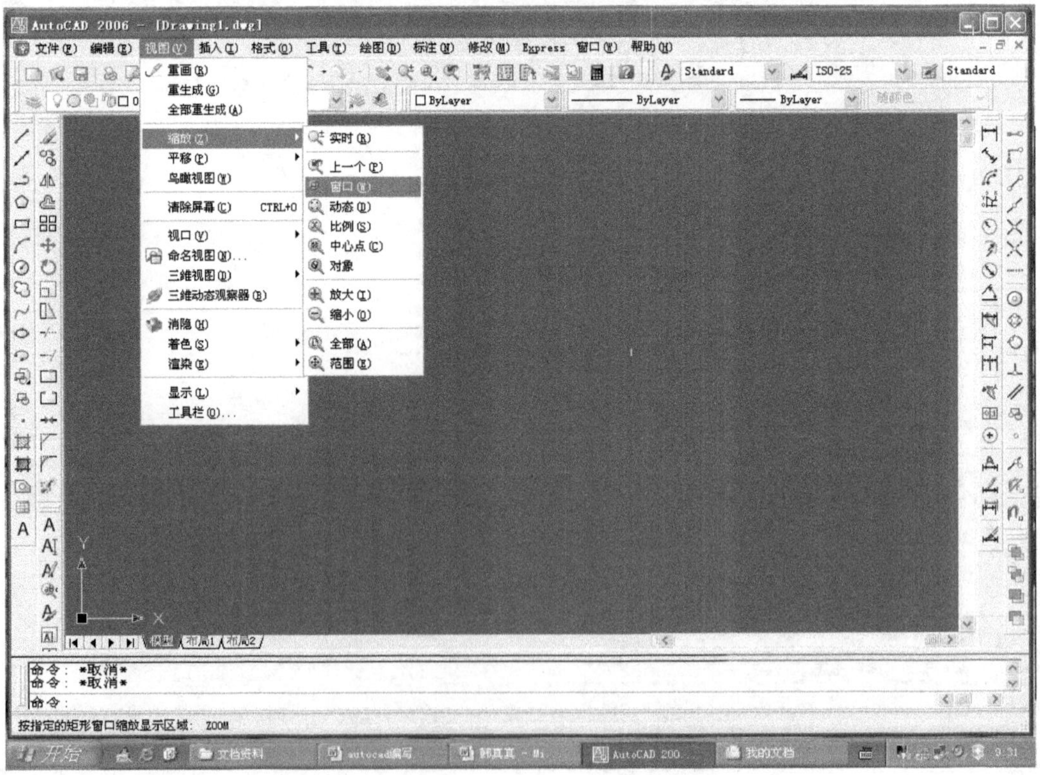

图 6-2　下拉菜单及子菜单

（2）快捷菜单　快捷菜单是 AutoCAD 2006 的另一种菜单形式。在绘图区、状态栏、工具栏单击鼠标右键，系统都会弹出一个快捷菜单，如图 6-3 所示。在快捷菜单中提供了常用的命令选项或执行相应操作的有关设置选项。

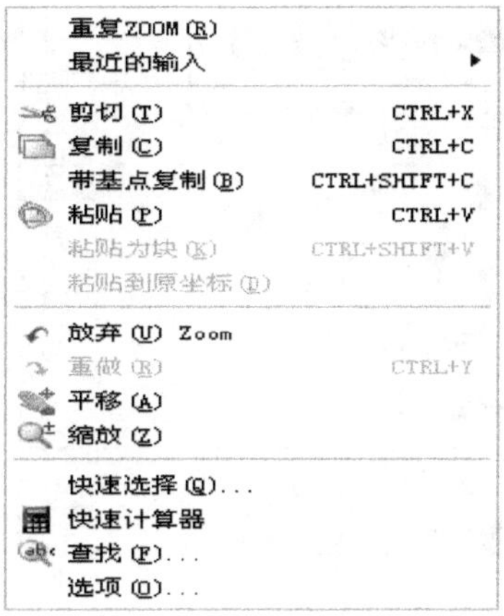

图 6-3　右键快捷菜单

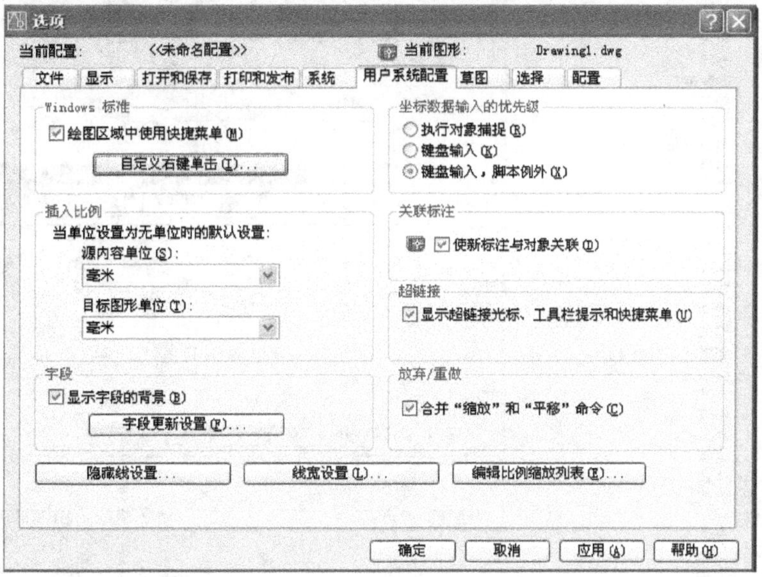

图 6-4　选项对话框

小提示： 在 AutoCAD 2006 中，也可设置禁止在绘图区中使用鼠标右键快捷菜单。当设置了禁止使用右键快捷菜单后，在作图过程中，单击鼠标右键表示确认选项。完成作图后，单击鼠标右键表示重复上一次操作的命令。此功能在一些以 AutoCAD 2006 为基础开发的二次软件中，较为常用。例如在绘制工艺流程图软件 PIDCAD 中就是禁止了右键快捷菜单。设置该功能的具体操作如下：

① 选择下拉菜单【工具】|【选项】命令，出现【选项】对话框。

② 在【选项】对话框中单击【用户系统配置】选项卡，出现图 6-4 所示对话框。

③ 在【Windows 标准】栏中的【绘图区域中使用快捷菜单】复选框，可以方便地设置右键快捷菜单的使用或关闭。

3. 绘图区

绘图区也称为视图窗口，位于屏幕中央区域，是进行绘图的主要工作区域，所有的工作结果都显示在该窗口。可以根据需要，关闭一些不常用的工具栏扩大工作空间。选择【视图】|【清除屏幕】命令或 Ctrl+0 键，AutoCAD 将在正常绘图屏幕和全屏幕之间切换。

4. 工具栏

AutoCAD 的工具栏对应着一些常用的命令，它包括了许多功能不同的图标按钮，只需单击某个按钮，即可执行相应的操作。最初显示在工具栏上的一般有标准、对象特征、绘图、图层、修改等常用工具栏。用户可以根据需要，自由选择打开或者关闭其中任意一个工具栏，并且可以按照个人的意愿来决定工具栏的屏幕显示位置。

在任一工具栏上，单击鼠标右键，将弹出工具栏的快捷菜单，如图 6-5 所示；在需要调出的工具栏名上单击，出现复选标志，该工具栏将调出到屏幕上，如图 6-6 所示。关闭调出的工具栏时，可在工具栏的快捷菜单中，单击某个需要关闭的工具栏名，取消复选标志，即可关闭该工具栏。或在需要关闭的工具栏上，单击关闭按钮，即可关闭该工具栏。

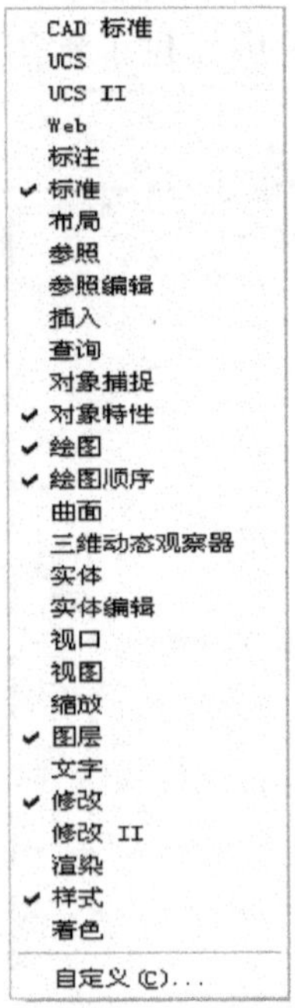

图 6-5 工具栏快捷菜单

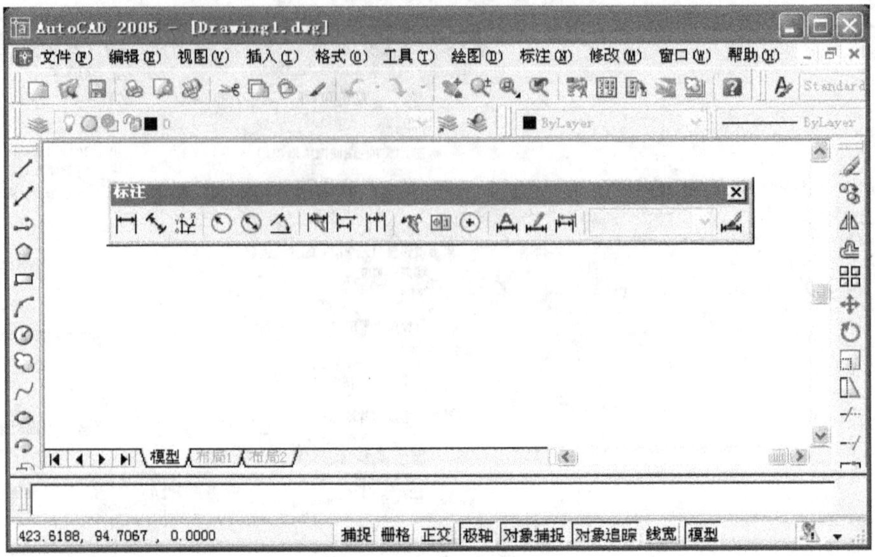

图 6-6 调出工具栏

5. 鼠标指针

工作界面上当前的焦点或者说当前的工作位置即为鼠标指针。针对 AutoCAD 工作的不同状态，对应的鼠标指针会显示不同的形状。一般情况下，当鼠标指针位于 AutoCAD 的绘图工作区域中时，其呈现为十字形状。

如果要改变鼠标指针的大小，可以在屏幕绘图区中右击鼠标，在弹出的快捷菜单中选择【选项】命令，然后在打开的【选项】对话框中，选择【显示】选项卡。接着在【十字光标大小】区域内调整十字鼠标指针十字线的长度，如图 6-7 所示；在【选项】选项卡【拾取框大小】和【夹点大小】来调整十字鼠标指针选择区域的大小。如图 6-8 所示。

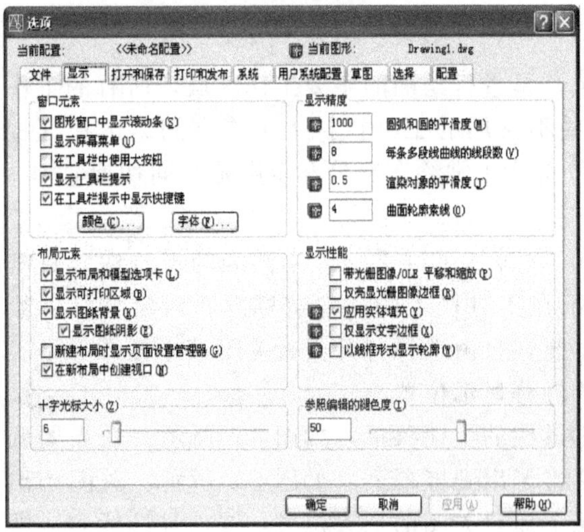

图 6-7 调出工具栏图

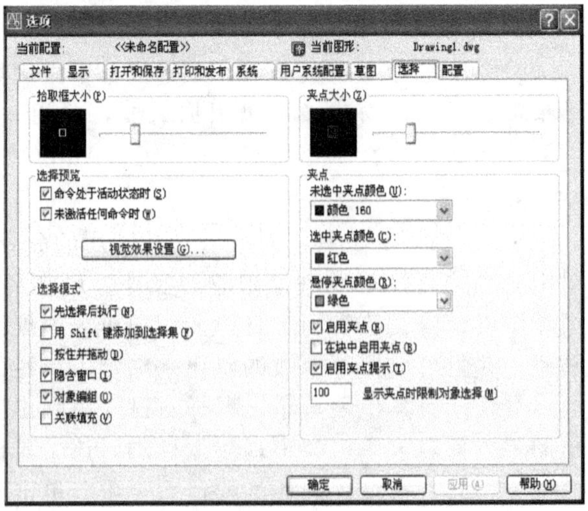

图 6-8 调出工具栏

6. 命令窗口

命令窗口位于图形窗口的下方，它是用户输入 AutoCAD 命令并显示相关提示的区域。使用时，通过键盘、鼠标输入命令，按照相关命令提示进行下一步的操作，如图 6-9 所示。

图 6-9　命令窗口

7. 状态栏

状态栏位于用户界面的底部，它是显示当前光标位置的坐标值和正交、栅格等各种模式的状态。使用时，移动光标，坐标值自动更新；单击坐标显示区，可以关闭坐标显示。单击正交、栅格等模式按钮，可实现这些模式的开关控制。

在捕捉、栅格、极轴、对象捕捉、对象追踪这五种模式按钮上均可单击右键，对模式进行设置。如在极轴模式按钮上单击右键，弹出快捷菜单，如图 6-10 所示，选择【设置】，弹出【草图设置】对话框，如图 6-11 所示，可对上述模式进行设置。

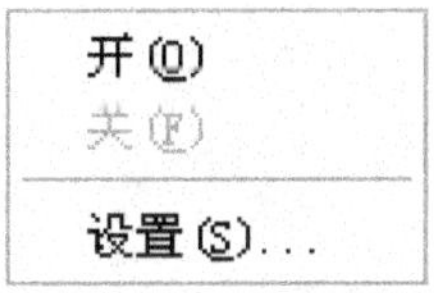

图 6-10　快捷菜单

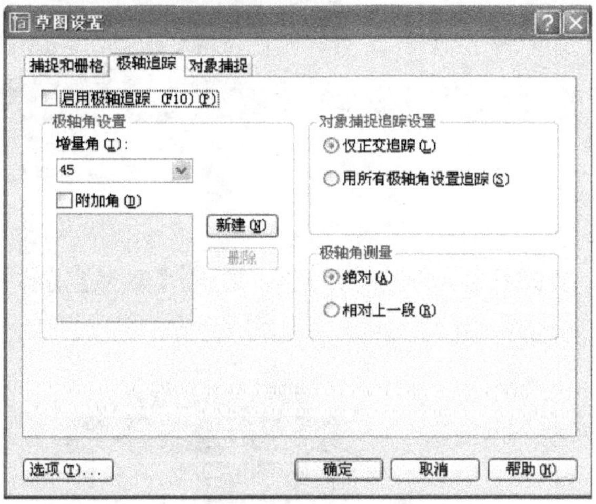

图 6-11　草图设置对话框

结合本活动的学习，打开 AutoCAD 2006 软件，结合前面的介绍分别找到标题栏、菜单栏、工具栏、绘图区、十字光标、命令行和状态栏

看一下菜单栏的组成，并完成下表：

菜单名称 / 组成	文件	编辑	视图	插入	格式	工具	绘图	标注	修改	E3press	窗口	帮助
1												
2												
3												
…												

填完此表后，按照图 6-12 设置工具栏。

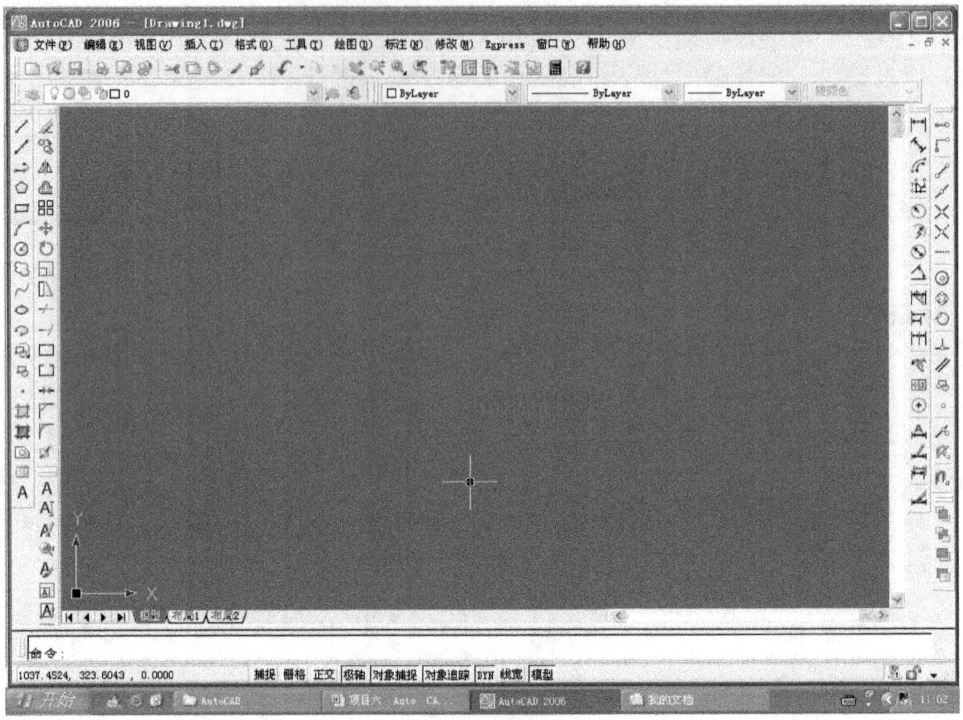

图 6-12　绘图窗口

小提示：在设定完工具栏以后，可以在界面的右下角处点击工具栏、窗口位置未锁定按钮，弹出图 6-13 所示对话框，选择【全部】【锁定】，在以后的绘图中，各窗口的元素的位置就不会改变。

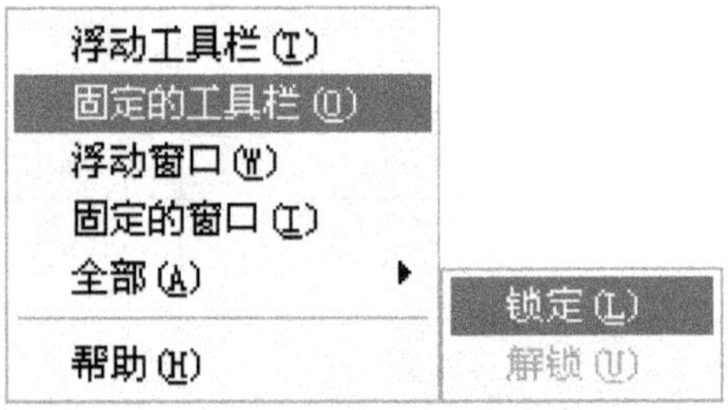

图 6-13　工具栏、窗口位置未锁定对话框

活动三　AutoCAD 2006 绘图前的准备工作

为了更好地运用 AutoCAD 2006 进行绘图，首先要学会基本设置或基本操作，就像手工绘图时要考虑图纸的大小、图纸的视角、选用的工具一样，使用 AutoCAD 2006 之前也需要设定绘图环境。主要包括绘图单位的设置、绘图范围的限制、绘图环境的设置、绘图文件的处理等。这些工作可由用户自己来做，也可以借鉴现有的模板。做好基础准备工作，对以后的绘图起到事半功倍的作用。

1. 绘图范围的限制

在绘图过程中，为了避免所绘制的图形超出用户工作区域或图纸的边界，必须用绘图界限来标明边界。设置绘图界限的命令是 LTMITS。启动该命令有以下两种方式：

① 直接执行 LIMITS 命令。

② 选择菜单栏中的【格式】|【图形界限】命令。

启动 LIMITS 命令后，AutoCAD 将给出图 6-14 所示的提示信息，此时请求输入左下角的坐标。如果直接按下回车键，则默认左下角位置的坐标（0，0）。

AutoCAD 继续提示输入右上角位置，AutoCAD 2006 默认为（420，297），即 A3 纸张幅面，直接按回车键接收默认值，其他幅面直接输入相应的长、宽数值即可。

图 6-14　边界设置命令提示

2. 绘图单位的选择

根据要绘制图形的大小确定一个单位代表的实际大小，然后据此创建图形。在 AutoCAD 中可以用二维坐标的输入格式输入三维坐标，同样包括科学、小数、工程、建筑或分数标记法。

选择菜单中的【格式】|【单位】命令，打开【图形单位】对话框，如图 6-15 所示。

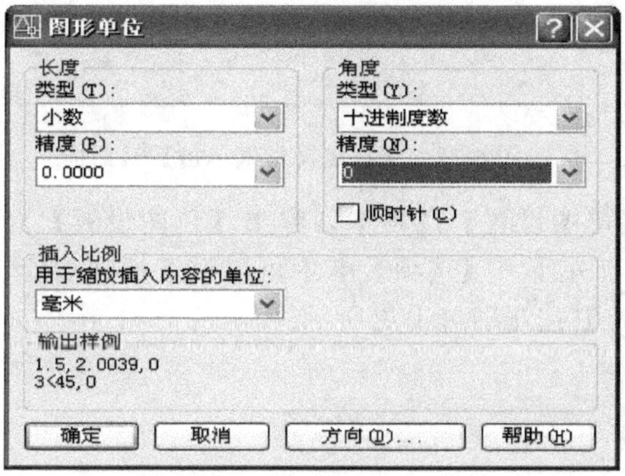

图 6-15　【图形单位】对话框

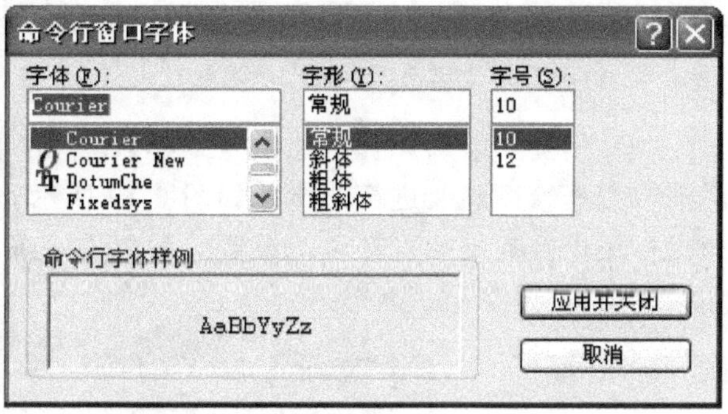

图 6-16　【命令行窗口字体】对话框

在【长度】下拉列表框中选择菜单类型，在【精度】下拉列表中选择精度类型，此时在【输出样例】区域显示了当前精度下的单位格式的样例。

在【角度】下拉表框中选择角度类型，在【精度】下拉列表中选择精度类型，此时【输出样例】区域显示了当前精度下的角度类型样例。

AutoCAD 在默认情况下，是按逆时针方向进行正角度测量的，如要调整为顺时针方向只需勾选【顺时针】复选框即可。

3. 绘图环境的设置

绘图环境是指绘图时所遵循或参照的标准。对大部分绘图环境的设置，最直接的方法是使用【选项】对话框。在绘图区右击鼠标，在快捷菜单中选择【选项】命令，打开【选项】对话框。

（1）设置命令行字体　选择【显示】选项卡，单击【字体】按钮，将打开【命令行窗口字体】对话框，如图 6-16 所示。

在该对话框中可以对命令行中的字体、字型、字号进行设置。设置完后单击【应用并关闭】按钮。

（2）设置右击的功能　选择【用户系统配置】选项卡，如图 6-17 所示。然后单击【自定义右键单击】按钮，将打开如图 6-18 所示的【自定义右键单击】对话框。

在该对话框中，可以设置在各种工作模式下右击的功能，设定后单击【应用并关闭】按钮，此时右击的功能已启动。

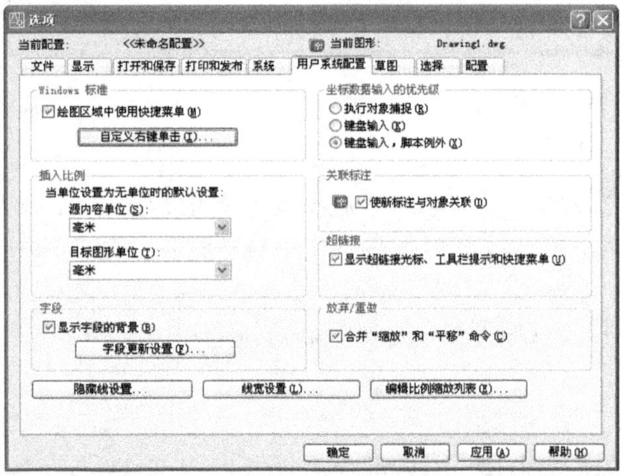

图 6-17　选项卡中用户系统配置

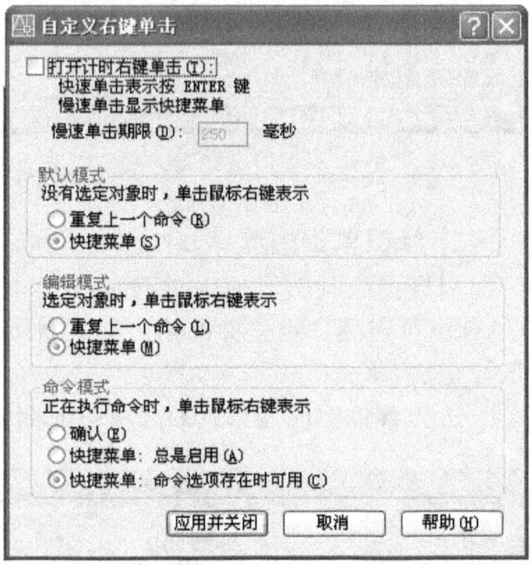

图 6-18　【自定义右键单击】对话框

（3）捕捉功能的设置　选项【工具】，单击【草图设置】选项卡，弹出【草图设置】对话框，根据绘图需要进行选择，如图 6-19 所示。在左下方【选项】卡中可以设置捕捉功能、捕捉标记以及捕捉标志颜色，设置好后单击【确定】按钮即可退出所示。

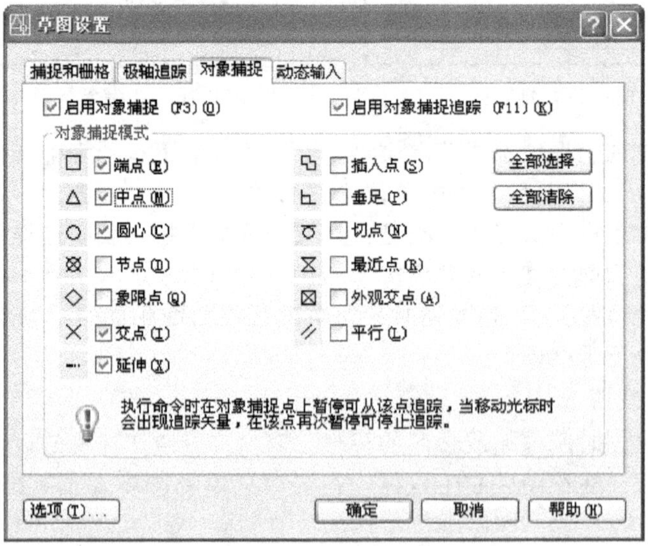

图 6-19　捕捉功能的设置

小提示： 自动捕捉标记不应设置太大，以免导致在捕捉时不能准确定位，当图形被缩放时自动捕捉标记不会变化。

4. 绘图背景的设置

在绘图区中，系统默认显示颜色为黑色。可以将绘图区设置为其他颜色，其操作步骤如下：选择下拉菜单【工具】|【选项】命令，出现【选项】对话框，在该对话框中单击【显示】选项卡，出现图 6-20 所示对话框。在该对话框的【窗口元素】栏中单击 颜色(C)... 按钮，出现图 6-21 所示【颜色选项】对话框。在【颜色】下拉列表框中选择所需颜色。单击 应用并关闭 按钮返回【选项】对话框。单击 确定 按钮，退出【选项】对话框完成颜色设置。

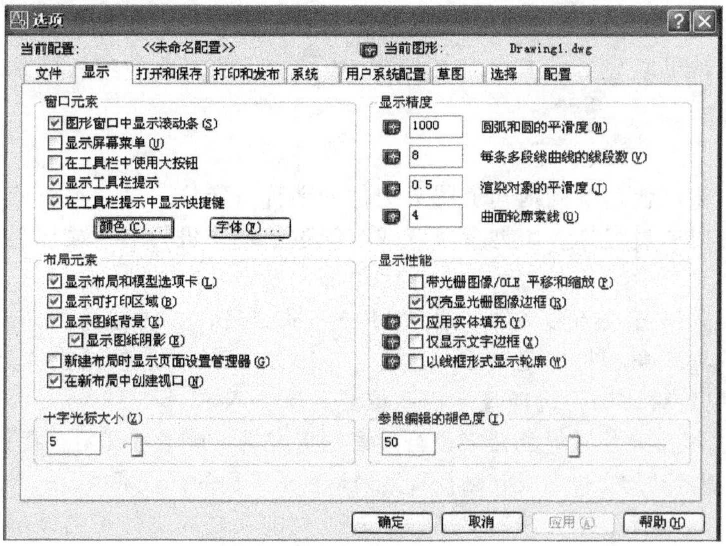

图 6-20 选项对话框

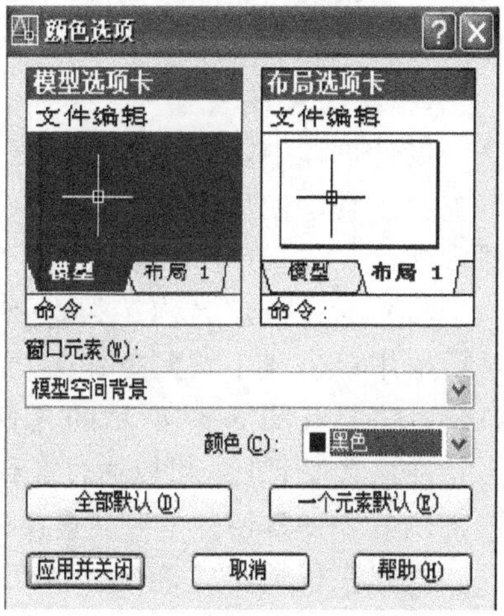

图 6-21 颜色选项对话框

结合本活动的学习，建一张新图，设置大小为 A4，而且把绘图窗口的背景改为白色

提示：

(1) 开始一张新图 选择【标准】工具栏 | 按钮，从【选择样板】对话框中选择样板图“acad.dwt”新建一个空白图形文件。

(2) 图形区域设置 选择【格式】菜单 |【图形界限】命令，打开格栅模式，设置297×210 的绘图区域。

——指定左下角点或［开（ON)/关（OFF)］＜0.0000，0.0000＞：【Enter】(执行默认值)；

——指定右上角点＜420.0000，297.0000＞：297，210【Enter】(设置 A4 大小的图形界限)；

——命令：ZOOM【Enter】；A【Enter】(将所设图形界限放至最大)。

(3) 绘图单位和精度设置 选择【格式】菜单 |【单位…】命令，屏幕弹出【图形单位】对话框。

——在【长度】区内选择单位类型为：“小数”，精度为：“0.0”；

——在【角度】区内选择角度类型为："十进制小数"，精度为："0"。

——在【用于缩放插入内容的单位】列表框中选择图形单位，默认为"毫米"。

(4) 将背景颜色设置为白色　在绘图区右击，从快捷菜单中选择【选项】命令，打开【选项】对话框。在该对话框中选择【显示】选项卡，单击【颜色】按钮，打开【颜色选项】对话框。在【窗口元素】下拉列表框中，选择【模型空间背景】选项。在【颜色】下拉列表框中选择白色，【模型】预览区域中的颜色将变为白色。单击【应用并关闭】按钮，关闭【颜色选项】对话框。最后单击【确定】按钮关闭【选项】对话框，AutoCAD 主窗口背景颜色将由黑色转变为白色。

活动四　AutoCAD 2006 文件的操作

在 AutoCAD 2006 中，对图形文件的操作主要有创建文件、打开文件、保存文件、自动保存、查找文件、缩放图形、使用帮助功能等。其中前几项和 Windows 的其他应用软件基本一致，这里不再讲述。

1. 查找文件

设计过程中，有时文件很多，很难快速准确地知道图形文件的名称、定位。这就需要使用查找工具，使用查找工具时，可以通过名称、类型及位置或时间过滤器来进行查找或搜索图形文件。

(1) 通过指定名称、类型及位置来查找图形文件　启动 OPEN 命令后，在【选择文件】对话框中单击【工具】按钮旁边的黑三角，将出现其下拉菜单。在下拉菜单中选择【查找】命令，将打开图 6-22 所示的【查找】对话框，选择【名称和位置】选项卡。

在该选项卡上，可以通过名称、类型及位置过滤器来进行搜索图形文件。单击【开始查找】按钮，AutoCAD 便开始自动查找，被找到的文件名及其路径将被列举在最下边的列表框内。

查找完毕单击【确定】按钮，返回【选择文件】对话框，被找到的文件或文件夹已显示在【选择文件】对话框中。选择文件，该文件将显示在预览框中，单击【打开】按钮或直接双击文件图标将打开文件。

(2) 通过指定时间来查找图形文件　在【查找】对话框中选择图 6-23 所示的【修改日期】选项卡。

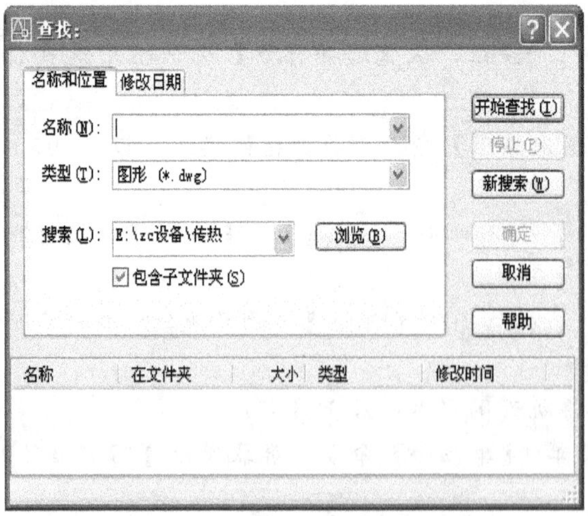

图 6-22　【查找】对话框

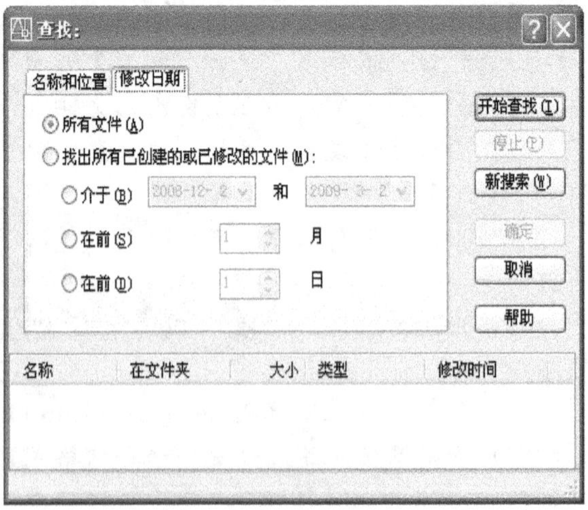

图 6-23　【修改日期】选项卡

在该选项卡中单击【所有文件】按钮表示将查找所有图形文件；单击【找出所有已创建的或已修改的文件】单选按钮，则表示可以指定一个具体到某月或某日的过滤器。然后单击【开始查找】按钮进行查找。

如果单击了【新搜索】按钮，AutoCAD 将打开询问对话框，提示将清除当前的搜索结果。如果单击【确定】按钮将清除当前的搜索结果。

2. 缩放图形

按一定比例、位置和方向显示的图形称为视图。利用视图的缩放功能，可以改变图形实体在视窗中显示的大小，从而方便地观察一些过大或过小的图形。如图 6-24（a）、（b）所示。

调整图形显示大小的命令是 ZOOM。启动该命令有以下四种方式。

① 直接执行 ZOOM 命令。

② 选择菜单栏中选择【视图】|【缩放】命令，然后再选择具体命令。

③ 在【标准】工具栏中单击相应的 ZOOM 命令按钮。

④ 直接利用鼠标滚轮的滚动进行缩放调整。

小提示：使用缩放功能改变的只是图形的显示比例，不会改变其绝对大小。

图 6-24　缩放图形

3. 鸟瞰视图

鸟瞰视图能够提供一个独立的窗口显示图形，实现快速平移、缩放图形。在下拉菜单中选择【视图】|【鸟瞰视图】，弹出【鸟瞰视图】窗口，如图 6-25（a）所示。图中黑框为视口边界，在其中双击左键，出现一带箭头细实线矩形框，左右移动鼠标至合适位置，单击右键，则在屏幕绘图区放大、缩小显示矩形框框选内容，如图 6-25（b）所示。

4. 使用帮助功能

在下拉菜单中有【帮助】选项，点击可以了解 AutoCAD 2006 的阅读用户手册、命令参考等信息，如图 6-26 所示。在绘图操作中，可以借助对话框中（如图 6-27 所示）的 帮助(H) 按钮，列出对操作的注释等信息。

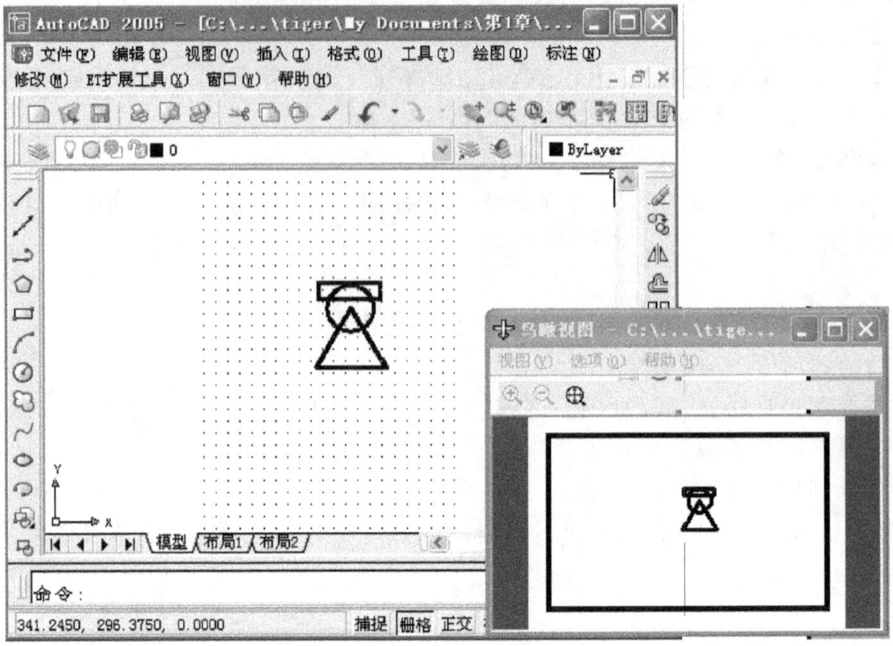

(a)鸟瞰视图缩放前

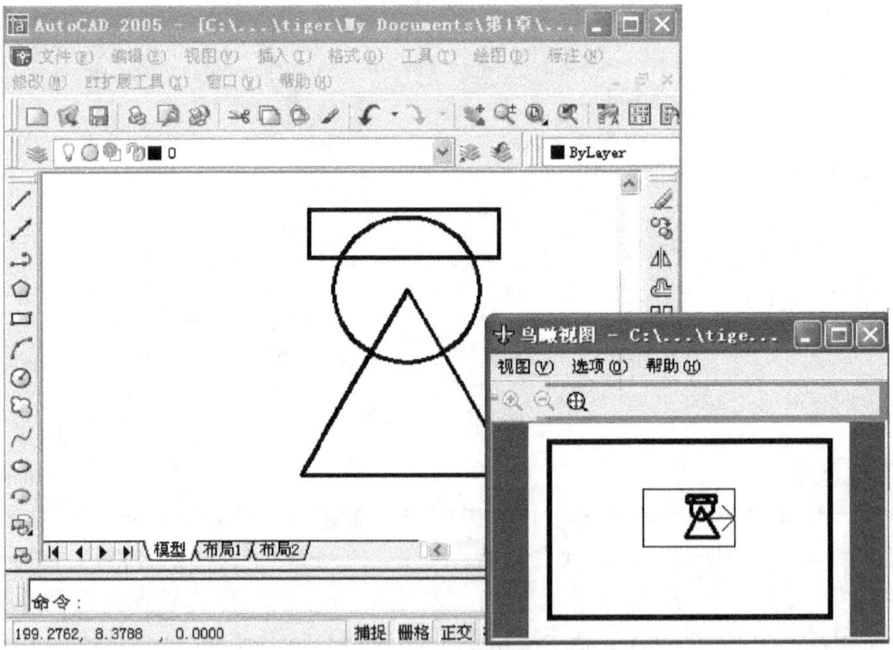

(b)鸟瞰视图缩放后

图 6-25 鸟瞰视图

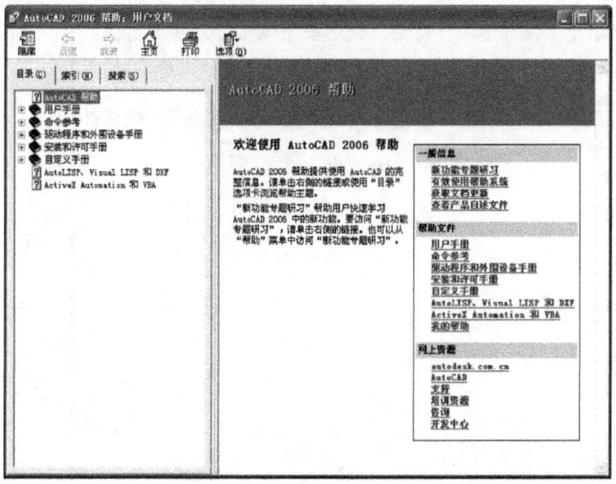

图 6-26 【帮助】对话框

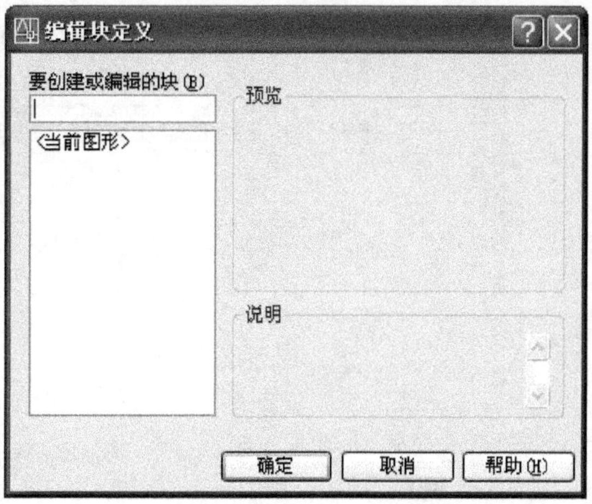

图 6-27 绘图中使用【帮助】功能

结合本活动的学习，上机查找一个 CAD 文件（后缀为 .Dwt），阅读其内容后，另存为“活动四作业”与 D:/我的作业文件夹中

活动五 AutoCAD 2006 图层设置

在 AutoCAD 中，图层相当于手工绘图中使用的透明重叠图纸，将具有相同特性的图形元素放置在同一个图层，然后统一设置每个图层。这样，在图层上绘制的图形都具有它所在的图层的特性。图层的使用主要是方便图形特性的设置和以后的修改。

在 AutoCAD 中，设置图层一般有两种方法：一种方法是通过选择菜单栏【格式】|【图层】命令，另一种是单击图 6-28 所示【图层】工具栏中的图层特性管理器按钮。两种方法均弹出图 6-29 所示的对话框。在【图层特性管理器】对话框中可以完成许多工作，如根据具体需要添加图层，设置图层颜色、线型、线宽及图层的上锁、冻结、关闭等工作。

图 6-28 【图层】工具栏

1. 新建图层

根据化工制图的特点及需要，化工图样一般可设置 8 个图层，0 图层为图纸框，1 图层为标题栏、明细栏、管口表、技术要求及技术特性表，2 图层为中心线及基准线，3 图层为结构线或设备，4 图层为主物料管线，5 图层为辅助物料管线，6 图层为仪表与控制点，7 图层为尺寸标注。要完成上述工作，只需点击 7 次图 6-29 上方的新建按钮，在图 6-30 的下方就会有图层 0 至图层 7 共 8 个图层，如图 6-30 所示。

2. 设置图层颜色

设置图层颜色后，在该图层所绘制的图形就具备该图层的颜色。通过颜色可以方便地辨别图形属于哪个图层。设置的方法是在图 6-30 中，点中图层 1，然后在颜色下所对应位置点

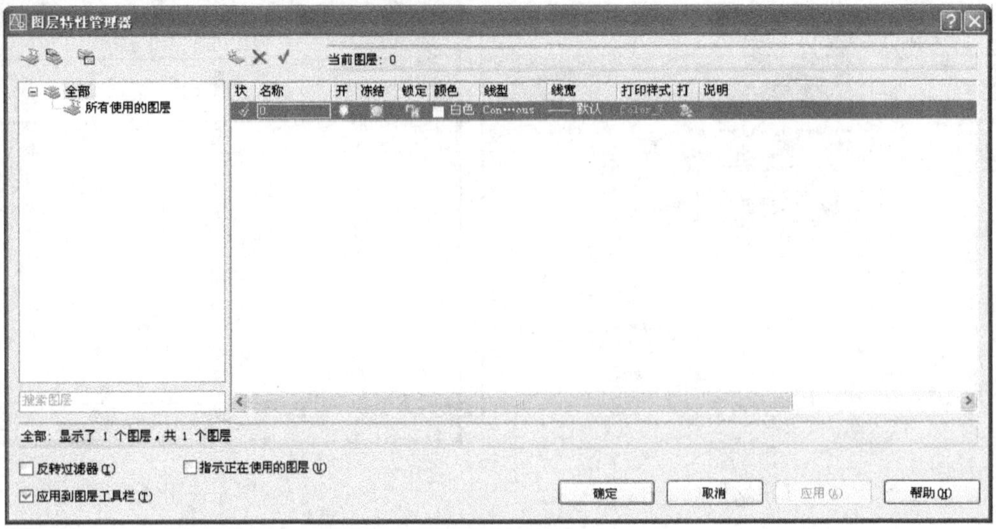

图 6-29 【图层特性管理器】对话框

图 6-30 设置 8 个图层

一下，系统会弹出【选择颜色】对话框。如图 6-31 所示，选择相应的颜色，按【确定】按钮即可，依次类推，设置其他图层的颜色。为方便起见，建议 0 图层为原色，1 图层为原色，2 图层为浅绿，3 图层为红色，4 图层为黄色，5 图层为土黄，6 图层为浅蓝，7 图层为洋红。

3. 设置图层线宽

通过改变图形对象的线型宽度，可以在显示和打印时进一步区分图形中的对象。在图 6-30 中，点中图层 1，然后在【线宽】下所对应位置点一下，系统会弹出【线宽】对话框。如图 6-32 所示。选择相应的线宽，按【确定】按钮即可，依次类推，设置其他图层的线宽。线宽最好符合手工绘图中的相应要求。

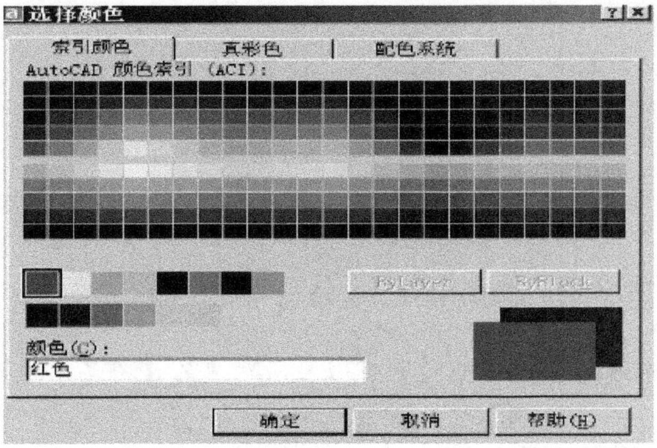

图 6-31 【选择颜色】对话框

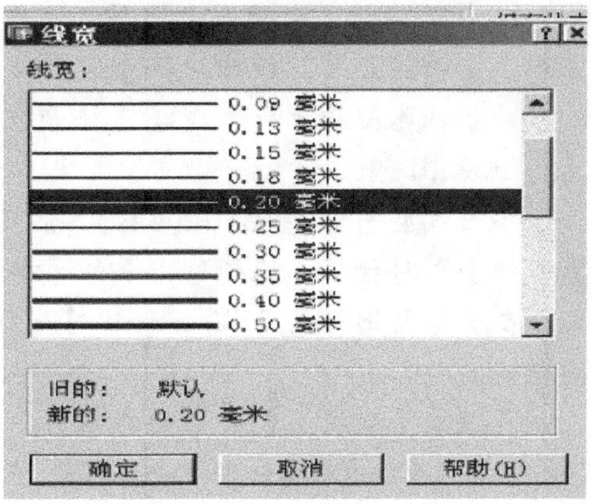

图 6-32 【线宽】对话框

4. 设置线型

单击线型图标“Continuous”，弹出图 6-33【选择线型】对话框，点击【加载】，弹出图 6-34【加载或重载线型】对话框，选择所需要的线型。

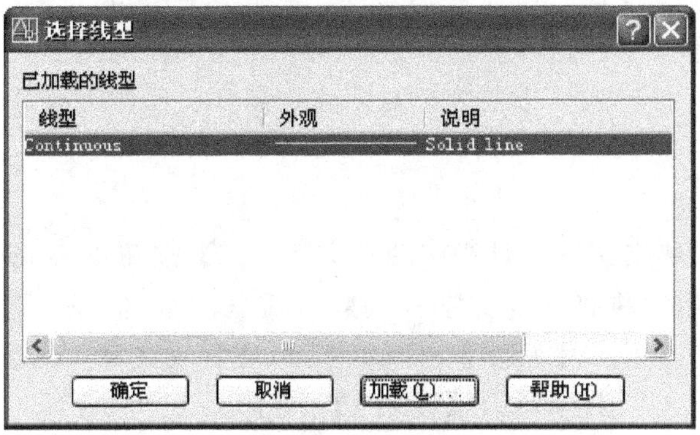

图 6-33 【选择线型】对话框

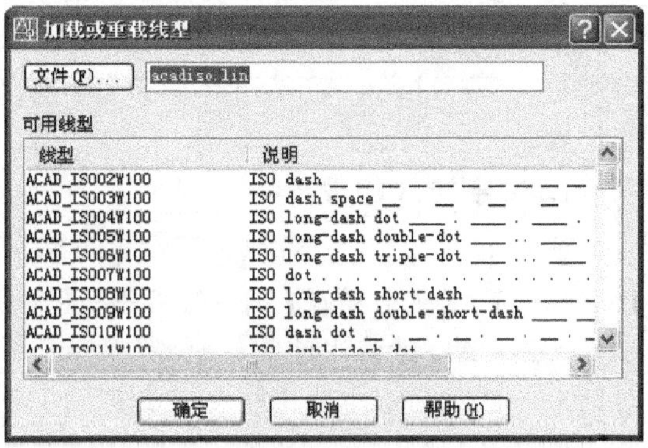

图 6-34 【加载或重载线型】对话框

5. 设置图层控制状态

图层的控制状态共有图层关闭、图层冻结、图层锁三个按钮，在选中图层后，可直接点取，点击一次改变状态，点击两次恢复原来的状态，具体作用如下。

① 图层关闭（打开/关闭）。关闭图层后，该层上的实体不能在屏幕上显示或由绘图仪输出。在重新生成图形时，层上的实体仍将重新生成。

② 图层冻结（冻结/解冻）。冻结图层后，该层上的实体不能在屏幕上显示或由绘图仪输出。在重新生成图形时，冻结层上的实体将不被重新生成。

③ 图层锁（上锁/解锁）。图层上锁后，用户只能观察该层上的实体，不能对其进行编辑和修改，但实体仍可以显示和绘图仪输出。

结合本活动的学习，练习图层、线型、颜色和线宽的设置。把除图纸框以外的图层进行冻结、上锁。改名称为“工艺流程图模板一”，存在 D:/我的作业文件夹中

提示：

单击工具栏按钮，打开【图层管理器】对话框。

单击按钮，新建 8 个图层，依次起名：图纸框、标题栏或明细栏、中心线及基准线、设备、主物料管线、辅助物料管线、仪表与控制点、尺寸标注。

单击颜色图标方块，在【选择颜色】对话框中，依次为原色、原色、浅绿、红色、黄色、土黄、浅蓝、洋红。

单击线型图标“Continuous”，在【选择线型】对话框中，点击【加载】，弹出【加载或重载线型】对话框，选择所需要的线型。

单击线宽图标“默认”，弹出【线宽】对话框，选择线型的宽度，粗线 0.9，中线 0.6，细线 0.3。

在【图层管理器】对话框右框内，把除图纸边框以外的所有图层所对应的【图层冻结】、【图层锁】分别点击一下，使其分别变为、状态。

最后在【文件】的【另存为】对话框中在【文件名】改为“工艺流程图模板一”，选择 D:/我的作业文件夹进行存盘。

活动六　AutoCAD 2006 文字设置

通常，在工程设计中，有时仅从图形上并不能完全表达出设计者的意思，或者设计的图形可能有多种解释。这就需要标注大批量的常规文字，比如技术要求、资源搭配说明、设计计算书等，以便进一步说明对图形设计的技术要求。这样就需要进行文字标注，在对图形文件进行文字标注前，需要先给文本文字定义一种样式，主要包括对字体、高度、比例等属性的设置。

1. 文字样式的设置

在 AutoCAD 中，启动文字设置可以采用单击文字工具栏中的【文字样式】按钮或选择【格式】|【文字样式】命令。当启动命令后，将打开【文字样式】对话框，如图 6-35 所示，AutoCAD 默认当前字体样式为 Standard。单击【新建】按钮将打开【新建文字样式】对话框。该对话框主要用于命名新建的文字样式，其默认为【样式 1】，如图 6-36 所示。

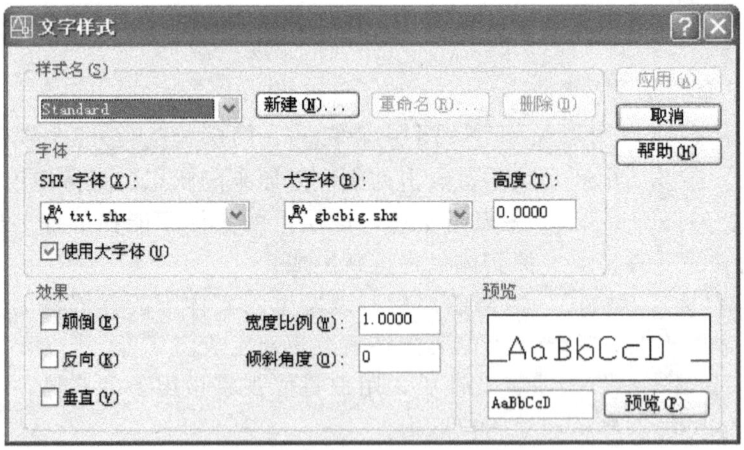

图 6-35　【文字样式】对话框

在图 6-35【文字样式】对话框中的字体选项区域中，如选中【使用大字体】复选框，则在其上的列表框名称为【SH3 字体】，该列表框中只列举出 AutoCAD 2006 特有的后缀为 .sh3的字体文件，同时【字体样式】下拉列表框被激活。如未选中【使用大字体】复选

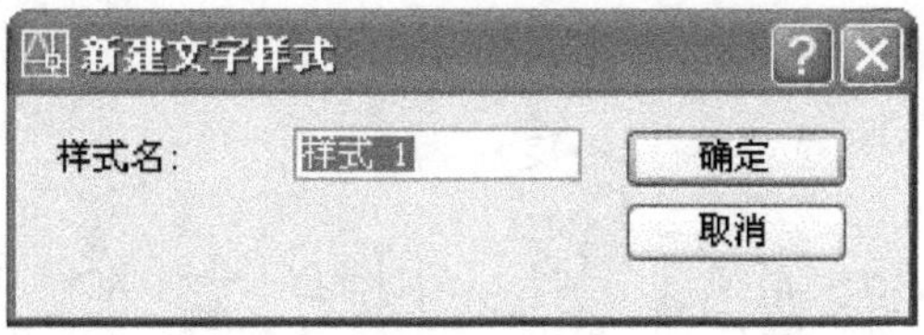

图 6-36 【新建文字样式】对话框

框，则在其上的下拉列表框名称为【字体名】，该下拉列表框中列举出 Windows 系统中所有文字文件和 AutoCAD 2006 特有的文字文件。

在【效果】选项区域中，可以编辑文字的具体特征，包括显示方式、宽度比例及倾斜角度。该选项区域中各选框的含义是：

①【颠倒】复选框用于设备文字倒过来书写。

②【反向】复选框用于设备文字反向书写。

③【垂直】复选框用于设备文字垂直书写。

小提示：文字的 3 种效果框可以多个甚至同时选择，绘图时根据需要进行合理的选择即可。

①【宽度比例】文本框用于设备文字字符的高度和宽度比值。系统默认的【文字宽度】比值为 1，当输入的【宽度比例】的比值小于 1 时，文字会变窄，反之则变宽。

②【倾斜角度】文本框用于设备文字的倾斜角度。系统默认的角度为 0，文字不倾斜；若输入的角度为正值时，文字将以顺时针方向倾斜；若输入的角度为负值时，文字将以逆时针方向倾斜。

2. 文字的输入

在 AutoCAD 2006 中提供文字标注功能。可以根据文字的多少灵活选用单行文字 AI 或多行文字 A 。

（1）输入单行文字标注　在菜单栏中选择【绘图】|【文字】|【单行文字】命令或单击文字工具栏中的【单行文字】按钮 AI，将在命令行显示图 6-37 所示的提示。依次输入文字的高度、文字行的旋转角度后，即可开始输入文字。

小提示：文字的角度为 0°时，文字方向垂直水平向右；文字的角度为 180°时，文字方向颠倒向左；文字的角度为 270°时，文字方向垂直向下。效果如图 6-38 所示。

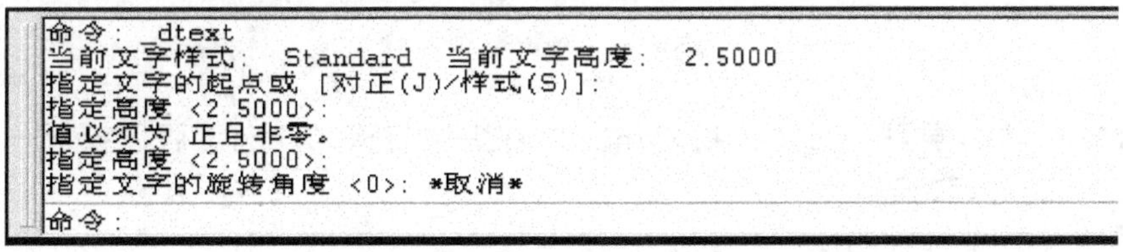
```
命令: _dtext
当前文字样式:  Standard  当前文字高度:  2.5000
指定文字的起点或 [对正(J)/样式(S)]:
指定高度 <2.5000>:
值必须为 正且非零。
指定高度 <2.5000>:
指定文字的旋转角度 <0>: *取消*
命令:
```

图 6-37 【单行文字】命令行

（2）创建多行文字标注　在菜单栏中选择【绘图】|【文字】|【多行文字】命令或单击文字工具栏中的【多行文字】按钮 A ，将出现图 6-39 所示的命令行。用户可以通过鼠标在绘图区域内单击或直接在命令窗内输入数据来指定第一角点的位置坐标，当指定好第一角点的位置坐标后，将在命令行给出图 6-39 所示的提示。

括号内各选项的含义如下。

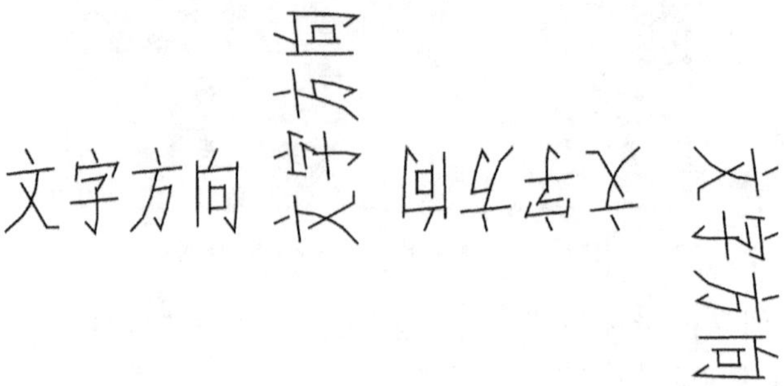

图 6-38　文字不同角度时的效果

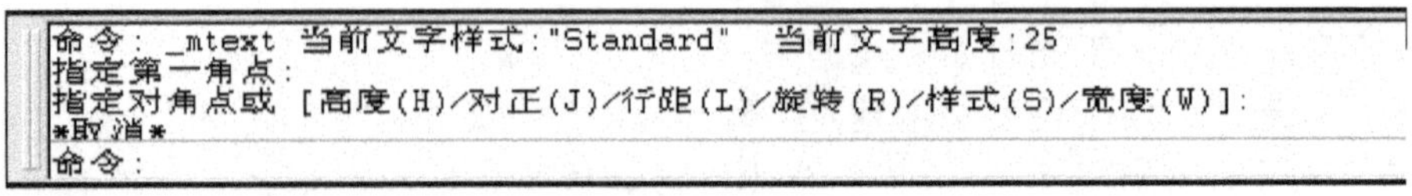

图 6-39 【多行文字】命令行

① 高度（H）：用于指定所输入文字的高度。

② 对正（J）：它的功能同输入单行文字时的提示相同。

③ 行距（L）：用于设置所输入文字的行间距。

④ 宽度（W）：用于设置文字行的宽度。

3. 编辑文字

对于所标注文字，随时可以进行编辑，编辑的方法是双击单行文字对象或单击文字工具栏中的【编辑文字】按钮，将打开图 6-40 所示的文本编辑框。此时，文本编辑框亮显，跟随光标的插入点，可以在该文本框中直接添加、删除、修改内容。

图 6-40　编辑文字框

结合本活动的学习，在 D:/我的作业文件夹中打开“工艺流程图模板一”文件，学习文字的输入和编辑

① 打开“工艺流程图模板一”文件。

② 选择菜单栏中的【格式】|【文字样式】命令，打开【文字样式】对话框。

③ 新建文字样式，在弹出的【新建文字样式】对话框的【样式名】文本框中输入【文字 1】，单击【确定】按钮。

④ 回到【文字样式】对话框，在该对话框中取消选中【使用大字体】复选框，在【字体名】下拉列表框中选择【宋体】，设置字体样式为【常规】，设置字体高度为 10。

⑤ 单击【应用】按钮，然后再单击【关闭】按钮。

⑥ 单击工具栏中的【多行文字】按钮A，在结构平面图右下角指定输入文字的适当形式，打开【文字格式】对话框，即多行文字编辑器。在此对话框中，将文字样式【文字1】置于当前。开始输入“工艺流程图模板一、班级、学号、机位号、日期”文字，并进行编辑。

⑦ 单击右键，从弹出的快捷菜单中选择【查找和替换】选项，将图形文字中的【学号】替换为【姓名】。

⑧ 单击【确定】按钮。

⑨ 在【文件】选【存盘】保存文件。

活动七 AutoCAD 2006 坐标输入

当执行绘图命令时，需要在命令行中输入点的坐标。输入点的坐标有以下几种方法。

1. 绝对直角坐标

绝对直角坐标，是从点（0，0）或（0，0，0）出发的位移，表示点的 X、Y、Z 坐标值，X 坐标值向右为正增加，Y 坐标值向上为正增加。当使用键盘键入点的坐标时，在输入值之间用逗号“,”隔开，不能加括号，坐标值可以为负。

2. 绝对极坐标

绝对极坐标：也是从点（0，0）或（0，0，0）出发的位移，但它给定的是距离和角度，其中距离和角度用“<”分开，且规定“角度”方向以逆时针为正，即 X 轴正向为 0°，Y 轴正向为 90°。

3. 相对坐标

相对直角坐标和相对极坐标是指相对于某一点的 X 轴和 Y 轴的位移或距离和角度。它的表示方法是在绝对坐标表达方式前加上“@”号。其中，相对极坐标中的角度是新建点和上一点连线与 X 轴的夹角。

完成以上工作后，就可以进入正式绘图工作了。当然，对于一些较简单的图形，也可边绘制边做一些具体的设置工作。不过，对于内容较复杂的装配图，还是建议先完成一系列的设置工作，并将其作为图样模板，在下一次绘制同类图样时，可将其调出使用。

课题三

AutoCAD 的操作

教学目标

通过本课题的学习，学生将掌握 AutoCAD 2006 绘图命令的使用，配合绘图的编辑命令的使用，绘制一些简单的图形，并进行标注，从而达到学习 AutoCAD 2006 的目的。

知识目标

（1）学会 AutoCAD 2006 绘图命令的使用。

（2）学会 AutoCAD 2006 编辑命令的使用。

（3）学会 AutoCAD 2006 图形标注的方法。

（4）掌握 AutoCAD 2006 绘图的方法。

技能目标

（1）学会创建直线、射线与构造线、多线、二维多段线、正多边形线、圆弧、圆、椭圆等基本图形的方法。

（2）学会对图形进行选取、删除、复制、镜像、偏移、阵列、移动、旋转、延伸、修剪、缩放、分解等基本操作方法。

（3）学会对绘制好的图形选择合适的方法进行标注。

（4）学会运用 AutoCAD 2006 进行绘制简单图形。

活动一　学习绘图命令的使用

在中文版 AutoCAD 2006 中，基本的绘图工具主要有直线、射线、构造线、矩形、多边形、圆、圆弧、椭圆、椭圆弧、圆环工具等，掌握它们的使用方法是整个 AutoCAD 绘图的基础。

【绘图】工具栏的每个工具按钮都对应于【绘图】菜单中相应的绘图命令，单击它们可执行相应的绘图命令，如图 6-41 所示。

图 6-41　绘图工具栏

1. 创建直线

直线是最简单的二维图形，在几何学中，两点决定一条直线。点取【绘图】工具栏的按钮后，即可画出一条线段或是在命令行中输入命令 LINE。然后指定直线起点和终点的位置或坐标，从而绘制出直线对象，如图 6-42 所示。

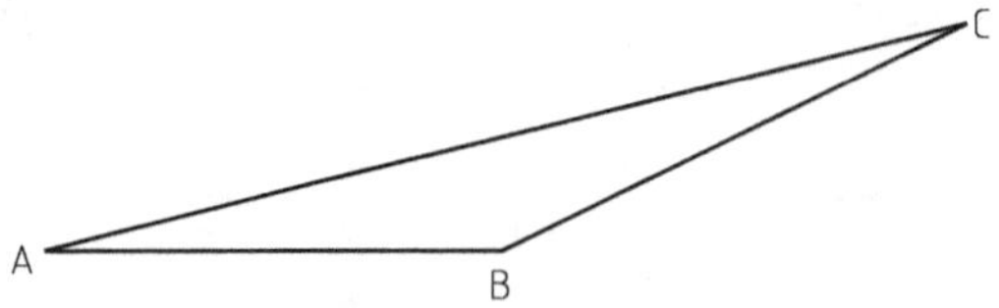

图 6-42　绘制直线

例如在使用坐标绘制图 6-42 时，可以首先在【绘图】工具栏内单击按钮，这时将光标拖到绘图区指定位置单击确定一点，然后再根据提示使用极坐标依次确定 A、B、C 点位置，命令行如图 6-43 所示。

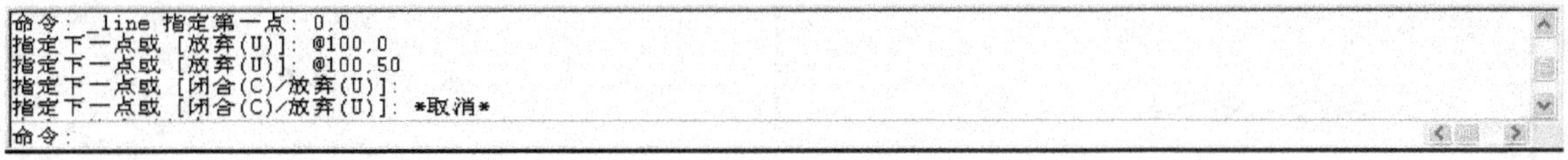

图 6-43　命令行（一）

2. 创建射线与构造线

构造线是一条没有起点也没有终点的直线。射线是只有起点没有终点或终点无穷远的直线。构造线与射线主要用于绘制辅助参考线，以方便绘图。

在绘制射线时，单击【绘图】工具栏中 按钮，也可以选择【绘图】|【构造线】命令或在命令行输入 xLINE 命令。当构造线被激活后，这时命令行将出现图 6-44 所示的提示。

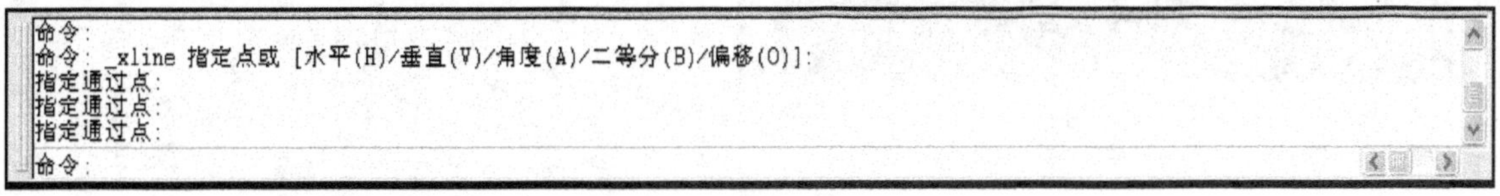

图 6-44　命令行（二）

3. 创建多线

多线是由多条平行线组合的对象，平行线之间的间距和数目是可以调整的，在绘制化工布置图中建筑图的墙体轮廓是非常实用。

创建多线与创建直线的方法基本相似，可以选择【绘图】|【多线】命令，或在命令行内输入 MLINE，命令行将出现图 6-45 所示的提示，然后指定起点和端点即可。多线可以由两条或两条以上的平行直线组成，每条多线都对应一个已定好的多线样式。

图 6-45　多线命令行

小提示： 在开始创建多线前，都要先设置多线样式，比如选择多线的数目，给出多线指定比例因子等。在设置多线样式时可以选择【格式】|【多线样式】命令，或在命令行内输入 MLINE 命令，将弹出【多线样式】对话框，如图 6-46 所示。

在图 6-46 中，单击【新建】按钮，将弹出【创建新的多线样式】对话框，在此对话框的新样式名中输入“建筑轮廓线”，如图 6-47 所示，单击【继续】，这时弹出【新建多线样式：建筑轮廓线】对话框，在【说明】文本框输入对该多线的说明。并在【元素】区域中单击【确定】按钮，如图 6-48 所示。

单击【确定】按钮，系统又返回【多线样式】对话框。此时，在【多线样式】栏中多了一项【窗口线】，在下面的【预览】栏中显示出新设置的样式，这样多线就创建完毕了。

小提示： 设置的新样式只要按【保存】按钮，就可以用于其他图形的绘制，方法是在绘制其他图形时单击【加载】按钮，将此样式加载到所绘图形中即可。

4. 创建二维多段线

多段线由相连的直线段与弧线段组成，可以为不同线段设置不同的宽度，甚至每个线段

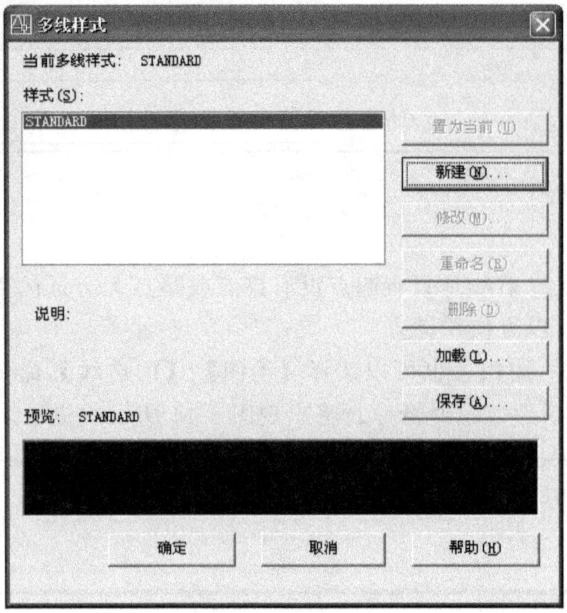

图 6-46 【多线样式】对话框

图 6-47 【创建新的多线样式】对话框

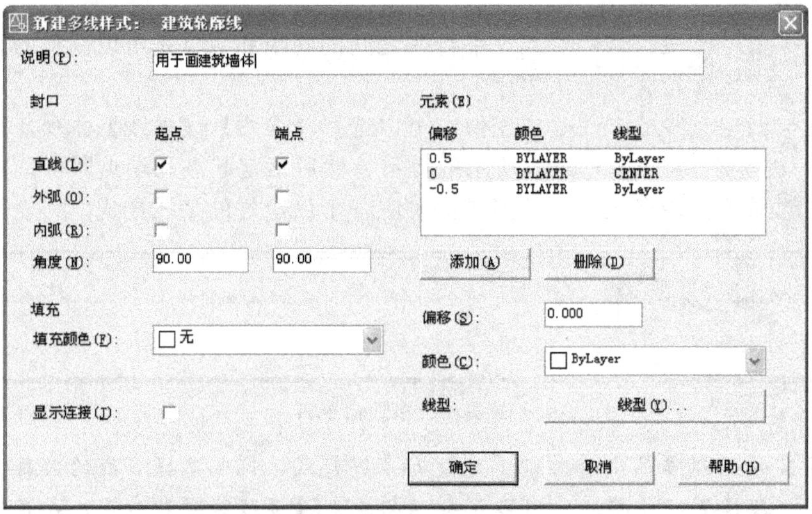

图 6-48 【新建多线样式：建筑轮廓线】对话框

的开始点和结束点的宽度都可以不同。同时，由于多段线是作为单一对象使用的，因此，可方便地对其进行统一处理。

创建多段线可以选择【绘图】|【多段线】命令，还可以在【绘图】工具栏内单击【多段线】按钮或在命令行内输入 PLINE 命令。命令行如图 6-49 所示。

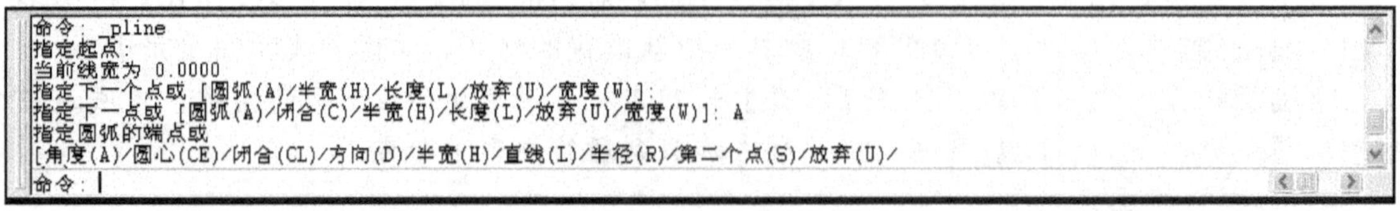

图 6-49 多段线命令行

5. 创建正多边形

在 AutoCAD 中，绘制正多边形有两种方法，即内接正多边形法和外切正多边形法。其中，内接正多边形法是绘制整个多边形位于一个虚构的圆中。外切多边形是整个多边形外切于一个虚构指定半径的圆外。

可以通过选择【绘图】|【正多边形】命令，还可以在【绘图】工具栏内单击【多边形按钮】，或直接在命令行中输入 POLYGON 命令来绘制正多边形。这时命令行提示输入多边形的边数，在这里输入 8 后按回车键，接着提示指定多边形的中心点或边，在当前绘图区中任意位置单击作为当前正多边形的中心。这时命令行提示所创建的多边形是内接于圆还是外切于圆，直接按回车键后表示绘制于圆的正多边形。这时命令接着提示输入圆的半径，在这里输入 35 后按回车键，这样就绘制出一个八边形。然后再以绘制好的八边形中心为中心点，绘制一个半径为 30 的正六边形，命令行如图 6-50，图形如图 6-51 所示。

图 6-50　正多边形命令行

6. 创建圆弧

创建圆弧的方法有多种，最常用的方法是指定三点画弧，也可以指定弧的起点、圆心和端点来画弧，或是指定弧的起点、圆心和角度画弧，另外还可以指定圆弧的角度、半径、方向和弦长等方法来画弧。

在 AutoCAD 中，要创建圆弧，可以选择【绘图】|【圆弧】命令，还可以在【绘图】工具栏中单击【圆弧】按钮，或在命令行输入。

例如在绘制化工罐体的封头时，如图 6-52 所示。首先单击【圆弧】按钮，然后分别单击 A、B、C 三点，就能够创建罐体的上封头，依此方法，可以绘制罐体的下封头。

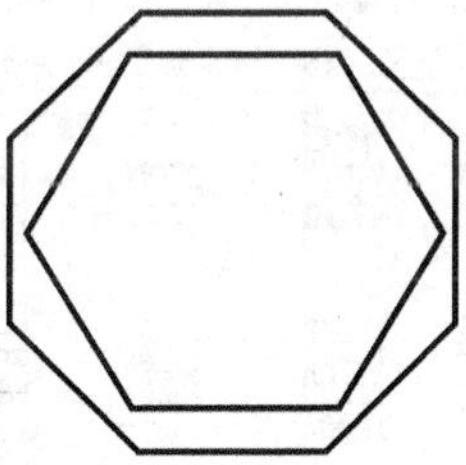

图 6-51　所绘图形

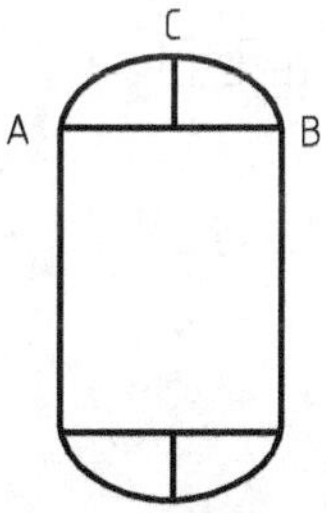

图 6-52　罐体封头的画法

7. 创建圆

AutoCAD 中提供了多种创建圆的方法，可以通过指定圆心坐标、3 点绘制等。在创建圆时可以通过选择【绘图】|【圆】命令，还可以在【绘图】工具栏中单击【圆】按钮，或者在命令行中输入 CIRCLE 命令。这时命令行将出现图 6-53 所示的提示。

然后，在命令行输入圆心位置，这时命令行提示指定圆的半径，输入半径 30，按回车确定。效果如图 6-54 所示。

图 6-53　圆的命令行

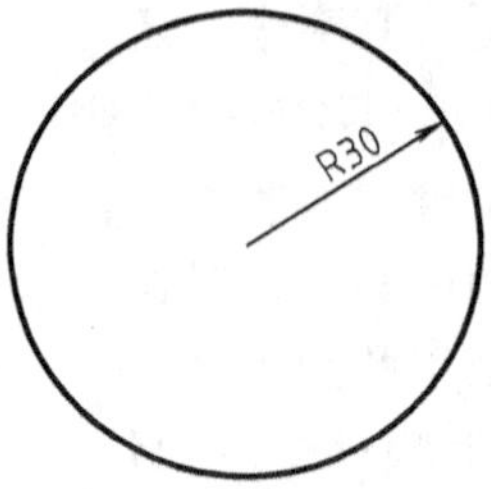

图 6-54　半径为 30 的圆

8. 创建椭圆

绘制椭圆的默认方法是通过指定椭圆的圆心和主轴的两个端点及副轴的半轴长度创建椭圆。

创建椭圆，可以选择【绘图】|【椭圆】命令，还可以在【绘图】工具栏中单击【椭圆】按钮，或在命令行内输入 ELLIPSE 命令，如图 6-55 所示。

图 6-55　椭圆绘制的命令行

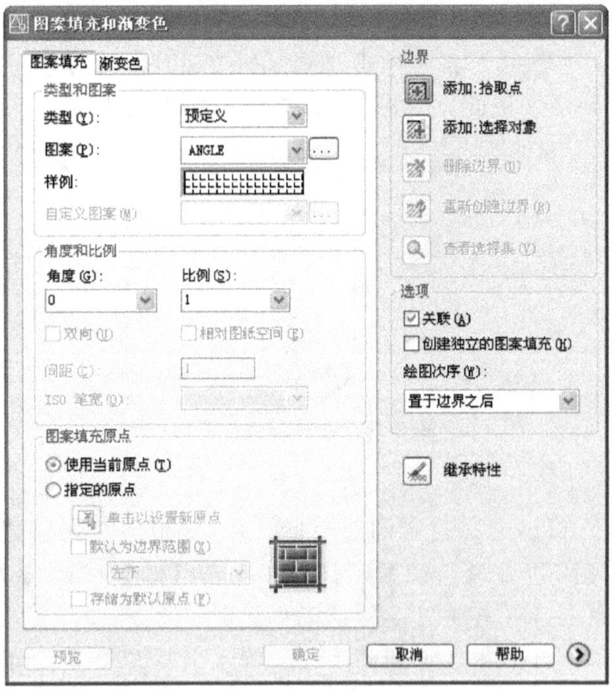

图 6-56　【图案填充和渐变色】对话框

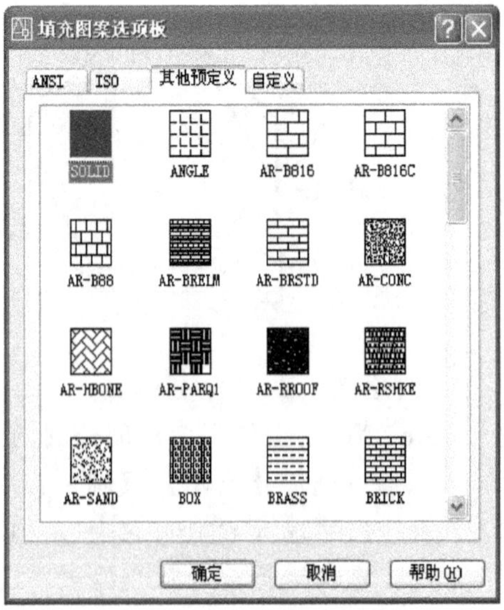

图 6-57　【填充图案选项板】对话框

图 6-58 填充前后效果对比

9. 创建填充图案

要使用图案填充，可以在绘图工具栏中单击【图案填充】按钮，还可以选择【绘图】|【图案填充】命令。系统会弹出图 6-56 所示的对话框。首先选取填充的图案，在此对话框中，单击【图案】后的按钮，系统会弹出图 6-57 所示【填充图案选择项】对话框，选择合适的填充图案，然后按【确定】。然后在【边界】中的【添加：提取点】按钮单击，分别在图 6-58 左侧图中的 1、2、3、4、5 处内的空白处点一下，右击确认所选区域，系统会回到图 6-56 所示界面，然后按【确定】会出现图 6-58 右侧图所示效果。

结合本活动的学习，尝试绘制某车间的卫生间平面图，如图 6-59 所示。

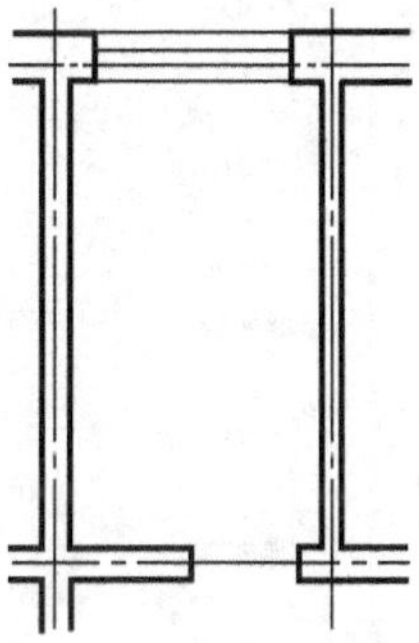

图 6-59 某车间卫生间平面图

提示：

① 在命令行中输入 LIMITS 命令，命令行提示指定左下角，按回车键后命令行接着提示指定右上角，在该提示后输入 2500，4000 并按回车键。

② 在命令行中输入 ZOOM 命令，输入选项 S 后按回车键，系统显示输入比例因子的提示，在此提示后输入 0.01。

③ 通过菜单栏中的【格式】|【图层】命令，创建中心线、墙体线及设施线三个图层。如图 6-60 所示。

④ 选择菜单栏中的【格式】|【多线】命令，弹出【多线样式】对话框。从中新建三种墙体多线样式。分别是 120 墙、240 墙及 370 墙。

下面来创建 370 墙多线样式，单击【新建】按钮，在弹出的【创建新的多线样式】对话框中输入“370 墙体”。如图 6-61 所示。

输入新样式名后，单击【继续】按钮，系统将弹出【新建多线样式：370 墙体】对话框，在此对话框中可以设置多线的特性，如图 6-62 所示。

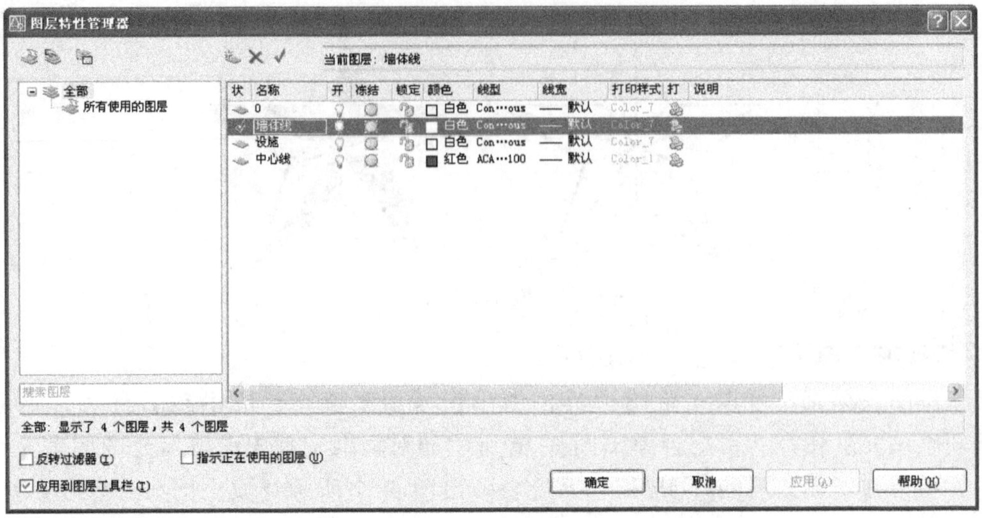

图 6-60 设置图层

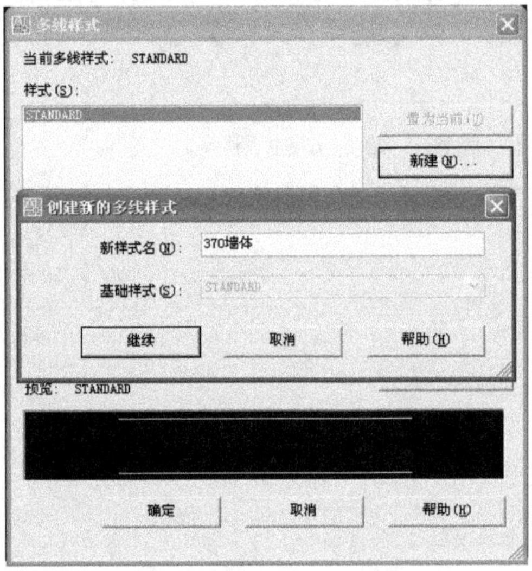

图 6-61 新建 370 墙体多线

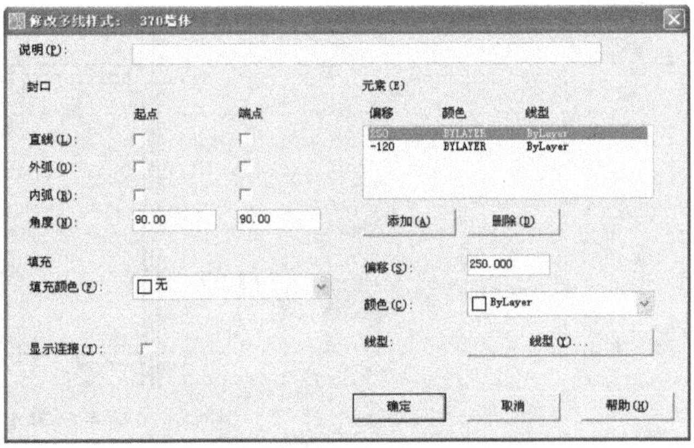

图 6-62 设置 370 墙体多线

设置墙体多线时，均是以中心线为基线，向两边偏移。设置完成这些特性后，单击【确定】按钮，系统返回【多线样式】对话框。此时可以发现【多线样式】对话框的【样式】栏中显示出新建的多线样式。使用同样的方法创建出 120 墙体和 240 墙体。

⑤ 调用【中心线】图层，单击【绘图】工具栏中的【直线】按钮，绘制各墙体的中心线。在绘图区域上点取一点，然后输入相对坐标值@2100，0、@0，－3800、@－2100，0，最后输入 C，将直线闭合。将各条直线进行适当的调长，如图 6-63 所示。

⑥ 选择菜单栏中的【格式】|【多线样式】命令，从弹出的【多线样式】对话框中选择【370 墙体】多线，并将其置于当前，然后选择菜单栏中的【绘图】|【多线】命令，此时，在命令行中显示提示信息，输入 S，指定多线的比例为 1，按回车键确认。

⑦ 使用【120 墙体】、【240 墙体】多线样式，与使用【370 墙体】多线样式的方法相同，效果如图 6-64 所示。

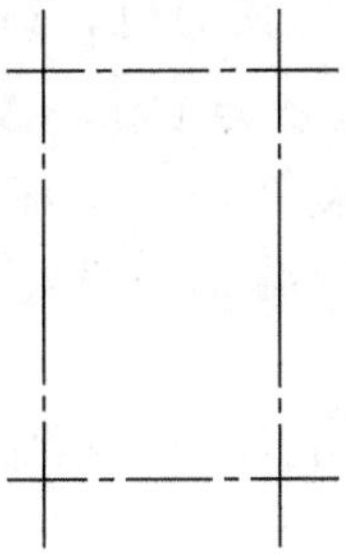

图 6-63 绘制中心线

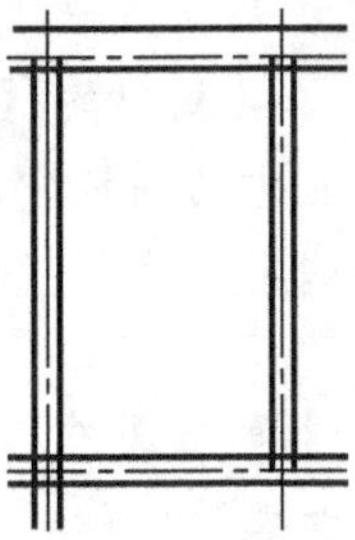

图 6-64 绘制墙体

⑧ 选择菜单中的【修改】|【对象】|【多线】命令，打开【多线编辑工具】对话框，要使用此对话框中的工具，只需选择一种编辑多线样式，然后选择要编辑的多线即可。选择【T 形合并】图标，如图 6-65 所示。

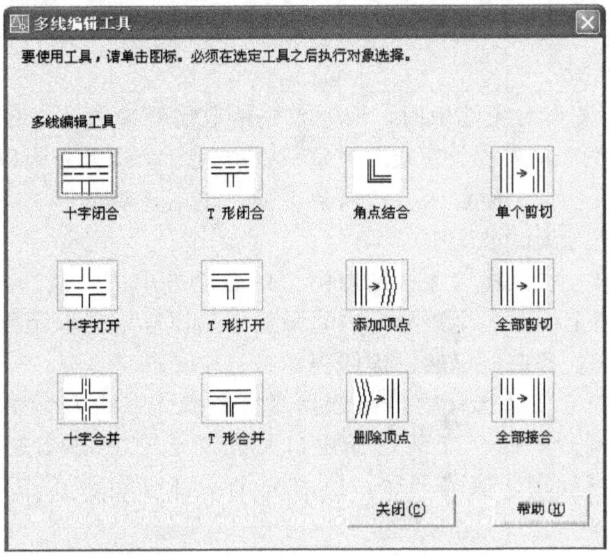

图 6-65 【多线编辑工具】对话框

⑨ 编辑成 T 形交叉的多线，再次打开【多线编辑工具】对话框，从中选择【十字合并】图标，编辑十字交叉的多线。效果如图 6-66 所示。

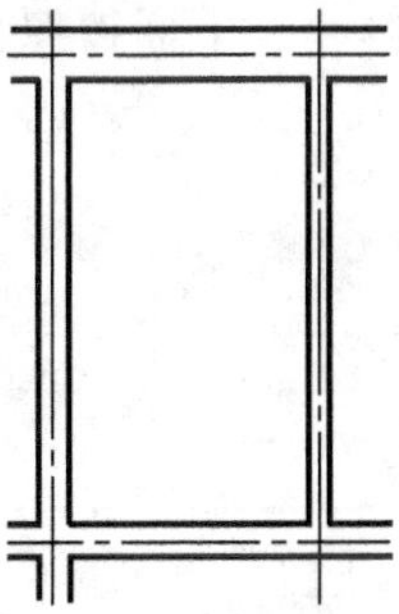

图 6-66 编辑多线

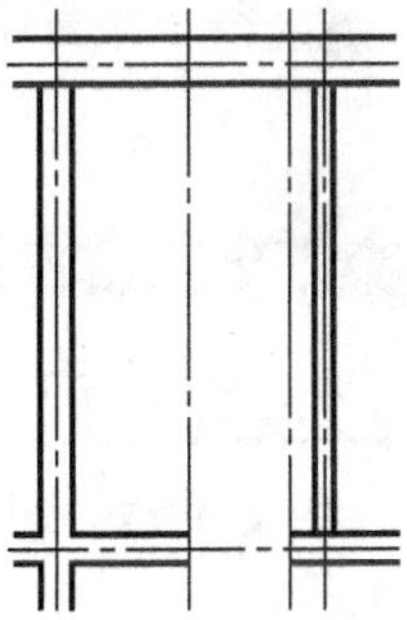

图 6-67 创建卫生间的门

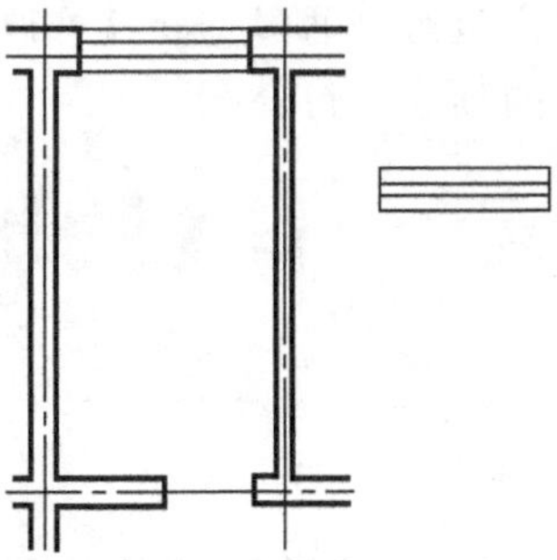

图 6-68 创建卫生间的平面图

⑩ 利用【修改】工具栏中的【偏移】按钮，将 120 墙体中心线向右分别偏移 250，1050。通过单击【修改】工具栏中的【分解】按钮，将多线水平 240 墙体线分解，然后

利用单击【修剪】按钮，将多余的直线进行修剪，创建房间的门，如图 6-67 所示。

⑪ 单击【绘图】工具栏中的【矩形】按钮，绘制边长为 1500×370、1500×120 的矩形，利用对象捕捉功能中的捕捉中点工具将两个矩形一侧向边的中点对齐，创建出窗体。然后将两矩形通过【修改】工具栏中的【移动】工具移动到 370 墙的中线上，绘制出卫生间平面图，如图 6-68 所示。

⑫ 最后在【文件】的【另存为】对话框中将【文件名】改为“车间卫生间平面图”，选择 D:/我的作业文件夹进行存盘。

活动二　学习绘图编辑的使用

在绘图时，很难一次就把图形绘制的很圆满，在绘制过程中往往需要进行很多次的编辑，才能达到比较理想的效果。所谓编辑对象，也就是对已有图形对象进行移动、旋转、缩放、复制、删除等操作。灵活熟练掌握这些技巧，不但可以快速地绘制复杂的图形，而且可以大大提高绘图速度。因此学习图形编辑就显得十分必要。

1. 选取对象

在进行 AutoCAD 图形对象编辑时，应当首先选取需要编辑的对象即选择集。选择集可以包含单个对象，也可以包含多个复杂的对象。选取对象大致上分为以下几种方法。

（1）直接选取对象　将光标置于备选对象上面，单击该对象即可完成操作。被选取后的对象变成虚线，表示该对象已被选中。

（2）使用选择窗口　将鼠标放在被选取图形的左上方单击，然后再向右下角拖动鼠标，直到将所选取的图形完全框在一个矩形框内，最后单击以确定选取范围，这时所有出现在矩形框内的对象就被选取。备选项仍然以虚线表示被选中。

（3）交叉选择窗口　交叉选择窗口与选择窗口的操作方法大致相同，只是在确定选取对象时，框选的方向有所不同。交叉选择窗口是先确定右上角或右下角，然后向左侧拖动来定义选取范围。当确定选取范围后，所有完全或部分包含在交叉选择窗口中的对象均被选中。

在中文版 AutoCAD 2006 中，使用【修改】菜单中的命令，修改命令可以对图形对象进行移动、旋转、缩放、复制、删除和参数修改等操作的过程。中文版 AutoCAD 2006 提供了强大的图形编辑功能，可以帮助用户合理地构造和组织图形，保证绘图的准确性，简化绘图操作，极大地提高绘图效率。常用的图形编辑命令都在图 6-69 所示的【修改】工具栏中。用户也可以通过选择【修改】菜单中适当的命令来对图形进行编辑和修改。下面按照修改命令的顺序进行介绍。

图 6-69 【修改】工具栏

2. 删除对象或者恢复操作

绘图过程中往往有多余或者操作失误的时候，这时需要执行删除或恢复操作，删除一个对象可以在工具栏内单击【删除】按钮，然后选择所要删除的图形对象，最后按回车键就完成了删除操作。也可以先选择所要删除的图形对象，然后单击【删除】按钮。

在操作完后如果需要恢复以前的操作，可以使用进行恢复，也可以使用取消命令UNDO进行连续向前恢复以前的操作。

3. 复制对象

复制对象，就是将指定对象复制到指定位置。该命令一般用在需要绘制多个相同形状的图形操作中。调用【复制】命令可以单击【修改】工具栏中的【复制】按钮或选择菜单栏中的【修改】|【复制】命令，也可以直接在命令行中输入COPY命令。

例如在复制图6-70中的列管式换热器中，首先选取换热器，再单击工具栏中【复制】按钮，这时命令接着提示指定基点或位移。在确定第一点的位置后，命令行将有指定第二点（或用第一点代替）的提示，如果这时再确定一点，那么AutoCAD将在第二点的位置复制一个相同的图形。如果这时还需要在其他位置复制对象，则直接拖动鼠标到指定的位置单击即可。当复制操作完成时，按回车键，如图6-71、图6-72所示。

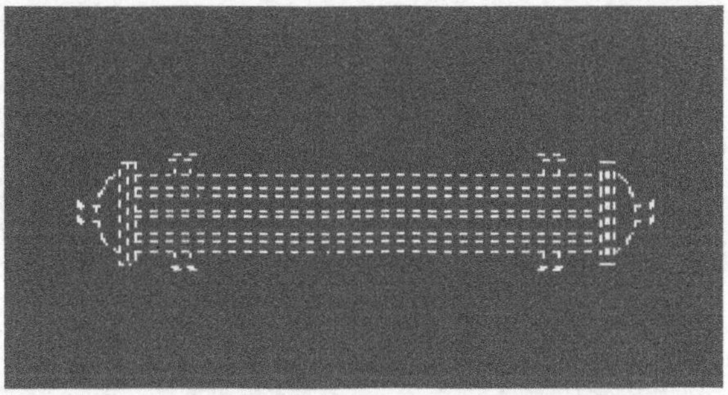

图6-70　选中单台换热器

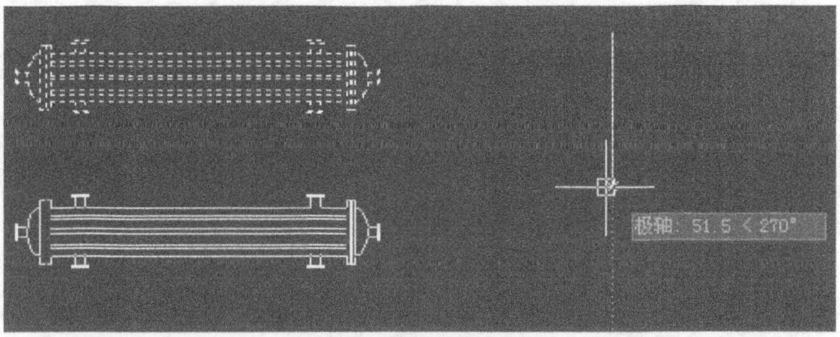

图6-71　复制单台换热器

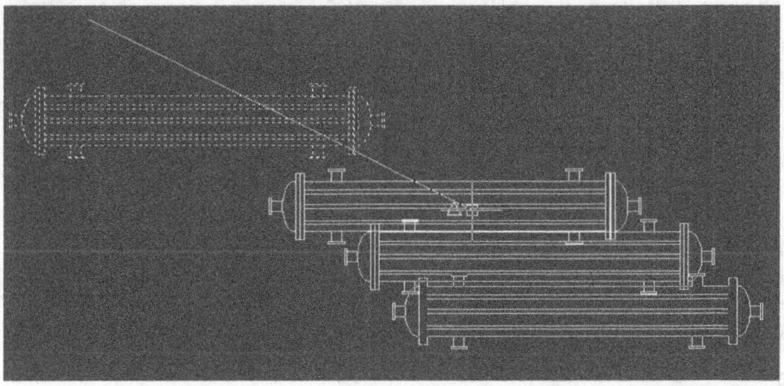

图6-72　同时复制多台换热器

4. 镜像图形

在作图过程中，在绘制对称型的图形时，使用【镜像】命令非常有用，它可以方便地将指定对象按指定的镜像线做对称图。调用【镜像】命令可以单击【修改】工具栏中的【镜像】按钮或选择菜单栏中的【修改】|【镜像】命令，也可以在命令行中输入 MIRROR 命令。

在绘制换热器时，首先选取需要镜像的图形，如图 6-73 中虚线部分，然后使用【镜像】命令以换热器的中线为对称轴创建镜像图像，如图 6-74 所示。这样可以实现快速制图。在创建镜像时，要指定临时镜像线的两端点。执行此操作后，系统提示是否删除或保留原对象，然后进行相应的选择，按回车键即可。

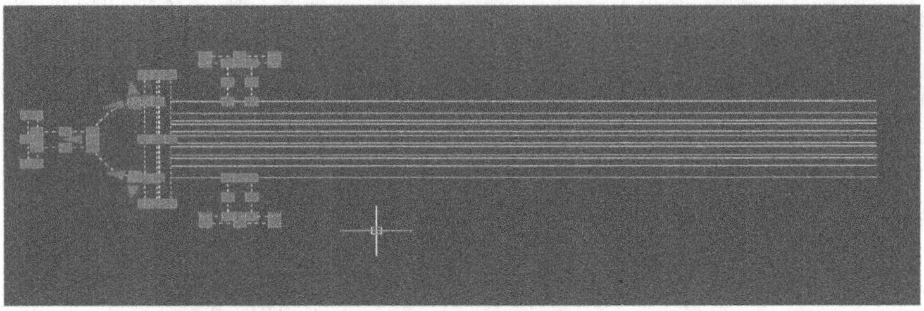

图 6-73　选取需要镜像的图形

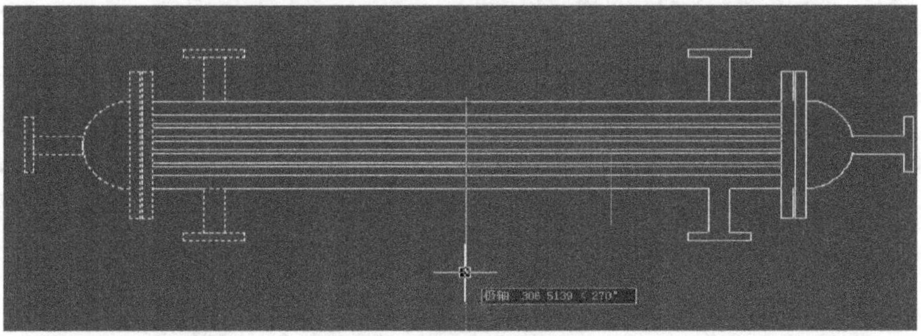

图 6-74　绘制镜像图形

5. 偏移对象

偏移对象是将选定的图形，如直线、圆弧、圆、椭圆和椭圆弧、二维多段线、构造线、射线和样条曲线等移动一定位置，来创建与其形状一致的平行新对象。可以单击【修改】工具栏中的【偏移】按钮或选择菜单栏中的【修改】|【偏移】命令，也可以直接在命令行中输入 OFFSET 命令。

例如绘制一个法兰，首先绘制直径 210mm 圆作为法兰的外轮廓，如图 6-75 所示，通过调用【偏移】命令来绘制法兰的内轮廓，选中外轮廓，点【偏移】按钮，系统将在窗口下方的命令中显示指定偏移距离的提示，在这里输入 36，按回车确定，最后在所要偏移的一侧单击，会出现直径为 138mm 的内圆，如图 6-76 所示。重复以上过程，绘制法兰螺栓孔的中心线直径为 186mm，如图 6-77 所示。

6. 阵列对象

阵列对象就是按矩形或环形的方式多重复制对象，调用【阵列】命令可以单击【修改】

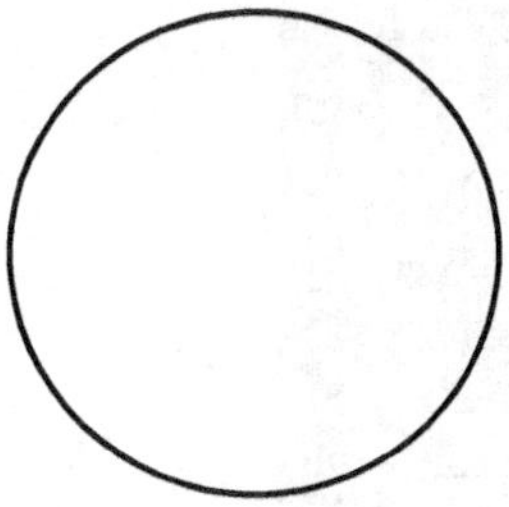

图 6-75 绘制法兰外圆

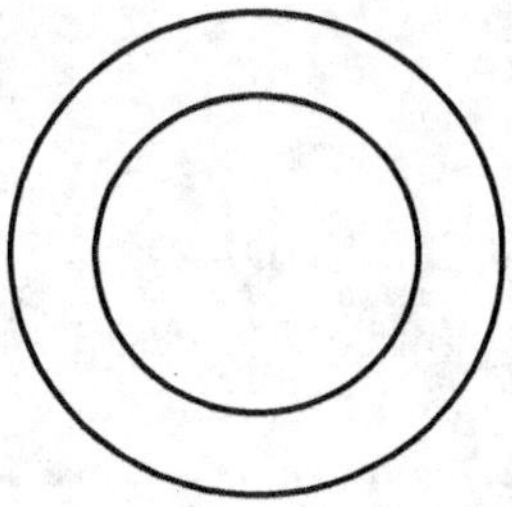

图 6-76 绘制法兰内圆

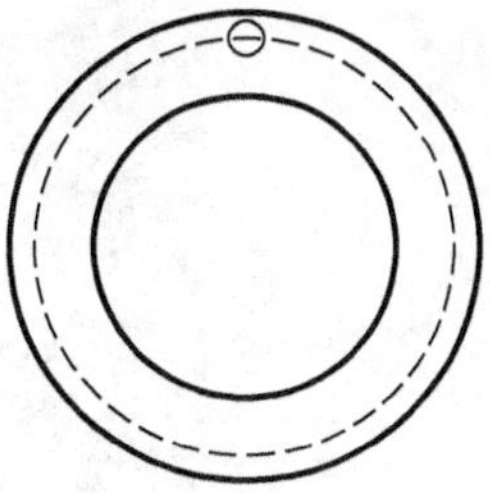

图 6-77 绘制螺栓孔中心线

工具栏中的【阵列】按钮或选择菜单栏中的【修改】|【阵列】命令，也可以直接在命令行中输入 ARRAY 命令。

例如偏移操作中法兰螺栓孔在绘制时，调用【阵列】命令后，系统弹出【阵列】对话框，如图 6-78 所示。在【阵列】对话框中单击【环形阵列】单选按钮，然后在对话框的【中心点】文本框内输入中心点的坐标或单击【拾取中心点】按钮来拾取。在【项目总数】文本框内输入所要阵列对象的个数 8，在【填充角度】文本框内输入 360 进行阵列，如图 6-79 所示。

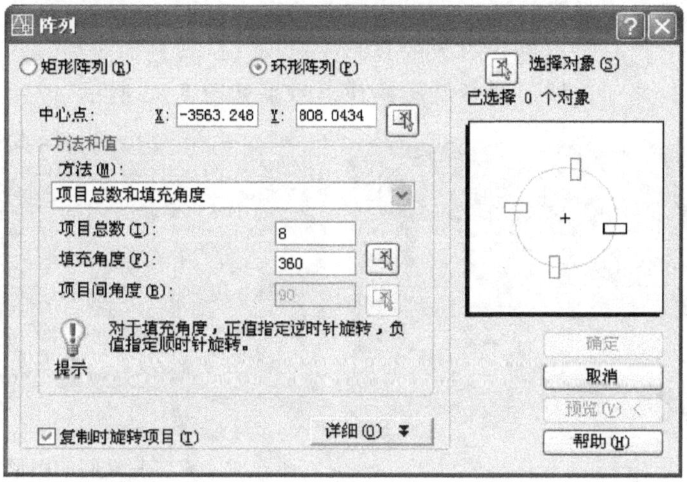

图 6-78 【阵列】对话框

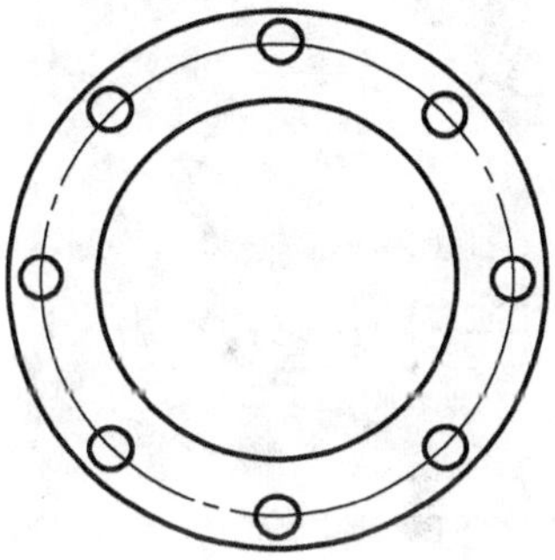

图 6-79 绘制出的法兰螺栓孔

7. 移动对象

移动仅仅是将所选的对象位置平移，并不改变对象的方向和大小。可使用捕捉模式、坐标、夹点和对象捕捉模式的方式进行移动。调用【移动】命令可以单击【修改】工具栏中的【移动】按钮或者选择菜单栏中的【修改】|【移动】命令，也可以直接在命令行中输入 MOVE 命令。

选取所要移动的对象，按【移动】命令后，这时命令行将出现确定基点或位移的提示，在确定一点作为基点后拖动鼠标。当所选择对象移动到指定位置时单击，效果如图6-80 所示。

8. 旋转对象

旋转对象是指定对象绕基点旋转一定的角度。调用【旋转】命令可以单击【修改】工具栏中的【旋转】按钮或选择菜单栏中的【修改】|【旋转】命令，也可以直接在命令行中输入 ROTATE 命令。

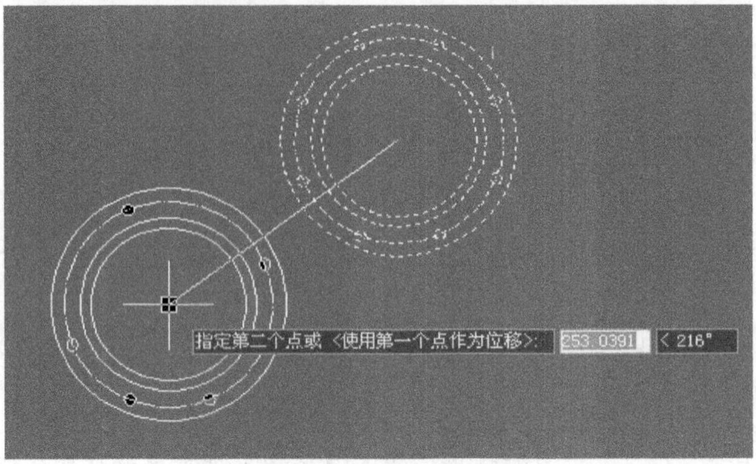

图 6-80 移动法兰

选取需要旋转的一组管路如图 6-81 所示，单击【旋转】按钮，然后单击并确定一点为对象所要旋转的基点。最后在命令行内输入所要旋转的角度 90°后按回车，或在确定基点后拖动鼠标，利用增强的【参照】选项，任意拾取亮点以指定新角度，如图 6-82 所示。

在 AutoCAD 2006 中旋转对象的同时可以创建对象的复制。调用【旋转】命令后，在命令行显示的提示信息中选择【复制】选项，然后执行旋转操作。效果如图 6-83 所示。

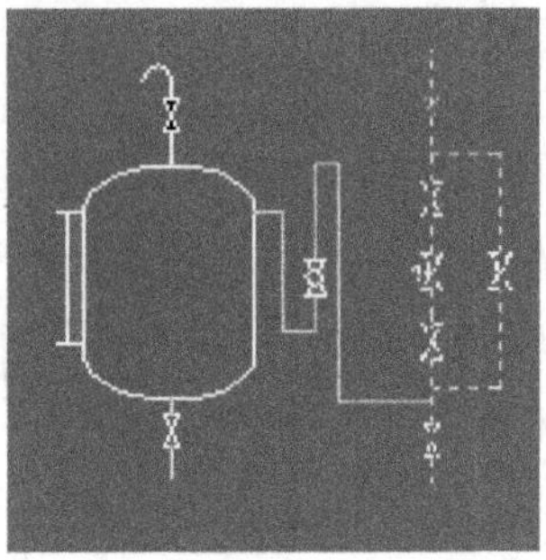

图 6-81 选中需要旋转的图形

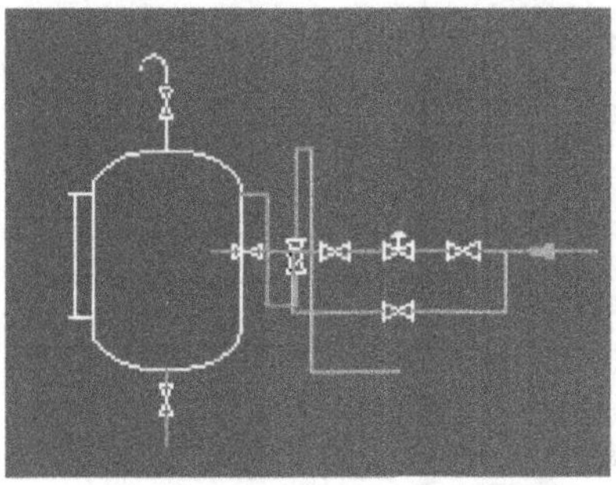

图 6-82 被选图形旋转 90°

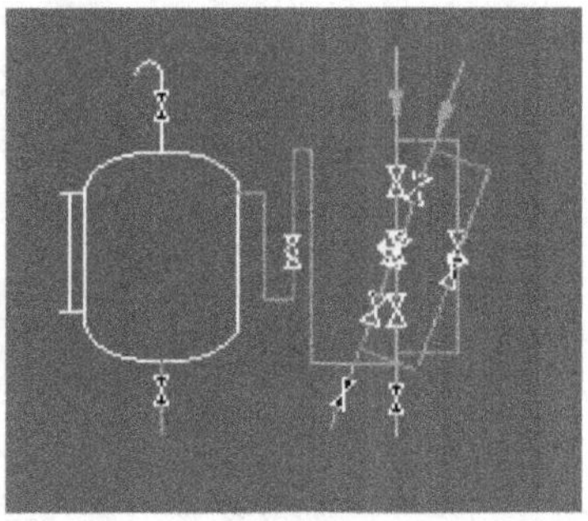

图 6-83 旋转并复制的图形

9. 延伸对象

延伸功能能够使对象精确地延长到其他定义的图形上。在延伸对象时，可以单击【延伸】按钮或是选择【修改】|【拉伸】命令，然后选择要延伸到的边界后按回车键，接着再选择要延伸的边，这时 AutoCAD 将自动延伸到所指定的边界上。

10. 修剪对象

修剪对象，使它们精确地终止于有其他对象定义的边界。剪切的图形可以是直线、圆弧、圆、多线段、椭圆等。下面以在一段管路中添加转子流量计为例介绍修剪的方法，如图 6-84 所示。

在泵的出口管路中，插入转子流量计块，单击【修剪】按钮或选择【修改】|【修剪】命令，在命令行提示选择对象，这里的对象是指作为剪切边的对象，点击选择流量计的外轮廓。然后再点击转子流量计内部的管线，此时中间的线被剪切，转子流量计添加成功。

小提示：如果被剪对象没有与剪切边交叉，在该提示下按 shift 键，然后选择被剪对象，AutoCAD 则可以延伸该对象到剪切边，此功能和延伸功能相当。

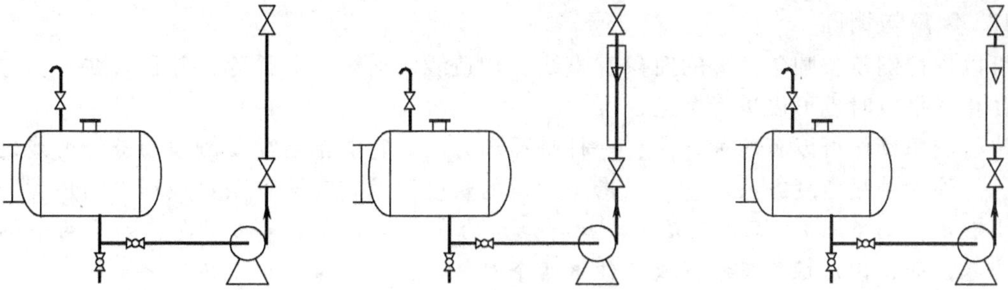

图 6-84 在管路上添加转子流量计

11. 打断与打断于点

打断是删除部分对象或将对象分解成两部分。打断对象可以是直线、圆、圆弧、椭圆、参照线等。下面仍然以添加转子流量计为例，如图 6-85 所示。欲打断流量计外轮廓内部的管线时，可以在工具栏内单击【打断】按钮，或选择【修改】|【打断】命令。然后选择流量计外轮廓内部的管线所要打断的对象，这时命令行将提示确定第二个打断点或第一点(F)，此时输入 F 按回车，分别选取 A、B 两点作为第一、第二打断点。命令行如图 6-86 所示，到此转子流量计添加成功。

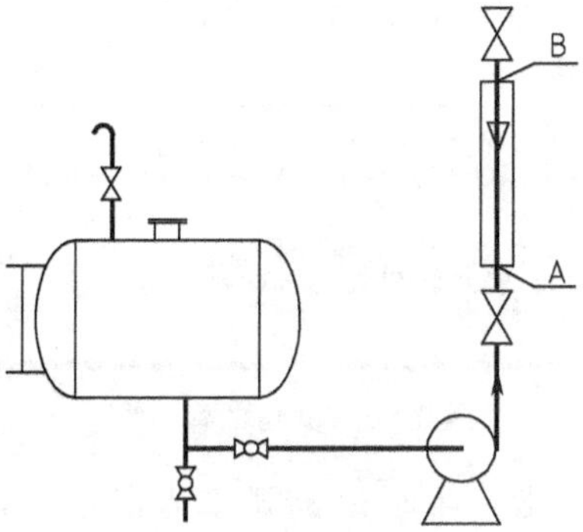

图 6-85 添加转了流量计

命令: _break 选择对象:
指定第二个打断点 或 [第一点(F)]: f
指定第一个打断点:
指定第二个打断点:
命令:

图 6-86 打断的命令行

【打断于点】按钮是【打断】命令的后续命令，它是将对象在一点处断开成两个对象。例如图 6-87 所示下面的直线在没有执行【打断于点】操作之前，在选取时是整体，在执行完【打断于点】后，就是两个部分了。但是如果不选取对象时，是看不出什么差别的。

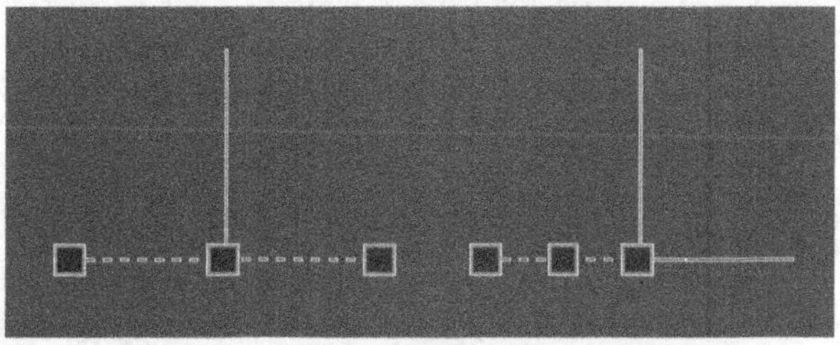

图 6-87 【打断于点】操作前后对比图

12. 倒角与倒圆

可以进行倒角、圆角处理的对象有直线、构造线、射线、圆弧等，并且直线、构造线和射线在相互平行时也可以进行圆角。

执行倒角操作可以有两种方法：一种是距离方法，它能指定需要倒角的被修剪或延伸的距离；另外一种是角度方法，它可以指定倒角的长度以及它与第一条直线形成的角度。

小提示： 倒角距离（D）就是所要执行倒角的直线与倒角之间的距离。如果两个倒角距离都为零，那么倒角操作将修剪或延伸这两个对象，直到相接，但不绘制倒角线。

要通过指定长度进行倒角。具体方法是首先单击【倒角】按钮，然后输入命令 D，接着指定第一个倒角距离输入 10，然后在指定第二倒角距离处输入 5，选择需要进行倒角的第一个对象与第二个对象即可，倒角效果如图 6-88 所示，命令行如图 6-89 所示。

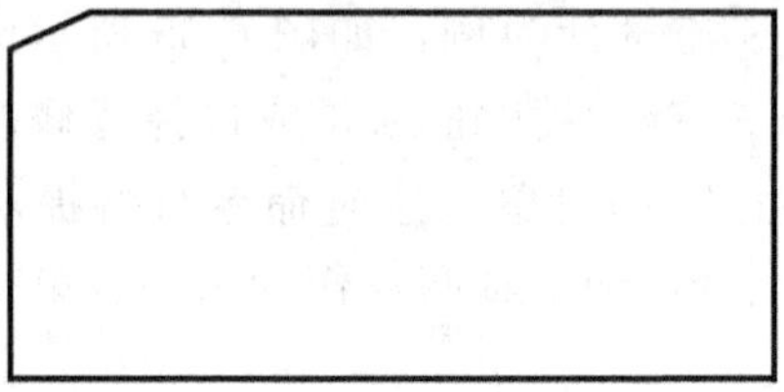

图 6-88　倒角效果

```
命令: _chamfer
("修剪"模式) 当前倒角距离 1 = 0.0000, 距离 2 = 0.0000
选择第一条直线或 [放弃(U)/多段线(P)/距离(D)/角度(A)/修剪(T)/方式(E)/多个(M)]:  d
指定第一个倒角距离 <0.0000>: 10
指定第二个倒角距离 <10.0000>: 5
选择第一条直线或 [放弃(U)/多段线(P)/距离(D)/角度(A)/修剪(T)/方式(E)/多个(M)]:
选择第二条直线, 或按住 Shift 键选择要应用角点的直线:
命令: 指定对角点:
命令:
```

图 6-89　倒角的命令行

利用倒圆命令可以通过一个指定半径的圆弧来光滑地连接两个对象。例如对图 6-88 的矩形右下角执行倒圆命令，可以单击【圆角】按钮或选择【修改】|【圆角】命令，输入命令 R，再输入圆的半径 10，接着再选择需要进行圆角操作的两个对象，效果如图 6-90 所示，命令行如图 6-91 所示。

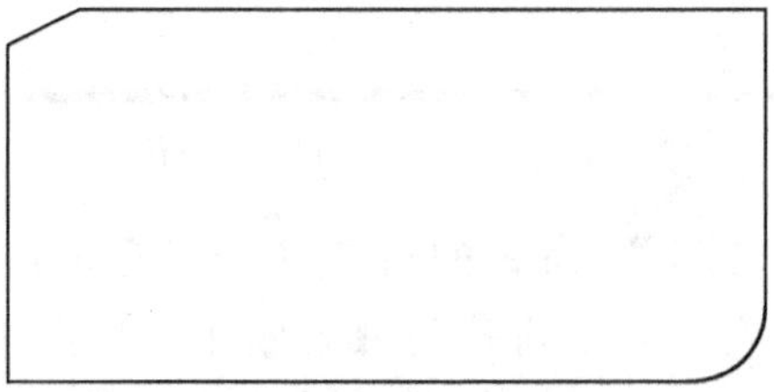

图 6-90　倒圆的效果

```
命令: _fillet
当前设置: 模式 = 修剪, 半径 = 0.0000
选择第一个对象或 [放弃(U)/多段线(P)/半径(R)/修剪(T)/多个(M)]: r
指定圆角半径 <0.0000>: 10
选择第一个对象或 [放弃(U)/多段线(P)/半径(R)/修剪(T)/多个(M)]:
选择第二个对象, 或按住 Shift 键选择要应用角点的对象:
命令: 指定对角点:
命令:
命令:
```

图 6-91　倒圆的命令行

13. 缩放对象、分解对象

利用 AutoCAD 的比例缩放功能，可在 X 轴和 Y 轴方向使用相同的比例因子进行缩放，在不改变对象宽高比的前提下改变对象的尺寸。

单击【比例】按钮后，单击所要缩放的对象，按回车键，AutoCAD 将出现图 6-92 的命令行。比例因子：0＜比例因子＜1 时缩小对象；比例因子＞1 时放大对象。

命令: _scale
选择对象: 指定对角点: 找到 25 个
选择对象:
指定基点:
指定比例因子或 [复制(C)/参照(R)] <1.0>: *取消*
命令: 指定对角点:
命令:

图 6-92 【比例】命令行

当对矩形、块等由多个对象组成的一个整体对象进行编辑时，就要先将其分解。分解的方法是单击【分解】按钮，然后选择所要分解的对象，最后按回车键即可，分解的效果如图 6-93 所示。

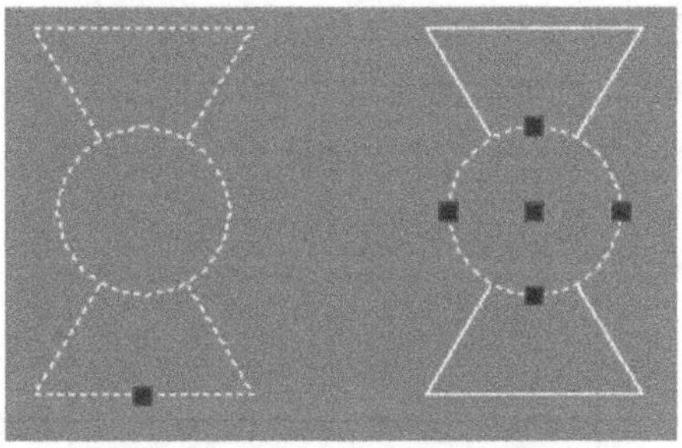

图 6-93 阀门在分解前后的效果

结合本活动所学习的常用编辑命令，绘制某车间立面图，如图 6-94 所示。

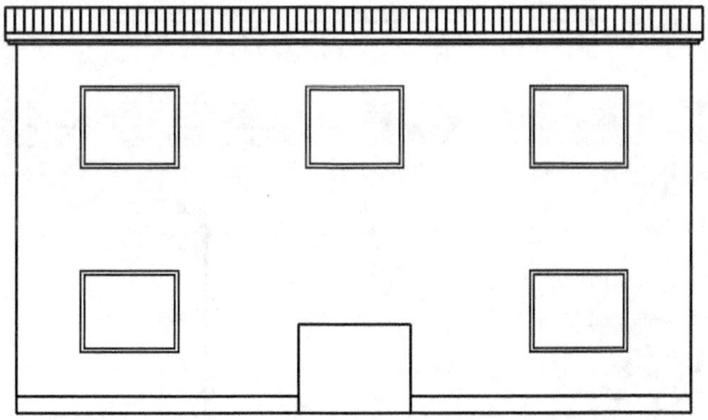

图 6-94 某车间立面图

步骤提示：

① 创建一幅新图，在命令行中输入 LIMITS 命令，这时命令行提示指定左下角，按回车键后命令行接着提示指定右上角，在该提示后输入 420，297 并按回车键。

② 在命令行中输入 ZOOM 命令，输入选项 S 后按回车键，系统显示输入比例因子的提示，在此提示后输入 0.01，表示绘制图形比例为 1∶100。

③ 单击【绘制】工具栏中的【直线】按钮，开始绘制一条水平线，作为地平线。靠水平线的左边绘制一条垂直线，作为墙体的外边线。

④ 单击【修改】工具栏中的【偏移】按钮，将水平直线分别向上偏移 450、10000；垂直线向右偏移 18000，如图 6-95 所示。

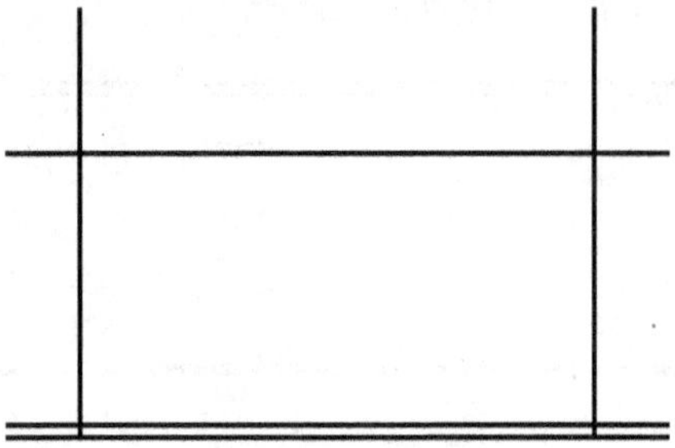

图 6-95　边线

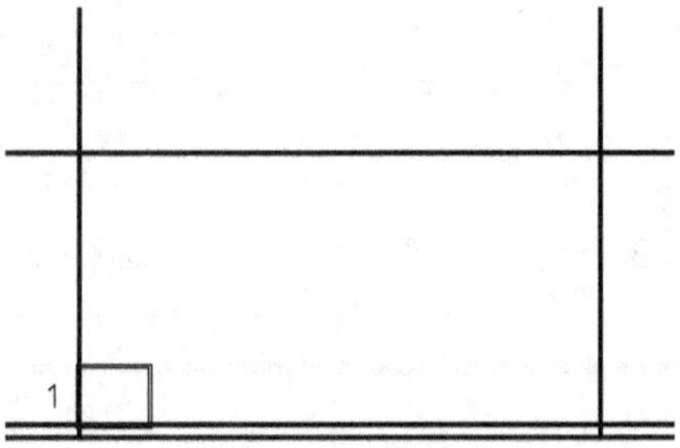

图 6-96　绘制窗户

⑤ 单击【绘图】工具栏中的【矩形】按钮以点 1 为起点，绘制边长为 2400×2000 的矩形，然后使用偏移命令将这个矩形向外偏移 100，作为窗户，如图 6-96 所示。

⑥ 单击【修改】工具栏中的【移动】按钮，将左边的矩形以点 1 为基点，在命令行输入相对坐标为@1800，1300，移动到右上方，效果如图 6-97 所示。

⑦ 选择窗体，单击【修改】工具栏中的【阵列】按钮，弹出图 6-98 所示对话框，设置如图所示参数，按【确定】按钮，效果如图 6-99 所示。

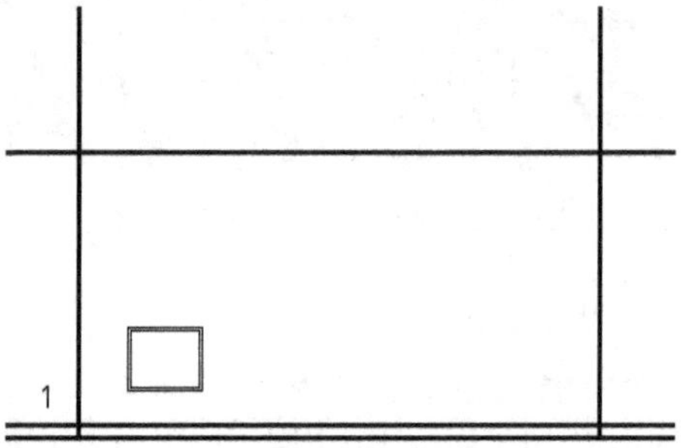

图 6-97　移动窗户

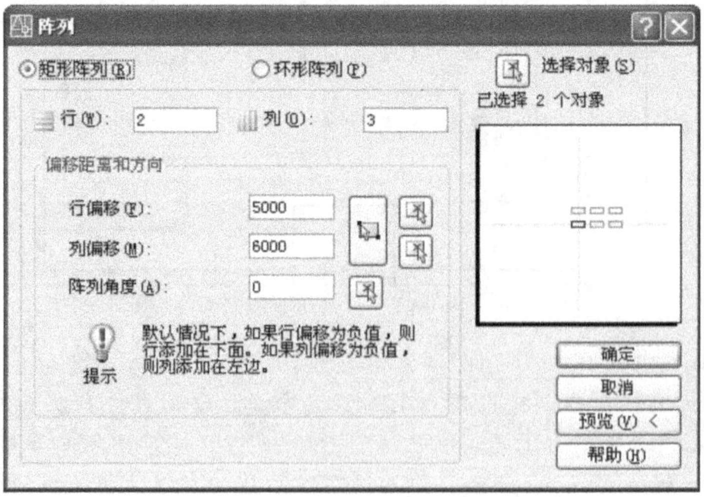

图 6-98　【阵列】对话框

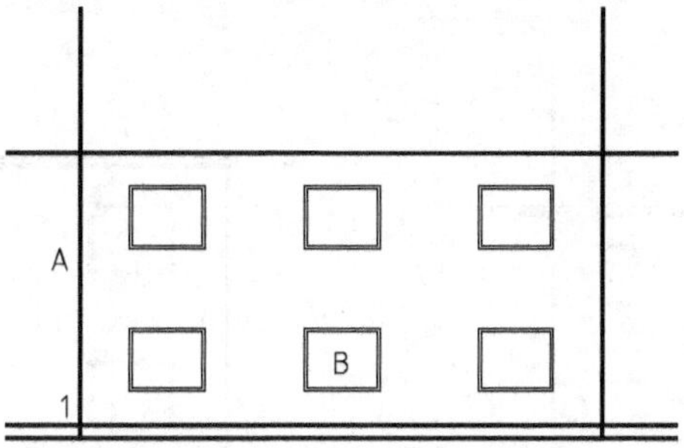

图 6-99　绘制其他窗户

⑧ 选中 B 窗体，单击【修改】工具栏中的【删除】按钮，删除该窗户。效果如图 6-100所示。

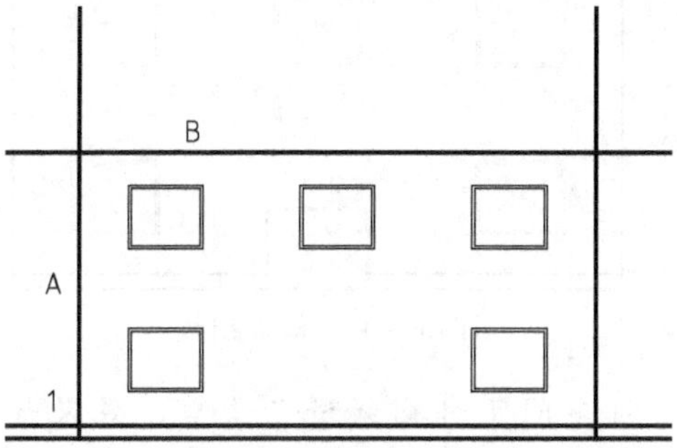

图 6-100　删除多余窗户

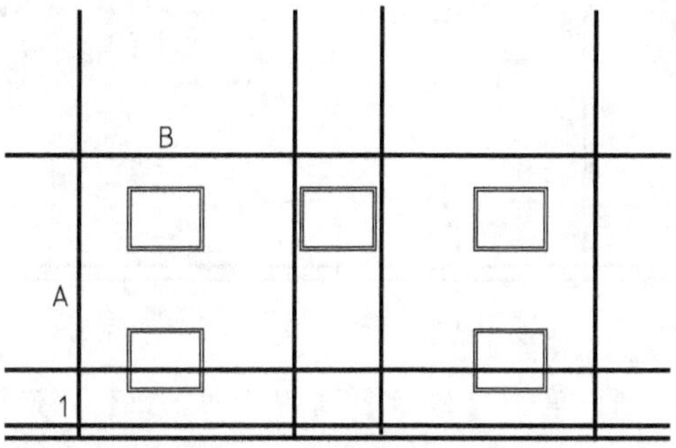

图 6-101　绘制门的外轮廓线

⑨ 使用偏移工具将直线 A 向右分别偏移 7500，10500，然后将直线 B 向下偏移 7600，如图 6-101 所示。

⑩ 单击【修改】工具栏中的【修剪】按钮，将偏移的直线进行修剪，效果如图6-102所示。

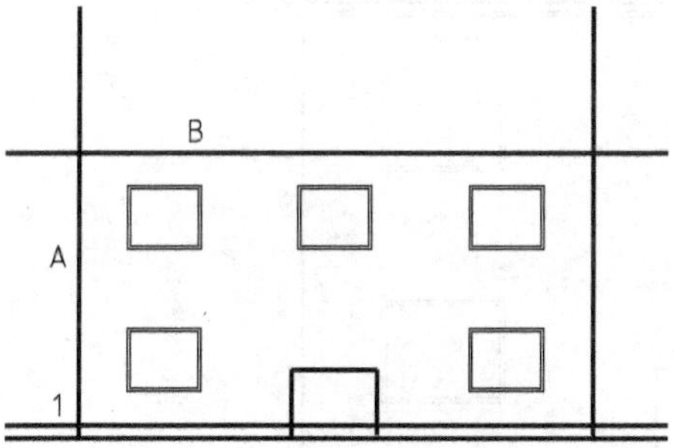

图 6-102　修剪门的轮廓线

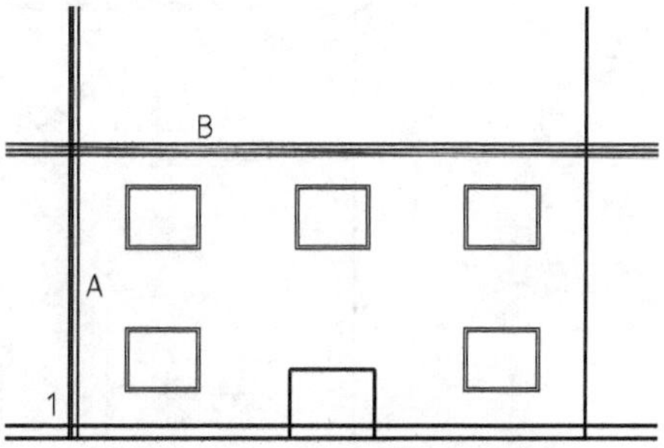

图 6-103　复制 B、A 线

⑪ 单击【修改】工具栏中的【复制】按钮，将直线 B 分别向上复制 100、300，再向下复制，将直线 A 向左复制 210、300，如图 6-103 所示。然后将偏移的直线进行修剪，如图 6-104 所示。

⑫ 单击【修改】工具栏中的【移动】按钮，将直线 C 向左移动 9000，将移动后的直线作为界线进行修剪，如图 6-105 所示。

⑬ 选中界线 C 左面的所有线及线 A，单击【修改】工具栏中的【镜像】按钮，以线 C 为对称轴绘制另一半屋顶，如图 6-106 所示。

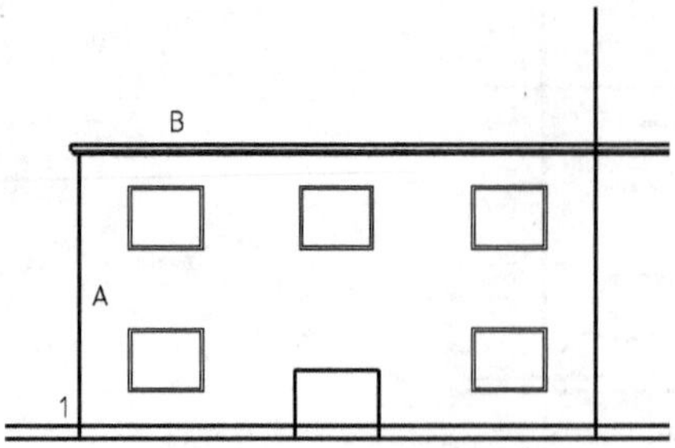

图 6-104 绘制左屋檐

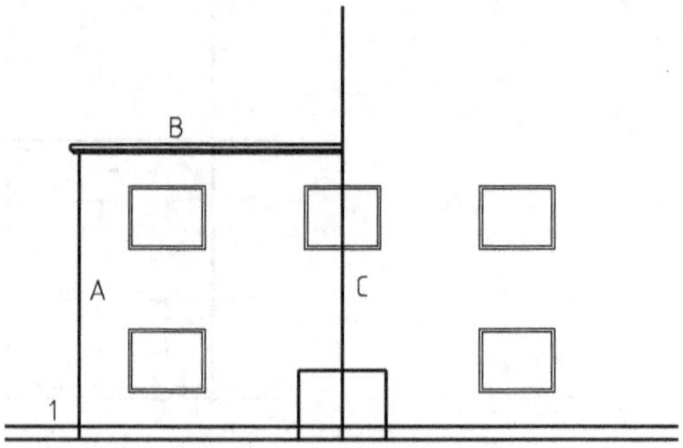

图 6-105 移动 C 线

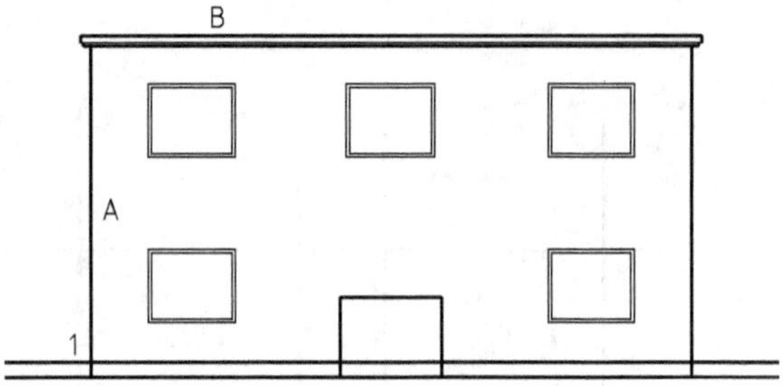

图 6-106 对称绘制右屋檐

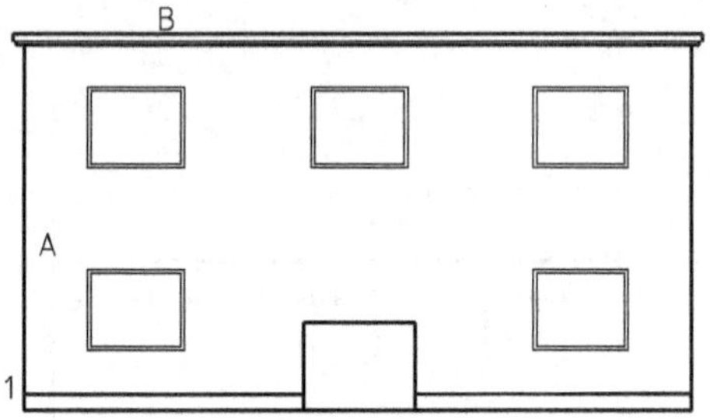

图 6-107 修剪裙线

⑭ 单击【修改】工具栏中的【修剪】按钮，对车间下部裙线进行修剪，效果如图6-107所示。

⑮ 单击【绘图】工具栏中的【矩形】按钮，在屋顶绘制矩形，矩形的边长为18600×700，单击【修改】工具栏中的【分解】按钮，将矩形分解。然后单击【修改】工具栏中的【阵列】按钮，单击【绘图】工具栏中的【矩形】按钮，将竖直直线向右执行矩形阵列，绘制出栏杆，效果如图 6-108 所示。

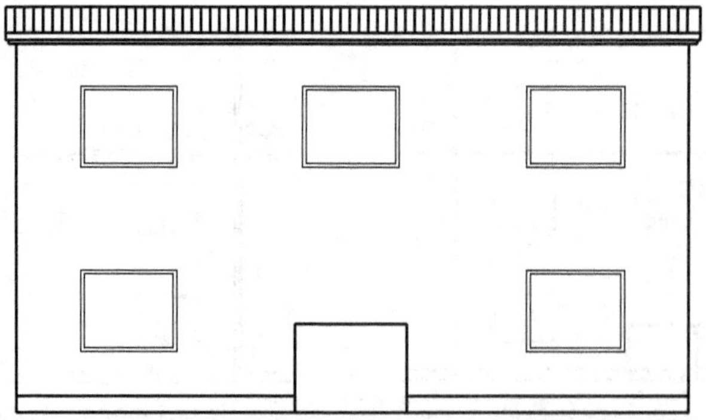

图 6-108 车间效果图

⑯ 在【文件】的【另存为】对话框中，将【文件名】改为“车间立面图”，在 D:/我的作业文件夹进行存盘。

活动三 学习绘图的标注

1. 创建标注样式

标注样式控制标注的格式和外观。用户可以通过使用【标注样式管理器】来设置尺寸标注的外观。【标注样式管理器】是一组用于控制尺寸标注变量的尺寸标注格式集合，每个尺寸标注格式包含多个尺寸标注变量。用户可以选择菜单栏中的【格式】命令或者单击工具栏【标注样式】按钮打开图 6-109 所示的【标注样式管理器】对话框。

通过【标注样式管理器】对话框，可以完成新建标注样式、设置当前标注样式、修改现有标注样式、替代标注样式中的值、比较标注样式、重命名标注样式及删除标注样式。

①【当前标注样式】区域用于显示 AutoCAD 当前正在使用的标注样式，AutoCAD 2006 默认标注样式为 Standard。

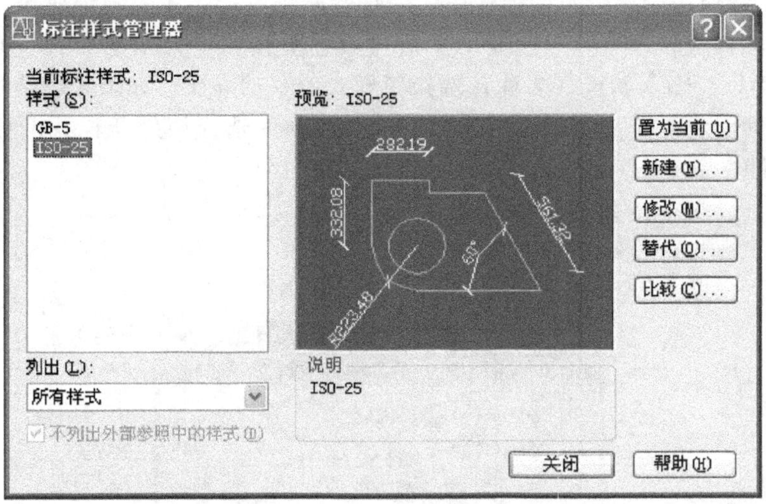

图 6-109 【标注样式管理器】对话框

②【样式】区域用于显示当前图形可供选择的所有标注样式。对当前使用的标注样式，在该选项区域内突出显示。在【样式】选项区域内右击一样式名称，系统将弹出一个快捷菜单，如图 6-110 所示。利用该快捷菜单可以设置当前、重命名和删除所选的标注样式，若标注样式正在使用，将无法删除该样式。

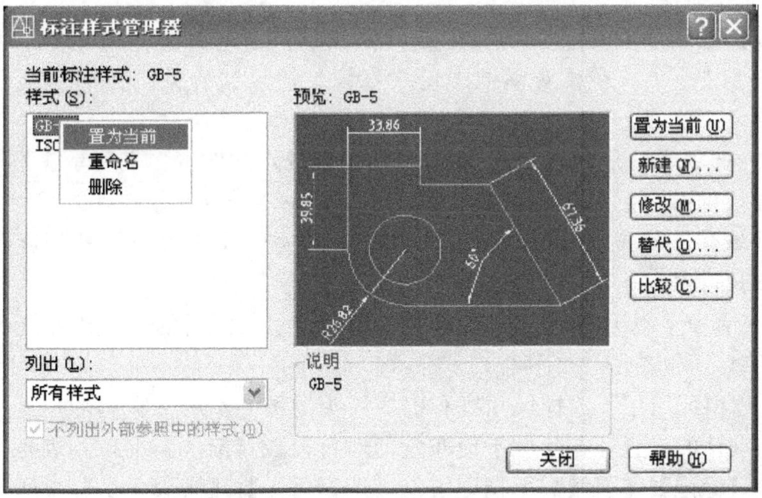

图 6-110 样式快捷菜单

③【列出】下拉列表用于标注样式的选项。主要有所有样式和正在使用的样式两个选项。其中，选择所有样式，在【样式】区域中显示所有的标注样式；选择正在使用的样式，

则在区域中显示当前图形引用的标注样式。

④【不列出外部参照中的样式】复选框用于选择是否在【样式】区域中显示外部参照图形中的标注样式。

⑤【置为当前】按钮用于将选中的标注样式设置为当前标注样式。

⑥【新建】按钮用于创建新的标注样式。

⑦【修改】按钮用于修改已创建的标注样式。

⑧【替代】按钮用于设置当前样式的临时替代值。

⑨【比较】按钮用于比较两种标注样式的特性或浏览标注样式的特征。

⑩ 在【标注样式管理器】对话框中单击【新建】按钮，打开图 6-111 所示的【创建新标注样式】对话框。输入新样式名称，选择新样式的基础样式。如果未创建样式，将只能将 ISO-25 作为基础创建新样式。在【用于】下拉列表框中选择使用新样式的标注类型，默认为【所有标注】。

图 6-111 【标注样式管理器】对话框

单击【继续】按钮后会自动关闭【创建新标注样式】对话框，并弹出【新建标注样式】对话框，如图 6-112 所示。在该对话框中包括直线、符号和箭头、文字、调整、主单位、换算单位及公差共六个选项。

(1)【直线】选项卡　用于设置尺寸线、尺寸界线，如图 6-112 所示。【尺寸线】选项区域用于设置尺寸线的颜色、线型、线宽、超出标记、基线间距及控制是否隐藏尺寸线；【尺寸界线】选项区域用于设置尺寸线的颜色、线型、线宽、超出尺寸线的长度、起点偏移量以及控制是否隐藏尺寸线。

(2)【符号和箭头】选项卡　用于设置箭头格式和特性、圆心标记格式和大小、圆弧符号格式及半径折线符号格式，如图 6-113 所示。

①【箭头】选项区域用于选择尺寸线和引线箭头的种类及定义它们的尺寸大小。在工艺流程图中可以选用默认的设置，在绘制平面布置图时可以在【箭头】下拉列表框中，第一、第二个选项选择【建筑标记】;【引线】下拉列表框，选择【无】;【箭头大小】微调框，设为：3。

②【圆心标记】选项区域用于控制圆心标记的类型和大小，此项一般选用默认设置。

③【弧长符号】选项区域有 3 个单选按钮，用于控制圆弧符号相对应标注文字的位置，分别是【标注文字前缀】、【标注文字的上方】、【无】。此项一般选用默认设置。

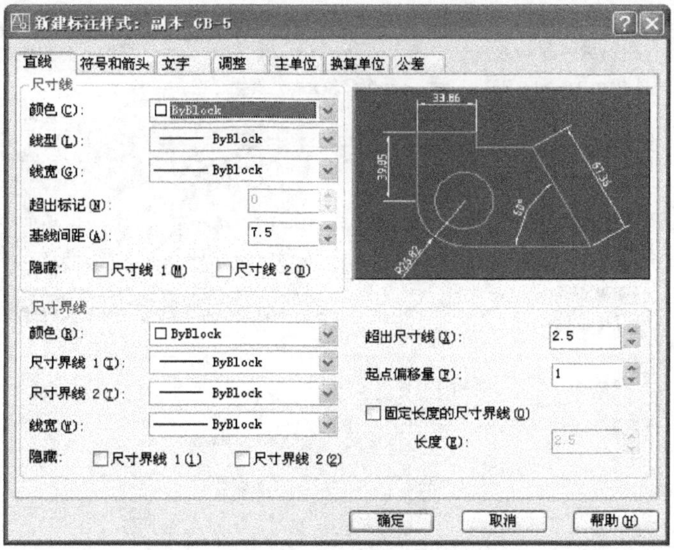

图 6-112 【新建标注样式】对话框

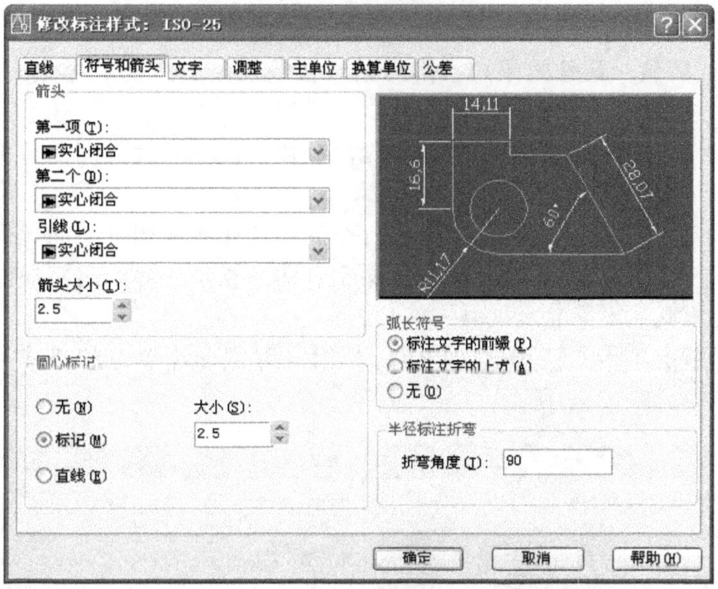

图 6-113 【符号和箭头】选项卡

④【半径标注折弯】选项区域用于控制折线角度的大小。

(3)【文字】选项卡 用于设置所标注文字的外观、位置和对齐方式，如图 6-114 所示。

①【文字外观】选项区域用于设置文字的样式、颜色、高度和分数高度比例，以及控制是否绘制文字边框。

②【文字位置】选项区域用于控制标注文字的垂直、水平位置及距尺寸线的偏移量。

③【文字对齐】单选按钮用于控制标注文字是否保持水平还是尺寸线平行。

(4)【调整】选项卡 用于控制标注文字、箭头、引线和尺寸线的位置，如图 6-115 所示。

①【调整选项】选项区域，根据尺寸界线之间的空间放置标注文字或箭头的放置，其默

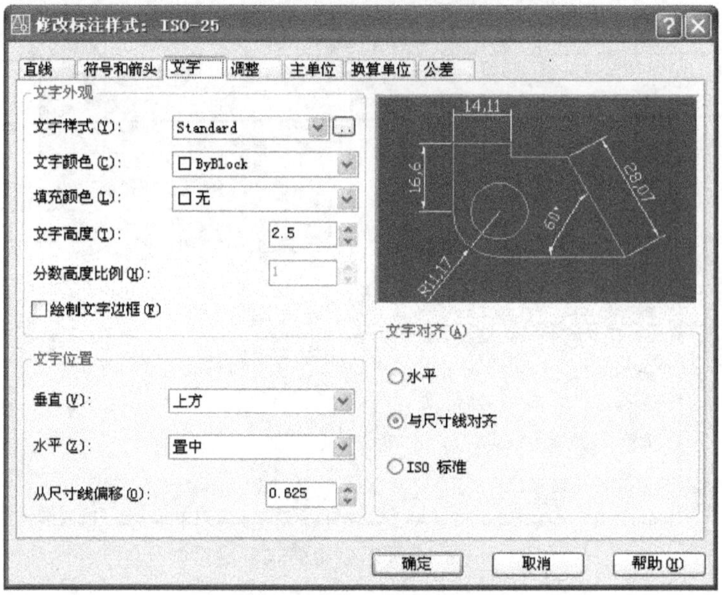

图 6-114 【文字】选项卡

认设置为【文字或箭头（最佳效果)】。当两条尺寸线之间的距离足够大时，AutoCAD 总是把文字和箭头放在尺寸界线之间。

②【文字位置】选项区域用于标注文字无法放置在尺寸界线之间的位置时，可通过此处选择设置标注文字的放置位置。

③【标注特征比例】选项区域，用于设置全局标注比例或图纸空间比例。

④【优化】选项区域，利用【手动放置文字】和【在尺寸界线之间绘制尺寸线】复选框来设置相应调整选项。

(5)【主单位】选项卡　使用该选项卡，可以设置主标注单位的格式和精度、标注文字的前缀和后缀等，如图 6-116 所示。

图 6-115 【调整】选项卡

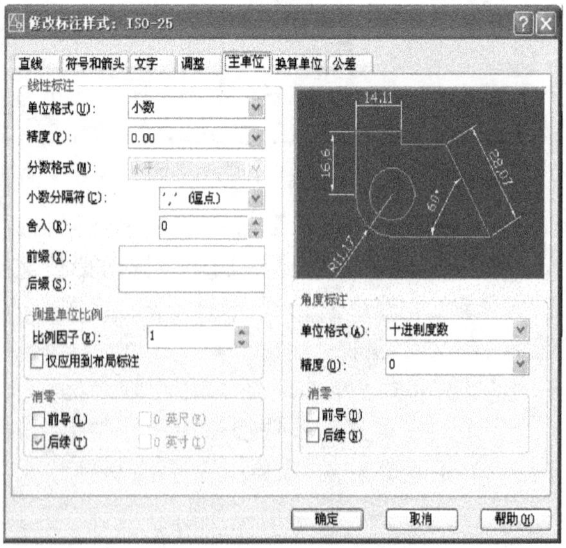

图 6-116 【主单位】选项卡

①【线性标注】选项区域用于设置线性标注的格式和精度。

②【测量单位比例】选项区域用于设置比例因子及控制该比例因子是否仅应用到布局标注。该项一般可以设置为绘图比例。

③【消零】选项区域用于控制前导和后续零，以及英尺和英寸中的 0 是否输出。如果选择【前导】选项，则系统不输出十进制尺寸的前导零，例如 0.06 变为 .06；如果选择【后缀】选项，则系统不输出十进制尺寸的后续零，例如 50.000 变为 50、14.400 变为 14.4。

（6）【换算单位】选项卡　选择该选项卡用于对换算单位进行设置，如图 6-117 所示。

①【显示换算单位】复选框用于控制是否显示经过换算后标注文字的值。如果选中该复选框，在标注文字中将同时显示以两种单位标识的测量值。

②【换算单位】选项区域用于控制经过换算后的值。

③【位置】选项区域用于控制换算单位相对于主单位的位置。

（7）【公差】选项卡　选择该选项卡用于控制标注文字中公差的格式，如图 6-118 所示。此项设置一般在精确绘制设备图时用到，作为工艺专业的学生不再要求，一般选择默认设置即可。

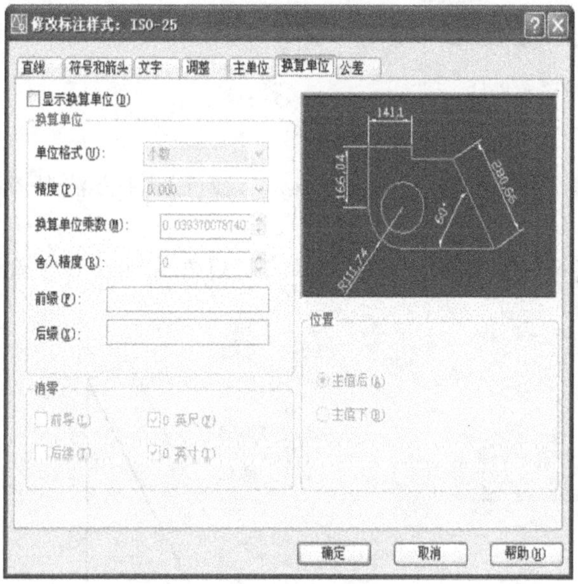

图 6-117　【换算单位】选项卡

图 6-118　【公差】选项卡

2. 线性标注

提供水平、垂直甚至旋转方向上的长度尺寸标注。操作步骤如下。

选择【标注】工具栏｜按钮；或者点击【标注】菜单｜【线性】。调用该命令后，按照命令行提示，分别指定第一条尺寸线的原点、第二条尺寸线的原点及尺寸线的位置，如图 6-119 所示。

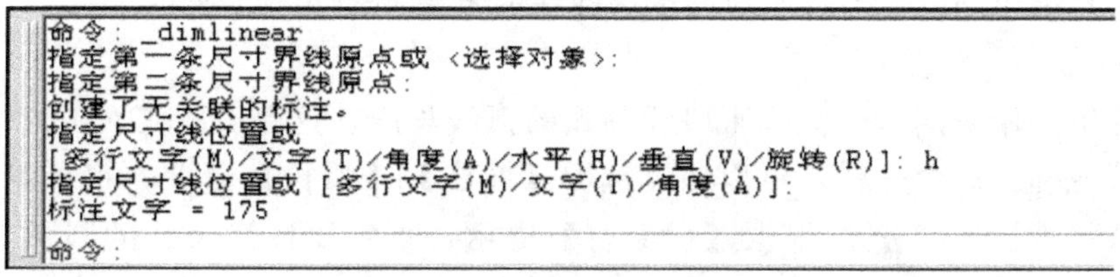

图 6-119　【线性】标注对话框

在【指定尺寸线位置或…】提示中各项的含义为：

①【多行文字（M)】和【文字（T)】选项可以修改系统自动测量的标注文字。

②【角度（A)】选项可以修改标注文字的旋转角度。

③【水平（H)】选项用于绘制水平方向的尺寸标注。

④【垂直（V)】选项用于绘制垂直方向的尺寸标注。

⑤【旋转（H)】选项用于绘制指定尺寸线偏转角度的尺寸标注。

执行了这些操作后，一条带标注文字的尺寸线即被放置在图形的指定位置，如图 6-120 所示的标注线。

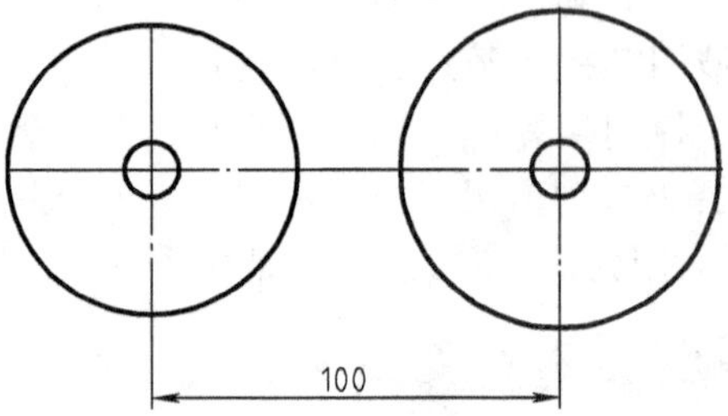

图 6-120　设备标注

3. 对齐标注

使用对齐标注可以方便地标注出斜线、斜面的尺寸。其标注方法与线性标注方法基本相同。

选择【标注】工具栏/按钮或者点击【标注】菜单|【对齐】调用对齐标注命令。命令行如图 6-121。标注效果如图 6-122 所示。

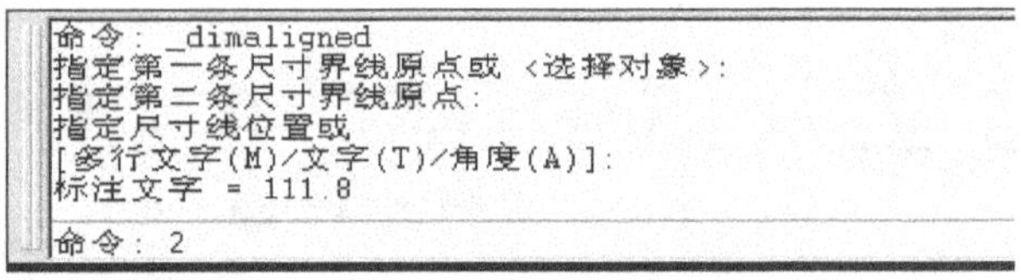

图 6-121 【标注】命令行

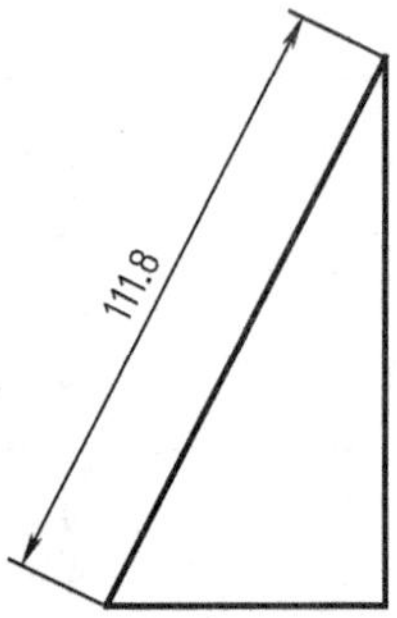

图 6-122　对齐标注的效果

4. 角度标注

角度标注主要用来测量圆、圆弧、两条直线或三个点之间的夹角。可以执行【标注】|【角度】命令，也可以单击【标注】工具栏上的【角度】按钮。当启动角度标注命令后，将在【命令行】给出图 6-123 所示的提示。标注的效果如图 6-124 所示。

5. 弧长标注

弧长标注主要用来测量圆弧或多段线圆弧的弧线长度。这是 AutoCAD 2006 新增功能之一。与打开其他标注命令一样，可以通过执行【标注】|【弧长】命令，也可以单击【标注】工具栏上的【弧长】按钮。根据【命令行】提示，指定要标注尺寸的圆弧及标注线的位置，即可完成弧长的标注，如图 6-125、图 6-126 所示。

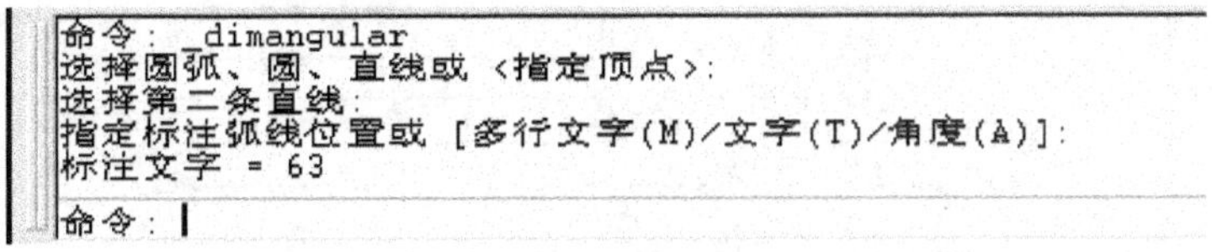

```
命令: _dimangular
选择圆弧、圆、直线或 <指定顶点>:
选择第二条直线:
指定标注弧线位置或 [多行文字(M)/文字(T)/角度(A)]:
标注文字 = 63
命令:
```

图 6-123 【角度】命令行

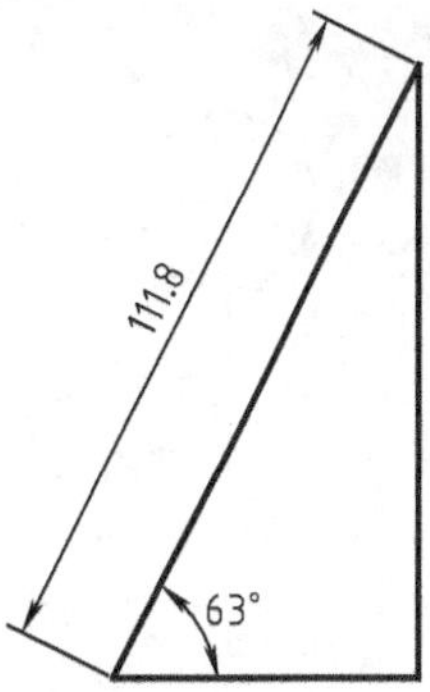

图 6-124 角度的标注

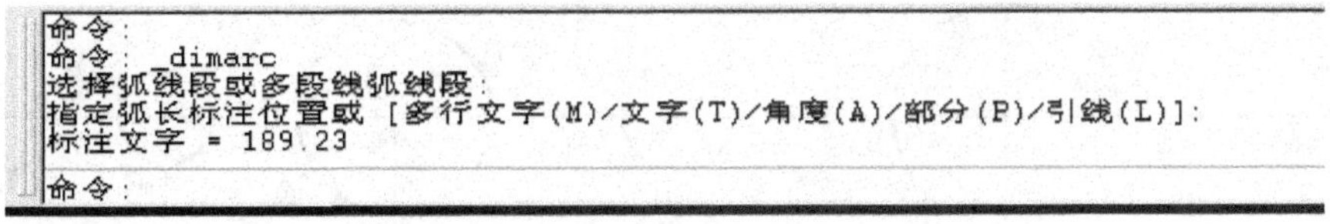

```
命令:
命令: _dimarc
选择弧线段或多段线弧线段:
指定弧长标注位置或 [多行文字(M)/文字(T)/角度(A)/部分(P)/引线(L)]:
标注文字 = 189.23
命令:
```

图 6-125 【弧长】命令行

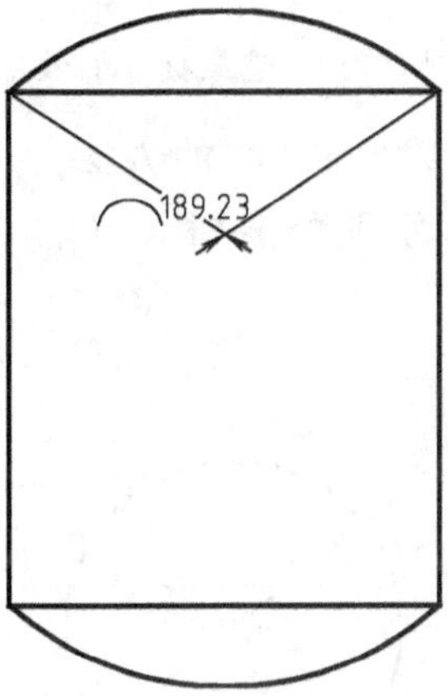

图 6-126 【弧长】的效果

6. 基线标注与连续标注

（1）基线标注 基线标注以从某一点引出的尺寸界线作为第一条尺寸界线来标注多个对象的尺寸标注，每个对象的其他尺寸都按该基准进行定位或画线。下面以图 6-127 为例介绍基线标注的方法。

首先在设备布置中对 A、B 两设备的中心线进行线性标注，可以通过执行【标注】|【基线】命令，也可以单击【标注】工具栏上的【基线】按钮。系统默认以 A 点为第一条尺寸界线起点，然后依次捕捉 C、D、E、F 点进行标注。

（2）继续标注命令 继续标注也是按某一基准进行标注尺寸的，但其不同于基线标注的是该基准不是固定的。第一个尺寸标注从基准标注的第二个尺寸界线引出，然后下一个尺寸标注从前一个继续标注的第二个尺寸界线处开始测量，如图 6-128 所示。

7. 标注半径、直径与圆心

半径和直径标注用于标注圆和圆弧的半径或直径，圆心标注用于标注圆和圆弧的圆心，

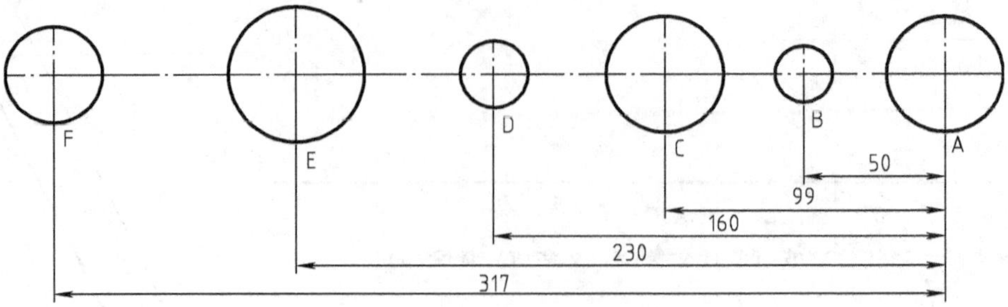

图 6-127 【基线】标注标注的效果

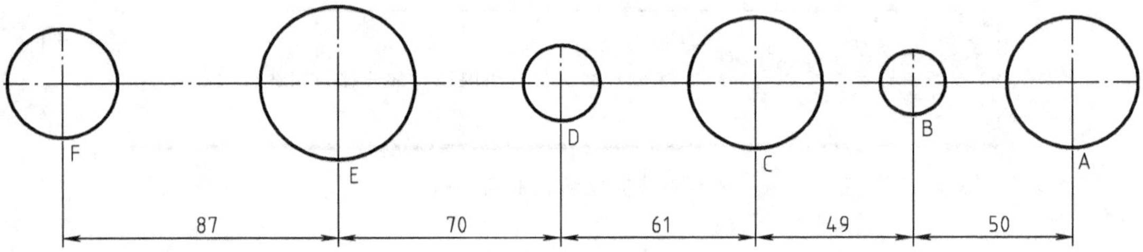

图 6-128 连续标注的效果

如图 6-129 所示。调用标注半径、直径与圆心的方法为，可以通过执行【标注】|【半径】、【直径】、【圆心标记】命令，也可以分别单击【标注】工具栏上的【半径】按钮、【直径】按钮、【圆心标记】按钮。

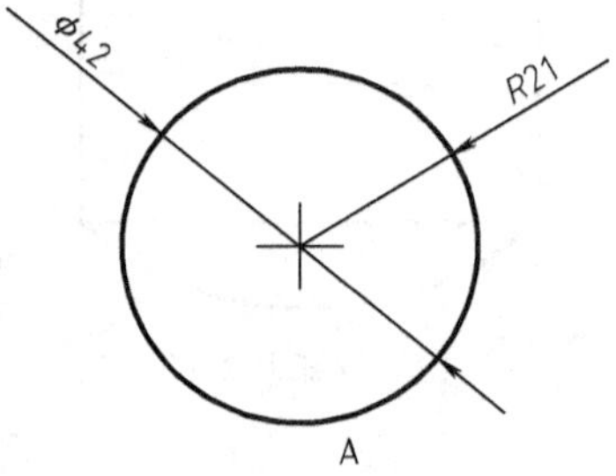

图 6-129 标注半径、直径与圆心的效果

8. 快速引线标注

引线是连接注释和图形对象的一条带箭头的线，可从图形的任意点或对象上创建引线。引

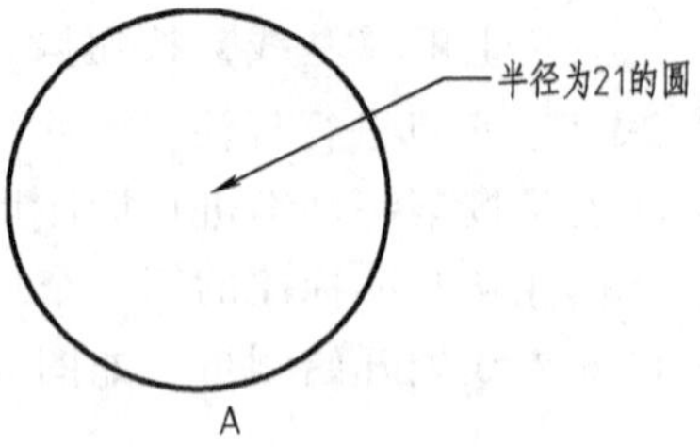

图 6-130 快速引线标注

线可由直线段或平滑的样条曲线组成，注释文字就放在引线末端，引线可以通过执行【标注】|【引线】命令，也可以单击【标注】工具栏上的【快速引线】按钮。如图 6-130 所示。

9. 快速标注

快速标注的命令可以一次性标注多个对象。执行该命令并选择对象后，将在命令行给出图 6-131 所示的提示。其中给出了一系列选项，这些选项与前面讲述的标注类型具有相同的使用方法。

```
命令:
命令: _qdim
关联标注优先级 = 端点
选择要标注的几何图形: 找到 1 个
选择要标注的几何图形: 找到 1 个，总计 2 个
选择要标注的几何图形:
指定尺寸线位置或
[连续(C)/并列(S)/基线(B)/坐标(O)/半径(R)/直径(D)/基准点(P)/编辑(E)/设置(T)]
<半径>:r
指定尺寸线位置或
[连续(C)/并列(S)/基线(B)/坐标(O)/半径(R)/直径(D)/基准点(P)/编辑(E)/设置(T)]
<半径>:
命令: |
```

图 6-131 【快速标注】的命令行

直接回车，AutoCAD 将按当前选项进行快速标注，否则要选择一个选项才能标注。以图 6-132 为例，对同心圆进行快速标注。通过执行【标注】|【快速标注】命令或者单击【标注】工具栏上的【快速标注】按钮，然后分别选择所要标注的内外圆。单击鼠标右键结束对象的选择，输入相应的选项进行标注，例如输入字母 R 标志标注半径。接着将光标移至适当的位置并单击，完成对象的尺寸标注。

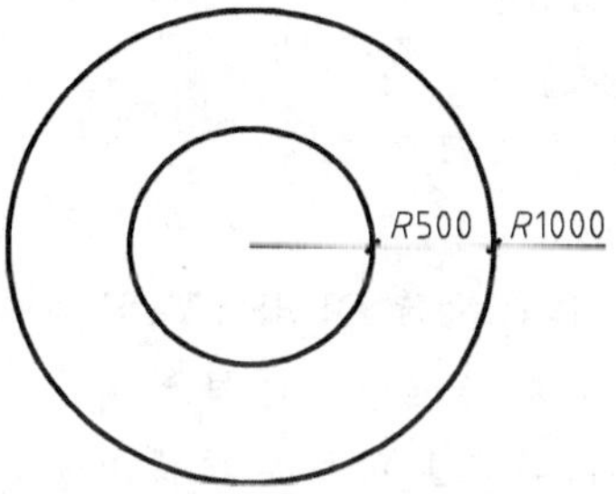

图 6-132 快速标注在同心圆的标注效果

结合本活动的学习，尝试练习三种常用标注样式的设置

在绘制的工程图中，通常都有多种尺寸标注形式，要提高绘图速度，应把绘图中所采用的尺寸标注形式都一一创建为尺寸标注样式，这样在绘图中标注尺寸时，只需调用所需尺寸标注样式，从而避免了尺寸变量的反复设置，且便于修改。

工程图中常用三种尺寸标注样式：线型尺寸标注样式、圆型尺寸标注样式、角度型尺寸标注样式。下面进行三种标注样式的创建操作。

1. 线型尺寸标注样式

选择【标注】工具栏/按钮，打开【标注样式管理器】对话框。在弹出的【标注样式管理器】对话框中，选择已有的标注样式【建筑标注】，单击【新建】按钮。在弹出的【创建新标注样式】对话框的【用于】下拉选项列表中，选择【线性标注】单击【继续】按钮。

在弹出的【新建标注样式】对话框中各选项卡的设置如下。

①【直线】选项卡：基线间距10；超出尺寸线3；起点偏移量3。

②【符号和箭头】选项卡：箭头形式为建筑标记、箭头大小3；其余选项默认。

③【文字】选项卡：文字高度3.5；选择与尺寸线对齐，并且从尺寸线偏移1。

④【调整】选项卡：全局比例与绘图比例一致，设为1。

⑤【主单位】选项卡：精度0，舍入50，其余选项默认。

⑥【换算单位】选项卡：选项默认。

⑦【公差】选项卡：选项默认。

单击【确定】，关闭对话框，完成设置。

2. 圆型尺寸标注样式

选择【标注】工具栏｜按钮；执行DIMSTYLE命令，打开【标注样式管理器】对话框。在弹出的【标注样式管理器】对话框中，选择已有的标注样式【建筑标注】，单击【新建】按钮。在弹出的【创建新标注样式】对话框的【用于】下拉选项列表中，选择【半径标注】单击【继续】按钮。

在弹出的【新建标注样式】对话框中各选项卡的设置如下。

①【直线】选项卡：基线间距10；超出尺寸线3；起点偏移量0。

②【符号和箭头】：箭头大小3。

③【文字】选项卡：文字高度3.5；ISO标准；从尺寸线偏移1。

④【调整】选项卡：选择箭头、手动设置文字、全局比例设为1。

⑤【主单位】选项卡：精度0，其余选项默认。

⑥【换算单位】选项卡：选项默认。

⑦【公差】选项卡：选项默认。

单击【确定】，关闭对话框，完成设置。

3. 角度型尺寸标注样式

选择【标注】工具栏｜按钮；执行DIMSTYLE命令，打开【标注样式管理器】对话框。在弹出的【标注样式管理器】对话框中，选择已有的标注样式【建筑标注】，单击【新建】按钮。在弹出的【创建新标注样式】对话框的【用于】下拉选项列表中，选择【角度标注】，单击【继续】按钮。

在弹出的【新建标注样式】对话框中各选项卡的设置如下。

①【直线】选项卡：基线间距10；超出尺寸线3；起点偏移量0。

②【符号和箭头】选项卡：箭头大小3。

③【文字】选项卡：文字高度3.5；水平；从尺寸线偏移1。

④【调整】选项卡：选择箭头、手动设置文字、全局比例设为1。

⑤【主单位】选项卡：精度0。

⑥【换算单位】选项卡：选项默认。

⑦【公差】选项卡：选项默认。

单击【确定】，关闭对话框，完成设置。

活动四　上机练习标注

图6-133是某车间的平面布置图，模仿图中的标注，自己上机练习标注。

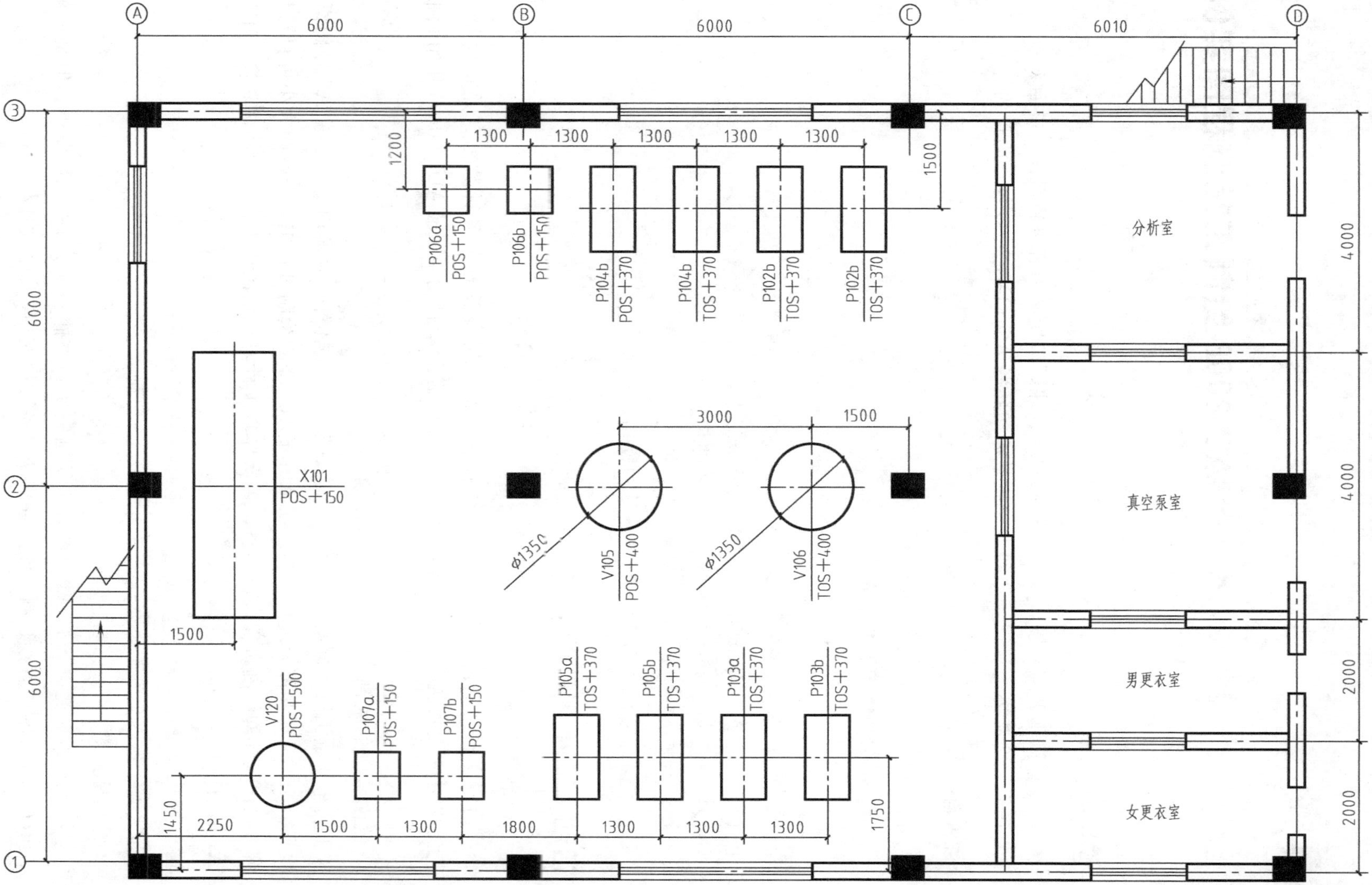

图 6-133 某车间平面布置图

课题三

AutoCAD 2006 绘制工艺流程图实例

教学目标

通过绘制工艺流程图，学生将对课题一、课题二所学内容进行巩固，并且对制图程序有一个整体的认识。达到进一步掌握和熟练 AutoCAD 2006 操作的目的。

知识目标

（1）熟悉 AutoCAD 2006 绘图的过程。

（2）学会整体布置图的方法。

技能目标

（1）熟悉 AutoCAD 2006 绘图前的准备工作。

（2）熟悉 AutoCAD 2006 绘图命令的使用。

（3）熟悉 AutoCAD 2006 编辑命令的使用。

（4）熟悉 AutoCAD 2006 标注方法的使用。

活动一　绘图前的准备

1. 基础准备工作

绘制前应先确定工艺流程图中各种设备、管道、仪表及相关各种数据，并将要绘制的工艺流程图的大致内容在纸上绘制好。在此基础上，启动 AutoCAD 2006，开始绘制工作。

2. 绘图范围的限制

按工艺车间或工段，原则上一个主项画一张图，其幅面一般采用 A1 号或 A2 号图纸，如流程复杂，可分成几部分进行绘制。在 AutoCAD 2006 绘制过程中，图框的大小可自行规定，然后根据具体的绘制过程进行调整，再次体现了计算机绘图比手工绘图的优越性。本例采用 A1 图幅。

3. 绘制边框

按照 A1 图纸大小绘制图框，结果如图 6-134 所示。

4. 绘制标题栏

标题栏也可以先在 Word 文档中做表格编制完毕，再插入到 AutoCAD 图中。但是一般是在 AutoCAD 2006 中直接绘制，然后存成块已备方便使用，如图 6-135 所示。

图 6-134　绘制边框

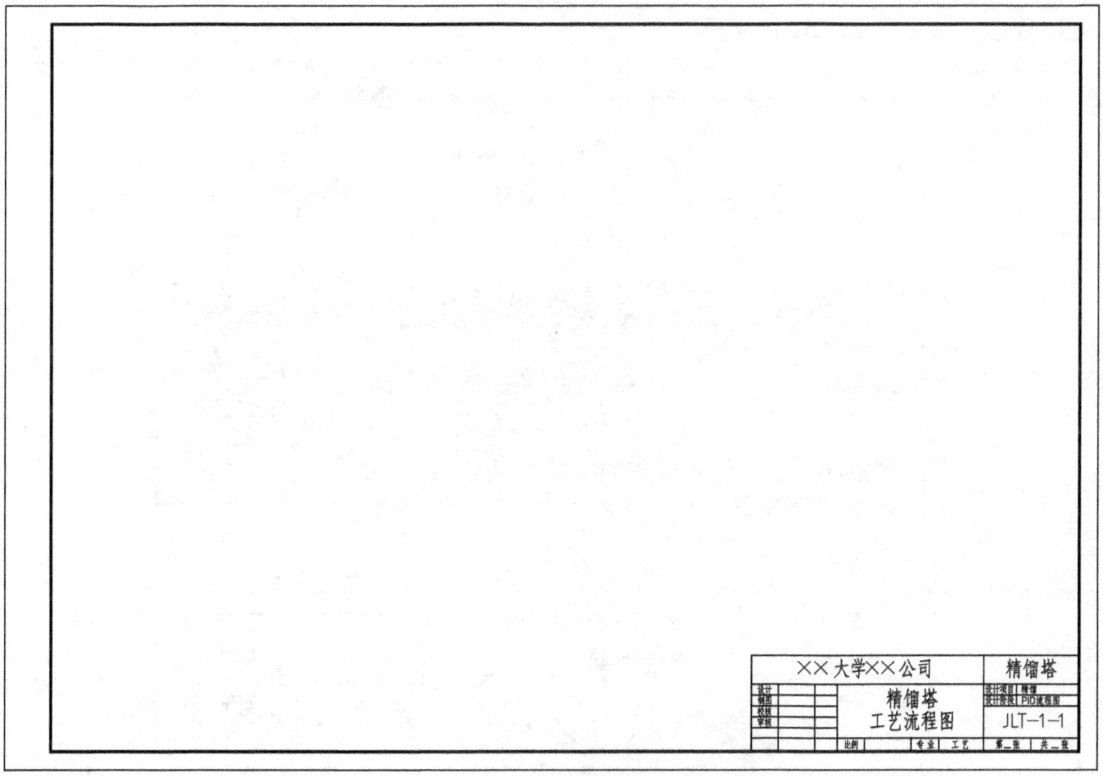

图 6-135　绘制标题栏

5. 设置图层

图层设置要根据具体的需要，在本例中图层按课题一活动五设置 8 个图层，0 图层为图纸框，1 图层为标题栏、技术要求，2 图层为中心线及基准线，3 图层为设备，4 图层为主物料管线，5 图层为辅助物料管线，6 图层为仪表控制点，7 图层为尺寸标注。中心线用细实线（0.3mm）表示，物料管道用粗实线（0.9mm）表示，辅助物料管道用中粗实线（0.6mm）表示，其余用细实线（0.3mm）表示，以符合化工工艺流程图对线宽的要求，具体内容见图 6-136。

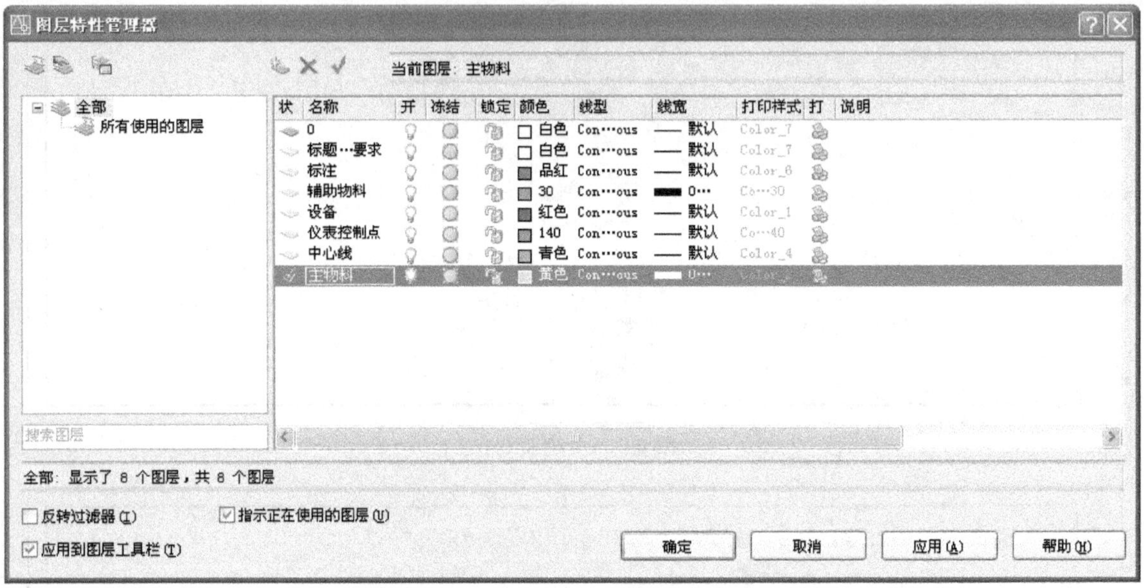

图 6-136　图层设置

图 6-137　文字样式设置

6. 文字设置

在工艺流程中设备标注、工艺说明等都需要输入文字，这样就需要进行文字标注，在对图形文件进行文字标注前，需要先给文本文字定义一种样式，主要包括对字体、高度、比例等属性的设置。最好提前设置以方便以后的绘图，如图 6-137 所示。

活动二　绘制工艺流程图

① 绘制设备中心线，确定设备位置，看一下在整体图纸中布局是否合理，如图 6-138 所示。

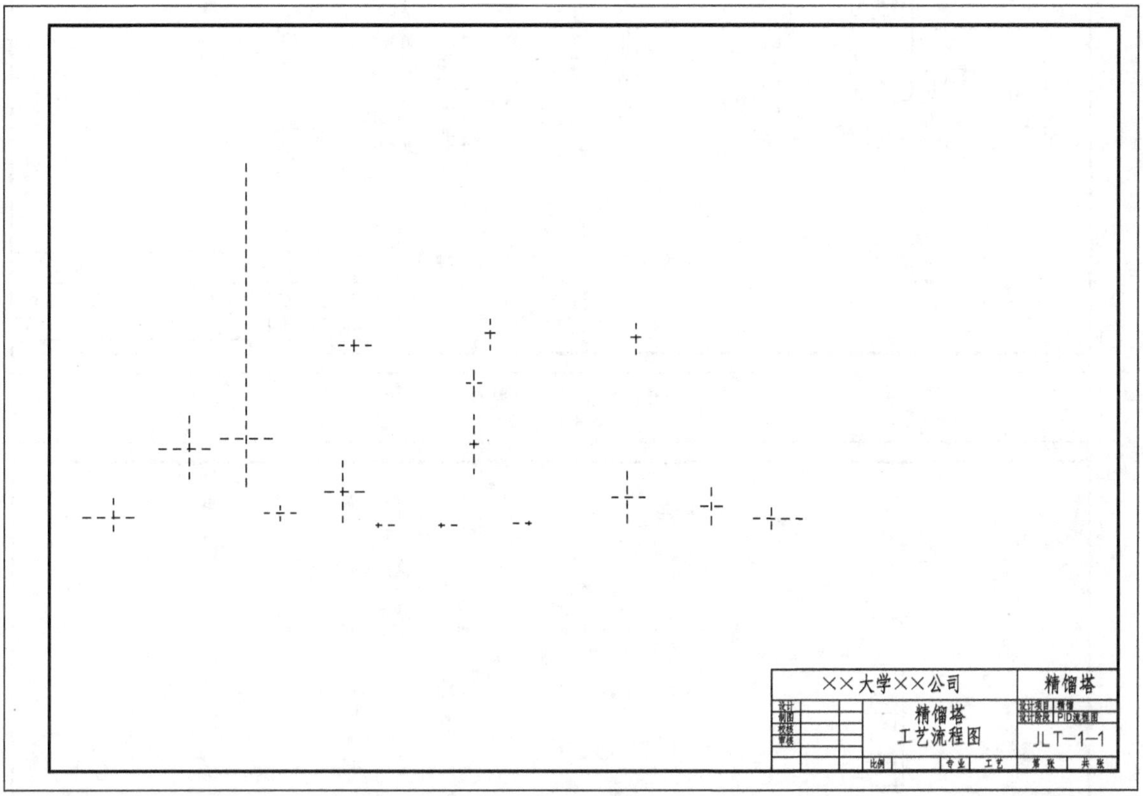

图 6-138　绘制设备中心线

② 绘制设备。位置确定后，在相应的位置上开始绘制设备轮廓，相同或相似的设备可以复制，以求节约时间，如图 6-139 所示。

③ 去除中心线。在工艺流程中一般不需要中心线，可以打开中心线图层，把该图层关闭即可，如图 6-140 所示。

④ 绘制主物料线，如图 6-141 所示。

⑤ 绘制辅助物料线，如图 6-142 所示。

⑥ 添加控制点，如图 6-143 所示。

⑦ 进行标注，如图 6-144 所示。

⑧ 存盘到 D:/我的作业文件夹中。此时，整张工艺流程图绘制完成。

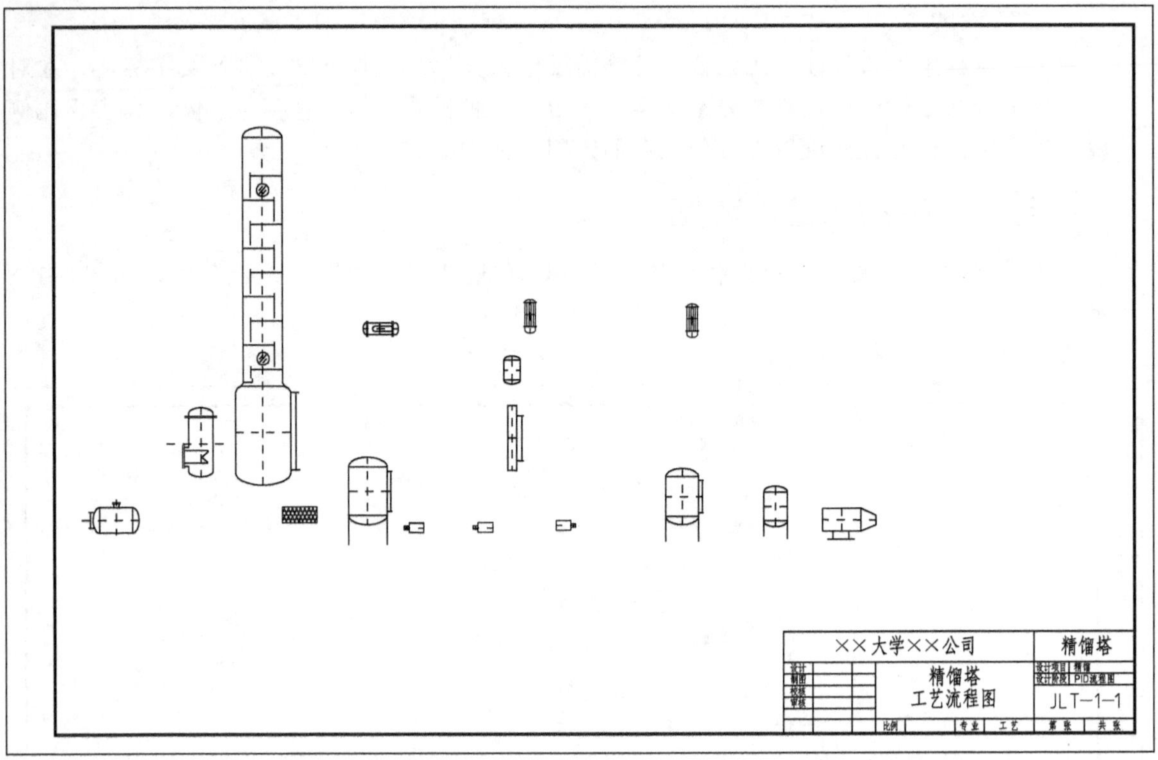

图 6-139 绘制设备

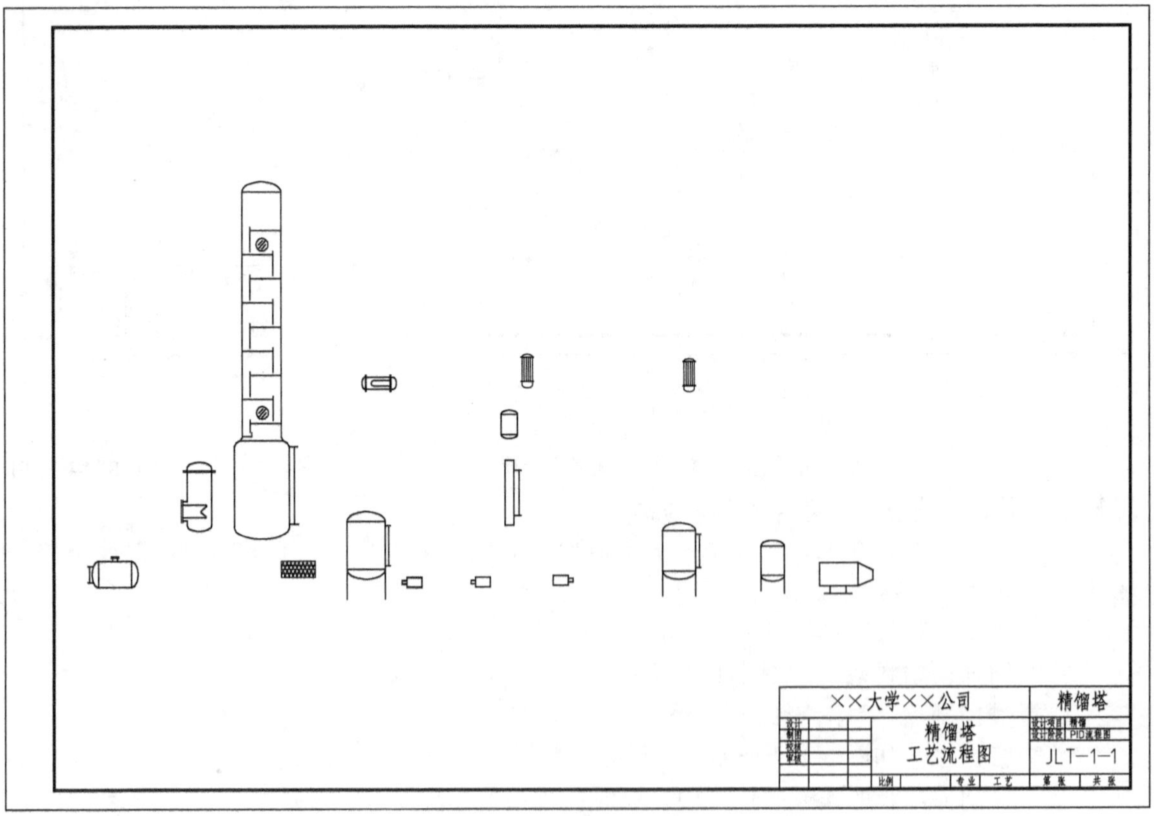

图 6-140 隐藏中心线

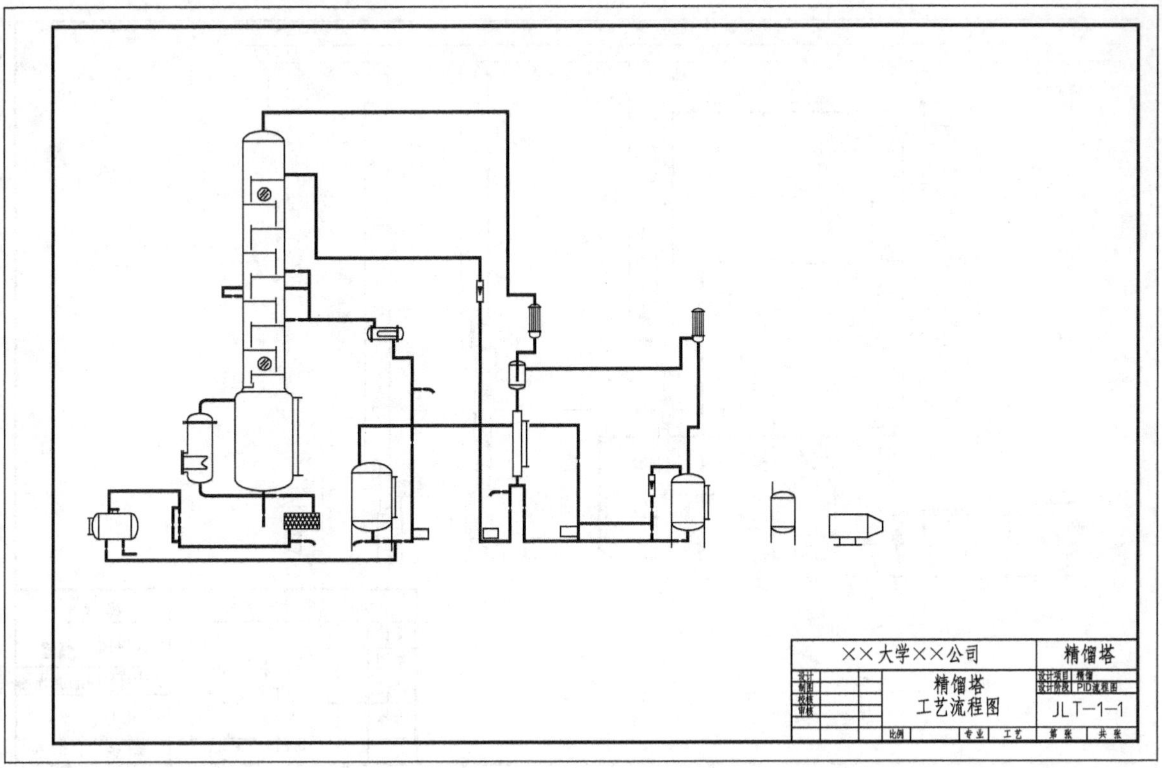

图 6-141　绘制主物料线

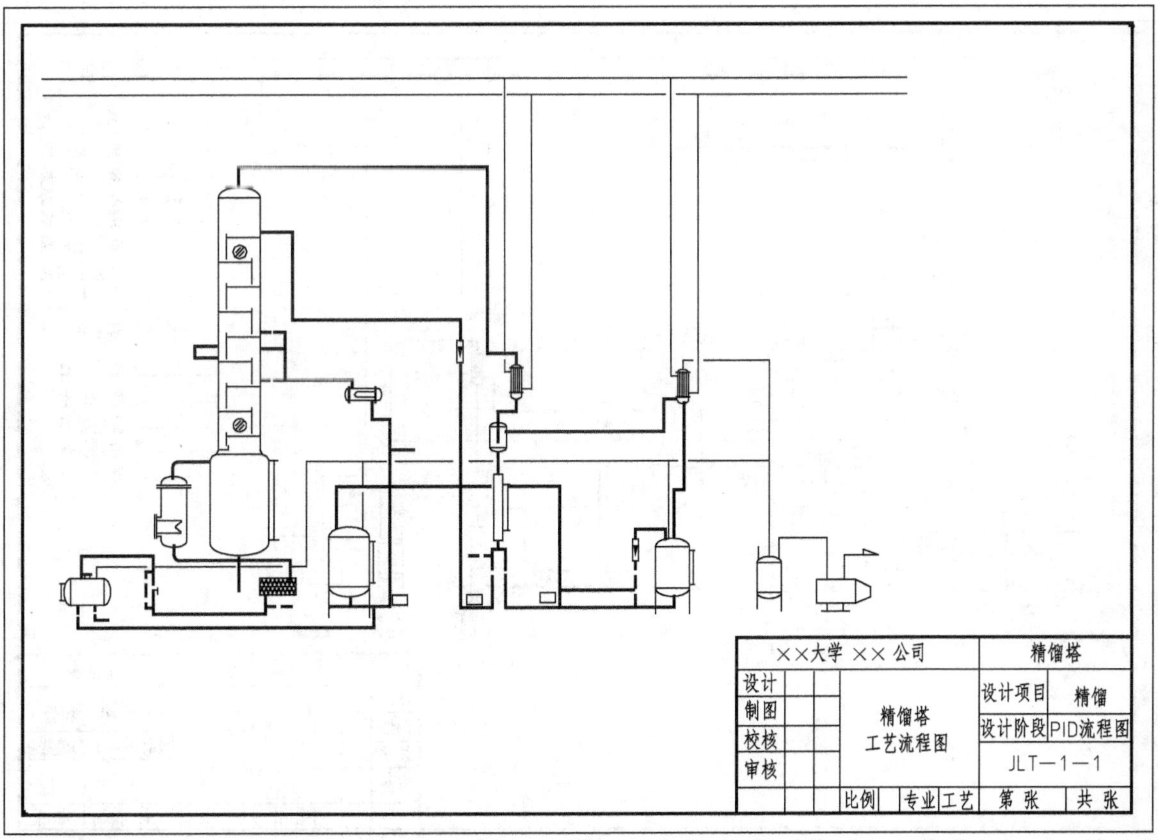

图 6-142　绘制辅助物料线

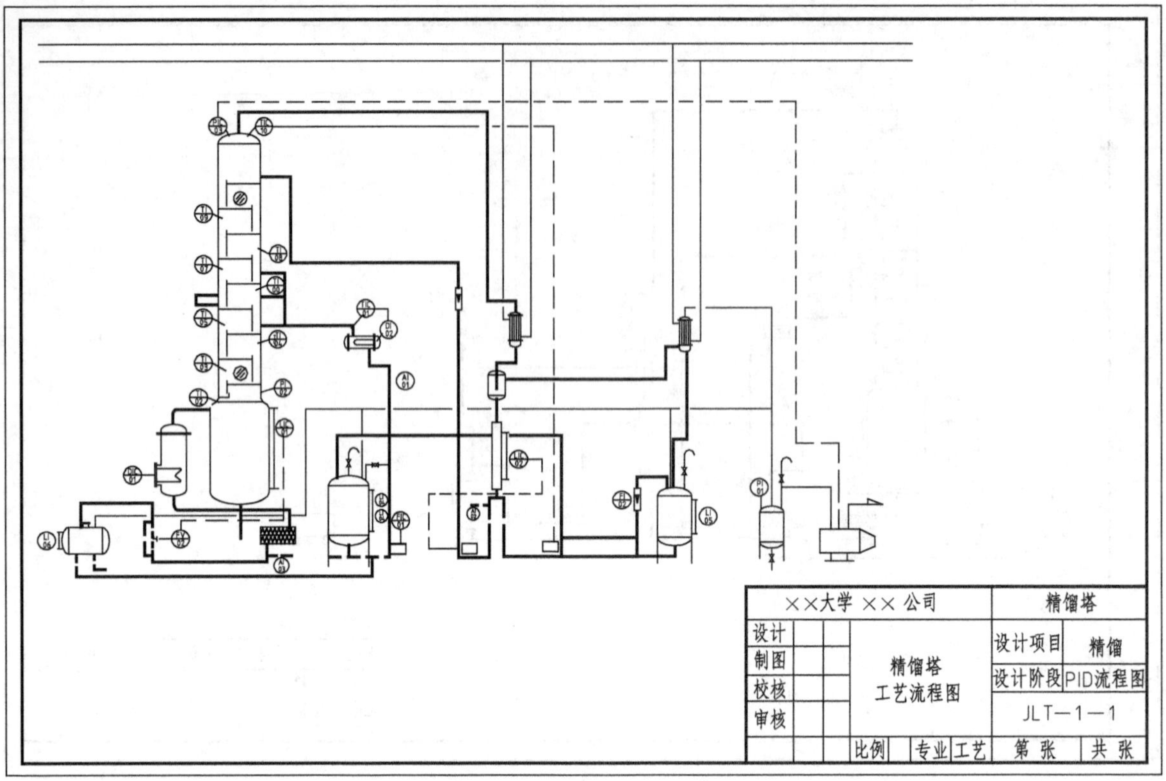

图 6-143　添加控制点

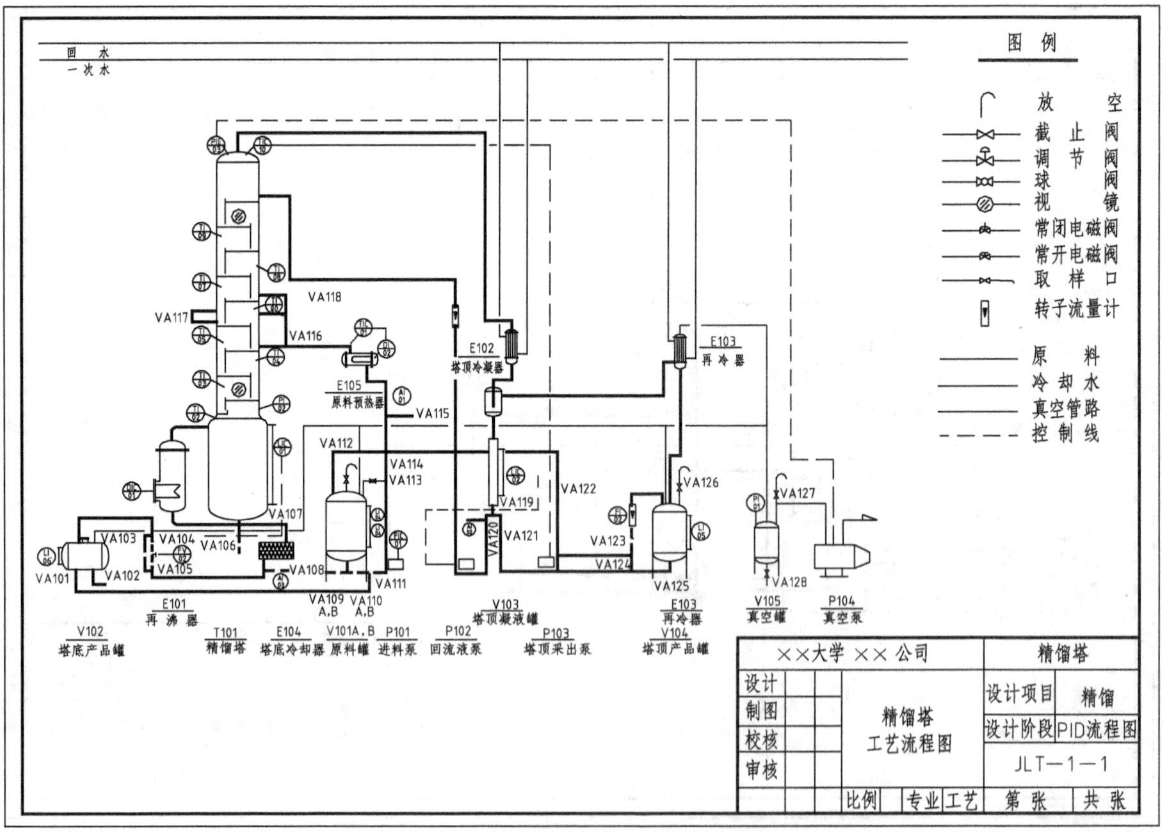

图 6-144　对设备、管线等进行标注

拓展知识

PIDCAD 简介

在绘制工艺流程图时，往往每次绘图都要从零开始，一步一步地绘制设备、管件、阀门等，这些重复、机械、烦琐的工作使得设计效率降低。绘图软件 PIDCAD 是深圳市维远泰克科技有限公司开发研制的，是基于 Windows 操作系统和 AutoCAD200× 平台从事工程设计、绘制管道、物料及仪表流程图的专业软件。按行业标准，建有国家标准图幅库、设备符号库、阀门库、仪表库。PIDCAD 软件操作简单、方便易学，适合于工程技术、设计人员及高校师生从事化工工程设计、流程图绘制时使用，因此有必要介绍此软件。

PIDCAD 是在 AutoCAD 的基础上开发出来的专业软件，其图形界面与 AutoCAD 相同，见图 6-145 所示。只是在 AutoCAD 的菜单中多了【PIDCAD】专用工具条。PIDCAD 的功能介绍如下。

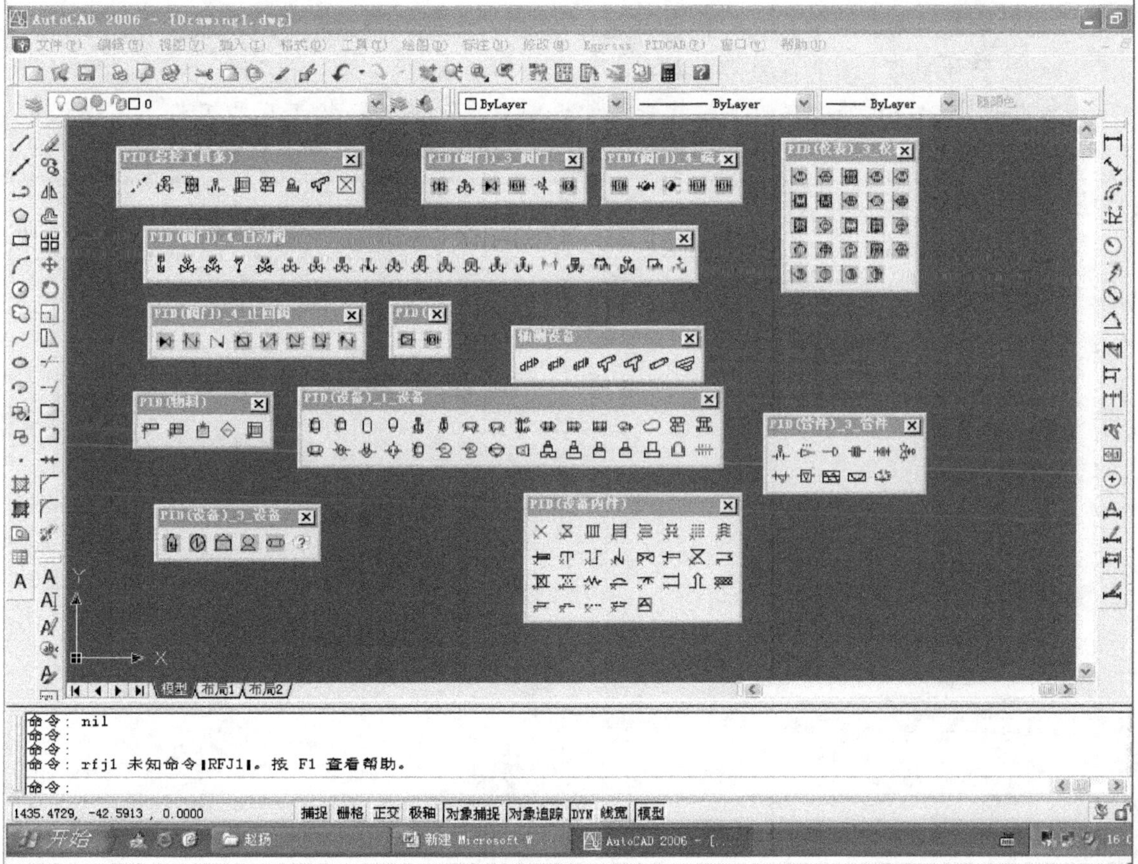

图 6-145 PIDCAD 的工作界面

(1) 主工具条　可随时打开、关闭其他工具条，使AutoCAD绘图区域面积扩展到最大。

(2) 阀门工具条　图库存有闸阀、截止阀、球阀、蝶阀、止回阀、疏水阀、角阀、安全阀及各类调节阀等；所有阀门大小均含有默认值，也可随意设置。

(3) 设备工具条　可任意添加反应器（釜）、塔、罐、各类换热器、泵、压缩机等，可随意设置设备的外形尺寸。

(4) 设备内件工具条　可随意添加反应器内件、各类塔盘、换热器内件等。

(5) 管线工具条　实线、虚线可分层放置，可标注管段号、流向标示等；可任意选择图幅的大小。

(6) 仪表工具条图库　存有一次仪表、二次仪表、进控制室仪表、进DCS仪表等图形符号；管线可自动断开、生成仪表连接线；可任意输入仪表功能代号、序号。

(7) 管件工具条　图库中存有异径管、8字盲板、各类过滤器、管帽、活接头、盲法兰等。

(8) 小型设备工具条　新增添了各类泵、压缩机、过滤机、分离器等小型设备。

(9) PFD绘制工具条　物流标注，管线、设备工艺操作参数标注，物料表在图纸左下角自动生成等。

(10) 轴测设备工具条　可以自由设置设备的倾斜角度，使设备具有立体美感。

(11) 轴测图工具条　可以自由设置设备的倾斜角度，使设备具有立体感。

(12) 自定义功能　自定义图幅、标题栏、设备外形、内插件、管线颜色、设备属性。

(13) 统计功能　自动统计各种材料，生成导出报表。

利用PIDCAD软件绘制的工艺物料及管道和仪表流程图，使工厂的工艺、设备设计与管理变得更加简单、实用、高效，可以为设计或学习工作带来事半功倍的效果。

附录一

化工工艺流程图常用缩写词

缩写词　中文词义

A　气力（空气）驱动
A　分析
ABS　绝对的
ABS　丙烯腈-丁二烯-苯乙烯
ABS. EL　绝对标高
ACF　先期确认图纸资料
ADPT　连接头
AFC　批准用于施工
AFD　批准用于设计
AFP　批准用于规划设计
AGL　角度
AGL. V　角阀（角式截止阀）
ALT　高度、海拔
ALUM.　铝
ALY. STL.　合金钢
AMT　总量、总数
APPROX　近似的
ASB.　石棉
ASPH.　沥青
A. S. S.　奥氏体不锈钢
ATM　大气、大气压
AUTO　自动的
AVG　平均的、平均值
B　买方、买主
BAR　气压计、气压表
BA. V　球阀
B/B（B-B）　背至背
B. B　买方负责
BBL（bbl）　桶、桶装
B. C　二者中心之间（中心距）
BD. V　泄料阀、排污阀
BF　盲法兰
B. INST　由仪表（专业）负责
BL　界区线范围、装置边界
BLD　挡板、盲板
BLC. V　切断阀

缩写词　中文词义

B. M　基准点、水准
BOM　材料表、材料单
BOP　管底
BOT　底
BP　背压
B. P　爆破压力
B. PT　沸点
BRS.　黄铜
BR. V　呼吸阀
BRZ.　青铜
B. S　由卖方负责
BTF. V　蝶阀
BUR　燃烧器、烧嘴
B. V　由制造厂（卖主）负责
C　管帽
CAB　醋酸丁酸纤维素
CAT　催化剂
C. B　雨水井（池）、集水井（池）、滤污器
C/C（C-C）　中心到中心
CCN　用户变更通知
C. D　密闭排放
C/E（C-E）　中心到端头（面）
CEM LND　衬水泥的
CENT　离心式、离心力、离心机
CERA.　陶瓷
C/F（C-F）　中心到面
CF　最终确认图纸资料
CG　重心
CH　冷凝液收集管
CHA. OPER　链条操纵的
C. I.　铸铁
CIRC　循环
CIRC.　圆周
C. L（ϕ）　中心线
CL　等级

缩写词　中文词义

CLNC　间距、容积、间隙
CND　水管、导管、管道
CNDS　冷凝液
C. O　清扫（口）、清除（口）
COD　接续图
COEF　系数
COL　塔、柱、列
COMB　组合、联合
COMBU　燃烧
COMPR　压缩机
CONC　同心的
CONC.　混凝土
CONC. RED　同心异径管
CONDEN　冷凝器
COND.　条件、情况
CONN　连接、管接头
CONT　控制
CONTD　连接、续
CONT. V　控制阀
COP.　铜、紫铜
CPE　氯化聚醚
CPMSS　综合管道材料表
CPLG　联轴器、管箍、管接头
CPVC　氯化聚氯乙烯
C. S　碳钢
CSC　关闭状态下铅封（未经允许不得开启）
CSO　开启状态下铅封（未经允许不得关闭）
C. STL.　铸钢
CSTG　铸造、铸件、灌注
CTR　中心
C. V　止回阀、单向阀
CYL　钢瓶、汽缸、圆柱体
D　密度
D　驱动机、发动机

缩写词	中文词义
DAMP	调节挡板
DA. P	缓冲筒（器）
DBL	双、复式的
DC.	设计条件
DDI	详细设计版
DEG	度、等级
DF.	设计流量
D. F	喷嘴式饮水龙头
DH	分配管（蒸汽分配管）
DIA	直径、通径
DIM	尺寸、因次
DISCH	排料、出口、排出
DISTR	分配
DIV	部分、分割、隔板
DN	公称（名义）通径
DN	下
DP.	设计压力
D. PT	露点
DP. V	隔膜阀
DR.	驱动、传动
DRN	排放、排水、排液
DSGN	设计
DSSS	设计规定汇总表
DT.	设计温度
DV. V	换向阀
DWG	图纸、制图
DWG NO.	图号
E	东
E	内燃机
E	燃气机
ECC	偏心的、偏心器（轮、盘、装置）
ECC RED	偏心异径管
E. F	电炉
EL	标高、立面
ELEC	电、电的
EMER	事故、紧急
ENCL	外壳、罩、围墙
EP	防爆
EPDM	乙烯丙烯二烃单体
EPR	乙丙橡胶
EQ	公式、方程式
E. S. S	紧急关闭系统
EST	估计

缩写词	中文词义
etc	等
ETL	有效管长
EXH	排气、抽空、取尽
EXIST	现有的、原有的
EXP	膨胀
EXP. JT	伸缩器、膨胀节、补偿器
FBT. V	罐底排污阀
FC	故障（能源中断）时阀关闭
FD	法兰式的和碟形的（圆板形的）
F. D	地面排水口、地漏法兰端部
FE	法兰端部
F/F (F-F)	面到面
FF	平面（全平面、满平面）
F. H	消防水龙带
FH	平盖
FI	故障（能源中断）时阀处任意位置
FIG.	图
FL	故障（能源中断）时阀保持原位（最终位置）
FL	楼板、楼面
FLG	法兰
FLGD	法兰式的
FL. PT	闪点
FMF	凹面
FO	故障（能源中断）时阀开启
FOB	底平
FOT	顶平
FPC. V	翻板止回阀
FPRF	防火
F. PT	冰点
FS	冲洗源
F. STL.	锻钢
FS. V	冲洗阀
FTF	管件直连
FTG	管件
FT. V	底阀
F. W.	现场焊接
G (GENR)	发电机、动力发生机、发生器
GALV	电镀、镀锌
G. CI	灰铸铁
GEN	一般的、通用的、总的

缩写词	中文词义
GL	玻璃
G. L	地面标高
GL. V	截止阀
G. OPER	齿轮操作器
GOV	调速器
GR	等级、度
GRD	地面
GRP	组、类、群
GR. WT	总（毛）重
GS	气体源
GSKT	垫片、密封垫
G. V	闸阀
H	高
HA. P	手摇泵
HAZ	热影响区
H. C.	手工操作（控制）
HC.	软管连接、软管接头
H. C. S	高碳钢
HCV	手动控制阀
HDR	总管、主管、集合管
HH	手孔
HH	最高（较高）
HLL	高液位
HOR	水平的、卧式的
H. P.	高压
HPT	高点
HS	软管站（公用工程站、公用物料站）
HS	液压源
HS. C. I.	高硅铸铁
HS. V	软管阀
HT	高温
HTR	加热器（炉）
HYR	液压操纵器
ID	内径
i. e	即、也就是
IGR	点火器
INL. PMP	管道泵
IN	进口、入口
IN	输入
INS	隔热、绝缘、隔离
INST	仪表、仪器
INSTL	装置、安装
INST. V	仪表阀

缩写词	中文词义
INTMT	间歇的、断续的
IS. B. L	装置边界内侧
JOB NO	项目号
KR	转向半径
L	长度、段、节、距离
L	低
LN. BLD	管道盲板
LNB. V	管道盲板阀
LC	关闭状态下加锁（锁闭）
L. C. S.	低碳钢
LC. V	升降式止回阀
LEP	大端为平的
LET	大端带螺纹
LG	玻璃管（板）液位计
LIQ	液体
LJF	松套法兰
LL	最低（较低）
LLL	低液位
LND	衬里
LO	开启状态下加锁（锁开）
L. P.	低压
LPT	低点
L. R	载荷比
LR	长半径
LTR	符号、字母、信
LUB	润滑油、润滑剂
M	电动机、电动机执行机构
MACH	机器
MATL	材料、物质
MAX	最大的
M. C. S.	中碳钢
MDL（M）	中间的、中等的、正中、当中
MF	凸面
M&F	阳的与阴的（凸面和凹面）
MH	人孔
M. I.	可锻铸铁
MIN	最小的
M. L	接续的
MOL WT	分子量
MOV	电动阀
M. P.	中压
M. S. S.	马氏体不锈钢

缩写词	中文词义
MTD	平均温差
MTO	材料统计
MW	最小壁厚
M. W	矿渣棉
N	北
NB	公称孔径
NC	美国标准粗牙螺纹
N. C	正常状态下关闭
N. C. I.	球墨铸铁
NF	美国标准细牙螺纹
NIL	正常界面
NIP	管接头、螺纹管接头
NLL	正常液位
N. O	正常状态下开启
NOM	名义上的、公称的、额定的
NO. PKT	不允许出现袋形
NOR	正常的、正规的、标准的
NOZ	喷嘴、接管嘴
NPS	国标管径
NPS	美国标准直管螺纹
NPSHA	净（正）吸入压头有效值
NPSHR	净（正）吸入压头必需值
NPT	美国标准锥管螺纹
NS	氮源
NUM	号码、数目
N. V	针形阀
OC.	操作条件、工作条件
OD	外径
OET	一端制成螺纹（一端带螺纹）
OF.	操作流量、工作流量
O/O（O-O）	总尺寸、外廓尺寸
OOC	坐标原点
OP.	操作压力、工作压力
OPER	操作的、控制的、工作的
OPP	相对的、相反的
OR	外半径
ORF	孔板、小孔
OS. B. L	装置边界外侧
OT.	操作温度、工作温度
PA	聚酰胺
PAP	管道布置平面
PAR	平行的、并联的

缩写词	中文词义
PARA	段、节、款
PB	聚丁烯
PB	按钮
PB STA	控制（按钮站）
PC	聚碳酸酯
PE	平端
PE	聚乙烯
P. F	永久过滤器
PF	平台、操作台
PFD	工艺流程图
PG	塞子、丝堵、栓
PI	交叉点
P&ID	管道仪表流程图
P. IR.	生铁
PL	板、盘
PLS	塑料
PMMA	聚甲基丙烯酸甲酯
PN	公称压力
PNEU	气动的、气体的
PN. V	夹套式胶管阀（用于泥浆粉尘等）
PO	聚烯烃
POS	支承点
PP	聚丙烯
P. PROT	人员保护
PRESS（P）	压力
PS	聚苯乙烯
P. SPT	管架
PSR	项目进展情况报告
PSSS	订货单、采购说明汇总表
PT	点
PTFE	聚四氟乙烯
PT. V	柱塞阀
P. V	旋塞阀
PVC	聚氯乙烯
PVC LND	聚氯乙烯衬里
PVDF	聚偏二氟乙烯
Q CPLG	快速接头
QC. V	快闭阀
QO. V	快开阀
QTY	数量
R	半径
RAD	辐射器、散热器
R. C	棒桶口（孔）

缩写词	中文词义
RECP	储罐、容器、仓库
RED	异径管、减压器、还原器
REGEN	再生器
PEV	修改
RF	突面
RFS	光滑突面
R. H.	相对湿度
RJ	环形接头（环接）
RL. V	泄压阀
RO	限流孔板
RP	爆破片
RS	升杆式（明杆）
RSP	可拆卸短管（件）
RUB LND	衬橡胶
RV	减压阀
S	取样口、取样点
S	卖方、卖主
S	壳体、壳程、壳层
S	南
S	特殊（伴管）
SA. V	取样阀
SC	取样冷却器
SCH. NO	壁厚系列号
SCRD	螺纹、螺旋
SECT	剖面图、部分、章、段、节
SEP	小端为平的
SET	小端带螺纹
S. EW	安全洗眼器
S. EW. S	安全喷淋洗眼器
SG	视镜
SH. ABR	减振器、振动吸收器
SK	草图、示意图
SLR	消音器
SL. V	滑阀
SN.	锻制螺纹短管
SNR	缓冲器、锚链制止器、掏槽眼、减震器
SO.	蒸汽吹出（清除）
SP	特殊件
SP.	静压
S. P.	设定点
S. P	设定压力、整定压力
SPEC	说明、规格特性、明细表
SP GR	相对密度（比重）
SP HT	比热容
SR	苯乙烯橡胶
S. S	安全喷淋器
S. S.	不锈钢
SS	蒸汽源
ST	蒸汽伴热
ST.	蒸汽（透平）
STD	标准
S. TE	T形结构
STL.	钢
STM	蒸汽
STR	过滤器
SUCT	吸入、入口
SV	安全阀
SW	承插焊的
SW	开关
SYM	对称的
SYMB	符号、信号
T	T形、三通
T	蒸汽疏水阀
T.	管子、管程、管层
T&B	顶和底
T/B（T-B）	顶到底
TE	螺纹端
TEMP（T）	温度
THD	螺纹的
THK	厚度
TIT.	钛
TL	切线
TL/TL（TL-TL）	切线到切线
TOP	顶、管顶
TOS	架顶面、钢结构顶面
TR. V	节流阀
T. S	临时过滤器
TURB	透平机、涡轮机、汽轮机
U. C	公用工程连接口（公用物料连接口）
UFD	公用工程流程（公用物料流程图）
UG（U）	地、地下
UH	单元加热器、供热机组
UN	活接头、联合、结合
V	阀
V	制造商、卖主
VAC	真空
VARN	清漆
VBK	破真空（阀）
VCM	厂商协调会
VEL	速度
VERT	垂直的、立式、垂线
VISC	黏度
VIT	玻璃状的、透明的
VOL	体积、容量、卷、册
VT	放空
V. T	缸瓦质、陶瓷质
VTH	放气孔、通气孔
VT. V	放空阀
W	西
WD	宽度、幅度、阔度
WE	随设备（配套）供货
W. I	熟（锻）铁
W. LD	工作荷载、操作荷载
WNF	对焊法兰
WP	全天候、防风雨的
W. P.	工作点、操作的
WS	水源
WT	壁厚
WT.	重量
XR	X射线

附录 二

设备布置图图例及简化画法

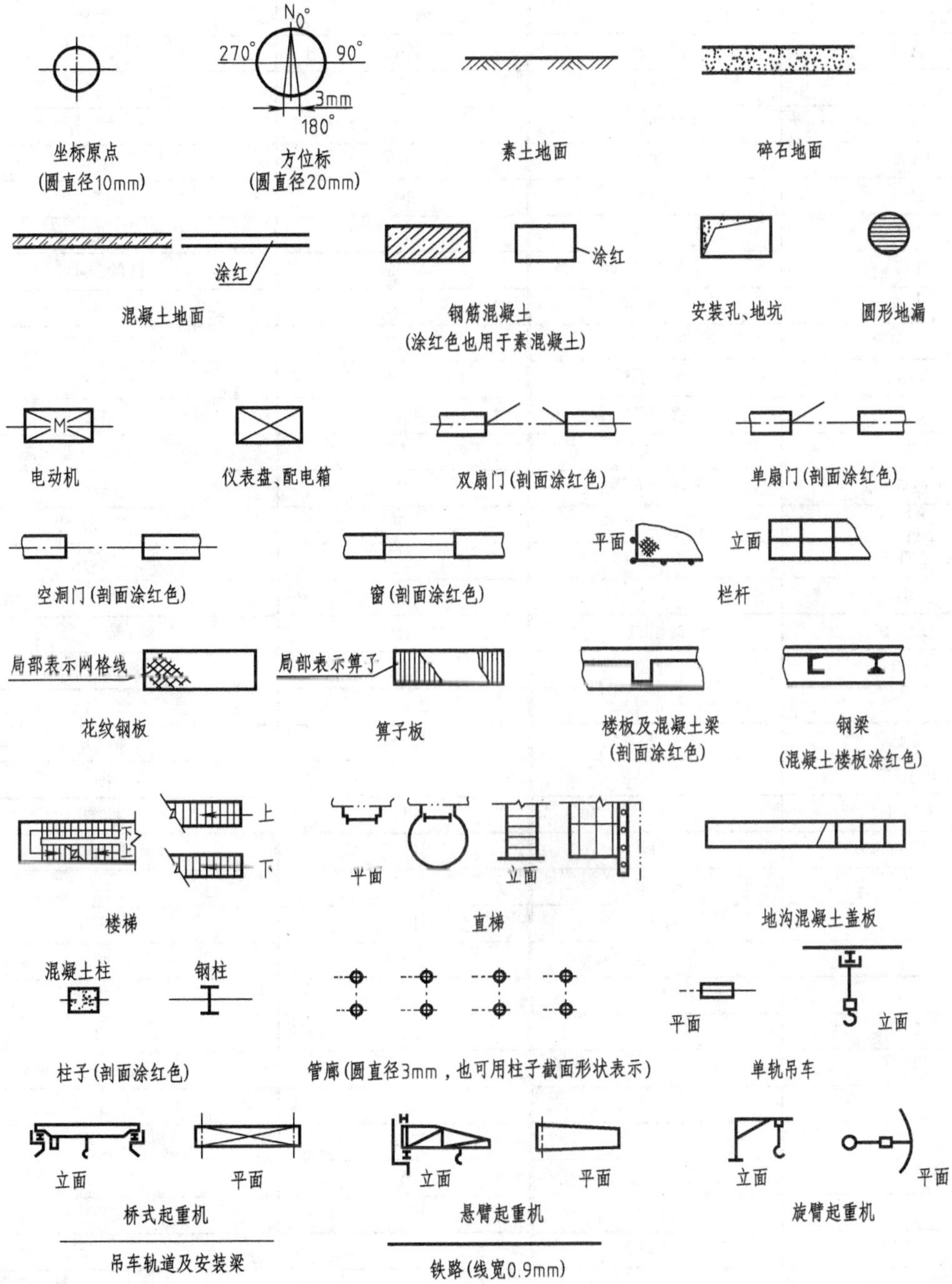

附录三

设备布置图用缩写词

缩写词	词意	缩写词	词意
ABS	绝对的	MAX	最大
ATM	大气压	MFR	制造厂、制造者
BL	装置边界	MH	人孔
BLDG	建筑物	MIN	最小
BOP	管底	M. L	接续线
C-C	中心到中心	N	北
C-E	中心到端面	NOM	公称的、额定的
C-F	中心到面	NOZ	管口
CHKD PL	网纹板	NPSH	净正吸入压头
C. L(ϕ)	中心线	N. W	净重
COD	接续图	OD	外径
COL	柱、塔	PID	管道及仪表流程图
COMPR	压缩机	PL	板
CONTD	续	PF	平台
DEPT	部门、工段	POS	支承点
DIA	直径	QTV	数量
DISCH	扫出口	R	半径
DWG	图纸	REF	参考文献
E	东	REV	修订
EL	标高	RPM	转/分
EQUIP	设备、装备	S	南
EXCH	换热器	STD	标准
FDN	基础	SUCT	吸入口
F-F	面至面	T	吨
FL	楼板	TB.	吊车梁
GENR	发电机、发生器	THK	厚
HC	软管接头	TOB	梁顶面
HH	手孔	TOP	管顶
HOR	水平的、卧式的	TOS	架顶面或钢的顶面
HS	软管站	VERT	垂直的、立式
ID	内径	VOL	体积、容积
IS. B. L	装置边界内侧	W	西
LG	长度	WT.	重量
MATL	材料		

管道布置图和轴测图上管子、管件、阀门及管道特殊件图例（HG/T 20549.2—1998）

1. 管子、管件和法兰

名称		管道布置图				轴测图	
		单线		双线			
管子							
现场焊		F.W		F.W			
伴热管（虚线）							
夹套管（举例）							
地下管道（与地上管道合画一张图时）							
异径法兰（举例）	螺纹、承插焊、滑套	80×50		80×50		80×50	
	对焊	80×50		80×50		80×50	
法兰盖	与螺纹、承插焊或滑套法兰相接						
	与对焊法兰相接						
同心异径管（举例）	螺纹或承插焊	C.R40×25				C.R40×25	
	对焊	C.R80×50		C.R80×50		C.R80×50	
	法兰式	C.R80×50		C.R80×50		C.R80×50	
偏心异径管	螺纹或承插焊	E.R25×20 FOB	E.R25×20 FOT			E.R25×20 FOB	E.R25×20 FOT
	对焊	E.R25×20 FOB	E.R25×20 FOT	E.R25×20 FOB	E.R25×20 FOT	E.R25×20 FOB	E.R25×20 FOT
	法兰式	E.R25×20 FOB	E.R25×20 FOT	E.R25×20 FOB	E.R25×20 FOT	E.R25×20 FOB	E.R25×20 FOT

续表

1. 管子、管件和法兰				
名称		管道布置图		轴测图
		单线	双线	
90°弯头	螺纹或承插焊	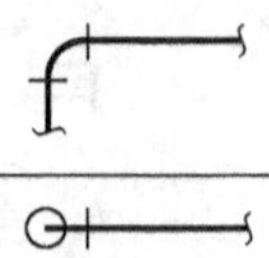		
90°弯头	对焊	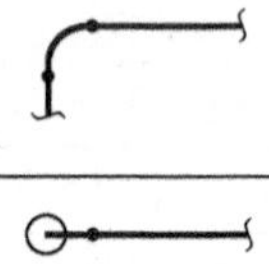	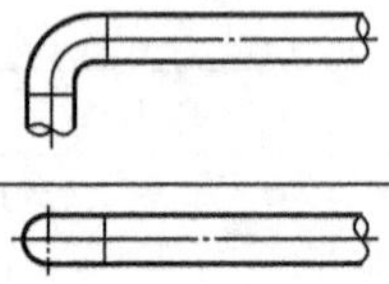	
90°弯头	法兰式	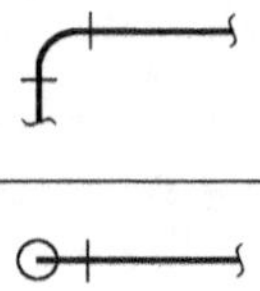	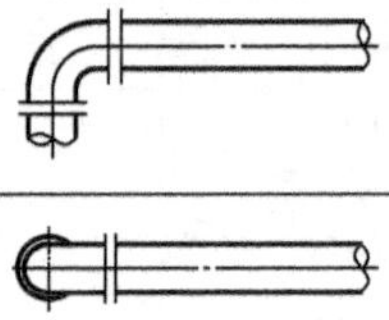	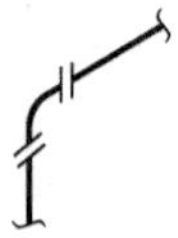
45°弯头	螺纹或承插焊	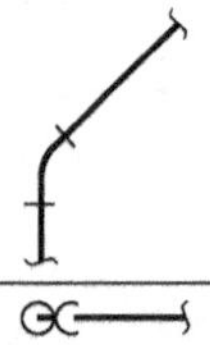		
45°弯头	对焊	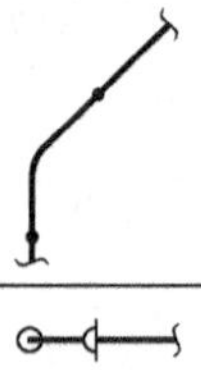	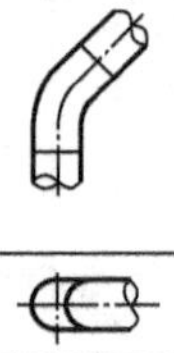	
45°弯头	法兰式	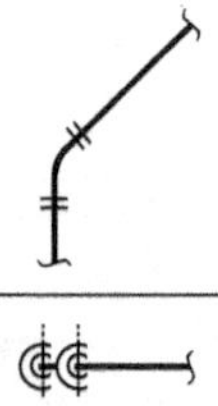	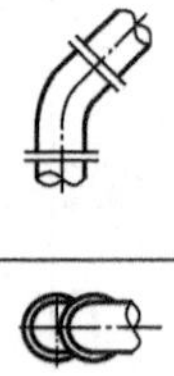	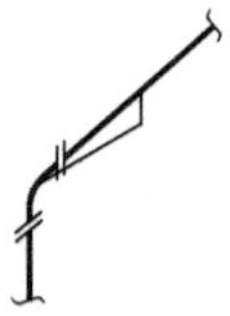
U型弯头	对焊连接	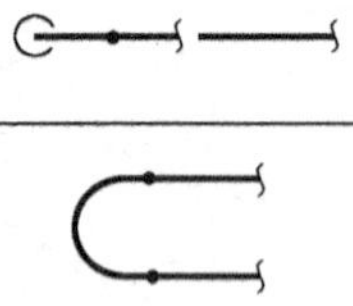	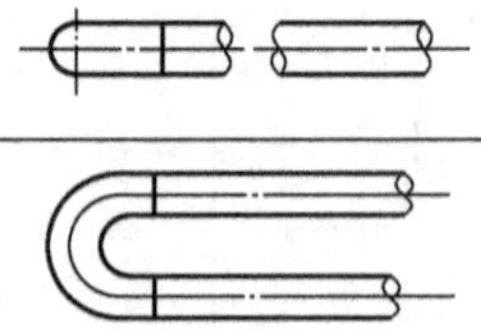	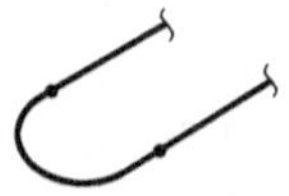
U型弯头	法兰连接	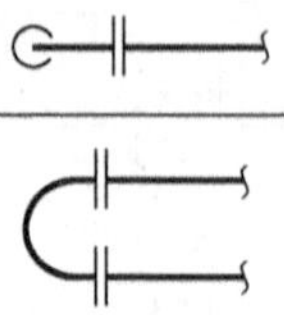	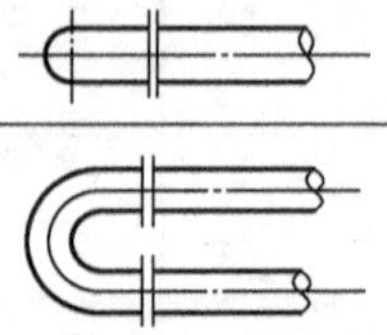	

续表

1. 管子、管件和法兰

名称		管道布置图 单线	管道布置图 双线	轴测图
斜接弯头（举例）			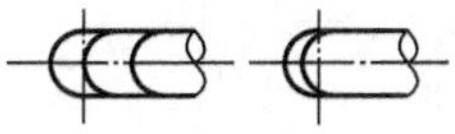	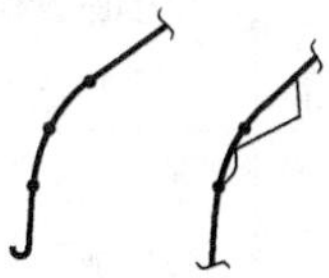
		 (仅用于小角度斜接弯头)	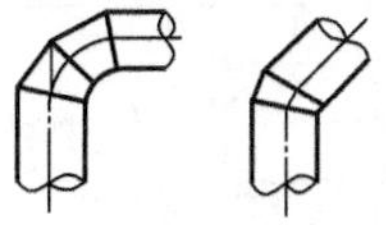	
三通	螺纹或承插焊连接			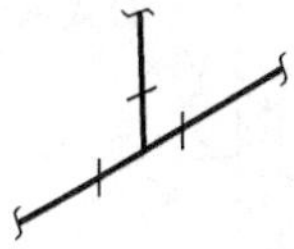
		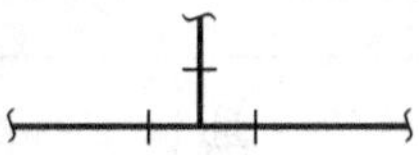		
	对焊连接		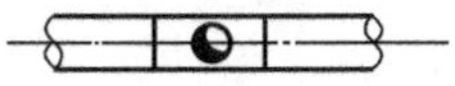	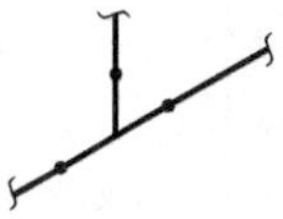
		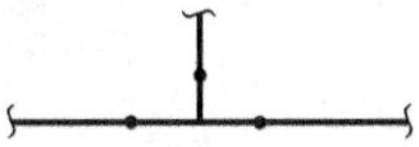	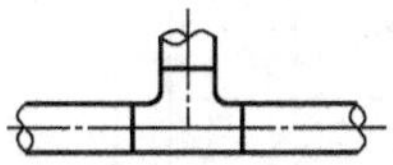	
	法兰连接		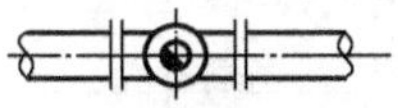	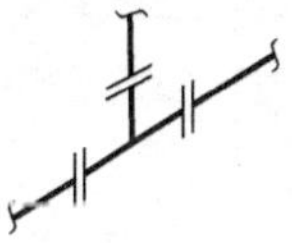
		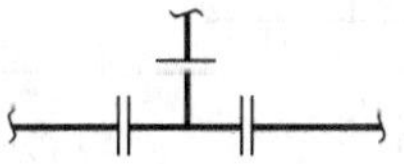	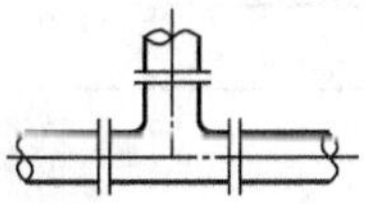	
斜三通	螺纹或承插焊连接	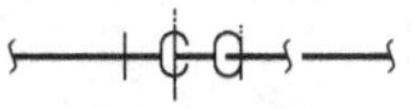		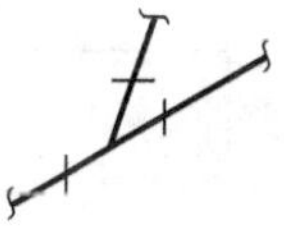
		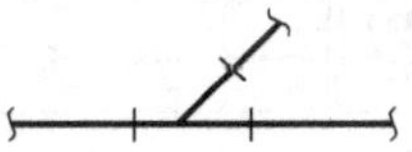		
	对焊连接		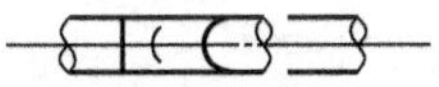	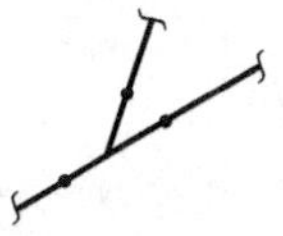
		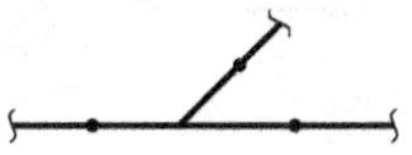	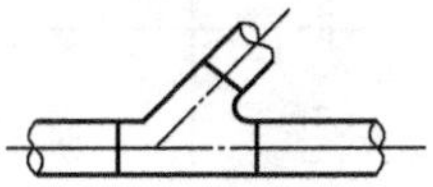	
	法兰连接	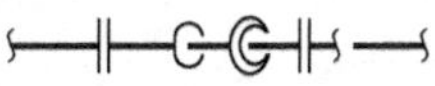	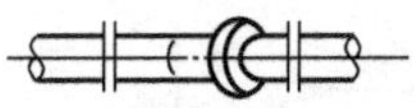	(续1) 
		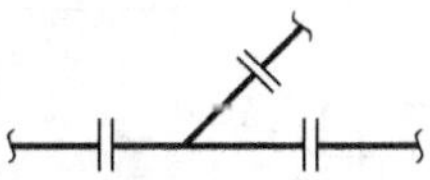	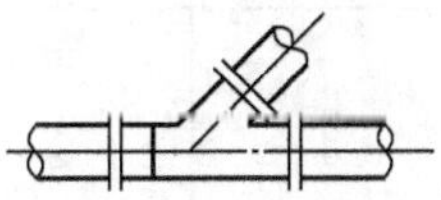	

续表

1. 管子、管件和法兰				
名　称		管道布置图		轴测图
		单线	双线	
焊接支管	不带加强板	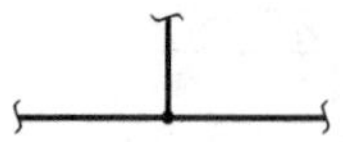	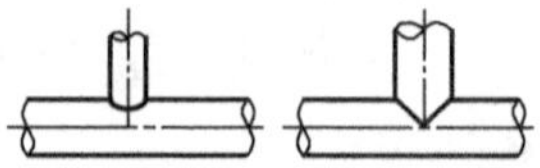	
	带加强板	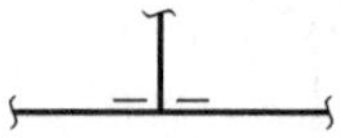	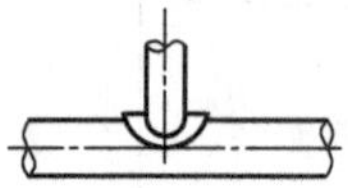	
半管接头及支管台	螺纹或承插焊连接	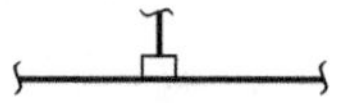	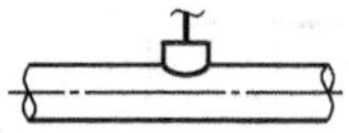	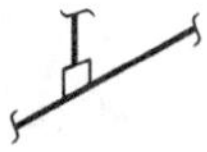
	对焊连接	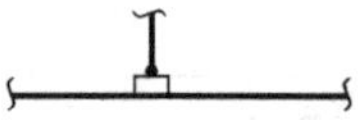	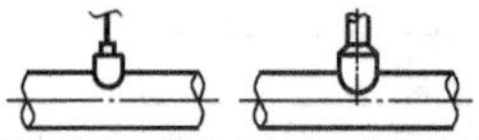 （用于半管接头或支管台）（用于支管台）	
四通	螺纹或承插焊连接	 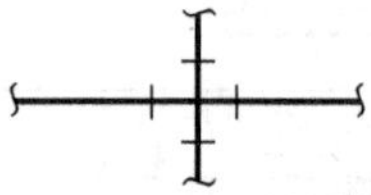		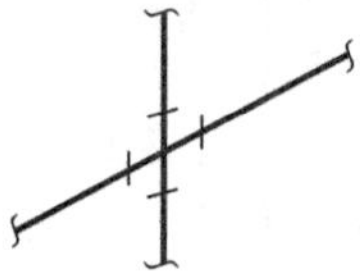
	对焊连接	 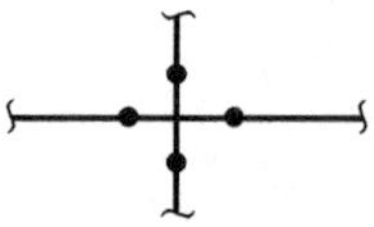	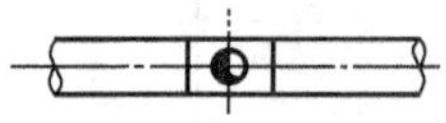 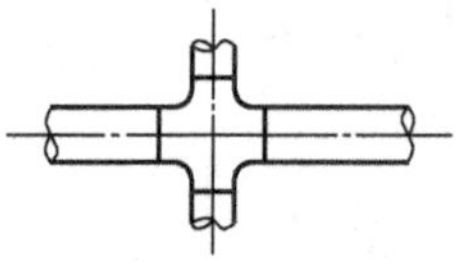	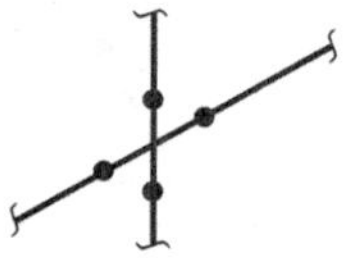
	法兰连接	 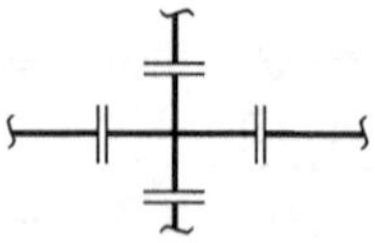	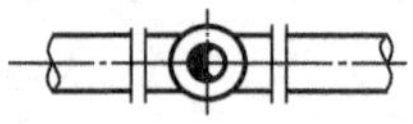 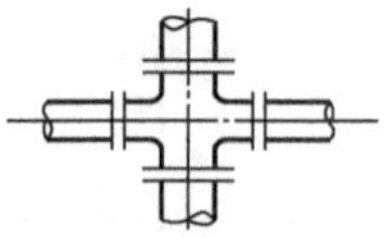	
管帽	螺纹或承插焊连接			
	对焊连接		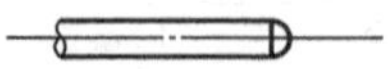	
	法兰连接		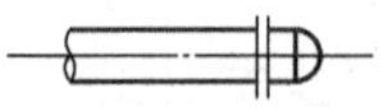	

续表

1. 管子、管件和法兰

名称		管道布置图		轴测图
		单线	双线	
堵头	螺纹连接	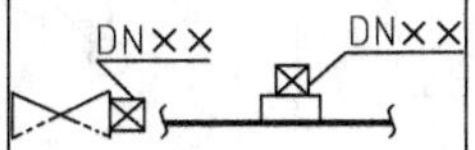		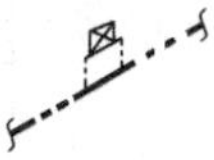
螺纹或承插焊管接头				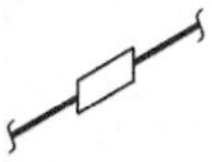
螺纹或承插焊活接头		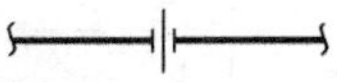		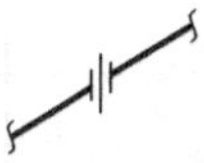
软管接头	螺纹或承插焊连接			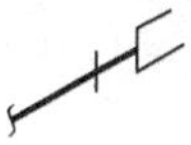
	对焊连接			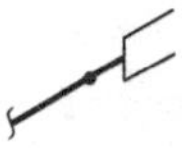
快速接头	阳			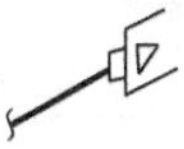
	阴			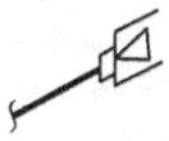

2. 阀门

名称	管道布置图各视图			轴测图	备注
闸阀	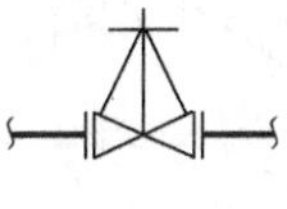			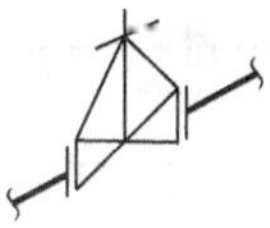	
截止阀	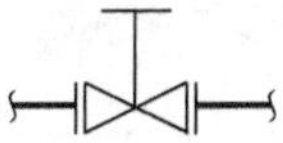	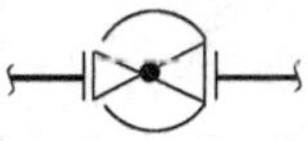			
角阀	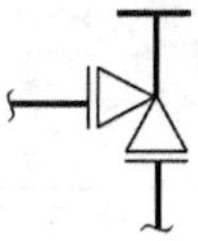	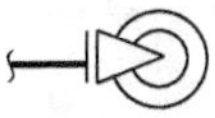			
节流阀	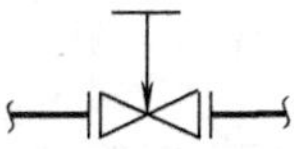				
“Y”形阀	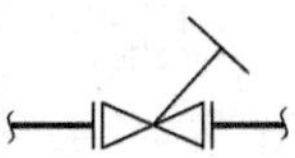		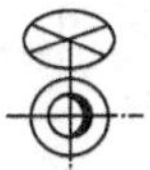		

续表

2. 阀　门

名　称	管道布置图各视图			轴测图	备　注
球阀	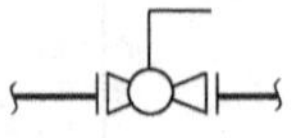	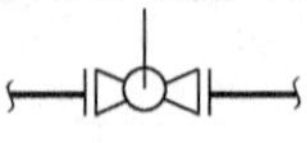		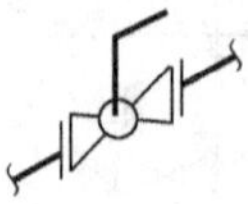	
三通球阀	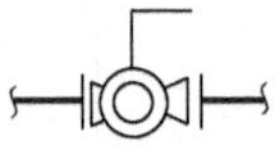		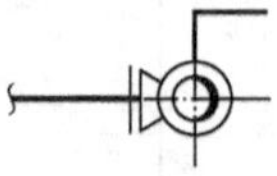	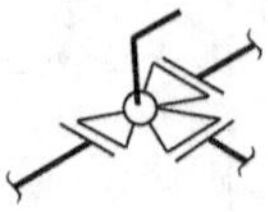	
旋塞阀 (COCK 及 PLUG)	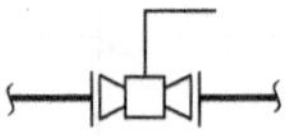	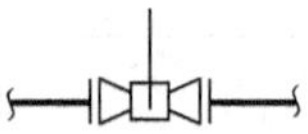		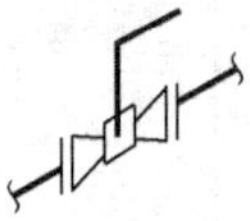	
三通旋塞阀	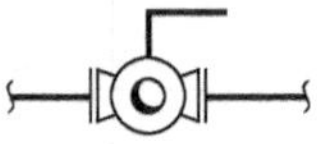	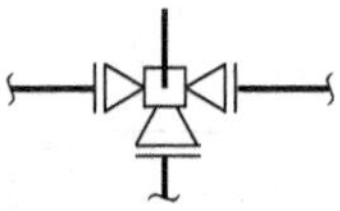	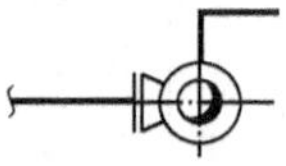	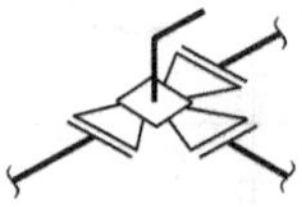	
三通阀	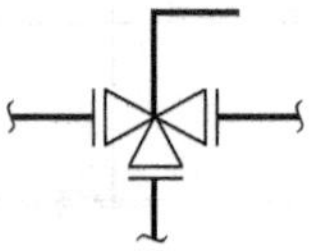			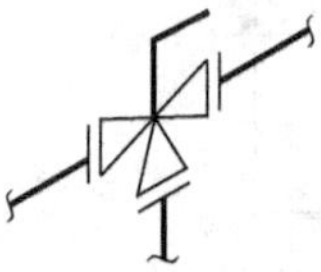	
对夹式蝶阀	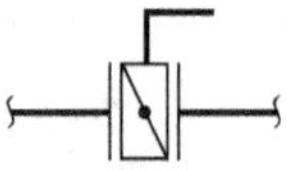	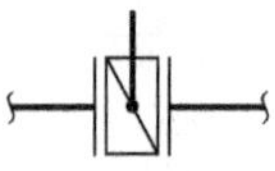	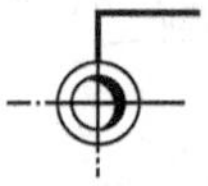	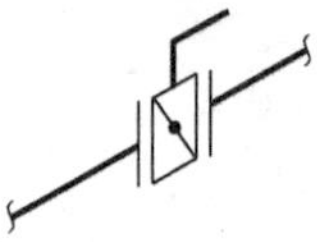	
法兰式蝶阀	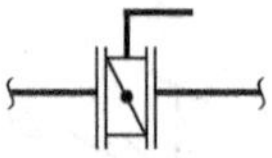			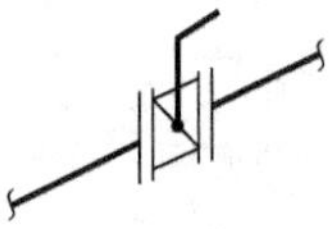	
柱塞阀	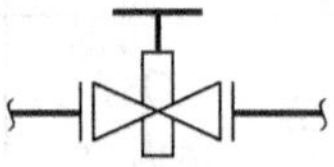	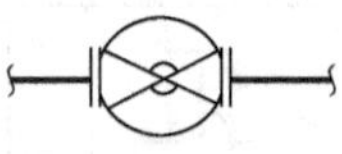	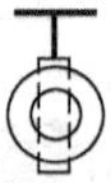	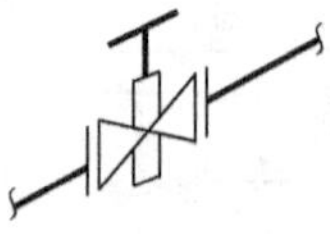	
止回阀				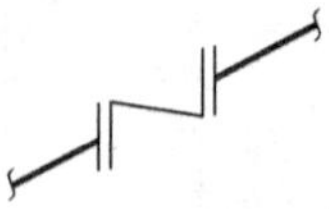	
切断式止回阀					

续表

2. 阀 门					
名 称	管道布置图各视图			轴测图	备 注
底阀	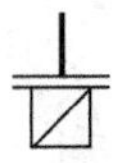		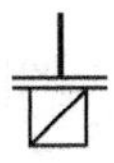		
隔膜阀	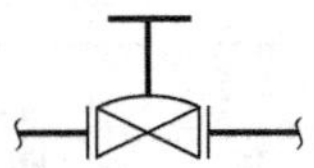	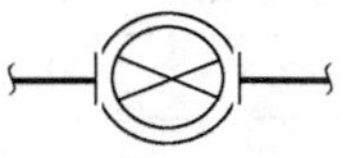			
“Y”形隔膜阀	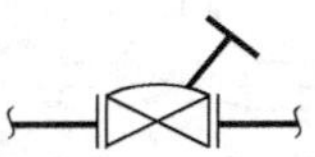	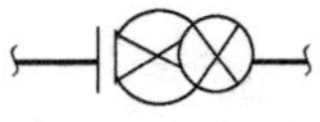	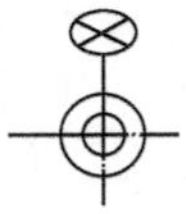	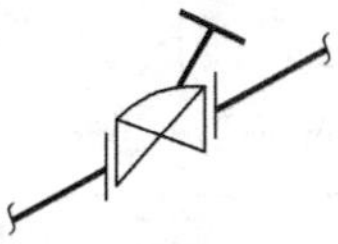	
放净阀					
夹紧式胶管阀	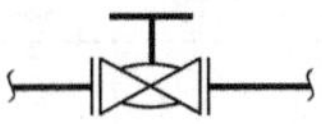				
夹套式阀		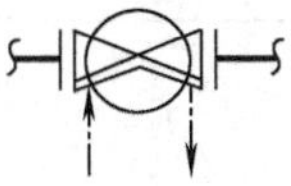			
疏水阀	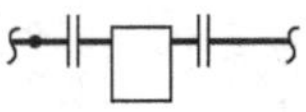				
减压阀	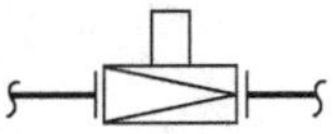	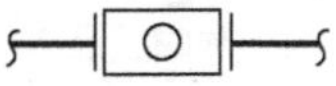		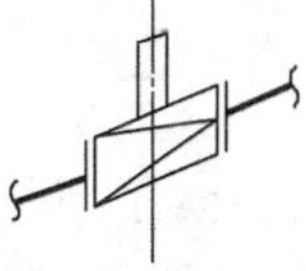	
弹簧式安全阀	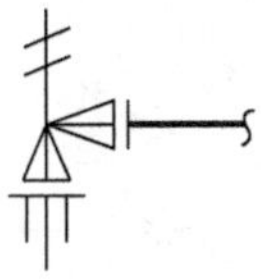	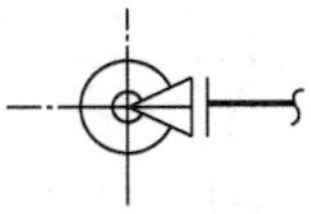			
双弹簧式安全阀	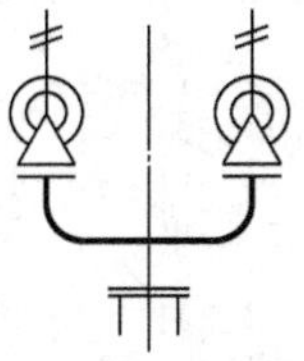	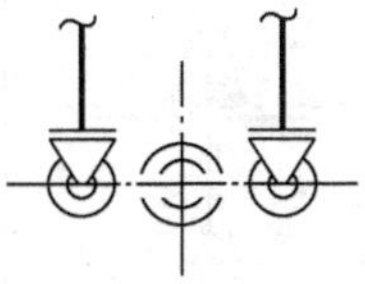	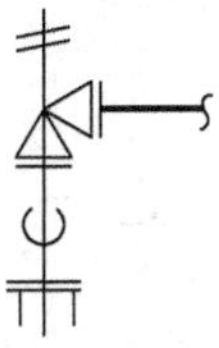	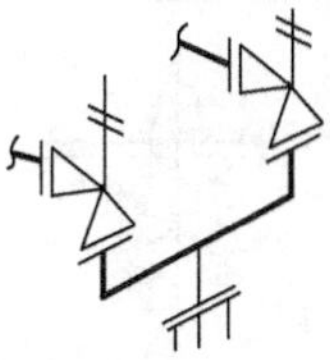	

续表

2. 阀　门

名　称	管道布置图各视图			轴测图	备　注
杠杆式安全阀	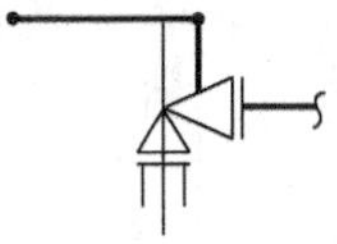			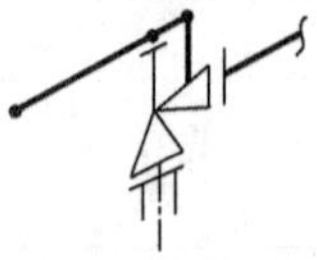	杠杆长度应按实物尺寸的比例画出

非法兰的端部连接

名　称	螺纹或承插焊连接		对焊连接		备　注
	单　线	双　线	单　线	双　线	
闸阀	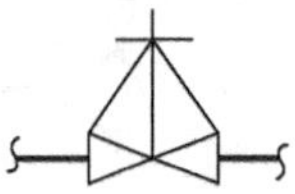		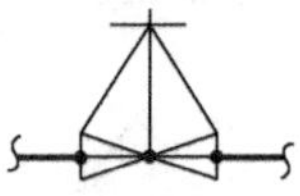	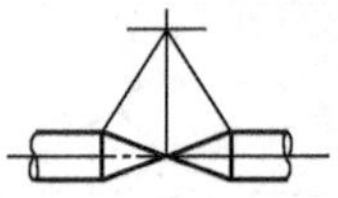	
截止阀	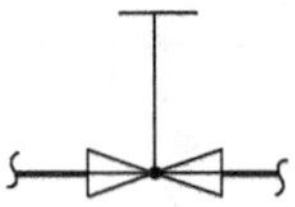		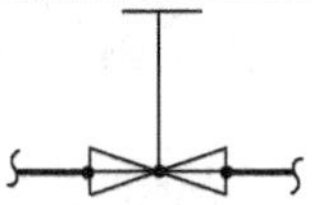	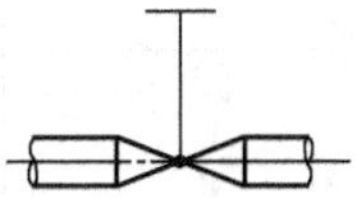	

3. 传　动　结　构

名　称		传动结构			轴测图	备　注
		管道布置图各视图				
电动式				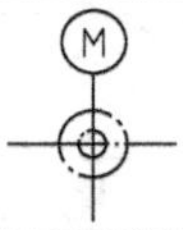		①传动结构形式适合于各种类型的阀门 ②传动结构应按实物的尺寸比例画出，以免与管道或其他附件相碰 ③点画线表示可变部分
气动式				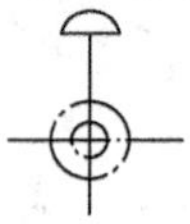	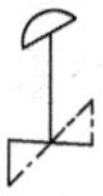	
液压或气压缸式		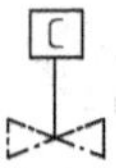		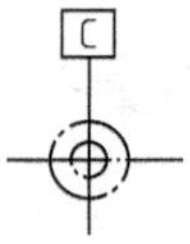		
正齿轮式		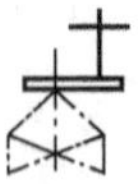	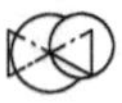		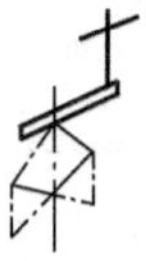	
伞齿轮式		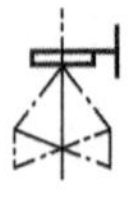		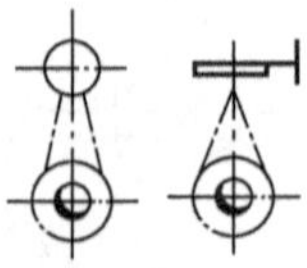	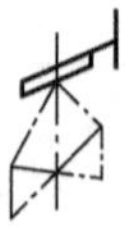	
伸长杆（用于楼面）	普通手动阀门	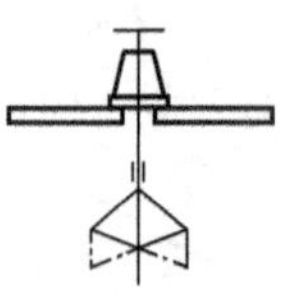		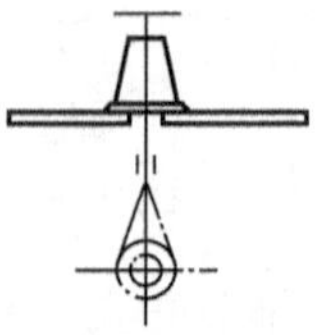	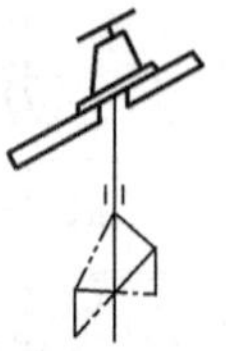	

续表

3. 传 动 结 构

名 称		传动结构 管道布置图各视图			轴测图	备 注
伸长杆（用于楼面）	正齿轮式阀门	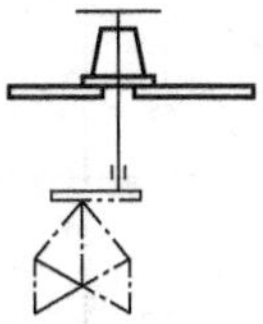	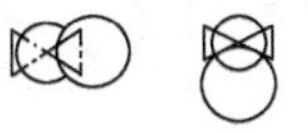	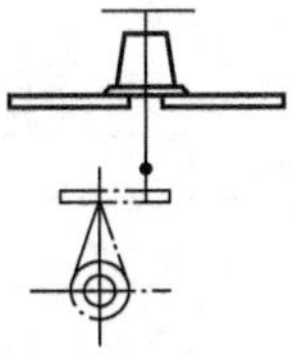	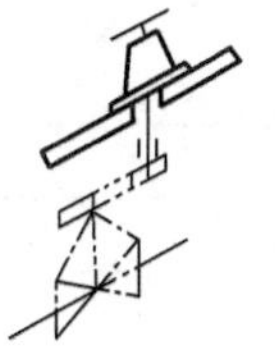	
链轮阀		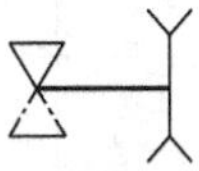	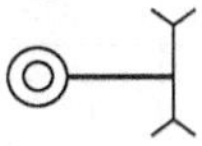			

4. 管 道 特 殊 件

名 称		管道布置图 单线	管道布置图 双线	轴测图	备 注
漏斗			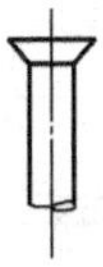		带盖的漏斗画法 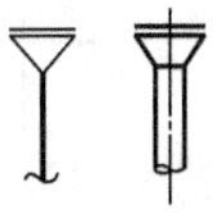
视镜			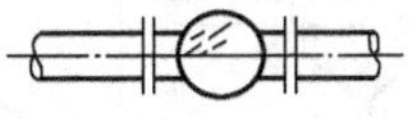	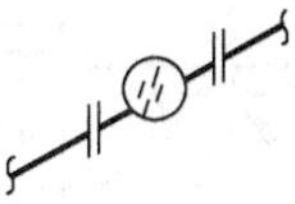	玻璃管式视镜画法举例 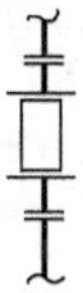
波纹膨胀节		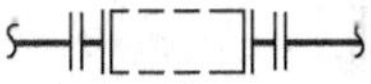	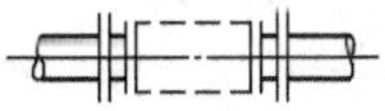	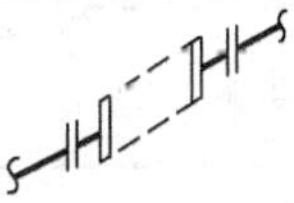	
球形补偿器		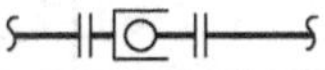			也可根据安装时的旋转角表示
填函式补偿器		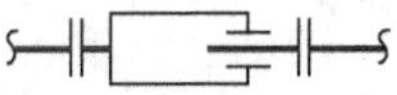	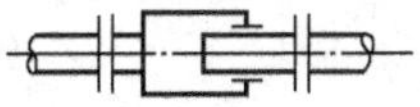	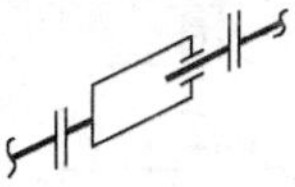	
爆破片			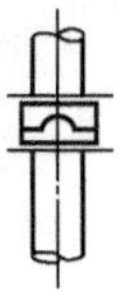		
限流孔板	对焊式				
	对夹式	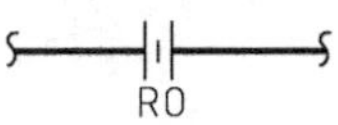	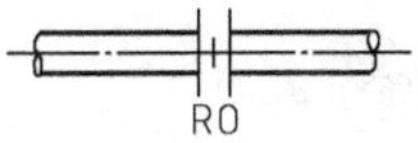	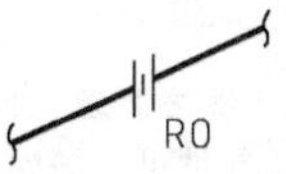	

续表

4. 管 道 特 殊 件				
名 称	管道布置图		轴测图	备 注
	单线	双线		
插板及垫环		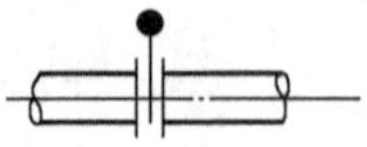		
8 字盲板	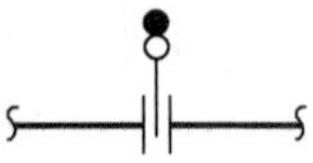	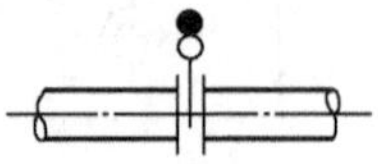	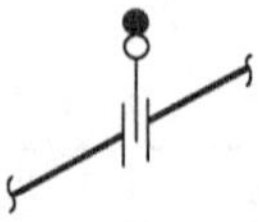	 正常通过 正常切断
阻火器	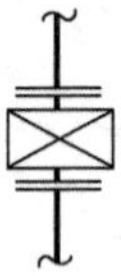	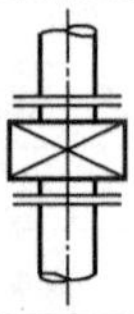		
排液环	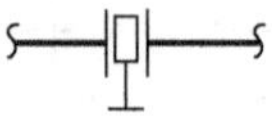	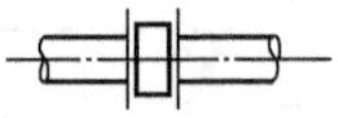	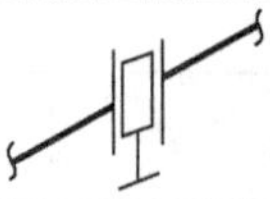	
临时粗滤器		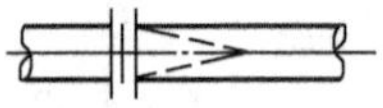	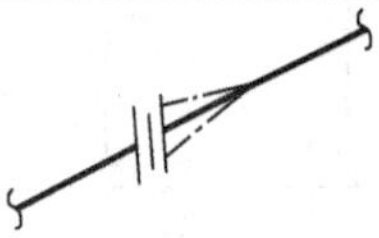	
Y 形粗滤器	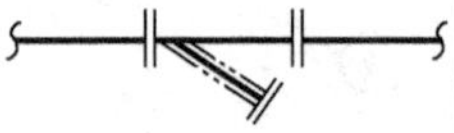	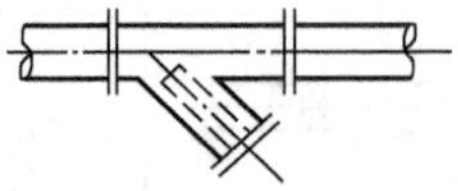		
T 形粗滤器	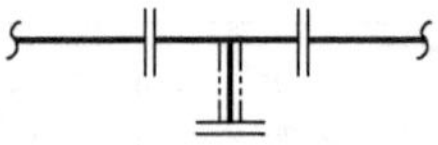	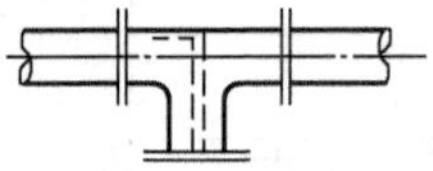	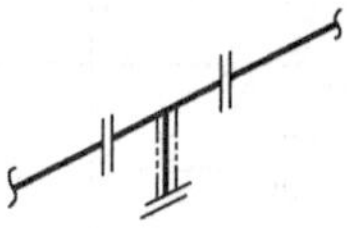	
软管		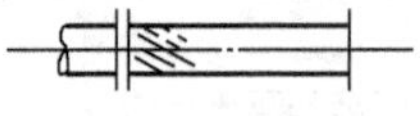	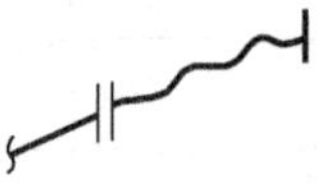	
喷头	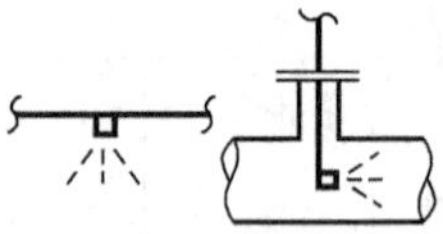	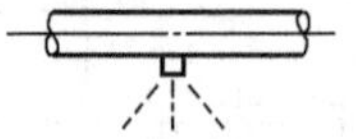		
洗眼器及淋浴		EW （平面用） 立面图按简略外形画		

注：

1. C. R——同心异径管；
   E. R——偏心异径管；
   FOB——底平；
   FOT——顶平。
2. 其他未画视图按投影相应表示。
3. 点画线表示可变部分；
4. 轴测图图例均为举例，可按实际管道走向作相应的表示；
5. 消声器及其他未规定的特殊件可按简略外形表示。

参考文献

[1] 董振珂主编．化工制图．北京：化学工业出版社，2005.
[2] 张颖，郝东升主编．化工设计．呼和浩特：内蒙古大学出版社，2005.
[3] 邸镇主编．化工制图．北京：高等教育出版社，1993.
[4] 严竹生主编．化工制图．上海：上海交通大学出版社，2005.
[5] 熊洁羽主编．化工制图．北京：化学工业出版社，2007.
[6] 季阳萍主编．化工制图．北京：化学工业出版社，2007.
[7] 周大军，揭嘉主编．化工工艺制图．北京：化学工业出版社，2005.
[8] 林大均主编．简明化工制图．北京：化学工业出版社，2005.
[9] 靳士兰，邢凤兰主编．化工制图．北京：国防工业出版社，2006.
[10] 化学工业部人事教育司，化学工业部教育培训中心组织编写．化工管道识图．北京：化学工业出版社，1997.
[11] 董月芬主编．化工识图．北京：化学工业出版社，2008.
[12] 熊放明，曹咏梅主编．化工制图．北京：化学工业出版社，2008.
[13] 赵少贞主编．化工识图与制图．北京：化学工业出版社，2007.
[14] 叶琳，邱龙辉主编．化工工艺识图 100 例．北京：化学工业出版社，2006.
[15] 欣咏主编．化工制图学．北京：气象出版社，1997.
[16] 马瑞兰、金玲主编．化工制图．上海：上海科学技术文献出版社，2000.
[17] 韩玉秀主编．化工制图．北京：高等教育出版社，2001.
[18] 郑晓梅主编．化工制图．北京：化学工业出版社，2002.
[19] 张德泉．仪表工识图．北京：化学工业出版社，2006.
[20] 陈声宗主编．化工设计．北京：化学工业出版社，2008.
[21] 夏素民，温玲娟等．AutoCAD 2006 中文版标准教程．北京：清华大学出版社，2006.
[22] 胡建生，汪正俊等．AutoCAD 2004 中文版绘图及应用教程．北京：机械工业出版社，2004.
[23] 杨滔等．新世纪 AutoCAD 2005 中文版应用教程．北京：电子工业出版社，2005.
[24] 李志尊主编．AutoCAD 2005 中文版实例教程．北京：清华大学出版社，2004.
[25] 华东理工大学机械制图教研室编．化工制图．北京：高等教育出版社，1993.